军事系统工程

刘忠 林华 周德超 编著

国防工业出版社
·北京·

内 容 简 介

本书结合军事问题及武器装备论证、研制、试验、监造、管理及使用的全寿命过程,为有关的复杂系统性问题的最优决策提供了进行定性定量分析的科学方法。全书共分7章,内容包括系统工程的一般原理、系统分析、系统预测、系统建模与仿真、系统优化技术、系统管理的网络技术和系统决策,主要围绕导弹武器系统,具体分析系统工程的有关原理和方法,以及在导弹武器系统及有关军事问题上的应用,军事特色鲜明。每章后配有适量的思考题。本书可作为武器装备管理、军内外系统工程有关专业本科生教材。

由于系统工程的知识面非常广泛,编者水平有限,书中的不妥和错误之处在所难免,恳请读者批评指正。

图书在版编目(CIP)数据

军事系统工程/刘忠,林华,周德超编著. —北京:国防工业出版社,2014.1
ISBN 978-7-118-09007-9

Ⅰ.①军… Ⅱ.①刘…②林…③周… Ⅲ.①军事系统工程学 Ⅳ.①E917

中国版本图书馆 CIP 数据核字(2013)第 260109 号

※

国防工业出版社出版发行
(北京市海淀区紫竹院南路23号 邮政编码100048)
涿中印刷厂印刷
新华书店经售

*

开本 787×1092 1/16 印张 20 字数 496 千字
2014年1月第1版第1次印刷 印数1—3000册 定价45.00元

(本书如有印装错误,我社负责调换)

国防书店:(010)88540777 发行邮购:(010)88540776
发行传真:(010)88540755 发行业务:(010)88540717

前　言

系统工程是一门实践性、应用性很强的学科。半个多世纪以来，系统工程在理论和实践中都取得了很大的进展，并在工程系统、社会经济、军事科学等领域发挥着越来越大的作用。为解决军事科学领域尤其是武器装备方面的复杂问题，实现系统的最优化，就必须掌握系统工程的基本理论和方法，从系统整体出发来考虑和处理问题，因此如何将系统工程理论更好地运用到军事系统中已成为一个被广泛关注的问题。

在我们多年从事军事系统工程领域的教学和实践中，深感缺乏具有军事特色的系统工程书籍，从而促使作者将多年从事武器装备系统工程实践和授课的经验编写成书。本书尽可能反映了近年来系统工程理论方法的新成果及其在军事上的应用，将系统工程理论与军事问题紧密结合，军事特色明显。全书分7章，每章都配有相关原理和方法在军事上应用的实例。

第1章系统工程的基本原理，介绍了系统、系统工程的基本概念，系统工程的形成和发展，重点介绍了系统工程方法论。

第2章系统分析，介绍了系统分析的概念、原则和分类，系统分析的内容，可行性研究，系统评价指标体系的建立和系统评价方法。

第3章系统预测，介绍了定性预测、时间序列分析预测、回归分析预测、趋势外推预测和灰色系统预测等方法。

第4章系统建模与仿真，介绍了系统模型定义、特征和分类，系统建模方法，系统仿真和作战模拟。

第5章系统优化技术，介绍了线性规划、对偶理论、整数规划、分配问题和动态规划等系统优化方法。

第6章系统管理的网络技术，介绍了最短路径问题、网络图的绘制、时间参数计算、任务按期完成概率分析、网络图的调整与优化等内容。

第7章系统决策，介绍了风险型决策方法、不确定型决策、多目标决策以及层次分析法的基本原理、步骤、计算方法及应用。

每章后配有适量的习题和思考题。

本书可作为系统工程相关专业本科生用书。在本书的编写过程中，参考了大量资料，直接或间接地引用了其他作者的一些研究成果和观念，也得到了教研室同仁和研究生的支持和帮助，在此一并表示衷心的感谢！由于作者的水平所限，书中错漏之处在所难免，敬请读者批评指正。

作者

2013年6月于武汉

目 录

第1章 系统工程的基本原理 ························· 1

1.1 引言 ························· 1
1.2 系统的基本概念 ························· 2
1.2.1 系统思想的起源和发展 ························· 2
1.2.2 系统的定义 ························· 4
1.2.3 系统的特征 ························· 5
1.3 系统工程的基本概念 ························· 7
1.3.1 系统工程的定义 ························· 7
1.3.2 系统工程的基本原则 ························· 8
1.3.3 系统工程的特点 ························· 9
1.3.4 系统工程与传统工程技术的区别 ························· 10
1.3.5 系统工程的意义 ························· 10
1.4 系统工程方法论 ························· 12
1.4.1 系统工程的观念 ························· 13
1.4.2 系统工程的程序 ························· 18
1.5 系统工程的发展历史 ························· 19
1.5.1 系统工程的形成和发展 ························· 19
1.5.2 系统工程的学科基础 ························· 20
1.6 系统工程的应用实例 ························· 21
1.7 思考题 ························· 27

第2章 系统分析 ························· 28

2.1 系统分析概述 ························· 28
2.1.1 系统分析的概念 ························· 28
2.1.2 系统分析的基本原则 ························· 29
2.1.3 系统分析的特点 ························· 30
2.1.4 系统分析的应用范围 ························· 30
2.2 系统分析内容 ························· 31
2.2.1 系统分析的方法和工具 ························· 31
2.2.2 系统分析的要素及内容 ························· 31

		2.2.3 系统分析的步骤	35
		2.2.4 武器系统分析	37
		2.2.5 导弹武器系统分析	39
	2.3	可行性研究	40
		2.3.1 引言	40
		2.3.2 武器装备必要性研究	41
		2.3.3 武器系统方案可行性研究	41
		2.3.4 风险估计	43
	2.4	系统评价	45
		2.4.1 系统评价的概念	45
		2.4.2 系统评价的原则	46
		2.4.3 系统评价的步骤	47
		2.4.4 建立系统评价指标体系	48
	2.5	综合评价方法	52
		2.5.1 目标综合评价方法	52
		2.5.2 模糊综合评价方法	60
	2.6	系统的"效能—费用"分析	68
		2.6.1 目的和意义	68
		2.6.2 分析的方法	68
		2.6.3 系统"效能—费用"分析及其模型	70
	2.7	系统分析应用实例	74
		2.7.1 美军 F-10B 型飞机武器选型的系统分析	74
		2.7.2 三峡工程系统分析	76
		2.7.3 阿拉斯加原油输送方案的系统分析	78
	2.8	思考题	79

第3章 系统预测 ······ 81

3.1	系统预测概述	81
	3.1.1 预测的概念	81
	3.1.2 预测的原理	82
	3.1.3 预测方法分类	82
	3.1.4 系统预测的步骤	83
	3.1.5 预测在武器装备管理中的地位	84
3.2	定性预测方法	84
	3.2.1 预测过程	85
	3.2.2 德尔菲法预测的原则	85
	3.2.3 预测问题调查表的拟订	85
	3.2.4 专家的选择	86

3.2.5　向专家调查咨询 ··· 87
　　　3.2.6　专家调查意见的处理 ····································· 87
　　　3.2.7　德尔菲法的特点 ··· 89
　　　3.2.8　德尔菲法实例 ··· 89
　3.3　回归分析预测法 ·· 93
　　　3.3.1　线性回归模型 ··· 94
　　　3.3.2　线性回归模型的参数估计 ································· 94
　　　3.3.3　相关系数与相关关系 ····································· 96
　　　3.3.4　回归模型的统计检验 ····································· 96
　3.4　趋势外推预测法 ··· 101
　　　3.4.1　常用的趋势曲线 ·· 102
　　　3.4.2　趋势预测模型的选择 ···································· 105
　　　3.4.3　趋势模型的参数辨识 ···································· 106
　3.5　灰色系统预测 ··· 106
　　　3.5.1　概述 ··· 106
　　　3.5.2　灰色系统建模 ·· 107
　　　3.5.3　模型的检验 ·· 111
　　　3.5.4　灰色系统预测实例 ······································ 114
　3.6　思考题 ··· 116

第4章　系统建模与仿真 ··· 118

　4.1　系统模型概述 ··· 118
　　　4.1.1　系统模型的定义与特征 ·································· 118
　　　4.1.2　系统模型的分类 ·· 119
　　　4.1.3　使用系统模型的必要性 ·································· 120
　4.2　系统建模方法 ··· 122
　　　4.2.1　构成模型的要素 ·· 122
　　　4.2.2　对系统模型的要求 ······································ 123
　　　4.2.3　系统建模的原则 ·· 123
　　　4.2.4　系统建模的信息源 ······································ 124
　　　4.2.5　系统建模的基本步骤 ···································· 124
　　　4.2.6　系统建模的主要方法 ···································· 124
　　　4.2.7　模型的优化 ·· 126
　　　4.2.8　系统建模者应具备的素质 ································ 127
　4.3　系统仿真 ··· 127
　　　4.3.1　系统仿真的基本概念 ···································· 127
　　　4.3.2　系统仿真的步骤 ·· 131
　　　4.3.3　系统仿真的作用 ·· 133

4.3.4　系统仿真校核、验证与确认 …………………………………… 134
　　　4.3.5　军用仿真技术 …………………………………………………… 135
　4.4　作战模拟及其发展 ……………………………………………………… 137
　　　4.4.1　作战模拟概述 …………………………………………………… 137
　　　4.4.2　作战模拟的作用 ………………………………………………… 139
　　　4.4.3　作战模拟的发展 ………………………………………………… 141
　　　4.4.4　"2002千年挑战"军演概况 …………………………………… 144
　　　4.4.5　"海上联合－2012"中俄海上联合军事演习 ………………… 145
　4.5　思考题 …………………………………………………………………… 146

第5章　系统优化技术 …………………………………………………………… 147
　5.1　线性规划 ………………………………………………………………… 147
　　　5.1.1　线性规划概述 …………………………………………………… 147
　　　5.1.2　线性规划的数学模型 …………………………………………… 149
　　　5.1.3　图解法 …………………………………………………………… 150
　5.2　单纯形法 ………………………………………………………………… 153
　　　5.2.1　等效模型 ………………………………………………………… 153
　　　5.2.2　解的概念 ………………………………………………………… 154
　　　5.2.3　解题方法 ………………………………………………………… 154
　　　5.2.4　表格形式的单纯形法 …………………………………………… 157
　　　5.2.5　人工变量技术 …………………………………………………… 158
　　　5.2.6　两阶段法 ………………………………………………………… 160
　　　5.2.7　目标函数的极小值问题 ………………………………………… 163
　　　5.2.8　单纯形法的进一步讨论 ………………………………………… 167
　　　5.2.9　单纯形法小结 …………………………………………………… 169
　5.3　对偶理论 ………………………………………………………………… 169
　　　5.3.1　问题的提出 ……………………………………………………… 169
　　　5.3.2　对偶理论 ………………………………………………………… 170
　　　5.3.3　对偶问题的解释 ………………………………………………… 176
　5.4　整数规划 ………………………………………………………………… 177
　　　5.4.1　问题的提出 ……………………………………………………… 177
　　　5.4.2　分枝定界解法 …………………………………………………… 177
　5.5　分配问题 ………………………………………………………………… 182
　　　5.5.1　问题的提出 ……………………………………………………… 182
　　　5.5.2　匈牙利法 ………………………………………………………… 183
　5.6　动态规划 ………………………………………………………………… 192
　　　5.6.1　动态规划的基本方法 …………………………………………… 192
　　　5.6.2　动态规划的基本概念 …………………………………………… 193

  5.6.3 动态规划的基本思想和基本方程 ... 195
  5.6.4 动态规划的解法 ... 196
  5.6.5 动态规划的实例 ... 200
 5.7 思考题 ... 202

第6章 系统管理的网络技术 ... 206

 6.1 图的基本概念 ... 207
  6.1.1 图的几个名词 ... 207
  6.1.2 树 ... 208
 6.2 网络分析 ... 211
  6.2.1 有向图 ... 211
  6.2.2 最短路径问题 ... 211
  6.2.3 图与网络分析在军事上的应用 ... 215
 6.3 系统网络技术 ... 217
  6.3.1 网络图绘制 ... 218
  6.3.2 关键路线和时间参数 ... 222
 6.4 任务按期完成的概率分析与计算 ... 230
  6.4.1 任务完成时间近似符合正态分布规律 ... 231
  6.4.2 任务按期完成的概率计算 ... 232
 6.5 制定最优计划方案——网络图的调整与优化 ... 234
  6.5.1 时间优化 ... 234
  6.5.2 时间—资源优化 ... 237
  6.5.3 时间—费用优化 ... 238
 6.6 系统网络技术在工程组织管理中的应用 ... 241
 6.7 思考题 ... 243

第7章 系统决策 ... 246

 7.1 系统决策概述 ... 246
  7.1.1 系统决策的特点 ... 246
  7.1.2 系统决策的程序 ... 247
  7.1.3 系统决策问题及其分类 ... 247
 7.2 风险型决策方法 ... 248
  7.2.1 决策表法 ... 248
  7.2.2 决策矩阵法 ... 250
  7.2.3 决策树法 ... 253
 7.3 不确定型决策 ... 257
  7.3.1 悲观主义准则 ... 258
  7.3.2 乐观主义准则 ... 258

          7.3.3 等可能准则 ………………………………………………… 259
          7.3.4 最小遗憾准则 ……………………………………………… 259
          7.3.5 折中主义准则 ……………………………………………… 260
          7.3.6 应用举例 …………………………………………………… 262
          7.3.7 贝叶斯决策 ………………………………………………… 264
    7.4 序列决策 …………………………………………………………… 267
    7.5 多目标决策 ………………………………………………………… 269
          7.5.1 多目标决策的基本概念 …………………………………… 269
          7.5.2 多目标决策的分析方法 …………………………………… 270
          7.5.3 化多为少法 ………………………………………………… 270
          7.5.4 分层序列法 ………………………………………………… 277
          7.5.5 直接求非劣解法 …………………………………………… 278
          7.5.6 多目标线性规划的解法 …………………………………… 279
          7.5.7 可能度与满意度决策方法 ………………………………… 283
    7.6 层次分析法 ………………………………………………………… 285
          7.6.1 层次分析法的基本原理 …………………………………… 285
          7.6.2 层次分析法的计算方法 …………………………………… 290
          7.6.3 层次分析法的应用 ………………………………………… 293
    7.7 系统决策在军事上的应用 ………………………………………… 295
          7.7.1 层次分析法在反舰导弹威胁等级的判定中的应用 ……… 295
          7.7.2 层次分析法在武器装备规划与决策方法中的应用 ……… 296
          7.7.3 层次分析法在水下目标威胁度评估中的应用 …………… 298
    7.8 思考题 ……………………………………………………………… 300

附录 ………………………………………………………………………… 303
    附表1 标准正态分布 ………………………………………………… 303
    附表2 相关系数检验表($k=1$) …………………………………… 304
    附表3 t 分布检验临界值表 ………………………………………… 305
    附表4.1 F 分布表($\alpha=0.10$) ………………………………… 306
    附表4.2 F 分布表($\alpha=0.05$) ………………………………… 307
    附表4.3 F 分布表($\alpha=0.01$) ………………………………… 308

参考文献 …………………………………………………………………… 309

第1章 系统工程的基本原理

本章将主要介绍系统和系统工程的定义、特点及系统工程的发展历史，着重阐明系统工程的观念和意义、系统工程解决问题的程序，最后介绍两个系统工程的应用实例。

1.1 引 言

系统工程是在处理各种复杂问题的实践中形成和发展的，它是一门新兴的交叉学科，目前仍处于不断发展阶段。系统工程是一种对所有系统都具有普遍意义的科学方法，系统工程的核心是系统思想。

20世纪40年代以来，随着科学技术与社会生产力的发展，大规模战争和冷战的军事需求，使军事科学技术成为各国科技发展的重点，它集中了各领域最先进的尖端科学技术，是投入最大、发展最快的一门综合性科学技术，出现了诸如导弹核武器、核潜艇和航天应用系统等技术先进、作战效能高、系统技术复杂、研制风险大的军事工程系统。

20世纪50—90年代，出于争霸世界的政治目的，美国和苏联等工业强国，进行了一场史无前例的军备竞赛，它们投入大量人力、物力和财力，争取用最短的研制周期，尽可能少的经费投入，开发、运用和更新这类新问世的复杂武器系统。

现代战场是空间化、信息化、智能化、电子化的战场，由于现代科学技术的飞速发展，使得军事武器装备的发展出现如下一些特点。

1. 新武器中具有先进的技术

同历史上的武器发展进程一样，现代武器中也大量使用目前人类所掌握的各种最先进的科学技术，这使得武器的各种战术技术性能得到了不断的提高，从而大大提高了军队的作战能力；同时新技术也给部队提供了很多新的武器系统和装备，给部队提供了新的战斗能力，如美军使用的全球定位系统便在海湾战争中发挥了重要作用，GPS主要由分布在太空的24颗卫星所构成，美军的各个作战单位无论在什么情况下，利用GPS提供的信息都能准确地定位出本部所在的位置，给部队的行动带来了很大的方便。

2. 现代武器系统研制过程规模庞大、研制周期长

由于现代武器使用的先进技术多、功能齐全，使得武器系统结构变得越来越复杂，一种新型武器的研制，涉及的研制机构多，研制周期长，协作面广，如一些典型的高技术武器装备的研制周期为："爱国者"地对空导弹系统19年；F-22("猛禽")隐形战斗机15年，B2隐形轰炸机16年。又例如美国在20世纪50年代进行的"北极星"导弹研制工作，有一万多家承包商和转包商参加，涉及几十万个管理项目，历时11年，是一个非常巨大的工程。

3. 现代武器的发展耗资巨大

现代武器中大量新技术新材料的采用，不仅使系统的结构复杂化，而且也使系统的研制费用和成本变得非常大，例如"爱国者"导弹系统的研制经费为20亿美元，F-22的研制费用为140亿美元，每架成本高达1.3亿美元。B2轰炸机是世界上迄今为止最昂贵的飞机，加上研制费用单价高达22.2亿美元。后来采购多了，单价降为12亿美金。

对于武器发展的研究来说未来可能出现的武器装备也是值得注意的动向，这些武器有定向能武器、动能武器、人工智能武器、基因武器和次声武器等。

总之，新式武器的不断出现并日益向高、精、尖发展，武器装备日益昂贵，使军费开支耗费巨大，经济因素越来越不可忽视。为使新研制的武器装备系统达到预期的目的，就必须用现代化的科学方法及技术手段，从整体上经济有效地研究武器装备的发展、论证、研制、试验、监造、管理及使用方面的复杂系统问题，选择最佳方案，提高武器效能，实现整体最优化。这些都是系统工程要解决的问题。

1.2 系统的基本概念

1.2.1 系统思想的起源和发展

系统观念，自古有之，源远流长，但作为科学的系统思想则形成于20世纪中叶。

系统思想最基本的涵义，是关于事物的整体性观念、相互联系观念和演化发展观念。系统概念来源于人类长期的社会实践经验。

在古希腊，对自然的认识主要来自笼统的直观、理性的思辨和大胆的猜测，并通过天才的直觉去描绘整个自然界的轮廓，但不能具体地说明自然界内在的逻辑和规律。这就使古希腊的自然哲学家们不得不用哲学的猜测来填补知识的空白。古希腊辩证法的奠基人之一赫拉克利特(Heracleitus)说："世界是包括一切的整体。"古希腊的著名学者亚里士多德(Aristotle)关于事物的整体性、目的性、组织性的观念，以及关于构成事物的目的因、动力因、形式因、质料因的思想，可以说是古代朴素的系统观念。

在中国，传统的自然观是有机整体论思想，认为自然界是个活的有机体，天、地、人、物质和精神，人与自然环境之间没有严格的界限，它们是相互依赖、相互贯通、相互渗透的，自然界不是由各个组成部分机械地叠加的。古代朴素唯物主义哲学思想强调对自然界整体性、统一性的认识，把宇宙作为一个整体来研究，探讨其结构、变化和发展，以认识人类赖以生存的大地所处的位置和气候环境变化规律对人类生活和生产的影响。如在西周时期就出现了用阴阳二气的矛盾来解释自然现象，产生了"五行观念"，认为金、木、水、火、土是构成世界大系统的五种基本物质要素；古代名医扁鹊主张按病人气色、声音、形貌综合辨症，用贬法、针灸、汤液、按摩、熨贴多种疗法治病；周秦至西汉初年的古代医学总集《黄帝内经》强调人体各器官的有机联系、生理现象和心理现象的联系、身体健康与自然环境的联系；战国时期秦国李冰父子设计修造了伟大的都江堰水利工程，包括有"鱼嘴"分水工程、"飞沙堰"分洪排沙工程、"宝瓶口"引水工程等三大主体工程和120个附属渠堰工程，工程之间的联系处理得恰到好处，形成一个协调运转的工程总体；我国古天文学很早就揭示了天体运行与季节变化的联系，编制出历法和指导农事活动的廿四节气。所有这些古代农事、工程、医药、天文知识和成就，都在不同程度上反映了朴素的系统概念的自发应用。

15世纪下半叶，近代自然科学开始兴起，发展了研究自然界的分析方法，包括实验、解剖和观察的方法，把自然界的细节从总的自然联系中抽取出来，分门别类地加以研究。19世纪上半叶，能量转化、细胞学说和进化论的三大发现，使人类对自然界的演化过程的相互联系的认识有了很大的提高,为辩证唯物主义的系统概念建立了坚实的基础、提供了丰富的材料。辩证唯物主义认为,物质世界是由许多相互联系、相互制约、相互依赖、相互作用的事物和过程所形成的统一整体。这就是系统概念的实质,物质世界普遍联系及其整体性的思想就是系统思想。

随着科学技术的发展和社会实践的需要,20世纪中期,出现了系统思想的量化方法和分析工具,使得系统思想从一种哲学思维发展成为专门的科学。系统思想是以20世纪40年代产生的一般系统论、控制论、信息论为基础的,这三个理论从不同角度突出了系统的整体性问题。系统思想在20世纪科学技术发展的客观要求下得到迅猛发展。

(1) 一般系统论。现代系统思想的发展最早出现于生物学领域,20世纪初期,生物学界存在着生物机械论和生物活力论之间的争论,美籍奥地利生物学家贝塔朗菲在研究生物机体基础上首先提出一般系统论思想。他认为,机体这类活的东西的基础正是组织和整体,传统的研究方法割裂整体和部分的关系而不能看清问题的全貌。所以,应把协调、目的、秩序等概念引入生物学。他提出了系统观点、整体观点、动态观点和等级观点。继贝塔朗菲后,许多学者从不同角度提出了许多系统理论,这些理论的核心是系统观点。

(2) 控制论。其研究对象侧重于控制系统的状态、功能、行为方式及其变化趋势,同时还研究了系统状态的稳定性及控制机制。其基本思想是把控制系统整体的运动抽象为一个有目的的变化过程,将反馈机制赋予系统使其具备实现目的的能力。系统工程的对象一般具有目的性,故控制论是系统工程的基础之一。

(3) 信息论。其中心概念是信息,信息论把信息的产生、传递、加工处理和接收作为一个整体进行研究。信息是系统维持稳定和实现控制的必要条件,是系统相互作用的重要媒介。系统的规划、研究、设计、控制和管理都涉及到信息,系统工程的应用离不开信息论的理论和方法。

此外,20世纪60年代,学术界对于客观世界的复杂性、组织性和整体性的认识又发展到了一个新的阶段,产生了耗散结构理论、协同学、超循环理论、突变论、混沌学和分形学等一系列新理论、新学科,将人们对系统的认识推进到以非平衡系统的自组织演化为研究对象,从不同角度为系统工程提供了新的思路和研究方法。

人类认识现实世界的过程是一个不断深化的过程。客观世界中一切事物的发生和发展,都是矛盾的对立和统一。在古代,哲学家们往往把世界看成一个整体,寻求共性和统一,但由于科学技术理论贫乏,又缺乏观测和实验手段,所以对很多事物只能看到一些轮廓和表面现象,往往是只见森林而不见树木。随着科学技术的发展,理论丰富了,工具与手段先进了,认识也逐步深化。但受到当时科学技术水平的限制和世界观的局限,往往又只看到一些局部现象,致力于微观现象的研究,以致只见树木而不见森林。19世纪以来,认识不断深化,在对个体、对局部有了更新更深的了解以后,再把这些分散的认识联系起来,才看到了事物的整体,以及构成整体的各个部分之间的相互联系,从而形成了科学的系统观。现代科学的发展比过去更要求在多种学科门类之间进行相互渗透,这是在更深刻的分析的基础上向更高一级综合发展的新阶段,因而出现了许多交叉学科和边缘学科。系统工程就是在这种背景下产生的一门交叉学科。

系统思想是进行分析和综合的辩证思维工具,它在辩证唯物主义中取得了哲学的表达形式,在运筹学、控制论以及各门工程学和社会科学中获得了定性和定量相结合的科学方法,并通过系统工程充实了丰富的实践内容。

1.2.2 系统的定义

一个工厂企业是一个系统，一项大型复杂工程是一个系统，一种武器装备、一艘舰艇、一支水面舰艇编队、一个军兵种、一个国家、整个世界……，也都是一个系统，系统是客观世界存在的普遍形态。那么究竟什么是系统呢？根据我国著名科学家钱学森教授的定义：

系统是由相互作用和相互依赖的若干组成部分结合的具有特定功能的有机整体。

这个定义包含三层含义。第一，系统是由若干元素组成的；第二，这些元素相互作用、相互依赖；第三，这些元素组成的一个整体具有特定的功能。这三点，是定义系统的基本出发点，任何其他有关系统的定义都包含这三个方面。

例如，导弹通常由战斗部(弹头)、弹体、动力装置和制导等四部分组成；一艘现代化的导弹驱逐舰，是由对空作战(雷达、导弹、激光测距雷达、制导炮弹等)、近程反导武器(密集小口径舰炮，箔条干扰火箭、电子战设备等)、反舰武器(火控系统、导弹、鱼雷、火炮等)、反潜武器(声纳、火箭、鱼雷、直升机等)等分系统所组成，并由情报、通讯、控制和指挥系统来统一指挥作战，如图 1.2.1 所示。这样一艘现代化的导弹驱逐舰除有独立作战能力外，还可作为海上作战舰队的组成舰只，这支舰队有比这艘导弹驱逐舰更强的作战能力。如把舰队作为一个系统，那么这艘导弹驱逐舰就是一个分系统。

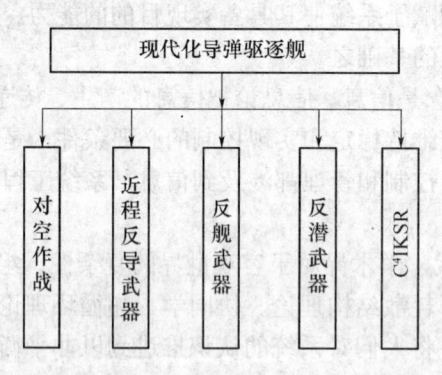

图 1.2.1 导弹驱逐舰武器装备组成框图

海上舰艇编队是一个国家为了在一定的海洋战区遂行战略任务而组成的战役战略军团，通常是指把各有所长、能完成不同使命任务的舰艇有机结合起来，构成一个完整的作战系统。比如，单航母编队的编成是以航母为编队的核心，配有 4 艘驱逐舰、4 艘护卫舰、2 艘攻击型潜艇和 1 艘大型综合补给船，完成防空、反舰、反潜的作战任务，以夺取并保持制空权、制海权、制电磁权。

无论是把导弹驱逐舰还是把舰队作为一个系统，我们都要研究系统具有的功能，能完成哪些预定的任务，各分系统具有什么功能，系统与分系统之间、分系统与分系统之间具有什么联系，整个系统的可靠性、可维修性、期望寿命、适应性如何。这一系列问题在武器装备论证及研制时就应当予以明确，同时还应当明确新研制的武器装备的作战环境、使用环境、费用、进度、质量、体积、功率等一系列问题。

根据系统具体内涵的不同，可以按系统的形成是否有人参与，把系统划分为自然系统和人造系统，太阳系是自然系统，工厂企业和大型工程是人造系统；按系统的构成元素是信息，还是物质实体，可分为意识形态系统和物质实体系统；按系统是否包含生命因素，把系统划分为生命系统和非生命系统；按系统的运动状态，可分为动态系统和静态系统等。不管哪类系统，按其子系统的数量和种类多少，以及子系统之间相互关系的复杂程度，都可划分为简单系统和复杂系统(参见图 1.2.2)。本书讨论的系统均属于人造、物理、可控的复杂系统。

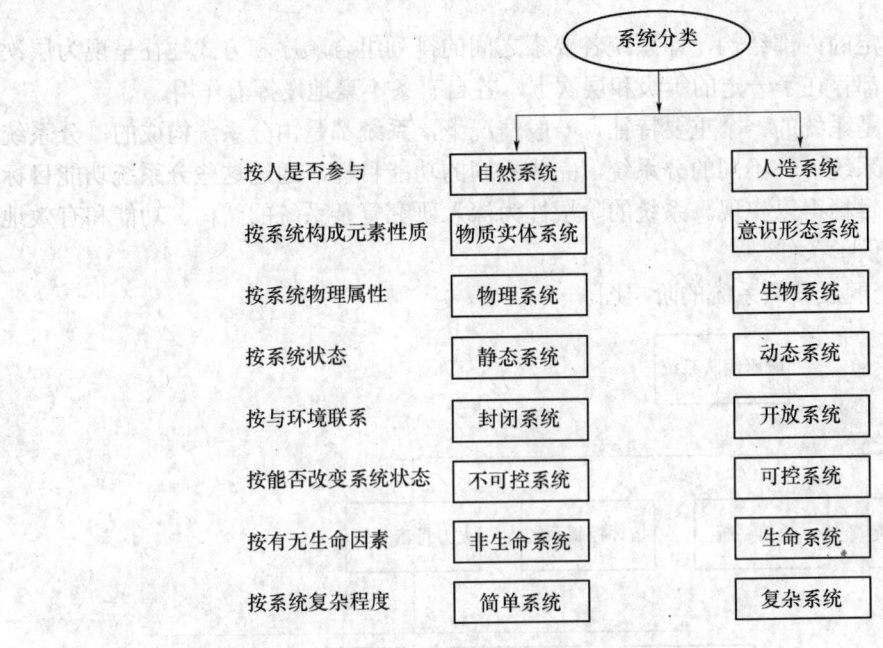

图 1.2.2 系统分类框图

1.2.3 系统的特征

根据系统的定义，可以总结出一个系统应具有以下特征：

1. 目的性和竞争性

系统的目的就是人们赋予系统的使命或任务要求。任何一个系统皆具有目的性，而且往往不止一个目的，它决定着系统的基本作用和功能，通过同时或依次完成一系列任务来达到。

例如：现代导弹驱逐舰系统的目的是消灭侵犯我领空领海的来犯之敌，目标就是敌军舰、飞机或导弹、潜艇，利用作战效能等指标可描述达到目的的程度。海上舰艇编队是为了在一定的海洋战区遂行战略任务，夺取并保持制空权、制海权、制电磁权。

系统的目的性还含有各组成部分(子系统)必须以达到系统的整体目的为目的，同时，任何一个系统又具有竞争性，如果系统本身不先进，就必然失去同其他系统的竞争力，处于被淘汰的地位。武器系统在这方面的表现尤为突出。

2. 集合性

由系统的定义，系统起码要由两个或两个以上可以相互区别的部分所构成。

例如：现代导弹驱逐舰系统由船体、机电分系统、对空武器分系统、对海武器分系统、反潜武器分系统、近程反导武器分系统、指挥控制中心和航海分系统组成，系统的这些组成部分有机地结合起来形成一个整体，共同实现抗击敌侵袭我领海领空的目的。

3. 相关性

系统的各个组成部分是相互作用，相互依存又相互制约的，这种关系使得系统成为一个有机整体，以达到既定的目标。集合性确定系统的组成部分，而相关性则说明这些要素之间的关系。只有组成部分，而组成部分之间没有相关关系，是不能构成一个系统的。

例如：船体影响机电系统及武器系统性能的发挥，机电系统影响船体的航速，影响指挥控制中心的稳定性和可靠性等。

4．阶层性

指系统具有一定的内部结构，即系统各要素之间的排列组合顺序和方式往往呈现为层次的结构，每个要素都存在于一定的等级和层次上，各自有条不紊地发挥着作用。

系统的阶层性是系统的一个重要特征，一般情况下，系统都是由分系统构成的，分系统下又有下一层的分系统……不同的分系统，完成不同的功能目标，通过这些分系统功能目标的实现，系统的总目标得以实现。系统的阶层性为深入研究复杂系统的结构、功能和有效地进行控制和调节提供了条件。

图 1.2.3 为一个舰艇编队系统的阶层图。

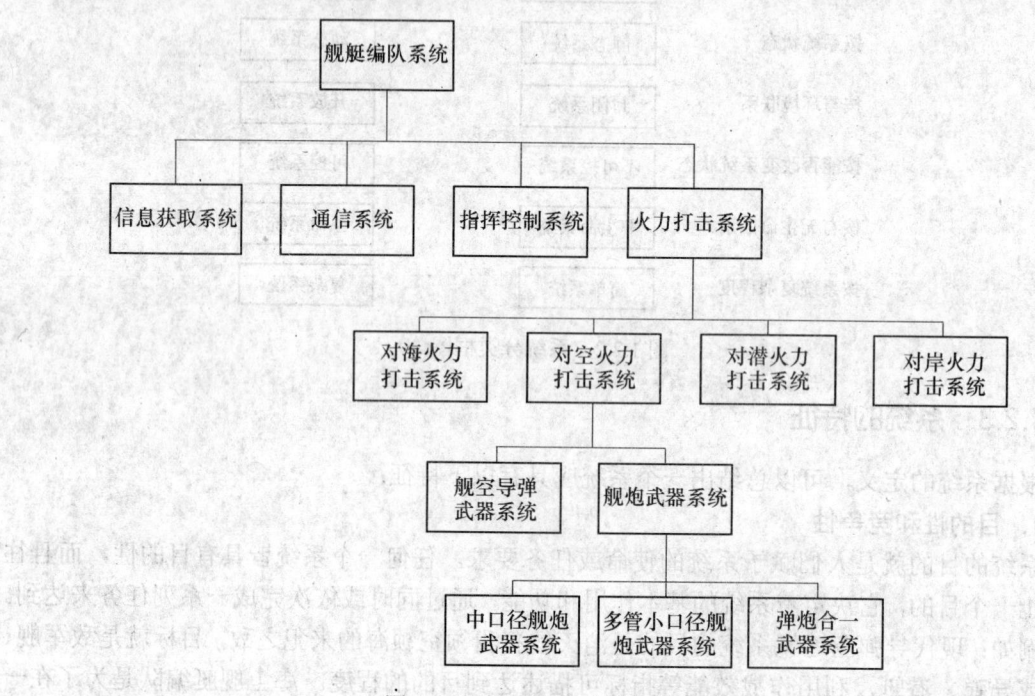

图 1.2.3 舰艇编队系统的阶层图

5．整体性

系统是由诸多要素构成的，它们互相之间不可分离，一旦要素与要素被分离，那么要素就不是原来意义的要素，系统也就不是原来意义下的系统了。系统整体性说明，具有独立功能的系统要素以及要素间的相互关系是根据逻辑统一性的要求，协调存在于系统整体之中。就是说，任何一个要素不能离开整体去研究，要素之间的联系和作用也不能脱离整体去考虑。系统不是各个要素的简单集合，否则它就不会具有作为整体的特定功能。脱离了整体性，要素的机能和要素之间的作用便失去了原有的意义，研究任何事物的单独部分不能得出有关整体性的结论。

例如：舰艇编队中的舰空导弹武器系统是由战斗部、动力装置、制导装置、发射控制设备等各部分有机地结合而成的整体，它具有特定的功能，各组成部分共同完成攻击空中来袭目标的任务。

系统的构成要素和要素的机能、要素间的相互联系要服从系统整体的功能和目的,在整体功能的基础上展开各要素及其相互之间的活动,这种活动的总和形成了系统整体的有机行为。在一个系统整体中,即使每个要素并不都很完善,但它们也可以协调、综合成为具有良好功能的系统。相反,即使每个要素都是良好的,但作为整体却不具备某种良好的功能,也就不能称之为完善的系统。

例如:"基洛"级潜艇在建造之初就明确了指导思想,即确保综合作战能力强,隐蔽性和可靠性好。所以重点对作战系统,尤其是声纳及鱼雷系统进行了精心的设计,保证其探测距离远,反应速度快,攻击准确;对于其他保障系统和设备,则采取能用就行的方针。该级艇的许多单机设备算不上先进,功能也不强,但是通过科学、合理地组合搭配,其总体性能得到了优化。而636型则更是在继承原有的"基洛"级潜艇优点的基础上,强化了武器系统的先进性。

6. 环境适应性

环境是系统之外与系统相关联的事物构成的集合,系统的结构、状态、属性、行为等都与环境有关。

任何一个系统都存在于一定的环境之中,因此它必然要与外部环境产生物质的、能量的、信息的交换,必须适应外部环境的变化。从集合论的角度看,环境是系统的补集。能够经常与外部环境保持最佳适应状态的系统是理想的系统。不能适应环境的系统是没有生命力的。

例如:导弹在大气中飞行时,由于阵风等扰动因素的作用,将使导弹产生扰动运动,偏离理论弹道,但在其制导子系统作用下,通过稳定与控制,仍能使导弹命中目标,这种作用过程便是导弹系统对环境适应性的一种体现。

驱护舰编队面临的海上作战环境十分复杂,主要包括电磁环境复杂性、大气环境复杂性、海洋环境复杂性和目标环境复杂性。环境的复杂性将引起编队系统行为的不确定性,从而造成编队海上作战的复杂性,驱护舰编队必须适应这种复杂的作战环境。

通过以上分析,进一步可以把系统理解为由若干个可以相互区别、相互联系和相互作用的要素所组成,在一定的结构形式中分布,在给定的环境约束下,为达到整体的目的而存在的有机集合体。

通过改变系统的结构或者改变其相互关联、制约和作用关系,可以建立具有新功能的系统。一个系统建立得如何,通常取决于系统目标制定得是否恰当,目标的主次层次是否分明,系统的结构是否合理。一个系统的功能发挥得如何,往往取决于系统对环境的适应能力,各子系统间工作是否协调。一个系统组织得好,即系统结构合理,主次分明,对环境适应,各系统间协调性好,系统内部以及系统与其环境产生良好的关联、制约和作用,就能发挥系统的整体优势,把系统的潜力充分发挥出来。

1.3 系统工程的基本概念

1.3.1 系统工程的定义

系统工程是以大规模复杂系统为研究对象的一门交叉学科,它是从系统的整体出发,按既定的目标合理规划、设计、试验、建造、实施、管理和控制系统,使其达到最优的一项科学技术。系统工程根据总体协调的需要,综合应用自然科学和社会科学中有关的思想、理论和方法；利用计算机作为工具，对系统的结构、元素、信息和反馈进行分析，以达到最优规划、最优设计、最优管理和最优控制的目的。

1978年钱学森教授对系统工程给出了一个比较准确的定义，他认为"把极其复杂的研制对象称为'系统'，即由相互作用和相互依赖的若干组成部分结合成具有特定功能的有机整体，而且这个系统本身又是它所从属的一个更大系统的组成部分。……系统工程是组织管理'系统'的规划、研究、设计、制造、试验和使用的科学方法，是一种对所有'系统'都具有普遍意义的科学方法。"

这里比较明确地表述了三层意思：系统工程属工程技术，主要是组织管理的技术；系统工程是解决工程活动全过程的技术；这种技术具有普遍的适用性。

系统工程运用于军事领域就称为军事系统工程，它的一个重要组成部分是武器装备系统工程。武器装备系统工程是军事系统工程的重要组成部分，是研究军事武器装备的组织管理的技术，它是应用现代化的科学方法及技术手段，从整体上经济有效地研究武器装备的发展、论证、研制、试验、监造、管理及使用方面的复杂系统问题，为选择最优决策提供定量定性的科学依据。

1.3.2　系统工程的基本原则

系统工程所涉及的各种具体方法很多，与不同问题结合又具有不同的特点和要求。但是都贯穿着系统工程的基本指导思想，这就是从系统观点出发，依据特定的原则，遵循程序化的研究步骤，采用各种具体的分析和计算方法进行系统研究，以求得最好的效果并可靠地达到所确定的目的。

运用系统工程研究和解决问题时，需要遵循一些基本原则，这些原则是对客观系统问题规律性认识的体现。整体性、综合性和最优化原则是系统工程中层次最高、最重要的原则。

1. 整体性原则

系统工程把所研究的对象看成一个系统整体，这个系统整体又是由若干部分(要素与子系统)有机结合而成的。因此，系统工程在研究系统时总是从整体出发，从整体与部分之间相互依赖、相互制约的关系中去提示系统的特征和规律，从整体最优化出发去实现系统各组成部分的有效运转。

整体性原则在系统工程的运用中十分重要。比如，埃及曾经向苏联购买了一批萨姆-7地对空导弹，由于这种导弹没有敌我识别装置，在第三次中东战争中，埃及损失的战机中有相当一部分是被自己的萨姆-7导弹打下来的。这个惨痛的教训告诉我们，在思考和解决系统问题时，要把对象始终作为一个有机联系的整体来对待。

2. 综合性原则

在研究和解决系统问题时，从多方面综合思考和研究对象。综合性原则源于系统问题的复杂性。任何一个系统问题，其组成、影响因素、观察角度、涉及学科知识都具有多样性和复杂性。靠单一的方面、单一的因素、单一的角度研究和解决系统问题是不可能的。坚持综合性原则要遵从下述要求：第一，要求组建的任何系统都是具有不同功能的各种要素构成的综合体，只有具有不同功能的要素才可能产生优化的整体；第二，要求对任一对象的研究和设计都必须从它的成分、功能、相互联系方式、历史发展、目标体系和环境条件等方面综合考虑，使研究结果与客观实际相符合，更好地体现整体目标的要求；第三，在解决系统问题时，应综合运用各种学科的知识，并协调好各专业、各知识领域对问题的不同要求，以保证解决问题时整体的最佳配合。

3. 最优化原则

系统工程是实现系统最优化的组织管理技术，因此，系统整体性能的最优化是系统工程所追求并要达到的目的。

最优化是指在约束条体下使目标函数达到最大值或最小值，是在设计和规划系统时，从多种可能的途径和方案中选择出最优途径或方案，使系统处于最佳状态或达到最好效果。最优化原则既反映了人们对客观事物发展的多种可能性提出的主体选择要求，也体现了人们运用系统工程的根本目的。系统工程的最优化是从整体目标来考虑的。对于事物的复杂性和人们在实践中的多种需要，一个问题或一个工程往往涉及多个目标。而各个目标之间又常常存在制约关系，某单个目标最优不一定代表整体目的的最优，系统工程并不追求构成系统的个别部分最优，而是通过协调系统各部分的关系，使系统整体目标达到最优。因此，遵从最优化原则必须从整体目的出发，找出实现整体目的的多种方案，通过精确的量化分析，选出最优方案。系统整体性能的最优化是系统工程所追求并要达到的目的。

整体性、综合性和最优化原则贯穿着系统思想，具有内在统一性。

1.3.3 系统工程的特点

(1) 研究思路的整体化。系统工程强调研究思路的整体化，就是既把研究对象看成是一个系统整体，又把研究对象的过程看成是一个整体。这就是说，一方面，对于任何一个研究对象，即使它是由各个不相同的结构和功能部分所组成的，也要把它看成是一个为完成特定目标而由若干个元素有机结合成的整体来处理，并且还应把这个整体看成是它所从属的更大系统的组成部分来考察、研究；另一方面，把研究对象的研制过程也作为一个整体来对待，即以系统的规划、研究、设计、制造、试验和使用作为整个过程，分析这些工作环节的组成和联系，从整体出发来掌握各个工作环节之间的信息以及信息传递路线，分析它们的控制、反馈关系，从而建立系统研制全过程的模型，全面地考虑和改善整个工作过程，以实现整体最优化。

(2) 应用方法的综合化。系统工程对各种方法的综合应用，并不是将这些方法进行简单的堆砌叠加，而是从系统的总目标出发，将各种相关的方法协调配合、互相渗透、互相融合及综合运用，并进行技术创新。

系统工程以大型复杂的人工系统和复合系统为研究对象，这些系统涉及的因素很多，涉及的学科领域也较为广泛。因此，系统工程强调综合运用各个学科和各个技术领域内所获得的成就和方法，使得各种方法相互配合，达到系统整体最优化。

综合是一个创新的思维过程，是运用各种知识和经验创造新概念的活动，如不同的制导方案、推进系统与飞行器工程技术相结合，形成各种运载火箭技术方案；将无线电工程技术与人造卫星技术相结合，形成各种应用卫星系统。

又如把人类送上月球的"阿波罗"登月计划，就是综合运用各学科、各领域成就的产物，这样一项复杂而庞大的工程没有采用一种新技术，而完全是综合运用现有科学技术的结果。正如登月计划的总指挥韦伯指出的："我们建造登月系统，用的都是现有技术，关键是如何创造性地综合运用这些技术。"这段话充分说明了"综合"在系统工程活动中的重要作用，也揭示了工程系统专家与工程技术专家工作性质的差别。

(3) 组织管理上的科学化。由于系统工程研究对象的高度复杂，综合应用日益广泛，这就使得那种单凭经验的管理不能适应客观需要，没有管理上的科学化和现代化，就难以实现研究思路上的整体化和应用方法的综合化，也就不能充分发挥出系统的效能。管理科学化就是要按科学规律办事，它所涉及的内容极其广泛，包括对管理、组织结构、体制和人员配备的分析，工作环境的布局，程序步骤的组织，以及工程进度的计划与控制等问题的研究。

1.3.4 系统工程与传统工程技术的区别

系统工程的研究对象是大型复杂的人造系统和复合系统，系统工程的内容是组织协调系统内部各要素的活动，使各要素为实现整体目标发挥各自的作用；系统工程的目的是实现系统整体目标最优化，系统工程的学科性质是一门现代化的组织管理技术，是特殊的工程技术，是跨越许多学科的边缘科学、横向科学。

系统工程与其他各门工程技术一样，是以改造客观世界、使其符合人类需要为目的的，都要从实际条件出发，运用基础科学和技术科学的基本原理，都要考虑经济因素和经济效益。但是系统工程的对象、任务、方法以及从事系统工程活动所需要的知识结构，与传统工程技术相比，既有共同之处，也有明显区别，主要区别如下：

(1) 概念不同。传统工程技术的"工程"概念是指把自然科学的原理和方法应用于实践，设计和生产出有形产品的技术过程，可将它看成是制造"硬件"的工程；系统工程的"工程"概念，是指不仅包含"硬件"的设计与制造，而且还包含与设计和制造"硬件"紧密相关的"软件"，诸如规划、计划、方案、程序等活动过程，所以这样就扩展了传统"工程"的含义，给系统工程的"工程"赋予了新的研究内容。

(2) 对象不同。传统工程技术都是把各自特定领域内的工程物质对象作为研制对象，是具体的、确定的对象；而系统工程则是以"系统"为研究对象，不仅把各种工程技术的物质对象包括在内，而且把社会系统、经济系统、管理系统等非物质对象也包括在内。这样，系统工程的研究对象是一个表现为普遍联系、相互影响、规模和层次都极其复杂的综合系统。

(3) 任务不同。传统的工程技术是用来解决某个特定专业领域中的具体技术问题，而系统工程的任务是解决系统的全盘统筹问题，这就是通过系统工程的活动，妥善解决系统内部各分系统、各元素之间的总体协调问题，同时涉及到系统的自然环境、社会环境、经济环境等相互联系的问题。

(4) 方法不同。传统工程技术所用的方法是在明确目标后，根据条件采用可能实现目标的方法，提出不同方案进行设计，试制出原型，经试验后最终达到生产和建设的目的。而系统工程在解决各种问题的过程中，采用一整套系统方法：以系统工程观念按照完整的解决问题的程序对系统进行定性分析和定量计算，从而为解决复杂系统问题提供有效手段和工具。系统工程的目标是实现系统的整体优化。

(5) 需要各类人员参与。从事系统工程应用的人员组成，不仅要有专业技术人员，而且还应有社会科学工作者和其他相关行业的人员。

1.3.5 系统工程的意义

系统工程的意义充分体现在系统工程是工程战略这一点上，它是主管人员决策的重要工具。系统工程为工程计划的领导者提供决策的方案、策略和规划，是领导者实现决策科学化的一种有效工具。

1. 系统工程是工程战略

从工程发展过程来看，系统工程是研究工程系统的开发和规划，如果在其开发研究和规划中出了问题，都是有关工程系统发展的前途和命运的大问题，有可能因开发的方案、策略和规划的错误半途而废，也可能因其不当造成巨大损失，甚至带来灾难，而且在这种情况下往往无法用技术手段去弥补或挽救，而只能推倒原定方案重来或者自食其苦果。在工程发展过程中，工程系统的开发规划可以比拟为战略部署，而工程的实施则属于战术。一个工程系统的最终成败与否，主要取决于工程开发研究与规划质量的高低，其次才与工程实施的质量有关，如同打仗一样，战争的胜败主要取决于战略部署是否正确，其次才与战术原则的运用和战地指挥有关。

系统工程工作处于工程开发阶段，是工程的起始阶段，由于受限条件少，方案、策略和规划待定，所以充满了创造性的机会。系统工程人员可以充分发挥自己的聪明才智、创造能力和综合运用各门学科各种知识的技巧，开拓出新的系统概念，建立新的系统结构，从而创造出效益更高的工程开发方案。要纵览工程全局，竭尽全力去寻求工程开发的整体最优方案，而不要把注意力局限在某一技术指标的改进或个别设计参数的优化上，以免捡了芝麻丢了西瓜。

2. 系统工程是主管人员决策的有效工具

工程主管人员即工程的领导者和组织者，通常是指国家、政府和军队的各级首长、公司经理、工厂厂长和工程项目的总指挥等，他们是工程计划的决策者。面对庞大复杂的工程系统的开发任务，由于涉及面广、因素错综复杂、综合性很强，单凭领导者的个人经验和特殊才能已不能胜任工程开发的决策工作，必须组织包括社会科学、自然科学和工程技术在内的各方面专家协同攻关，跨学科超行业地综合运用科学技术的成果，才能找出既完善可靠又切实可行的方案、策略和规划。因此，在主管人员的周围建立起系统工程机构辅助领导决策是十分必要的。否则，主管人员凭地位"拍脑瓜"决策，或是凭经验和个人才能决策，就有可能使方案变成"荒唐"。

主管人员是决策者，系统工程人员是参谋和助手，决策水平的高低与系统工程人员的素质关系极大。系统工程人员只提出方案，而不做决策，他们提出的方案只有经过主管人员决策以后才能成为工程实施的方案。系统工程人员不承担方案实施以后的直接责任，但可以评价他们系统工程素养及鉴定他们的工作成果。

系统工程人员应当是"开拓型"、"组织型"、"博而专"的 T 型人材，应具有强烈的系统观点，在任何时刻、任何环境下，都能坚持用系统观点和方法研究和处理问题。他们一方面知识面宽广，另一方面要有较深的专业知识，更应具有丰富的想象力和创造力，不因袭传统、不迷信权威，善于发现问题，并能及时提出较多的可行方案，同时还要敢于承担风险，不为他人和环境所左右。善于沟通也非常重要，要善于与不同学科领域内的人合作，善于组织跨学科的大范围多部门之间的协作。

例如：美国在制造原子弹的工程中，并没有请当时在物理学方面有很高成就的爱因斯坦、费米等人来担任技术总指挥，而是选择了当时只有 38 岁的物理学家奥本海默来担当，原因就在于他知识渊博，研究过文科、地质、化学、外语等。他在大学时代专攻物理，虽然他没有得到过诺贝尔奖，也没有发表过多少轰动学术界的论文，然而广博的知识使其具有敏锐高超的综合思维能力，能抓住问题的关键，现实地指出它们的解决方向，也就因为如此，在他领导下的 1500 名科技人员，经过不到六年的努力就造出了举世震惊的原子弹。

3. 系统工程的应用范围

系统工程是工程进入系统发展时代以后产生的，主要是为大型复杂的工程系统的开发和规划服务的，但是系统工程的理论和方法又具有普遍的意义，任何中小型工程系统的开发和规划，如果运用系统工程方法的话，也会有显著效果，但这样做价值如何，必要性多大，却是首先应该考虑的。表 1.3.1 列出了系统工程的应用范围及应用举例。

表 1.3.1 系统工程的应用范围及应用举例

应用范围		应用举例
自然对象系统	宇宙	宇宙开发、宇宙飞行、通讯卫星等
	气象、灾害	天气预报、地震预报、防灾、防台风、防洪水、赈灾对策、人工气象开发等
	土地、资源	土地开发、海洋开发、资源开发、能源开发、太阳能开发、地热开发、潮力开发、治山治水、河流开发、农业灌溉、水库流量控制、土地利用、造田、环境保护等
	农、林、渔业	农业资源、林业资源、人工农业等
人体系统	生理、病理	生理分析、生理模拟、病理分析、病理模拟、病理情报检查等
	脑、神经心理	思考模型模拟、自动翻译、人工智能、机器人研究、控制论模型、心理适应诊断、职业病研究等
	医疗	自动诊断、自动施疗、物理治疗、自动调剂、医疗工程、医院情报管理、医院管理、医疗保险、假手足、人工内脏等
产业系统	技术开发	新技术开发、新产品开发、技术情报管理、原子能利用、最优设计、最优控制、过程模拟、自动制图等
	工业设施	发电厂设备、钢铁厂设备、化工设备、过程自动化、机械自动化、自动仓库、工业机器人等
	网络系统	电子网、配管分配、安全回路、控制回路、道路计划、情报网等
	服务系统	铁道航空坐席预约、旅店剧院预约、银行联机系统、自动售票、情报服务等
	交通控制	航空管制、铁道自动运行、道路交通管理、新交通系统等
	经营管理	经营系统、经营模拟、经营组织、经营预测、需要预测、经营计划、生产管理、资财管理、仓库管理、销售管理、财务管理、车辆分配管理、经营情报系统、事务工作自动化等
社会系统	国际系统	防卫协调、国际能源问题、粮食问题、国际资源问题、国际环境保护、国际情报网、发展中国家的开发等
	国家行政	经济预测、经济计划、公共事业计划、金融政策、保卫、治安警察、外交情报、经济情报服务、司法情报、行政管理、邮政职业介绍等
	地区社会	地区规划、城市规划、防灾对策、垃圾处理、地区生活情报系统、公用计划、老年人和残废人对策、地区医药等
	文化教育	自动广播、组号自动编成、计算机辅助教学、文化教育情报服务、教育计划、自动检字、自动印刷、自动编辑等
军事系统	武器研制作战指挥	大型武器研制、设计、规划、管理、试验、使用、监造、自动化指挥和控制、后勤保障、作战模拟、军事预测等

1.4 系统工程方法论

系统工程方法论包括系统工程观念和系统工程程序两部分，它们分别是解决系统工程问题的指导思想和方法。

1.4.1 系统工程的观念

系统工程观念是人类对事物本质和内在规律的基本看法，是指导解决工程问题的基本思想的集合。系统工程观念包括整体观念、综合观念、价值观念、全过程观念、创造观念、策略观念。

1. 整体观念

系统工程的整体观念是指在工程开发研究和规划时要有全局观点和长远观点。不能只见树木，不见森林；也不能只顾现在，不顾将来。形象地说，系统工程处理问题总是先观大象再摸象腿；先用望远镜，再用显微镜。在研究方法上既把研究对象看成一个系统整体，同时把研究过程也看作一个系统整体，这是系统工程的精华。

把研究对象看成一个系统整体，就是把对象看作是由若干个分系统按一定规律有机地结合而成的总体系统。对每个分系统的要求都要首先从实现总体系统技术协调的观点来考虑；对开发过程中分系统之间的矛盾，或分系统与整体之间的矛盾，都要从整体出发协调解决。同时，把各对象系统又作为它所从属的更大的系统组成部分来研究，对它所有的技术要求，都尽可能从实现这个更大系统技术协调的观点来考虑。

按整体观念的要求，在制定系统工程方案、策略和规划时，必须牢固树立全局观念。但在实践中常常会出现这样的情况，如某些方案或策略从局部或短期来看是好的，但从全局或长远来看是不好的；另外有些方案或策略从局部或短期来看不那么好，但从全局或长远来看确是有价值的。因此，我们应该从实现整个系统的总目标出发，用局部服从全局、短期服从长远的原则来处理问题，才能作出科学的判断；否则就形成错误的方案，造成决策失误。例如，马岛战争中，英军使用了铝合金来代替钢制成的舰艇，目的是为了减轻船的重量，以便设置更多的武器装备，但由于铝合金的熔点大大低于钢，致使舰艇中弹以后，水线以上的船体迅速熔化，这种片面追求某一战术技术指标而忽视武器系统的总体性能的做法是缺乏系统整体观念的表现，应当引以为戒。又比如备受美国空军推崇的F-22战斗机，把重点放在隐形上，在造价、重量和机动性方面带来很多问题，反而削弱了战机的作战性能。

而"卡什坦"系统在设计阶段，就以整体作战效能为目标，对火炮口径、射速、弹丸威力、对目标的毁伤概率等多种因素进行综合优化，注重武器系统成体系的发展。在总体设计上采用"二位一体"的结构形式，并采用了最新技术研制的交流调速随动系统，缩短反应时间，提高全系统的精度，使之成为近程反导的有力武器。

又比如联合作战是各军兵种共同实施的作战，每个军兵种都有优长，同时又各有弱点，联合作战就是要充分发挥其优势，通过协同各军兵种相互弥补弱点，达成 1+1>2 的作战效果。如果联合作战中某一军种发展较慢，战斗力较弱，就不能很好地弥补其他军种的弱点，从而会制约整个作战系统战斗力的发挥。因此，联合作战威力的大小不仅取决于各军兵种是否联得起来，还取决于各军兵种战斗力的大小，尤其是取决于战斗力最小的军种。就像一只木桶一样，木桶装水的多少不是以木桶中最长的木板来决定，而是取决于最短的那块木板，这就是所谓的"木桶短板"效应。为了防止在未来联合作战中出现"木桶短板"，必须注重各军兵种的平衡发展。

2. 综合观念

系统工程特别强调各种知识和经验的综合运用。所谓知识和经验的综合运用，并不是将各种知识和经验进行简单的堆砌，而是要从系统的总目标出发，将各种有关的知识和经验予以有机结合、协调运用、融合一致,达到质的飞跃,从而开发出新的概念,创造出新的"技术综合体"。现代科学技术发展的趋势是"技术突破型"越来越少,而"系统综合型"越来越多。这就要求我们运用各门学科和技术,使它们相互渗透,相互融合。美国人称系统工程是科学加艺术(Science + Art),日本学术界称"综合即创造"。例如,导弹武器是综合运用自动控制技术、电子计算机技术和管理科学的成果,它的出现并不是因为基础理论方面有什么重大突破,或技术上有什么新发明,而是由于高度综合运用了已有科技成果。又例如,20世纪六七十年代装备部队的苏制米格-25战斗机是当时世界基本上接近"双三"指标(最大时速 $Ma=3$,最大升限 30000m)的战斗机,性能可谓优良。但其机身所用的材料不过是一般战斗机上使用的普通铝合金,机上的通信设备并不怎么先进,有些甚至还是电子管式的,铆接技术也很粗糙。这些不那么先进的材料、工艺、技术、设备等巧妙地综合在一起,说明了整体的最优化并不一定要求所有的分系统都达到最优。

这种通过综合得出的新武器装备有很多,如:海上光电探测系统和舰载"弹炮合一"近程反导系统。前者是综合利用光学技术、光电子技术、计算机技术和精密制造等技术发展起来的一种用于海上各种作战平台,具有特定战术功能的高技术军事装备;后者是综合了火炮、导弹、雷达、光电、自动控制等技术而形成的防空系统,提高了舰艇的防空能力。

3. 价值观念

系统工程的目的是要为主管人员提供决策方案、策略和规划,而对这些方案、策略和规划的评价与决策都是建立在价值观念基础上的,因此,价值观念是系统工程观念中的一个极其重要的组成部分。

下面主要讨论三个问题:

1) 评价标准

系统工程中确定价值目标是一件相当困难的事情,主要原因是因为工程开发问题具有无样本性、不确定性、不分明性和多目标性。我们把描述系统价值的总体称为评价标准目标集。对于军事武器装备系统它包括以下一些价值目标因素,如战术技术性能、进度、费用、可靠性、可维修性、期望寿命、适应性等。应针对不同的系统目标建立不同的评价标准目标集来对系统进行综合评价。

正确评价一个武器系统效能是一个非常重要的问题。

第二次世界大战中,英国对于商船上装高炮是否有价值的问题曾经引起争论,有人以商船装高炮击落敌机的概率低(只有4%)为理由反对装;有人却认为商船装高炮的主要目的是自卫,而不是对空作战,因此,应以商船装高炮后的被击沉率的降低来评价。结果表明,商船装高炮后,被敌机击沉的概率由原来的25%下降到10%,很显然,商船装高炮是一件非常有价值的战斗部署。可见,工程开发中正确的选择工程系统的评价标准是件极为重要的事,千万不能搞错了。

2) 时间价值

把时间列为一项重要指标并考查其价值,这是系统工程中的一个极其重要的价值观念。随着科学技术的日益发达,系统工程所面临的庞大复杂系统不仅研制周期长,而且更新淘汰快,一项工程拖的时间越长,所付出的代价就越大,甚至一个系统研制了十几年,当它进入鉴定时,技术上已经陈旧落后,失去了它的使用价值,造成了极大的浪费。一项复杂武器系统是在十年内,还是二十年内装备部队,其价值相差甚深远。工程的开发研究应牢固地把握时间价值这个概念,尽快创造出符合时代要求,并且具有竞争力的产品——武器装备。我们必须注意,武器系统的军事价值是相对的，在服役寿命期间随敌方能对抗这个系统的功能的变化而变化。

3) 社会价值和潜在价值

任何一项工程的开发不能只考虑其经济效益的好坏，还必须同时考虑其社会效果如何，例如，使用液体火箭发动机的导弹部队，由于燃烧剂及氧化剂均为剧毒，应考虑不能对周围环境带来污染。

工程开发除了产生预定的效能外，还有的能产生一些有益的输出或副产品，这些工程的额外收益称为工程的潜在价值，例如，远程的潜对地导弹除了可以直接打击敌战略目标外，还有一种威慑力量。军事工程技术的发展，对民品生产会有促进作用。

充分认识并尽力发挥工程的社会价值和潜在价值是系统工程人员的一项重要任务。

4. 全过程观念

从工程发展过程的纵向来看，任何一项工程都要经历开发、实施、运用和退出四个阶段，这四个阶段组成了工程系统的全生命期。系统工程的研究必须着眼于工程系统的全生命期，从这点出发，在工程的开发阶段制定工程开发的方案、策略和规划时，就必须考虑工程的设计和制造、工程的运用和维修，以及工程使用寿命结束以后的处理问题。忽略了其中的任何一个环节，都会使工程出现停顿与混乱，以致其价值不能得到充分发挥。对于现代化的武器装备，在其开发阶段，就要充分考虑系统的可靠性、可维修性、抗干扰性等问题，要把这些作为战术性能指标提出来，同时要保证有一定的期望寿命。只有这样，才能保证其军事价值的充分发挥。

波音777客机在设计开发中采用系统工程方法，从全寿命过程出发，装配线的工人和飞机生产线的机械师们参与了最初设计，其结果是把装配、维护和维修简易性融入到飞机的设计中，采用无图纸化设计和虚拟制造技术，使得工程更改要求降低99%、工程更改请求周期降低50%、材料返工降低90%、机身装配误差改进50倍、取消3000多个装配接口、无任何物理原型。

2005年4月，美国将退役的"小鹰"级航母的第3艘"美洲"号拖到大西洋，进行了航母抗打击试验，为研究航母的防护提供依据。试验分水下和水面两部分进行，分别模拟鱼雷、巡航导弹甚至自杀式小艇的攻击，以分析航母在遭受各种类型攻击时的抗沉性，同时通过安装在航母上的数百套传感器和摄像机记录相关数据。

值得注意的是，在工程开发阶段就要考虑工程退出，即工程的"后事处理"，这是系统工程区别于传统工程的又一个重要标志。例如，苏联把退役的米格-15飞机装上自动驾驶仪、雷达导引头和战斗部后就成了岸对舰的飞航式导弹，重新装备部队。工厂设备梯次更新，也是一件有意义的退出设计。一些技术先进、设备较好的军工厂在其设备更新时，不是将更换的旧设备全部报废回炉，而是将其大部分配套成龙，转移到某些技术水平较低、设备较差的地区和工厂，以使得这些旧设备能继续创造财富。

5. 创造观念(创新观念)

系统工程所面临的问题是庞大复杂的工程系统的开发研究和规划问题，要解决如此广泛而又错综复杂的问题，找出工程开发的最佳方案、策略和规划，首先就必须开发出工程系统的概念和结构，随后才能谈得上对该系统进行分析和综合评价。因此，系统的概念开发和系统的结构开发是系统工程中最关键的两项工作。这两项工作除了需要综合运用科学技术的成果以外，还特别需要充分发挥人的智慧和创造性，而人们的灵感常常就是在这种创造性的过程中产生出来的。

系统的概念开发，又称系统的概念设计，其主要任务是定义系统的概念，明确建立系统的必要性，在此基础上明确系统的目的和目标。同时，提出系统所处的环境条件，并估计系统所受的各种制约条件，最后制定出系统开发计划书。

系统结构开发，又称系统的组态设计，它是把系统的概念开发所获得的系统概念具体化为概略的系统结构，其内容主要是依据定义的系统概念设计出为实现系统目标的系统结构，然后进行系统的分析、优化、评价与决策。

事实证明，要用有限的社会资源(物质、能源和信息)建立起价值较高的系统，从而取得较好的经济效益和社会效果，必须大胆地、创造性地进行系统的概念开发和结构开发。例如：集装箱的概念的提出，不但使整个水运面貌改观，而且引起公路、铁路、航空运输和仓储工程的重大改革，其价值是极为巨大的，由于采用集装箱运输，使船舶停港的平均时间由 5～7 天减少到 20 小时左右，这相当于在不增加运输设备的情况下，使香港到日本的船运能力提高了将近一倍，而且货物的破损率也大大降低了。

没有创造性的工作方式，可以贬称为"追尾巴"和"照镜子"。体现在武器装备的发展中就是，看到人家有一种新武器，只是一味地想引进和仿制、照抄照搬；或者是墨守其现成的概念和结构，忙于搞一件战术技术指标差不多或稍有提高的类似武器去对付，这种跟在别人后面一步一步爬行的"消极对抗"策略，是很难摆脱被动挨打局面的。武器开发中最忌讳这种消极对抗的策略，而应特别强调"积极对抗"，举几个对比的例子。

例一，第二次世界大战后期，法西斯德国慑于苏联当时的新坦克 T-34 的火炮和装甲的威力，采取拼技术拼指标的办法，研制出一种新式重型坦克，企图用大口径火炮和特厚装甲来压倒 T-34，但是该坦克体积庞大，车宽 3.7m，重达 70t 左右，能够自由通过的公路、桥梁和地区很少，运输和抢救都很困难，最后因机动性很差很快就被淘汰了。

例二，1967 年的第三次中东战争中，巴方发射 13 枚"冥河"雷达末制导反舰导弹，就有 12 枚命中了以色列无雷达对抗设备的舰只。战后以色列采取一系列的雷达对抗措施：首先加装雷达告警接收机和远、近程箔条发射装置，用以对付"冥河"导弹的来袭，并迫"冥河"导弹层层受扰，进而导致攻击方位偏差。其次改用小艇作战，这一方面可以减小 RCS 和易受攻击截面，相对提高干扰效果；另一方面也可以提高舰船的机动性能，以便实施相应的战术机动和规避。除此之外，还加装了"伽伯列"反舰导弹，以便反击。然而巴方作战舰只在此期间无新的雷达对抗举措，因而在 1973 年的第四次中东战争中，巴方虽用 30 余舰船围攻 10 余艘以色列舰只，共发射了 49 枚"冥河"导弹，只有一枚轻擦以舰的舰尾，反而有 13 艘自己的舰艇被以色列新研制的"伽伯列"导弹击中造成惨重损失。反差之大，实属罕见。

例三，第四次中东战争，以色列飞机被苏制"萨姆"导弹击毁多架，损失惨重，战争结束后，以色列分析了"萨姆"导弹的优势和致命弱点，采取"避实就虚"的积极对抗策略。到 1982 年 6 月第六次中东战争时，以色列使用新的电子对抗技术和相应的战术，仅用 6 分钟就把叙利亚部署在贝卡河谷的 19 个"萨姆"-6 导弹营全部摧毁，而以色列未损失一架飞机。

例四，1982 年的马岛海战后，英国海军接受了"谢菲尔德"号驱逐舰被击沉的教训，加强了海上雷达对抗，从舰上昼夜不停地将箔条干扰弹射入空中，或从烟囱中把箔条抛向空中，成功地保护了舰船免受攻击，对取得这场海战的最后胜利起到了十分重要的作用。

6. 策略观念

为使系统工程开发取得最佳的效果，必须运用一系列策略来谋求工程开发并与社会环境和自然环境相融合。因此，策略观念是系统工程中又一个重要观念，以下是系统工程中常用的一些策略。

1) 多途径发展

为了应付环境突变所引起的危机，必须制定多途径发展的策略。为了达到同一目的，可以有多种多样的方案，这是工程技术的一个客观规律。

例如，为减少潜艇噪声，636 型潜艇同时采取了很多较为有效的降噪措施。一是在结构上，采用最佳的长宽比(7.5:1)的水滴形艇体，使艇体的浸湿面积和水下阻力达到最小；改进排水孔设计，减少排水孔数量；减小指挥台围壳的开口，从而使艇体表面保持光滑，不存在凹凸体，大幅降低了潜航时产生的水动力噪声。二是采用一个 7 叶大侧斜低噪声螺旋桨，改善螺旋桨的导流状况，提高螺旋桨的推进效率，减少螺旋桨转速，从而大大降低空泡噪声；三是采用全电力推进，并且在推进系统每个设备下部安装减振装置，最大限度地减少噪声；四是加装消声瓦。综合以上采取的降噪措施，使 636 型潜艇的隐蔽性在世界常规动力潜艇内名列前茅。

2) 系列化、标准化、通用化、模块化

这一策略的指导思想是通过规范化形式，使得研究成果具有更大的继承性和可转移性。这一策略能大大降低工程造价，节省施工时间，并带来维护和使用的方便，因此，能使被开发的工程具有应付环境变化的适应能力。

"卡什坦"系统在重视模块化设计和预留发展空间方面就考虑得很充分。舰艇在整个服役的 20～30 年内，要求一些武器装备可能发展 2～3 代，必然出现"一代平台，多代负载"。为此在总体设计论证中，十分重视模块化设计和预留发展空间，为以后的改装创造条件。在产品研制中，各功能部件尽量保持独立，通过标准接口连接，有利于各功能部件进一步改进和更换。如"卡什坦"系统由指挥单元和战斗单元两部分组成。对于防空反导任务较重的大、中型水面舰艇可配备多个指挥单元，每个指挥单元可控制 1～6 个战斗单元。反之，可以只配置一个指挥单元控制 1～2 个战斗单元。导弹储存和再装填系统也是一样，根据舰艇需要进行选用。在 20 世纪 90 年代开发的"棕榈"、"刀刃"系统，根据用户的不同需求，前者可以安装防空导弹，后者可以安装轻型防空导弹、火箭弹、反坦克导弹、榴弹发射器。"刀刃"系统总体设计中，根据舰艇的类型不同，在模块设计原理的基础上可采用单工位方式和双工位方式，系统在增加火炮弹药基数方面也注意了预留发展空间。

3) 联合策略

这一策略的涵义十分广泛，包括吸取社会潜力、利用专利、利用文献、承包合同、计件合同、聘请和招募有才能的专业人员、建立技术储备和信息库以及人员培训等；也包括研究开发、创新与购买、生产相结合等，汲取先进技术及成果，消化、吸收、创新为自己所用，达到缩短研制周期，减少技术风险的目的。

美国是先进技术和经济实力很强的国家，但也采取一些先进、适用设备和技术，以及可买得到的就直接到军贸市场去购买的原则，如在美国生产装备的 MK75 型单管 76mm 舰炮是美国海军获得意大利的批准，取得了 OTO 紧凑型 76mm 舰炮的生产许可证。日本海军也购买了该炮的生产许可证，将该炮作为日本海军护卫舰的主炮而组织生产。

4) 竞争策略

有意设置竞争环境，开展方案竞争，是获得工程开发最佳方案的一种策略。例如，"曼哈顿"工程确定"五个方案"同时上马以及苏联的歼击机、轰炸机的研制工作各有三个设计集团，就是一种设置竞争环境的策略。

譬如美国"密集阵"系统的改进广泛采用开放式的竞争，提出多个研制方案，从中选性能最优、质量最好、价格较廉的产品，从而为最终优选方案奠定了基础。

1.4.2 系统工程的程序

系统工程的程序是指解决问题的方法结构，这种方法结构体现了把设想变为现实的具体的步骤，是由一些基本逻辑程序组成的。

系统工程的程序是解决工程开发和规划问题的方法结构。自20世纪60年代以来，许多专家和学者对系统工程的方法进行了大量的探讨工作，取得了一定的成绩，但是，企图找到能够处理所有工程开发和规划问题的标准程序是不现实的，也是根本不可能的。然而实践证明，尽管没有这样的一个万能的方法，但总可以找到一个能适应各种不同工程开发和规划问题的思路，也就是解决这类问题的方法结构。这种方法也就是系统工程的程序，通过这些程序把解决问题的指导思想(系统工程概念)和解决问题的工具(科学原理和技术手段)联系起来，以求得问题的圆满解决。

系统工程的程序是由7个基本逻辑程序组成的。

(1) 分析环境明确问题。尽量全面地收集和提供有关要解决问题的历史、现状和发展趋势的资料及数据，然后正确描述和定义问题。

(2) 确定目标。对要解决的问题提出所应达到的总目标和分目标。严格地说，总目标应该是不可变的，各个分目标为适应总目标而可能有所改变或者完全改变。以总目标为出发点，将各分目标组成目标集。

(3) 系统评价。用价值观念论证解决问题的必要性，是在分析目标集内各目标因素所应达到的程度基础上建立评价标准集。

(4) 系统综合。通过概念开发和结构开发，建立实现确定目标的系统概念，并由此对系统结构进行概略设计，从而获得达到确定目标的各种可能方案(或称代替方案)，并对每个方案进行必要的说明(优缺点，费用等)。

(5) 模型分析。对系统综合后的各种替代方案分别建立模型进行分析、比较，精减入选的方案数目，并对入选的方案作进一步说明。

(6) 系统优化。对系统分析的结果进行优化，即对入选的每个方案精心选择其参数，使得每个方案都是能满足确定目标的最好方案，并对入选方案排序，确定最优、次优、次次优等顺序。

(7) 系统决策及实施。由领导选择方案付诸实施或者供进一步研究时参考。

从这里我们可以看出，系统工程的程序，是解决工程开发和规划问题的辩证过程，而不是系统工程的工作阶段。系统工程有很多工作阶段，在每一个阶段上，针对所要解决的每一个问题，都要运用这一程序，以使问题展开并应用科学原理和技术手段去解决。

系统工程的程序本身包含着迭代过程，即它是有反馈的，有控制的，是一个多重系统。这个程序的时间先后，要求并不很严格，而且它们经常出现反复。经过迭代不断提高被开发系统的价值。

每一工程系统的开发通常由工程发展研究、设计、试制、试验、定型、投产、运用和退役等主要行动阶段组成，为了能够按预定的总目标交付目标工程系统，必须按工程开发的行动程序，一步一步扎扎实实地进行，前个阶段的工作任务没有完成不应轻易决策转入下一个工作程序。一个复杂的工程系统不能实现预期目标，或造成重大损失，甚至发生中途下马等灾难性的后果，多是违反系统开发的科学行动程序造成的，对于复杂工程系统采用"边勘察、边设计、边施工"的做法是行不通的。工程开发必须严格按照系统工程的行动程序办事，在研制工作条件还不具备的条件下，试图人为地改变经过实践检验是符合工程研制科学规律的工程研制程序，到头来往往是事倍功半，欲速而不达。

从一定意义上讲，系统工程研究的目的就在于拟定一整套关于技术开发、组织管理、工程实施和工程运用等有关活动的价值程序，保证工程开发在整体上取得最满意的效果。

1.5 系统工程的发展历史

系统工程的思想可以追溯到人类很早的活动中，公元前六世纪的《孙子兵法》，对战争的全局及各部分的关系作了详细的论述，提出决定战争胜负的政治、天时、地利、将士、法制等五个相互联系、相互影响的基本因素，也体现了整体性的思想。系统思想在实践中有广泛的应用。公元前250年的都江堰整体发挥了宝瓶口、鱼嘴、飞沙堰的孤立部分所不能发挥的作用，所以才能分导汹涌的闽江急流，使之驯服地灌溉40个县500多万亩农田。都江堰的整体规划、设计和实施的科学水平和创见，用今天的系统方法来衡量也毫不逊色。

但是系统工程的概念直到20世纪40年代，才由美国贝尔电话公司在设计电话通信网络时正式提出来的。美国"阿波罗"登月计划的成功实施，使得系统工程作为一门新兴的现代科学技术真正引起人们的广泛重视，并从此不断发展。

1.5.1 系统工程的形成和发展

系统工程的发展是现代科学技术迅速发展的需要，系统工程形成和发展的过程大致可以分为三个阶段。

1. 系统工程的初创阶段

初创阶段是个别研究和简单应用阶段。几个标志性成果如下：

(1) 1940年，在美国等国家的电讯工业部门中，为完成规模巨大的复杂工程和科学研究任务，开始使用系统观点和方法处理问题。美国贝尔电话公司首次提出了"系统工程"名词，设立了系统工程研究部，创立了将研制工作分为"规划、研究、发展、工程应用和通用工程"等阶段的系统工程方法。他们用系统工程方法研究，得出的结论是"电话机的技术是次要的，运用电话网络本身比研制电话机更重要"。此后，在工程系统和工业企业中广泛应用了系统工程的方法。

(2) 第二次世界大战期间，同盟国以大规模作战系统为研究对象，为协调雷达系统、防空系统、护航系统、后勤系统、军事指挥系统，创立了排队论、线性规划等优化技术，产生了运筹学。战后，运筹学得到广泛应用，成为系统工程的重要理论基础。

(3) 1940年—1945年，美国制造原子弹的"曼哈顿"计划，采用了规划、计划、多方案优选的系统工程方法，取得了成功。

(4) 1948年美国兰德公司成立。该公司发展并总结了一套解决复杂问题的方法和步骤，称之为"系统分析"，成为系统工程的重要方法。该公司运用系统工程方法权衡设计方案的费用和效益，所作出的决策往往取得了预期的结果。

2. 系统工程的发展阶段

在1957年—1965年期间，系统工程被自觉运用，理论和方法都得到进一步发展。这一阶段的主要标志性成果有：

(1) 1957 年，美国密执安大学的古德(H.Gonde)和麦克霍尔(R.Machol)的专著《系统工程》问世。

(2) 1958 年计划评审技术(PERT)产生。这一系统工程方法在"北极星"核潜艇的研制过程中发挥了重要作用，使研制任务提前两年完成。

(3) 1962 年美国国防部长麦克纳马拉提出规划、计划、预算系统，大力推行系统工程。在他担任国防部长的 7 年间，共节约几百亿美元。

(4) 1963 年美国亚利桑那大学设立系统工程系，另一些大学也开设了有关专业或课程。同时，还举行系统工程年会，出版系统工程刊物。系统工程开始成为一门独立的学科。

3．系统工程的初步成熟阶段

所谓成熟阶段，即理论和方法基本完善，得到世界公认的阶段。这一阶段重要的标志性成果如下：

(1) 1965 年美国出版了《系统工程手册》，介绍了系统工程理论、系统技术、系统数学等，基本上概括了系统工程的全面内容。该书的出版是系统工程理论基本成熟的标志。

(2) 1972 年美国"阿波罗"登月计划成功，该计划采用了计划评审技术(PERT)、图解评审技术(GERT)等一系列系统工程方法。

(3) 世界各国广泛研究、应用系统工程。

4．系统工程发展的展望

当今世界正在进入一个信息化时代，时代的需要将推动系统工程飞速发展。其发展趋势表现如下：

(1) 信息系统工程将得到飞速发展。人类进入 20 世纪 90 年代以后，网络技术空前发展，客观上使人类对信息共享和协作的要求愈加迫切。建立"数字地球"既是一项重要的基础研究课题，更是人类历史上一项宏大的信息系统工程，它将在深层次上实现计算机科学、信息科学、地球科学、系统科学的有机融合，从更高的层次来集成已有和正在发展的理论、技术和数据，开拓一系列全新的研究、发展与应用领域。

(2) 系统工程作为一门交叉学科，日益向多种学科渗透、交叉发展。自然科学与社会科学的相互渗透日益深化，为了使科学技术和经济、社会得到协调发展，需要对系统科学与社会学、经济学、管理科学、数学、计算机技术、控制技术、人工智能技术等众多学科加以综合应用。

(3) 由于社会经济系统的规模日益扩大，现代管理科学日益发达，影响决策的因素日益复杂，在决策过程中有许多不确定的因素要综合考虑。因此，现代决策理论和方法有了很大的发展，在决策理论中不仅应用了许多现代数学的分支，还要研究心理学和行为科学；不仅应用了现代计算机技术和通信技术，形成了各种形式的管理信息系统和远距离通信网络系统，还发展了现代决策支持系统和智能型决策专家系统。

(4) 系统工程作为一门软科学日益受到人们的重视，社会上出现了一种从重视硬技术转向重视软科学的变化。

1.5.2 系统工程的学科基础

系统工程是在系统思想指导下，由数学方法、计算机技术和特殊工程知识相结合而成的组织管理技术。有关系统思想的理论、数学方法和计算机技术是系统工程的学科基础。

1. 系统思想

系统思想是以 20 世纪 40 年代产生的一般系统论、控制论、信息论为基础的，这三个理论从不同角度突出了系统的整体性问题。20 世纪 60 年代以来产生的耗散结构理论、协同学、超循环理论、突变论、混沌学和分形学等一系列新理论、新学科，也从不同角度为系统工程提供了新的思路和研究方法。

2. 数学方法

系统工程应用的数学方法主要是运筹学。运筹学是近半个世纪以来兴起的数学应用学科，是研究系统在给定条件下，通过统筹规划、合理安排以求得最佳效果的数学方法。运筹学在解决问题上有两个特点：一是从全局出发；二是通过建立模型对问题进行计算以求得精确的结果。系统工程应用的主要运筹学分支有规划论、排队论、对策论、图论等。

3. 计算机技术

计算机的基本功能是信息的存储和加工处理，计算机的出现使得系统工程的发展更加迅速。要把现实问题转换成计算机能处理的形式，涉及到系统模拟和计算机软件技术。此外，由人和计算机组成的系统，要考虑人机功能的最佳分配，确定适当的人机接口，这也涉及到计算机的软件和硬件技术。

除了上述的学科外，具体应用系统工程还涉及到许多具体学科知识。系统工程就是系统思想、数学方法、计算机技术和具体学科知识的有机结合。系统工程作为一门综合性的边缘科学，无论在理论上、方法上、体系上都还处于发展之中，它必将随着生产技术、基础理论、计算工具的发展而不断发展。

1.6 系统工程的应用实例

实例 1："阿波罗"登月计划的组织管理和实施过程。

阿波罗计划是美国继"曼哈顿"计划、"北极星"计划之后，在大型项目研制上运用系统工程而取得成功的又一个实例，是系统工程的光辉典范。

美国的阿波罗载人登月飞行计划于 1961 年提出，其系统目标是：10 年内把人送到月球表面并且安全返回地球，并要求在最短的时间内，以最少的费用，胜利完成登月计划。

阿波罗登月计划的整个过程是：确定登月方案、为登月飞行做准备的 4 项辅助计划、研制"土星"号运载火箭、进行试验飞行、研制"阿波罗"号飞船、实现载人登月。全部任务分别由地面、空间和登月三部分组成，是一项复杂庞大的工程计划，它不仅涉及到火箭技术、电子技术、冶金和化工等多种技术，为了把人安全地送上月球，还需要了解宇宙空间的物理环境以及月球的构造和形状。它涉及到 40 多万人，2 万多家公司和工厂，大学研究机构 120 所，使用 600 多台计算机，研制的零件有几百万个，耗资 300 亿美元，历时 11 年之久。

如此庞大的阿波罗登月计划之所以能如期完成，很关键的一点在于运用系统工程方法进行了有效的组织管理。这一规模宏大的工程，工程技术的复杂程度难以想象，仅"土星"5 号火箭就有上百万个零部件，涉及成百上千种复杂的工序，只要有一处隐患，就可能造成箭毁人亡的惨剧。研制这样复杂的系统，面临的难题是：怎样把比较笼统的初始要求(如使航天员安全登月并返回地球)逐步变为成千上万个工程任务参加者的具体工作，怎样把这些工作最终组合成一个技术上合理、经济上合算、研制周期短、协调运转方便的实际工程系统。这样复杂的工程系统，涉及大规模复杂的社会劳动组织协调和管理，需要有一套严密而科学的组织管理方法。阿波罗工程成功地解决了这一重大问题，对于开拓系统工程思想，促进系统工程的发展，并将系统工程方法应用于人类社会的生产活动产生了重要影响。

为了完成这个计划，除了要考虑每一部分之间的配合和协调工作外，还要在制定计划时估算各种未知因素可能带来的各种影响。这个计划的成功，关键在于整个计划的组织管理过程中采用了系统工程的方法和步骤。其实施过程说明如下：

1．建立管理组织机构，明确职责分工

为了完成登月活动，首先确定所需要的组织形式和管理原则。国家宇航局设阿波罗计划办公室主管全部工作，并在该局附属的三个研究中心内分别设立阿波罗项目办公室，接受该局计划办公室的领导，负责分管的任务。

计划办公室及项目办公室的职能有：①项目的计划和控制；②系统工程；③可靠性和质量保证；④试验；⑤操作实施。并分别设立主管部门。

整个管理过程与一般管理工作所划分的计划、组织、控制、指导4个方面相类似。为适合于研究和研制工作的进行，又分为5个方面：确定计划的基本要求、量测性能、分析和评价、控制和指导变化、动作和反馈。整个管理过程中在5个职能部门内经常考虑和处理的问题是工程进度、成本费用和技术性能。

2．制定和选择方案

计划办公室成立后，首先为实现登月选择飞行方案，共提出三个可行的备选的方案：

(1) 直接飞行，使用新型运载火箭。

(2) 地球轨道交会，使用"土星"运载火箭分别发射载人航天飞行器和液氧储箱。

(3) 地球轨道交会，使用土星运载火箭发射载人航天飞行器和登月舱。

对3种方案分别从技术因素、工作进度、成本费用和研制难易度等方面权衡利弊。

在技术因素中，分别考虑了性能、制导精度、通信和跟踪、飞行成功率等问题，结果发现第一种方案在性能、制导精度、通信和跟踪三方面最佳。第二方案在飞行成功率方面最差，仅为其他两方案的2/3，在性能方面也最难以提高。第三方案在技术因素上并不突出，仅性能和飞行成功率上与第一方案相等，其他方面均不及第一方案但优于第二方案。

接着比较了3个方案的难易程度。第一方案要研制大型运载火箭以及第二方案所要求的那种大型登月火箭，还要解决低温火箭的空间操作以及载人和无人飞行器对接问题。第三方案要求研制月球轨道交接技术和载人飞行器。权衡起来，第三方案比较容易实现。

最后从工程进度和费用方面作了比较，根据保守的计算，第三方案比前两个方案提前几个月完成，而研制费用比前两个方案低10%。

结论是第三方案最能确保在最短期内最经济地完成阿波罗计划的全部目标。

3．组织管理过程

飞行方案确定之后就开始其他的计划和管理工作。管理过程的第一方面是确定该计划的基本要求。阿波罗计划采用了"工作细分结构"的系统分析法，把整个工作计划由上而下逐级分成项目、分项目、系统、分系统、任务、分任务等6个层次。使用这种分析方法的优点是：

(1) 确定阿波罗计划所有分支细目及其相互关系，明确每个单位负责的工作。

(2) 作为绘制计划评审技术的网络图的基础，保证所有分支细目都包括在工作进度系统内。

(3) 作为编制预算的基础,把预算要求、实际成本费用与具体工作成果三者结合起来。

总之,它为管理人员把整个计划的进度、财务和技术三方面的要求连成一个整体提供了共同的基础。

为了明确工程进度的要求,阿波罗计划采用了计划评审技术以形成各主承包商与政府之间的进度管理系统。计划评审技术是一种控制工程进度的新方法。1962年起,美国国防部规定任何大型军事研制项目均需编制网络计划图,否则不予批准,不拨给资金。

管理过程的第二个方面是性能监测,即按照该计划的基本要求,审查整个计划的进展情况。为了及时洞察全局,要经常取得各职能领域的质量管理和进展情况的信息。为此,在各职能领域,制定了报告的具体要求,建立了"管理信息与控制系统"和一系列"设计审查及产品检查"制度。"管理信息与控制系统"将所需了解的各种性能的信息绘成100张左右的图表,经过整理分析后,每月上报计划负责人,以使他能集中精力抓薄弱环节。在阿波罗计划的全过程中连续进行各种审查和检查:初步设计审查、关键设计审查、首次产品结构检查、飞行合格鉴定、设计鉴定审查、飞行准备审查等。

管理过程第三个方面是分析评价。主要工作是对性能数据进行评价,并归纳出必须及时采取行动的几个明确问题,向计划负责人报告。阿波罗计划中应用了计划评审技术和成本相关分析法等,以保持各个工作领域相互平衡和保证主要目标的完成。成本相关分析法就是分析工作进度与成本费用之间的关系,看花的钱是否得到预期的工作量,绘出今后费用增长率变化的曲线,以估计完成计划所需的总费用,它可用来比较几个主要承包商完成的工作量,找出在哪些薄弱环节上费用未能产生预期的效果。

管理过程的第四个方面是对系统的控制。研制计划往往会发生变化,因此必须有系统地进行控制以保证全部计划的实现。凡是影响最终产品的形式、装配、功能的任何变化,都必须由规定的某一级决策机构批准。为了控制成本,每个季度要审查该计划的各个部分的实际成本,划出超出动向,查出薄弱环节,必要时调整财务计划。由于强调财物管理及成本估计做得好,阿波罗计划的财务支出始终保持相对稳定,平均每年实际成本比预计的增长不到1%。

管理过程的最后一个方面是保证整个管理机构在日常活动中履行各种指令、规程、程序并为下一轮性能测量提供反馈数据资料,目的是让各级负责人明确自己的职责范围,做到事事有人负责,并且把实干的人选安排在合适领导岗位上并给以决策权,把那些光说而不干的人撤下来。在日常活动中召开计划审查会以促进管理行动的有效执行。

阿波罗计划的成功还依靠执行过程中所使用的管理系统和工具——计算机。而最重要的就是在整个计划中,采取了从整体出发并面向整个系统的综合管理方式。

实例2:中国载人航天工程。

系统工程生发于航天工程实践。由于航天工程具有规模庞大、系统复杂、技术先进、投资多、风险高等特点,不采用系统工程的方法就无法实现工程目标。

载人航天工程是中国航天领域迄今规模最庞大、系统最复杂、技术难度大、质量可靠性和安全性要求最高、资金有限、极具风险性的一项跨世纪的国家重点工程。如何从系统思维出发,将人(专家)、信息(流程)、机器(设备单机到元器件)等诸多体系结合起来,发挥综合优势、整体优势和智能优势,既超越局部得失,实现技术系统全局优化和管理系统全局统筹,又主动防范和化解风险;如何把比较笼统的初始研制要求,逐步落实到成千上万研制任务参与者的具体工作中,并使这些工作及其成果最终能够成为一个全面保证工程目标实现的实际系统,这是航天系统工程管理的出发点和落脚点。通过实践、认识、再实践、再认识,中国载人航天工程可以说是实践系统工程的典范。

1. 科学、严密的决策体系

载人航天工程决策的过程,充分体现了作出这一国家重大战略决策的长远战略眼光与实事求是的科学风范。

我国提出载人航天工程始于 20 世纪 60 年代。1966 年,中国科学院和第七机械工业部第八研究院分别提出了载人航天的设想。在当时的国防科委支持下,第二年开始共同论证,全国 80 多个单位的 400 多名专家、学者参加了论证工作。1970 年 7 月 14 日,毛泽东主席圈阅了军委办事组呈送的国防科委选拔航天员的报告,我国第一次载人航天工程正式立项,代号为"714"工程,飞船取名为"曙光"号。工程进行 5 年后,由于当时国家经济基础薄弱、科技水平较低,加上"文革"的影响,中央决定"714"工程下马。

再次提出载人航天工程已是改革开放后的 1985 年。当时的国防科工委和航天部向中央提出了将载人航天作为中国下一步航天发展方向的建议。1986 年,载人航天被列入 863 计划。1992 年 9 月,中央专委《关于开展我国载人飞船工程研制的请示》得到党中央批准。其间历时 7 年,经过了概念研究、工程方案设计和可行性研究、工程技术及经济可行性论证等;方案最初有 6 个,经过比较选择,最后确定由载人飞船起步。该《请示》是载人航天工程最终形成的完整的顶层设计,既考虑了可能性,又考虑了超越性;既明确了发展方针、发展战略、任务目标和三步走以及步步衔接的总体构想,又提出了第一步载人飞船的四大任务、七大系统以及经费、进度、组织管理等建议。这一科学论证和正确决策,凝聚了党和国家领导人、航天领域以及众多相关领域的顶尖科学家的集体智慧,是载人航天工程能够取得成功的先决条件。

科学地确定载人航天的实现途径,最大限度地降低风险,从组织、技术、计划、质量、人才资源等多方面保证工程的成功实施,这些载人航天工程战术层面的决策,同样也遵循了系统工程的决策方法。工程实行中央专委直接领导下的专项管理,由原国防科工委统一组织实施,通过总指挥、总设计师联席会议制度决策工程中的重要问题,由总体设计到分系统具体实施,建立起层次严密、责任分明、运转合理、总体协调的决策体系,形成了一整套成熟、严格的管理制度。

载人航天工程决策,是以国家综合国力和技术实力为基础,定性分析与定量论证、需要与可能相结合,层次分明、协调统一的综合过程,是众多人集体智慧的结晶。科学、严密的决策体系从顶层开始,保证了工程整体的全局优化、总体协调和风险控制。

2. 以专项管理为核心的组织体系

我国载人航天工程,在中央专委直接领导下实施专项管理,即由总装备部、国防科工委、中国科学院和中国航天科技集团公司等部门、行业及单位,按照工程的科学技术流程和职能分工,组成跨部门、跨行业、高度集中统一的组织管理体系。组织管理这一庞大体系的基本原则是:制定政策与实施管理相结合,行政指挥与技术负责相结合,分散管理与统一协调相结合。

在专业层面上,工程由工程总体和航天员、飞船应用、载人飞船、运载火箭、发射场、测控通信、着陆场等七大系统及其各自相应的若干分系统构成,职能非常明确。在管理层面上,根据任务的性质,形成了平时和飞行任务期间两种管理模式。

这样,总指挥和总设计师两条指挥线自上而下纵向贯通,各级载人航天工程办公室横向管理,各级定岗定责,共同编织成矩阵式的组织体系和网络。共有 100 多个研究院(所)、基地、高等院校、工厂直接承担了研制、建设、试验任务；国务院有关部委、军队各总部、有关军区、军兵种和省市自治区3000多个单位的数十万人承担了工程协作配套和支援、保障任务，使得所有飞行试验都取得了圆满成功。

载人航天工程的实践证明，当今时代，运用系统工程方法组建高度集中统一的大规模一体化组织管理体系，是利用先进技术实现宏大工程目标的组织保证；高度专业化和分工协作，是大规模一体化组织管理体系的主要特色；充分协调和密切的信息沟通，是实现组织管理体系活动一体化的必要手段；"一切为载人，全力保成功"的核心理念，则是保证组织管理体系正常运转的灵魂。

3. 以总体设计为龙头的技术体系

工程总体和各系统总体设计是适应航天型号系统工程特点而设立的。我国载人航天工程的复杂性、研制周期长以及研制过程中各种因素的不确定性，赋予了工程总体更加特殊的功能。

(1) 科学确定总体方案。工程总体根据中央决策的发展目标，采用了有利于全面完成基本任务的三舱飞船方案，既充分借鉴了航天型号的成熟技术，又瞄准当时的先进水平，实现跨越式发展。轨道舱可长期留轨运行，使工程第一步的成果能够应用于第二步、第三步。

(2) 严格控制技术状态。技术状态管理或称配套管理，是系统工程管理的重要手段，它保证技术开发活动有序进行。控制更改，可以保证系统研制的完整性和跟踪性。工程总体和各系统总体设计部从研制需求出发，制定了工程各研制阶段的技术要求和基本方案，明确了技术流程，制定了完成任务的标志，使整个工程在各研制阶段起始前有明确要求，过程中有可遵循的技术流程，研制结束后以完成标志作为检查评价的标准。

(3) 确保系统优化和整体优化。载人航天工程由7个系统组成，系统的整体行为不是其组成要素的简单堆砌，局部最优并不必然导致全局最优。工程总体和各系统设计部从全局出发，对每次无人飞行试验均从方案上明确了每一次试验的主任务及其完成的措施，其他任务服从于主任务。在载人航天飞行放行准则中，提出了有效载荷试验无论正常还是异常，均不得危及航天员安全的设计要求，所有参与飞行的有效载荷都很好地满足了这个要求。

由于我国首次开展载人航天工程研制，工程总体和各系统研制经验不足，对许多外部设计要求和内部功能要求以及对质量、可靠性、安全性指标的认识，都是随着研制工作的深入而不断调整、细化、深化的。正是这种积累，最终使"神舟"飞船载人飞行任务取得圆满成功。

4. 综合统筹的计划体系

在载人航天工程实施专项管理的过程中，计划体系相当重要。它涵盖整个工程系统，通过系统筹划和综合平衡，制定工程中长期目标规划、年度计划，并一直分解到月、周、日，使工程各系统成为纵横有序、衔接紧密、运筹科学的有机整体。

载人航天工程计划是指挥调度、组织指导各系统协调发展的重要依据，以工程关键和短线项目为主线，采取合理并行、交叉安排的方法，制定出计划流程和结点计划，形成网络流程图，然后再层层分解，落实到各系统直到单机设备。通过对流程的动态管理，实现既满足技术要求，又合理配置设施、经费、人力资源，降低成本，确保质量的目标。可以说，计划体系的核心在综合统筹，配套管理，接口协调，结点控制，瓶颈突破。实践证明，采用系统工程方法是十分必要并且有效的。

制定计划流程的依据是技术流程，两者相辅相成。计划不是一成不变的，载人航天的探索性决定了其研制生产必然是一个创造性的过程。因此，计划要有预见性，留有余地，在动态评估的基础上及时进行适应性调整。计划的权威性和严肃性，要依靠执行的力度来加以保证。

载人航天工程各级都建立了强有力的指挥调度系统，强调统一组织、跟踪管理、过程控制、狠抓短线、科学调度，形成了一个以任务为中心，横到边、纵到底，责任明确的有机协调的调度网，从而确保计划的有效执行。

5. 系统规范的质量体系

载人航天工程与以往所有航天工程的最大不同，在于载人。这就要求必须把确保航天员安全放在质量建设的首位，把提高工程的安全性和可靠性作为工程质量管理的核心，从而使工程的质量建设实现质的飞跃。

载人航天工程按任务分为研制、生产、测试、发射和回收5个方面；按承担层次分为系统、分系统、单机、原材料、元器件5个环节。各方面、各环节的质量责任是同等的，都事关航天员安全和任务成败。为此，按系统工程的要求，采取了抓系统研制、整机研制质量与协作配套产品质量并重，工程硬件产品与软件产品质量并重等做法，全面、全员、全过程抓质量，一抓"头头"（领导和管理机关），二抓"源头"（元器件、原材料、设计和工艺），将质量控制点落实到每个系统、每个单位、每个工作岗位，明确责任，规范制度，层层把关。

与此同时，载人航天工程需要建立全新的以"载人意识"和"以人为本"为主体的质量意识。因为人的精神面貌、敬业精神、管理办法和用人制度直接决定着工程产品质量。工程实施过程中，坚持围绕"一人"（航天员）抓质量、依靠"两头"（领导者和执行者）促质量、紧盯"三员"（设计员、生产工艺员、操作人员）保质量，相继制定了《航天员安全性工作指南》、《首次载人航天飞行放行准则》等质量控制制度，规范全系统的质量体系；坚持狠抓技术管理工作质量，严格按"双五条"标准进行质量问题归零，形成了全面覆盖、预防为主、事前控制、常抓不懈的质量管理机制；坚持实事求是，鼓励研制人员敢于暴露质量问题，奖惩分明；坚持质量问题一票否决制，进度服从质量，绝不带任何疑点上天。

6. 坚持创新、创造、创业的人才资源体系

对于载人航天工程而言，人力资源是最宝贵的财富，是工程圆满成功的根本保证。长期以来，以"两弹一星"为代表的航天事业，培养造就了一支高素质的人才队伍，形成了"热爱祖国，无私奉献，自力更生，艰苦奋斗，大力协同，勇于登攀"的精神。这一精神是对航天事业实践经验的高度概括，是推动航天事业不断发展的精神动力和思想作风保证。"特别能吃苦，特别能战斗，特别能攻关，特别能奉献"的载人航天精神，正是这一精神在新的历史时期的发扬光大。

载人航天工程发展的11年，正是我国社会主义市场经济体制建立和逐步完善的阶段，市场在资源配置中的基础性作用越来越大。面对许多新问题、新矛盾，如企业追求经济效益的取向、人的价值取向多元化等，总指挥、总设计师联席会议经过认真研究，一致认为，必须与时俱进，坚持创新、创造、创业，加强人才资源体系建设，以事业留人，用政策稳定队伍。

(1) 以事业积聚人才。载人航天工程极大地激发了工程队伍的使命感和荣誉感，一大批有志于航天事业、为国争光的优秀科学家、工程技术人员、解放军指战员，胸怀报国之志，不讲待遇，无私奉献，投身载人航天事业。

(2) 以特殊政策激励人才、稳定人才。党中央、国务院、中央军委非常关心载人航天工程队伍，建立专项资金，对载人航天骨干队伍给予特殊津贴，建立责任、贡献挂钩的收入激励

机制,奖惩分明。针对队伍新老交替,打破常规,双管齐下,延缓老专家退休时间,超常规增设副总指挥、副总设计师,实行传帮带。

(3) 下大力培养人才、造就人才。时势造英雄,事业育良才。老专家身先士卒,言传身教,严格把关,勇当领路人和奠基石。各级组织慧眼识珠,大胆提拔使用年轻人,给他们压任务、压担子,使他们在工程实施过程中迅速成长。目前,载人航天的人才队伍已基本完成新老交替,45岁以下担任工程各系统主任设计师以上职务的各级技术骨干已超过80%。

上述6个体系相对独立、相互制衡,共同支撑载人航天工程,充分展现了系统工程方法的精髓,使整体优化、系统协调、环境适应、创新发展、风险管理、优化保证等系统工程的核心理念在实践中得到了丰富和发展。载人航天工程的成功实践,对于系统工程的应用推广,具有示范和借鉴意义。

1.7 思 考 题

1. 如何理解系统的的基本概念(定义、特性、类型)?试举例分析。
2. 阐明系统的特性和系统的分类。
3. 如何理解系统工程的定义?系统工程的特点有哪些?
4. 系统工程的观念有哪些?如何理解这些观念?
5. 系统工程的程序是怎样的?
6. 为什么说系统工程是一门交叉学科?
7. 阐明系统工程与传统工程技术的主要区别。
8. 试述系统工程的应用范围及专业领域。

第2章 系统分析

本章将介绍系统分析的概念、特点、原则、内容、方法和工具,并对可行性研究进行专门介绍,还将介绍系统评价的有关内容,如评价的原则、步骤、方法及评价指标体系的建立,最后介绍几个系统分析的实例。

2.1 系统分析概述

系统分析(System Analysis)是随着"运筹学"的发展,人们将数学方法与现代工程方法相结合而形成的一种科学分析方法。系统分析可以为决策提供各种定量分析数据,使决策者在决策之前做到心中有数,能够对系统的优劣进行比较,权衡利弊,科学地决策。系统分析对于决策的质量和决策的正确性会起到很大的作用,无论是设计(发展)新系统,还是改造现有旧系统,系统分析都具有重要意义。

系统分析与有关专业知识和技术相结合,综合应用于解决各个专业领域中的规划、设计和管理等问题。系统分析活动的重点在于通过系统研究,调查问题的状况和确定问题的目标,再通过系统设计,形成系统的结构,拟定可行方案,通过建模、模拟、优化和评价技术等对各种可行的备选方案进行系统量化分析与评价比较,最后输出适宜的方案集及其可能产生的效果,供决策参考。

2.1.1 系统分析的概念

关于系统分析的概念有很多说法。一般来说,系统分析的基本含义是:系统分析是一种辅助决策的方法。它是由系统分析工作者按照系统的思想观念和理论,用科学的分析方法和工具,在确定的目标和准则下,对系统进行全面综合分析和研究,提供定量和可用的数据,寻求可供选择的方案,并通过权衡与评价,使决策者有可能选择最佳方案,进行科学的决策。

我们可以从描述系统分析的目的和任务、解决问题的过程和方法及研究的对象等方面出发,来进一步了解系统分析的概念和内容。具体地说,系统分析就是从系统总体出发,对需要改进的现有系统或准备创建的新系统使用科学的方法和工具,对系统目标、功能、环境、费用、效益等进行调查研究,并收集、分析和处理有关资料和数据,据此建立若干备用方案和必要的模型,进行模拟、仿真试验,对试验、分析、计算的结果进行比较和评价,并对系统的环境和发展作出预测,在若干选定的目标和准则下,为选择对系统整体效益最佳的决策提供理论和实验数据。

系统分析是建立系统或改造系统过程中很重要的环节,也是一项很复杂的工作。从系统调查开始,研究各种因素和事物,通过观察、思考、分析、判断确定对系统的输入。经过转换、处理或研究、试验,求得系统的输出。在进行系统分析的过程中,可能涉及到各种因素,包括确定性的、不确定的(但可以预测)，甚至是不确定的且不可预测的因素，这就需要在系统分析的过程中，采取合理的方法和措施，妥善处理各种因素之间的关系，进行有效的系统分析和处理。为做到这一点，系统分析需要遵循一定的原则。

2.1.2 系统分析的基本原则

系统分析与系统设计过程中应当注意下列最基本的原则。

1. 外部条件与内部条件相结合

构成一个系统，不仅受到内部因素的影响，也受到外部条件的制约。例如：设计一个导弹武器系统，不仅受到导弹武器系统各子系统本身的技术基础、研究力量、试验条件、技术设备、元件、材料、资源条件、试制手段、检测设备等的限制，而且还受到许多外部条件诸如使用部队、战士操作、自然气候、目标特性、敌人对策的影响。在进行系统分析与系统设计时必须把所能考虑到的内部和外部有关因素结合起来，进行综合分析与研究。

2. 当前和长远目标相结合

设计系统、选择方案不仅要考虑当前状况和当前技术水平，以及近期能达到的奋斗目标，同时必须科学地预测，估计到发展速度，经过一定时期的努力将来能够达到的水平，照顾到长远利益和奋斗目标，同时要考虑到技术的更新换代。如果构造的系统方案当前是可行的、对国民经济是有利的，但方案本身的生命周期不长，很快就有可能被淘汰，对国家的总投资不利，这样的方案是不可取的；或者所构造的系统方案具有足够的先进性，但目前技术上难以实现，或虽然能实现，可是投资过大，会导致难以承受的困难，这种方案也是不可取的。

3. 整体效益与局部效益相结合

构造或设计系统，应以整体效益为目标，局部服从整体，这是前提。一个系统由许多子系统组成，如果每一个子系统的效益是好的，有机结合起来使整个系统的效益也是好的，这当然最优。但是，实践中常常不易达到这种程度，很多情况下，一个大系统中有些子系统从局部看是经济的、合理的、先进的，但从全系统看，它却是不合理的、不经济的，显然这种方案是不可取的。在某些情况下，从局部子系统看来是落后的、不合理的、不经济的，但构成大系统后，整个系统是先进的，从全局看是合理的、经济的，那么这种系统方案是可取的。系统分析时，应从整个大系统的全局出发，寻求使整个系统达到最经济、最合理、效益最佳。

4. 定量分析与定性分析相结合

系统分析的特点之一就是要求定量分析，尽可能将各种因素进行量化。但是实际工作中有很多因素很难量化，常常不能完全避免要采用一些定性分析方法。因此在系统分析时，对不能量化的指标和因素，如人的精神因素、政策的影响、环境变迁等因素，可通过模糊处理，采用定性与定量相结合的方法加以处理，或进行评价。但是无论是定性还是定量分析，都要制定明确的准则，用这些明确的准则作标准，对各种因素进行一致性的评定。

5. 协调性原则

复杂系统的协调是很重要的，要保证系统和各分系统及其环节符合空间及时间的有序性。按系统的功能流动的不同情况，将系统分解为若干分系统，并且要协调运转，使总体性能效果最佳。

6. 客观性原则

在进行系统分析时,要从客观实际出发,对客观情况作周密的调查,具体问题具体对待,不要轻易忽略某些因素。

2.1.3 系统分析的特点

1. 以整体为目标

以发挥系统整体最大效益为原则,而不是局限于个别子系统。系统中的各子系统,都会具有各自特定的功能和目标,但作为子系统,它们又必须统一到一个整体目标下。如果只研究改善某些局部问题,忽略整体目标,即使获取了效益,也不一定代表着整体效益的改善或提高,甚至会给整体效益的实现带来灾难。

2. 以特定问题为对象

系统分析是一种处理问题的方法,有很强的针对性,一定要对症下药,寻求解决问题的最优方案。

3. 运用定量的方法

解决问题不应是单凭主观臆断、经验和直觉。在许多复杂情况下,必须以相对可靠的数学资料为分析依据,保证结果的客观性。

4. 凭借价值判断

系统分析不但使用定量方法找出系统中各要素的定量关系,还要依据直观判断和经验的定性分析,凭借价值判断,综合权衡,以判别由系统分析提供的各种不同策略可能产生的效益的优劣,从中选择最优方案。

2.1.4 系统分析的应用范围

系统分析的工作重点应放在系统发展规划方面,因为它对系统开发前途命运起着指导作用。从管理系统来说,系统分析主要应用于以下几个方面:

(1) 在制定系统规划方案时,应将各种资源条件、统计资料以及生产目标要求等,运用规划论的分析方法寻求优化方法,然后综合其他因素,在保证系统协调一致的前提下,选择一个比较满意的规划方案。

(2) 对重大项目的组织管理,要运用网络分析的方法进行全面的计划协调和安排,以保证工程项目中各个环节相互密切配合,按期完成。

(3) 在选择厂址和工程规模时,应考虑到原材料的来源、能源、运输以及市场等客观条件与环境因素,运用系统分析进行技术论证,集思广益,制定出技术上先进、生产上可行、经济上合理的最优方案。

(4) 在设计一个新产品或新装备时,应对产品的使用目的、结构、用料及价格等进行价值分析,以确定新产品最适宜的设计性能、结构、用料选择和价格水平。

(5) 在编制生产作业计划时,可以运用投入产出分析方法,使零部件投入产出与生产能力平衡,确定最合理的生产周期、加工顺序和装配线。

(6) 在系统开发时,可以运用系统的效能-费用分析方法,达到系统的效能、费用间的综合、权衡。

2.2 系统分析内容

2.2.1 系统分析的方法和工具

系统分析没有一套特定的普遍适用的技术方法，随着分析的对象不同，分析的问题不同，所使用的具体方法很可能极不相同。一般说来，系统分析的各种方法可分为定性和定量的两大类。定量方法主要是统计学和运筹学中的各种模型和最优化方法，如线性规划、非线性规划、动态规划、网络技术、排队论、存储论、投入产出分析、决策分析等。定量方法适用于系统机理清楚、收集到的信息准确、可建立数学模型的情况。如果要解决的问题涉及的系统机理不清、收集到的信息不太准确、模糊不清，或是有信息，但由于评价者的偏好不一，对于所提方案评价不一等，难以形成常规的数学模型，可以采用定性方法。定性方法有专家会议法、头脑风暴法、德尔菲法、层次分析法等。

系统分析的工具主要是计算机。系统工程的主要研究对象是规模庞大、结构复杂、层次丰富的复杂系统，涉及到大量信息的收集、处理、存储、汇总、分析。另外，系统中往往存在着许多不确定的或相互矛盾的因素，为弄清这些因素和系统功能之间的关系，需要建立相应模型，要进行复杂的科学计算、仿真试验，这些任务只有借助计算机才能完成。

2.2.2 系统分析的要素及内容

1. 系统分析的基本要素

系统分析是一个有目的、有步骤的探索与分析过程，其目的是要为决策者的决策提供依据，为此要对各备选方案的费用、性能、可靠性、技术可行性和风险等方面进行分析评价，最后提出研究结果，供决策者选择最佳方案时参考。

系统分析的主要环节有 6 个：目标、方案、模型、评价标准、费用和效果，也称为系统分析的基本要素。

1) 目标

即系统的决策者(包括组织者，使用者)希望系统达到结果状态的定性描述或定量指标，是目的的具体化，是系统分析的出发点。在进行系统分析时，为了合理地决策，必须明确系统的目标，并尽量以定量指标表示。经过分析确定的目标应是具体的、有根据的、可行的。

2) 方案

即达到系统目标的计划。系统分析要求尽量列举各种替代方案，并且估计它们可能产生的结果，以便于分析研究和选择。没有方案就没有进行分析的基础。

3) 模型

根据目标要求和实际条件，建立反映系统的要素和结构以及它们之间相互关系的形象模型、模拟模型和数学模型等形式。有了模型，就能在决策以前对结果做出预测。使用模型进行分析，是系统分析的基本方法。通过模型可以预测出各替代方案的目标、性能、费用与效益、时间等指标情况，以利于方案的分析和比较。模型的优化和评价是方案论证的判断依据。

4) 评价标准

评价标准是衡量可行方案优劣的指标，必须具有明确性、可比性、敏感性。由于可以有多种可行方案，因此，要制定统一的评价标准，对各种方案进行综合评价，比较各种方案的优劣，确定对各种方案的选择顺序，为决策提供依据。

  5）费用

  这里指的是广义的费用，包括失去的机会、所作的牺牲等。为了达到某种目的，需要选择特定的方法和手段，这里的费用是指按照每一个方案达到目标所消耗的全部资源。

  6）效果

  就是达到目标所取得的成果，效益和效能指标是衡量尺度。前者可以用货币尺度来评价达到目标的效果，后者是用货币尺度以外的指标来评价的，它反映系统最本质的特征参数。在分析系统的效果时，既要注意直接效果(决定对系统进行效果分析的重要性和必要性)，又要考虑间接效果(社会效益)。

2．系统分析的内容

  系统分析的内容很多，包括系统环境分析、系统目标分析、系统功能分析、系统结构分析、系统价值分析，等等。

  1) 系统环境分析

  系统与环境是相互依存的，了解环境是接近问题的第一步，不论问题如何复杂，解决问题方案的完善程度总是依赖于对环境的了解程度，对环境的不恰当了解，将导致解决问题的失败。因此，系统环境分析是系统分析的一项重要内容。系统环境包括军事环境、物理和技术环境、经济环境、人—机环境等，环境因素是否重要，取决于它对解决问题特殊性的影响程度。系统分析人员的任务就是要从大量的环境因素中，根据问题的特殊性，决定哪些是重要的，必须予以考虑，哪些是次要的，可以忽略不计，等等。

  例如，导弹武器装备在寿命期内的储存、运输和使用状态均会受到各种气候、力学、静电和电磁环境的单独、组合和综合作用，这些环境的各种方式的作用会使武器装备的材料和结构受到腐蚀或破坏，电子器件、部件和装备性能劣化和功能失常，从而影响其作战性能。

  下面对驱护舰编队海上作战环境进行分析。

  驱护舰编队海上作战环境是指编队系统本身之外一切与它在进攻和防御作战中不可忽略的联系的事物集合。环境的复杂性将引起编队系统行为的不确定性，从而造成编队海上作战的复杂性。作战环境的复杂性主要包括电磁环境复杂性、大气环境复杂性、海洋环境复杂性和目标环境复杂性。

  (1) 电磁环境复杂性。

  分析高技术条件下的现代海战，电磁环境将异常复杂。各种形式的电子侦察与反侦察、电子干扰与反干扰、破坏与反破坏、电子摧毁与反摧毁、制导与反制导等相互作用成为影响现代海战胜负的重要因素。驱护舰编队无论是在进攻还是防御作战中，对战场电磁环境的依赖性越来越大。随着各种电子设备发射功率的增大、频谱的扩宽，以及干扰反干扰措施的不断升级，使海上作战的电磁环境日趋复杂，海战场电磁透明度将出现敌我交替的复杂局面。构成复杂电磁环境的主要因素有两个方面：一是敌我双方之间的电磁优势的争夺，如敌方实施的电子干扰、欺骗式通信和脉冲攻击等，这些都可能造成情报、通信的延误甚至是中断；二是我海上作战体系内部各种电子设备间的自扰和编队舰艇间的互扰，即自身的电磁兼容问题。

  (2) 大气环境复杂性分析。

  大气环境是驱护舰编队海上作战中不可忽视的重要因素之一，大气环境的复杂变化及其利用对作战行动将产生重要的影响。复杂的大气环境会对制导系统造成影响，特别是浓厚的云层、大雾、强降水、战场烟尘、人造烟幕等都会大大降低红外光和激光制导系统发现、识别、指示、锁定和导向目标的能力。大气波导现象是编队超视距雷达发挥作用,实现超视距导弹攻击的重要条件,也是编队实现超短波远距离通信的重要条件,同时也为敌远距离被动探测提供了重要通道,也就是说大气波导现象是把双刃剑。这使得编队指挥员在利用大气波导的同时,不得不权衡利弊,果断处置。

(3) 海洋环境复杂性分析。

作为战场空间的海洋环境,对于敌我双方的活动、对抗,装备的适应性,以至于作战保障、后勤保障等具有十分紧密的关系,海水在各种自然作用下所产生的现象,如海浪、潮汐、海水透明度、液体海底等所构成的海洋环境成为影响驱护舰编队海上作战的重要因素,甚至有时候会起到决定性的作用。海洋环境对水声探测、姿态控制、信号传输等方面都会产生影响,如海洋环境的复杂性及多变性使得声纳发射的声波在海水介质中传播时受到许多不稳定因素如温度、深度、盐度、海洋生物等的影响,而这些因素又常常随海域、气候、季节而变化,从而使声波在海洋环境中的传播极为复杂。

(4) 目标环境复杂性分析。

编队系统海上作战环境不是单纯的自然环境,同时也包含目标环境。在编队海上作战中,目标环境对编队系统的影响是最为激烈的,目标环境的复杂程度直接影响编队系统的作战行为,海空目标的行为属性会导致编队作战环境的复杂性,而作战环境的复杂性最终会导致编队系统行为的复杂性。由于战场空间充满了各种不同属性的目标(如敌方、友邻、中立等),使得编队作战过程中难以准确识别。随着科学技术的发展,特别是隐身技术的发展,使得本可以很早就能识别的目标,变成了对编队突袭的目标,潜艇的消音技术的发展使得对其发现距离大为缩短。这一复杂的目标环境,对编队指挥员的决策能力提出了更高的要求。

2) 系统目标分析、系统结构分析和优化

系统工程的开发阶段要提出工程开发的最佳方案、策略和规划。这个目的是通过系统目标分析、系统结构分析、系统优化、系统评价和系统决策来实现的。系统开发就是要创造新的系统概念和系统结构,这是首先要进行的一项关键性工作。

要在一个笼统模糊的要求情况下,辨识系统的环境,确定系统的目标,综合系统的方案,使被开发的系统逐渐呈现出一个比较清晰的完整轮廓。这是一个综合运用知识和经验的开发性工作,与其说是一种技术,不如说是一种艺术,因为除了需要综合运用科学技术的各项成果外,还特别需要充分发挥人的智慧和创造性。

(1) 明确问题与确定目标。

① 明确问题的必要性。系统开发是创造系统的活动,这个活动所面临的问题是一些错综复杂而又笼统模糊的问题,必须首先明确问题,即必须弄清楚问题的范围和结构,这样才能建立系统的目标和评价标准,进而展现出系统结构的理想形式和可能方案。因此,明确问题是系统分析的首要任务。有人说:"如果问题的焦点明确就等于问题接近解决。"这句话对系统分析来说也是适用的。

② 目标分析中目标的建立原则。目标反映了价值观念,往往在很大程度上带有主观愿望,而客观依据较少。目标分析的作用是经过分析论证,确定合理的目标,为下一步的系统分析打下基础,避免方案实施后造成不必要的损失。在确定目标时,应注意下列 4 个原则:必要性、可行性、合理性、与外界系统的协调性和环境适应性。

③ 明确问题的步骤和方法。对武器系统的开发问题,往往是由于战役战术甚至战略上的需要和要求提出来的。要明确问题,就要追求:这个需求的必要性在那里?为什么要这个?

为什么要这样的？别的行不行？到底要解决什么问题？要一个一个地考查清楚。

明确问题，一般是通过由下而上的途径，大致分以下三步。

首先，尽量全面收集与解决问题有关的信息，包括各种数据、各种意见以及可能发现的各种问题，这是一个思考放大的过程，涉及面要宽，各种信息要尽量完整。

其次，对各种信息进行处理，逐层进行综合，最后找到组成问题的子问题。这一阶段主要有两种方法：一种是数学方法，对数据进行统计处理，归纳出主要因素；另一种是直观的方法，对各种意见和问题通过专家进行合并。由于发现问题的层次可能很低，这种合并要反复进行多次，直到综合成为数不多的子问题，这是一个思考收缩的过程。

第三，对问题的主要子因素(子问题)的关系进行分析，构成定性的结构模型，并用文字对模型进行必要的简单的说明。如能构成定量的模型，对分析会更有好处。

④ 确定目标的重要性。系统工程的任务不外乎两个方面：一种是创造以前不存在的、全新的系统；另一种是以系统的观点重新评价以前就有的对象，使它具有新的功能或找出改革的方向。不管是创造新系统也好，改造旧系统也好，系统工程的任务总是为了解决人类社会的某一方面的问题或者为了达到某一个目的而提出来的。因此，系统工程具有牢固的目的意识，而且经常要以目的来定向，即用目的达到与否来决定系统工程的进程。

系统开发初期是为解决问题而有目的地构造系统方案的过程，在这个过程中确定目标是最重要的一个程序。如果所确定的目标是错误的，那么无论怎么努力，也不会取得实现目的的正确结果。如果所确定的目标不恰当(过高或过低)，就可能构造一些事倍功半的系统方案。因此，确定目标是系统开发中事关重大的一个决定性步骤，"目标一错，一错百错"。如20世纪60年代初期，美国为实现全球侦察的目的，曾经提出过研究原子飞机的目标。这个目标从技术上看是可行的。但是，美国人在经过几年努力，研制工作接近完成时才发现确立这个目标是完全错误的，最后被迫终止了研制计划。为此，美国政府白白浪费了数亿美元。60年代初，以原子能为动力的飞机虽然可以制造出来，全球不着陆飞行在技术上也是办得到的，但是用于全球侦察却是不可能的，因为原子飞机仍然是在大气层中飞行，这不但侵犯了他国领空，而且是以核威胁侵犯了他国主权。因此，这实际上是根本行不通的。另外，50年代中期，人造卫星已经上天，用卫星实现全球侦察不仅技术上和实际上是可行的，而且比飞机侦察安全、可靠、方便、有效得多。因此，在人造卫星侦察已经展现出美好前景的60年代初期，还要确定研制原子飞机实现全球侦察的目标，不能不说是一个笨拙的计划。

⑤ 系统目标分析的作用。系统目标分析是系统分析与系统设计的出发点，是系统目的的具体化。通过制定目标把系统所应达到的各种要求落到实处。系统目标分析的目的：一是论证目标的合理性、可行性和经济性；二是获得分析的结果——目标集。

(2) 系统结构分析。

系统结构是系统保持整体性及使系统具有一定整体功能的内部根据。所谓系统结构是指系统内部要素之间相互联系、相互作用的形式和方式，是系统中要素的秩序。

系统功能与系统结构是不可分割的。系统功能是指系统整体与外部环境相互作用的关系，它是系统整体的效应，系统整体具有它的各个组成部分所没有的功能，系统的整体功能又是由系统的结构即系统内部诸要素相互联系、相互作用的方式决定的。

我们在第1章中已讲过系统的6个特征，指出了系统都是由大量的元素按一定的关系集合在一起，属于固定的阶层内，即集合性、相关性和阶层性构成了系统的结构主体的内涵特性，而整体性是系统内部综合协调的表征。环境适应性是系统本身作为一方，环境作为另一方的外部协调的表征，当然系统的目的性是统领和支配除了环境适应性以外的 4 个特征的，因此我们把目的性作为决定系统结构的出发点。系统结构分析的目的就是要找出系统结构在这几个表征方面的规律，即系统应具备的合理结构。

这就是说，要保证系统在对应于系统总目标和环境因素约束集的条件下，通过系统要素集分析、系统的相关性分析、系统的阶层性分析、系统的整体性分析，在系统要素集、要素之间相互关系集以及要素集和相互关系集在阶层分布上的最优结合，并能在给出最优结合效果的前提下，得到最优系统输出的系统结构。

(3) 系统优化。

在社会现实中，在已经给定的条件下，人们总是希望系统达到最理想的结果，使局部和整体之间的关系协调配合，实现系统的综合最优化，这就是最优化问题。我们把控制论、系统论关于目的性的研究成果应用于工程实践中，具体体现系统的目的性，这就是系统的优化。

在明确问题、确定目标和制定备选方案后，就要进行系统的模型化、优化分析，其目的是对系统进行定性和定量的分析，为系统评价和决策提供可选择的数据和资料。通过建立数学模型，我们可以从以下几个方面进行系统优化分析：对新开发的系统方案进行预测和优化选择，从而提出符合实战使用的战术技术要求；对已有的系统，分析研究改进方向问题。

对系统优化时，在宏观上必须把握"系统优化三原则"，即局部效果与整体效果结合、多级优化和满意解。

在决策过程中，人们不会以现有的某一个方案达到目标为满足，可以首先在可供选择的各种方案中，去追求在可能条件下的最佳方案。然后在这一方案上进行再优化，实现"二级优化"。在已有优化方案基本条件下，有可能就要寻找更优的方案。这方面，在 2.7 节中将介绍的美国在解决普拉德霍湾油田向美国本土运输原油的问题是最有典型性的。

2.2.3 系统分析的步骤

系统分析的主要目的是寻求解决问题的最优方案。所谓问题，就是现实的情况与理想的状态之间的差距。实际情况与人们原来的要求、设想不符，使人们感到不能满意、不能容忍时，就可以说是出了问题。为了准确地发现问题，需要收集有关资料和数据，掌握对象的历史和现况，预测未来发展趋势，进行纵横比较，甚至组织专家进行诊断。系统分析的过程见图 2.2.1。

系统分析的步骤如下：

(1) 明确问题，分析环境。进行系统分析首先要明确问题性质，划定问题范围。通常，问题是在一定的系统环境作用和系统内部发展需要中产生的，对于武器系统分析来讲，其研究课题是由于国际国内军事技术环境发展变化提出来的，它不可避免地带有一定的本质属性和存在范围。通过系统环境分析，明确了问题性质和范围，系统分析就有了可靠的出发点。有了明确的目标，系统分析才能有的放矢，才能判断问题是否解决。

(2) 确定目标。在进行系统环境分析、明确问题的基础上，为了解决问题，要确定出具体的目标。它们通过某些指标来表达，而评价标准则是衡量目标达到的尺度。系统分析是针对所提出的具体目标而展开的，对于武器系统而言，由于实现武器系统功能的目的，是靠多方面的因素来保证的，因而系统的目标也必然有若干个。如导弹武器系统的目标包括性能、可靠性、可维修性、生存能力、快速反应能力、进度、费用等，在明确目标中，要注意目标的整体性、可行性和经济性。

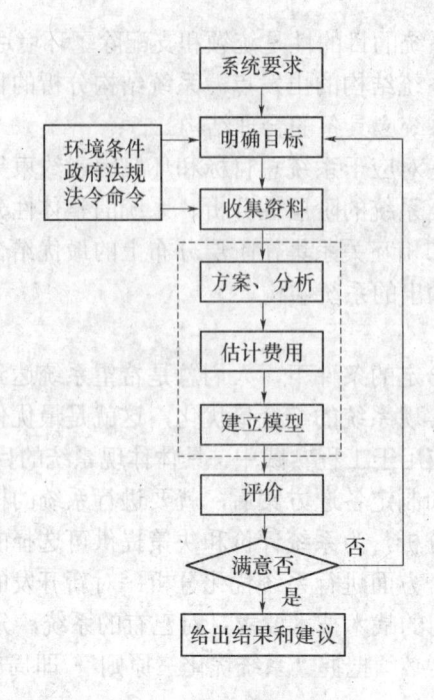

```
                    ┌──────────┐
                    │  系统要求  │
                    └────┬─────┘
   ┌──────────┐          ▼
   │ 环境条件  │     ┌──────────┐
   │ 政府法规  │────▶│  明确目标 │◀──┐
   │ 法令命令  │     └────┬─────┘   │
   └──────────┘          ▼          │
                    ┌──────────┐    │
                    │  收集资料 │    │
                    └────┬─────┘    │
                ┌───────┼─────────┐ │
                │  ┌──────────┐   │ │
                │  │ 方案、分析 │   │ │
                │  └────┬─────┘   │ │
                │       ▼         │ │
                │  ┌──────────┐   │ │
                │  │  估计费用 │   │ │
                │  └────┬─────┘   │ │
                │       ▼         │ │
                │  ┌──────────┐   │ │
                │  │  建立模型 │   │ │
                │  └────┬─────┘   │ │
                └───────┼─────────┘ │
                        ▼           │
                    ┌──────────┐    │
                    │   评价    │    │
                    └────┬─────┘    │
                        ▼           │
                    ╱─────────╲  否  │
                   ◁  满意否  ▷─────┘
                    ╲─────────╱
                        │是
                        ▼
                  ┌───────────┐
                  │ 给出结果和建议│
                  └───────────┘
```

图 2.2.1　系统分析的过程

(3) 收集资料，提出方案。资料是系统分析的基础和依据，根据所明确的总目标和分目标，集中收集必要的资料和数据，为分析做好准备。这就要借助于调查研究、实验观察、记录整理以及引用国内外资料等方式。收集资料必须注意可靠性，说明重要目标的资料必须反复核对和推敲。资料必须是说明目标的，对照目标整理资料，提出影响目标的诸因素，而后经过系统综合提出能达到目标条件的各种备选方案。所拟定的各备选方案应具备创造性、先进性、多样性。方案应使用计算机进行模拟仿真，以验证逻辑是否合理，方案是否可行。

(4) 建立分析模型。找出说明系统功能的主要因素及其相互关系，即系统的输入、输出转换关系，系统的目标和约束等。选用的模型类型或其定量程度取决于所研究问题的变量规模、参数关系和选择的方案数目等。通过模型的建立，确认影响系统功能和目标的主要因素及其影响程度，确认这些因素的相关程度、总目标和各项分目标的实现途径及其约束条件等。

(5) 预测未来环境的变化，分析备选方案的效果。从开始系统分析到决策，然后再进行实践，需要经过一段时间，而系统的环境又是动态变化的，所以要对影响系统的环境因素进行预测。在预测未来环境下，利用已建立的模型对备选方案可能产生的结果进行计算和测定，考察各种指标达到的程度，比如效能、费用、进度等。不同方案的输入、输出不同，结果不同，得到的指标也会不同。当模型复杂、计算量大时，可借助于计算机求解。

(6) 综合分析与系统评价。在上述分析基础上，再考虑各种定性因素，对比系统目标达到的程度，用评价标准来衡量，这就是综合分析与系统评价。评价结果，应能推荐一个或几个可行方案，或列出各方案的优先顺序，供决策者参考。鉴定方案的可行性，系统仿真常常是经济有效的方法，经过仿真后的可行方案就可避免实际执行时可能出现的困难。

对复杂系统的系统分析并非进行一次即可完成。为完善修订方案中的问题，有时需要对提出的目标进行再探讨，甚至重新划定问题的范围。

在分析过程中，使用逐步逼近法达到下述目的：确定目标，重新定义目标，或者改变目标(鉴于复杂情况,也许要考虑次优化问题),发现新方案(作为分析工作的副产品),或者修改方案的类型和数量;重新确定费用或资源的数值,按照需要,用新的数据修改模型,使之能够更准确地描述"真实世界",更准确地描述约束条件和模型,或者根据新的数据、信息和(或)变化,重新确定目标和效能量度,并建立新的准则。

显然,这个过程可以无止境地持续下去。但是,一般说来,在出现下述情况之一时应停止这个过程:认为所得的结果是满意的,或者时间和(或)资金这两个约束条件迫使人们不得不停止。

上述程序,只适用于一般情况,并非固定不变的规则。在实际运用中,可根据具体情况处理,有些项目可平行进行,有些也可改变顺序。

2.2.4 武器系统分析

武器系统分析包括武器系统任务分析、武器系统环境分析、武器系统性能分析、武器系统结构分析等。

(1) 武器系统任务分析表明武器系统的功能与用途,确定武器系统必须执行的任务、应产生的效果或应起的作用。

(2) 武器系统环境反映武器系统的使用范围及有效性。

(3) 武器系统性能分析的任务是将系统的功能要求进一步具体化为系统的战术技术要求,并通过分析,以各种可以度量的参数做出规定,即战术技术指标。它反映了装备系统的性质、功能、技术水平。

(4) 武器系统结构分析是针对武器系统的功能要求,分析系统要素的组成、要素之间的关系,从而提出实现该功能的各种结构选择。

1. 武器系统任务分析

任何武器装备的发展都是面向未来可能发生的战争及其具体的作战使命任务,这种任务通常称为作战使命任务,它可能是某项战斗任务,也可能是某项后勤支援任务。因此,在提出某个新型武器装备系统概念的最初阶段,首要的论证工作便是明确该新型武器装备系统遂行其任务的目标,这是其他分析工作的前提。

武器装备的作战使命任务将由通过其执行一系列军事行动(或事件)来达到特定的目的。为了对新型武器装备系统在未来战争中所应遂行的作战使命任务进行说明,就必须指出相应任务(进攻、防御、侦察等)应达到的目标和完成有关任务时的环境条件(电磁环境、气象条件、地形、海况等)。因此,任务的目标是对某个新型武器装备系统遂行其特定的作战使命任务所要达到的目标和标准的定性描述,或是想要获得的作战使用效果。

为新型武器装备系统的作战使用命任务选择合适的目标具有决定性作用。例如,对于某新型导弹,其目标是"用于打击敌大中型水面舰船及编队",而对于某新型护卫舰,其总的作战使命任务目标可能是用于担负编队的反潜任务;攻击敌大中型水面舰艇;协同编队防空并为登陆作战提供火力支援;执行海上巡逻、警戒、护航等。这些新型武器装备的作战使命任务目标,对其在作战使用中所要达到的效果作了定性的描述。

在武器装备发展过程中,如果新型武器装备系统的目标不明确,或目标的评价准则不一致,将会引起有关型号系统备选方案决策的分歧,或者造成型号论证分析工作的多次反复而浪费有限的资源和时间。

2. 武器系统环境分析

武器系统必须能够在远离实验室、工程设施、测试装置或试验场的战斗环境或使用环境中有效地使用，历史经验表明，自然环境对战争的胜负有一定的影响，在一次战斗或战役中对自然环境不给予足够的重视就会造成军事失败或过大的损失。由于自然环境的影响而导致战争失败的例子并不罕见。因此，自然环境是最终使用武器系统的整个使用环境的一个重要组成部分，要结合实际情况对武器系统做出评价。在任何一次有效、有意义的武器系统分析中，一个重要的组成部分就是选择自然环境的一些主要参数，对它们进行量化与分析。武器系统分析人员应当考虑与环境有关的因素，必须熟悉环境对武器系统性能的影响，也必须熟悉防止或减小由环境条件带来的重大有害影响的各种方法。

不论是设计，还是评定武器系统，或是安排环境试验，都有两个基本问题需要研究：

(1) 确定哪些环境因素是重要的，会对军事行动带来有害的影响。

(2) 确定哪些不利于军事行动的环境条件最可能出现。

系统分析人员必须研究环境的性质或特征，分析环境影响。能够模拟武器系统使用中的重要环境参数，必须能够适当地评定这些参数。

3. 武器系统性能分析

在系统任务功能分析中，系统的功能要求经过分解得到明确，下一步的工作就是将它进一步具体化为系统的战术技术要求，并通过分析以各种可以度量的参数做出规定，即战术技术指标。它反映了装备系统的性质、功能、技术水平。

一般意义的系统性能指系统所具有的性质和功能，反映武器装备作战能力高低和质量好坏的标志除了一般意义的性能，还包括可靠性、可维修性、可用性、经济性及时间性等诸多方面，它们经过系统综合就构成了武器装备新的性能概念。

对于武器装备型号来说，系统性能主要指作战使用性能，它是武器装备战术技术性能和综合技术保障性能的函数。战术技术性能由战术性能和技术性能组成，是描述型号作战能力的主要参数，综合技术保障性能由一系列保障性参数组成，主要有保障性综合参数、保障性设计参数和保障资源参数，用使用可用度、可靠性和维修性等度量。

系统性能分析主要面向武器装备作战使用性能论证，把已经提出的装备型号的功能要求通过战术技术项目即参数予以具体化。分析的结果应当是能够反映型号性质、功能和技术水平的一组作战使用性能要求及相关分析。例如，分析导弹武器系统的系统性能，需要提出能够满足某一作战使命的性能要求，包括导弹有效射程、巡航高度、飞行速度和单发命中概率等。同时，为保证该系统具有一定的生存能力，还要提出该系统的抗干扰能力要求。为使该系统保持战备完好状态，并能持续完成作战任务，还要提出综合技术保障能力方面的要求。这些工作通常是在系统分析过程中通过不断地权衡和综合来实现的。

系统性能分析的基本内容主要包括：明确要求和目标，确定影响系统性能分析的主要因素，建立系统性能体系结构，分析并确定系统的综合性能。

4. 武器系统结构分析

武器系统结构分析就是针对武器系统的功能要求，分析系统的结构，从而提出实现该功能的各种结构选择。

系统结构是系统保持整体性以及具备一定整体功能的内在依据，是反映系统内部要素之间相互联系、相互作用形式的形态化。系统的结构与功能之间的具体关系存在多种情况：第一，组成系统的要素不同，则系统的功能不同，因为要素是形成结构和功能的基础；第二，组成系统的要素相同，但结构不同，则功能也不同；第三，组成系统的要素与结构都不同，也能得到相同的功能。

系统的总体功能是确定系统结构体系的出发点，各项子功能的相关性是确定结构体系的基础。建立系统体系结构应当从系统的总体需要出发，分层次地分析影响总体功能的各相关子功能，确定系统功能的递阶层次结构。最高层次是总体功能，它可视为系统的目标函数；第二层次是反映系统总体功能的各主要子功能；第三层次由各系统的主要要素组成。

2.2.5　导弹武器系统分析

对于导弹武器系统来说，系统分析就是从导弹武器系统整体出发，利用系统观念、思想，通过科学的分析研究，寻求满足战术技术要求或导弹武器系统总体性能指标的最佳方案，为决策者制定决策提供定量依据。

对于不同类型的具体武器系统而言，系统分析内容的深度和广度会有所区别，即使是同一种武器系统在不同情况下(或不同阶段)，其分析的着重点也会有所不同。

如果是为了发展新型导弹武器系统，在系统设计之前进行系统分析，将着重于目标分析、指标确定、各种方案的比较与选择、寻找满足战术技术要求的最优方案。

如果是对现有导弹武器系统装备部队之前进行系统分析，将着重于研究其最佳的战斗使用方案，进行射击效率分析、命中精度分析、全系统的作战效能分析、效费分析，寻求武器系统的最佳效费比，以便最大限度地发挥导弹武器系统的作战效能。

如果是在生产、制造或产品改进换代过程中进行系统分析，则需对各分系统、部件、设备及各环节进行分析研究，应着重于费用、效能的分析比较，寻求满足导弹武器系统总体性能的要求并达到最佳费效比的指标。

如果是在制定规划、计划或在确定研究发展方向之前进行系统分析，应在考虑技术基础、环境、条件、费用、风险、寿命周期等各种因素之下，进行全面深入分析研究，寻求最理想的方案和决策。

虽然在不同阶段要求决策的问题不同，分析的具体内容重点有所差别，但导弹武器系统分析的基本要素还是以下6个方面。

1. 目标

导弹武器系统分析的目标有两重含义：一是对系统目的的具体化，要明确体现系统分析、建立和发展系统的目的；二是系统用以对付(攻击)的目标分析，要对具体目标进行具体分析，两者可以结合起来进行分析。

2. 方案

无论是发展还是引进一种战术导弹系统，或是制定一个规划或计划，都需要对多个方案进行分析、评比、选择，寻求可供决策者参考的优选方案。必须要有足够数量的方案，有充分的材料、条件及充分的计算、分析做基础。

3. 指标

指标是描述目标、体现总目的的具体内容和标志，系统的总体目的和目标通过具体指标反映和描述。要选择恰当而合适的技术指标来衡量，最好能量化，便于计算对比，包括技术性能、费用、效益、时间等有价值可度量的具体内容，例如：射程。

4. 评价标准

导弹武器系统分析的评价标准有：攻击能力、机动能力、抗干扰能力、防护能力以及效费比、可用性、武器系统的生命周期/性能比、生命周期/效费比等。

5. 模型

根据分析的具体问题不同，可建立导弹武器系统的误差/精度分析模型、导弹射击效率分析模型、导弹可靠性分析模型、导弹武器系统作战效能与效费分析模型等。

6. 结果和建议

通过方案分析、计算、推理、判断和评价，对系统方案按照优先顺序排序，对各种因素的影响和作用做出明确的结论。整理结果，提出建议，供决策者综合考虑，最终做出正确决策。

2.3 可行性研究

2.3.1 引言

可行性(Feasibility 或 Feasible)按原文的意思是"做得到或实现的可能性"、"可以行得通的"、"有成功的可能"等，与可能性是同义的。

可行性研究是美国在20世纪30年代为开发田纳西河域而开始应用的一种组织管理方法。第二次世界大战后，这种方法在许多国家中得到迅速发展。可行性研究以大的工程项目为对象，经过全面调查研究和讨论，保证工程建设在技术上先进可行及经济上合理有利。

应用系统工程理论，首先必须从情况和问题出发，输入有关信息，包括系统应用场合、未来所担负的任务的预测、工程实现的技术可行性预测，以及环境、国民经济发展、投资来源和物资资源变化等方面的预测，还应调查和确定一些必要的约束条件，如国家能在近期内投入系统建设的资金等。其次，对所进行的项目应明确系统的目标是什么，是自己创建新系统，是改建扩建，还是引进先进技术，是成套引进还是单项引进等。对于不同的系统目标，可行性研究的结果也不同。此外，还必须明确对该项目有哪些评价指标，经过建立模型和计算机处理后，应得出该项目是否可行，或提出几个可行的方案，供有关领导部门进行决策。包括必要性研究、可行性研究和风险估计三方面。

对于军事工程项目更有必要进行可行性研究。现代化武器系统大都是复杂系统，如何组织协调管理这类系统工程，依靠少数指挥员和参谋人员应用传统的方法是难以完成的。美国国防部前审计长希契说过："私营企业可以通过自由竞争，而政府部门则相反，它必须自觉地深思熟虑地来选择由参谋研究机构提供的最佳方案而提高效率"。"大量实践证明，在确定一个方案之前，多消耗几支铅笔和纸张，甚至消耗一部分重要部件的试验性工作，要比一堆重武器的废品便宜得多"。例如：在美国一个较大的系统工程机构年经费仅几百万美元，而1960年仅审查太平洋舰队司令部增兵计划一项就节省了五亿美元。

过去，新武器系统的设计者一般是从提高或改善现有武器系统的效能出发，凭借实战经验和自己的判断来进行设计的。因此，新武器系统在交付实战应用之前，它的效能仍然存在许多不确定性，最后的检验完全靠实战。现代武器系统越来越复杂，破坏力越来越强，投资越来越大，研制周期越来越长。在发展现代化武器装备过程中，为了在研制阶段避免人力、物力、财力的浪费，为了在使用阶段避免由于武器性能的缺陷造成不必要的牺牲和物质损失，需要制定一系列的科学方法，对新武器系统运用必要性、技术可行性、性能指标和使用效率进行论证、评价、预测和检验。从20世纪50年代起，特别是60年代以来，军事技术先进的国家纷纷投入相当可观的研究力量来发展这方面的科学方法，并获得了很大成果。这方面发展的科学方法有两大类：一是模拟技术，二是理论分析。

2.3.2 武器装备必要性研究

确定一个武器装备系统项目,首先要进行必要性研究。

(1) 研制一项大型武器装备,不仅要考虑战役战术的需要,而且要考虑战略意义。对战略形势及其发展趋势要做分析和预测,只有弄清楚一项装备在战略上的价值,在战役战术上所能发挥的作用,才会产生正确的决策。

(2) 对作战对象和威胁形式要根据所能收集到的情报资料进行认真、深入的分析,研究其未来的发展趋势,研究可能出现的新式武器装备和对我们所能采取的对抗和干扰措施的趋势。

(3) 根据我们的战略方针和环境使用条件进行综合分析,提出是否需要的具体根据。经过战役战术论证,明确该武器装备的战役战术配套关系;经过战术技术论证,明确该型武器装备的战术技术性能要求,确定其在战役战术中的地位、作用和任务。绝不能按照个人的意志办事,在未经过对敌我形势发展趋势认真、全面、细致地分析,未弄清楚"需要什么"、"有无合适的技术基础"的情况下,不能盲目地开工,否则将造成很大损失。

总结研究我们搞某些装备失败的原因,对研究必要性是很有意义的。目的性不清楚,即研制的目标搞错了,造成失败不是罕见的。我们飞机有过这样问题,舰艇也有过这样问题,严重地浪费了经费,错过了时机。美国也有管理混乱、蛮干、浪费严重的教训,麦克纳马拉担任国防部长后推行系统分析方法很快解决了这个问题。我们搞装备技术管理,要深入调查研究,吸取历史上的经验教训,不要重犯别人犯过的错误。

总之,做为决策者和系统分析人员一定要弄清楚,这个项目是真的需要吗?为什么需要?目的是什么?要达到什么样的目标?存在什么问题?要做些什么?如何去做?这样做能达到目的吗?这些问题好像很简单,但往往由于对这些"简单问题"并没有真正回答清楚,这就是隐藏着的失败的重大原因。也就是说,在工程上马之前,就要研究该工程的目的性,调查基本情况,确定一些重大发展原则,并从技术经济的角度出发,研究这项工程是否合理可行。

2.3.3 武器系统方案可行性研究

武器装备技术发展要遵循的客观规律,一是严格按科学程序办事,武器装备研制程序,分为论证阶段、方案阶段、工程研制阶段、设计定型阶段、生产定型阶段等 5 个阶段,实践证明,这 5 个阶段是互相制约的,缺一不可,其顺序既不能颠倒,更不能跨越;二是科研一定要走在生产的前面,也就是各分系统走在总体的前面,单机、设备走在分系统的前面,不能瞎指挥;三是循序渐进,逐步提高。

如海军装备技术发展,确定规模和速度时,要以我国经济和技术力量为基础,既要充分估计到科学技术的进步,又要实事求是、全面考虑。

在确定海军装备技术发展重点项目计划时,必须以海军作战方针和所担负的任务为依据,认真调查研究,分析和预测国内外海军装备现状和发展趋势,根据需要和实际可能,通过综合平衡,分出轻重缓急,统筹安排。

下面具体介绍一下武器系统方案的可行性研究。

在系统分析中,拟定武器系统的各种备选方案是实现系统目标的必要环节。从备选方案中选取最佳方案,必须经过方案可行性研究这一环节(广义地说,从武器装备开发项目的确定到备选方案的提出，都可以看作是工程技术项目的可行性研究)。方案的可行性研究是通过对武器系统每个备选方案战术技术论证，对其各项战术技术指标、经济指标的综合评价，来衡量备选方案的价值和优劣。这首先涉及到如何选取评价标准和确定评价内容问题。

武器系统的战术技术评价，除了考虑科学根据和战术技术功能外，主要看它对未来战争是否适用，即看它的功能和效用满足规定作战任务的程度。可靠性、可维修性、性能、生存能力和经济性等因素之间的关系往往是相互矛盾的，需要把它们协调起来，选取一个能满足未来作战需要又现实可行的比较合理的评价标准。

第一，评价标准通常是一个综合性的评价指标，选取评价指标，要把与系统目标密切相关的科学技术因素和有关的经济因素等综合起来，对规定的系统目标和相应的备选方案进行综合量度。

第二，评价标准必须具有明确的时间和空间边界条件。所谓的时间和空间边界条件，是指评价标准的相对性问题，即判断一个方案的价值大小优劣，不能离开方案所处的时间和空间环境。在确定方案评价细目和指标时，要正确地把握它们之间的相对价值，正确把握一个妥协式的优化方案(为了优化一个指标，而不得不降低其他指标)的合理性。

在选取合适的评价标准的同时，还应当确定各个方案的实际评价内容，这主要包括以下几个方面。

(1) 战役战术评价。主要评价方案战役战术使用上的有效性(即系统效能)和配套关系；评价战术指标要考虑主要战术因素，如性能、毁伤区或毁伤概率、可靠性、可维修性、生存能力、抗干扰性、射速、机动性、快速反应时间，等等。

(2) 技术评价。主要评价技术水平(先进性、可靠性、适用性)、关键材料来源、系统试制运行的可能性、推广前景以及能否实现系统目标的要求等。在技术评价中，必须非常重视对方案中所隐藏的风险因素的估计。至少应考虑两类风险：一是方案的技术要求与已有科学定律不相容而造成的"自然风险"，二是由于技术要求(虽然不与已有的科学定律相矛盾)超越了现有的技术水平、技术能力的"技术风险"。要排除这两类风险，武器系统方案的设计者必须有大量的第一手材料证明方案的科学性和可靠性。

(3) 经济评价。不仅分析方案的开发费用(包括研究、试制和最初投资)，更重要是要看系统整个寿命周期费用。经济评价的最简单原则是，将武器系统寿命周期费用和预计系统所能得到的资源之比，作为评价值。

(4) 人类工程学评价。主要从操作者、使用者角度，评价方案的合理性、适用性和安全性。

(5) 研制周期评价。预测可能实现系统研制的周期和所规定的周期并进行比较。

以上五点是武器系统方案评价所包含的几个主要方面。每个备选方案中，不仅这几个方面本身是相互矛盾和相互制约的，而且它们之间也是相互交错和相互制约的。比如：一种方案可能技术水平较低，但却包含有较大的可靠性，而另一种方案技术水平较高，但却包含有较大的风险因素；一种方案是以高的成本提供较大的可靠性，另一种是以低的成本提供较大的可维修性，等等。这就需要我们在对各个评价细目进行分别评价的基础上，根据评价准则的要求对方案进行综合评价，选取整体上最佳的方案。可以把以上的叙述用图2.3.1 表示。

评价武器系统备选方案的评价标准和主要内容确定之后，掌握正确的评价方法和决策方法(后面将陆续介绍)便是总体方案规划的关键环节。

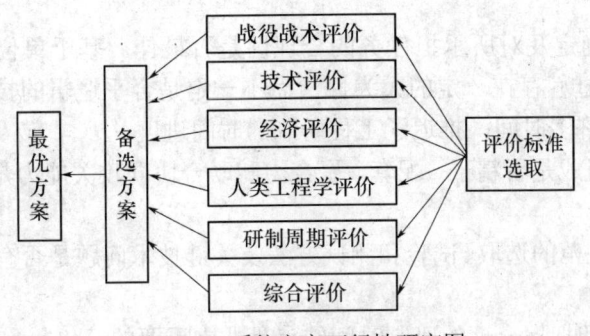

图 2.3.1　系统方案可行性研究图

2.3.4　风险估计

风险是不利事件的发生概率及其后果严重性的函数。风险是在一定的时空条件下，对风险主体而言，由于客观条件变化的不确定性，导致行为后果与预期目标发生负偏离的可能性。负偏离越大，风险就越大。

风险是危及计划或工程项目的潜在问题，是表示系统失败的一个度量，风险高意味着可行性差，可用风险大小来描述可行性问题。在估计各种选择方案中，必须考虑风险，进行可靠性分析。风险估计是系统方案可行性分析的一项十分重要的因素，项目主管人员在开始一个项目时，为了估计项目执行中可能包含有的失败，必须考虑这一因素。整个项目的风险是以下列主要因素为基础的：理论上的可行性、项目定义的简明性、性能要求、可靠性、可维修性、有效度、进度和费用。风险具有客观性、不确定性、不利性、相关性、与利益并存性和可控性等特点。

1. 风险的分类

就现代武器的发展而言，由于客观条件突然变化或研制中技术攻关受挫，使得武器的发展计划会遇到很多风险，经常会失败或更改，这在武器研制工作中是不可避免的，这就是武器发展中的风险问题，主要存在 3 类风险。

1) 效能风险

它是指武器系统某项(或某几项)性能指标达不到设计要求这样的风险，其后果将会对部队装备的计划发生不利影响，使部队的作战能力无法按计划那样达到一定的水平。这里最坏的情形是整个计划失败，即在计划进行过程中即宣告取消，或者武器研制出来后即放弃装备计划，使得大量的投资(资金、人力、时间等)白费。产生这种情形的原因是武器发展初期的论证工作不够完善或由于未预计到局势变动和对方武器的发展速度，这种情况在中国出现过，国外也经常见到。

2) 费用风险

它是指工程研制经费突破经费预算的可能性。投入武器系统的研制费用是有限的，如定额研制方式。由于计价成本预算的不准确性、市场价格因子的调整、不可预见经费等的影响，意味着系统任务的划分和相应性能指标的实现将受到客观上的限制。

3) 进度风险

它是指工程研制不能按计划完成的可能性。一般情况下，工程研制时间是个定数，计划

任务与时间结点的不协调,可能会引起方案论证、技术设计、工程研制方面的风险。主要因素有:

(1) 研制单位的确定及对所承担任务的合理性是否最佳。基于单位利益及发展因素的考虑,研制任务的分工过程存在一定的人为性,而不一定是合乎逻辑的技术活动,往往使研制任务的分工决策浪费许多时间,推迟了工程研制的时间进度。

(2) 研制人员的组成是否精干、配套,聚合力和联合协同攻关能力是否强,能否持续地参加研制工作。

(3) 研发技术及规范的选取、试验和测试方法及关键技术问题是否有良好的解决方案和实施措施。

以上因素对制定和把握合理的研制时间结点是非常重要的。

2. 研制风险的综合评估方法

上述三方面的风险指标及监控贯穿于武器系统的整个研制过程,应在方案论证阶段就充分收集风险分析的信息,并预测和评估风险度。可根据风险度的重要程度和估计的可信程度采用加权乘法进行综合,也可以建立多种评估模型进行评估。

采用加权乘法进行风险度评估的综合算式为

$$P = 1 - (1-P_{re})^{w_1} \cdot (1-P_{rt})^{w_2} \cdot (1-P_{rc})^{w_3} \tag{2.3.1}$$

式中:P_{re} 为技术风险度;P_{rt} 为进度风险度;P_{rc} 为费用风险度;w_1 为技术风险度权值;w_2 为进度风险度权值;w_3 为费用风险度权值。

风险分析与综合评估直接为研制工程的决策服务,正确合理地估计风险的大小,可为工程研制提供最佳的决策依据。

3. 风险控制的技术途径

风险分析与评估的目的在于进行有效的风险管理和控制,其管理与控制过程如下:

1) 时间进度指标风险控制

应遵从系统工程的观点和方法,以达到运筹管理的目的。

(1) 并行或交叉作业。

(2) 明确目标管理职责,动态调控研制过程。

(3) 建立相应的激励机制和后勤保障措施,推进工程研制工作。

2) 性能指标风险控制

(1) 在体系结构和模式确定的前提下,应多角度、宽视野地界定性能指标,分层次完成各类功能的研究。

(2) 开展通用化、系列化和模块化设计工作,克服追求局部高指标带来的盲目性,避免因设计缺陷引起的性能指标更新。

(3) 质量监控。严格按制定的技术状态管理规定,开展设计、生产、试验和加工状态的技术控制,强化质量意识,加强技术联系和协调活动,平衡使用各种资源,确保开发过程最优化。

3) 费用指标风险控制

(1) 从设计上降低硬件开销的级别,简化人—机界面,以降低研制费用。

(2) 考虑到研制过程中不可预测因素的影响,应留有一定比例的费用以备调控。

(3) 加强经费使用的宏观调控、审计制度及管理措施。

2.4 系统评价

前面在介绍系统分析概念、系统优化和可行性研究部分都初步从不同的侧面研究了系统评价问题。这一节在研究系统评价概念的基础上，着重介绍如何建立系统评价指标体系和系统评价方法。

系统工程各个阶段，从整体功能出发始终贯彻综合—分析—综合的方法，同时贯穿着综合—分析—评价，综合—评价—决策的方法，在系统分析中；对系统最优目标的给定、最优方案的选择、同系统效能相对应的费用的决定，只有正确的评价才有正确的决策和选择。系统综合评价是系统分析的后期工作，是根据预定的系统目标，在系统调查和可行性研究的基础上，借助模型，从战术技术与经济等方面就系统的方案进行比较和评定，选出优化方案或满意的方案。

没有正确的评价就没有正确的决策。系统分析人员的评价则可决定目标、方案等的选择，领导者的评价则是决策拍板定案。在系统工程的研究制定方案阶段要做出正确评价，在系统设计和制造中间也都必须根据具体条件切实做好评价，如进行系统设计审查、试制投产前的审图、试制中试验监测质量检查鉴定等；研制出样机后到靶场或部队试验后的综合评价和运行一段的事后评价为解决定型问题改进系统奠定基础。

2.4.1 系统评价的概念

系统评价就是对新开发的系统或改建的系统，根据预定的系统目标，在系统分析的基础上，从战术、技术、经济等方面，就各种系统设计的方案所能满足需要的程度同所消耗占用的各种资源进行综合评审和选择并抉择出技术上先进、经济上合算、战术上合理的优化或满意的方案。

系统评价是依据系统的评价指标体系备选的各种可行方案达到系统目标的程度，全面权衡利弊得失，从而为系统决策选择最优方案提供科学的依据。因此，系统评价是系统工程中的一项重要的基础工作，为了决策，先要评价，评价是决策的准备与基础。

系统评价有两个前提条件：一是熟悉方案，二是确定评价指标(准则)。熟悉方案是指确切掌握各备选方案的优缺点，对各项基本目标、功能要求的实现程度、方案实现的条件和可能性的估计等。这类估计是通过战术技术评价、经济评价、人类工程学评价等单项评价来实现的。为了达到准确评价的目的，要有说明情况的可靠数据和资料。方案的评价指标，是指评价条目和要求，是方案期望达到的指标。它应当包括政策指标、战术技术指标、经济指标、进度指标、人机工程学指标，等等。根据熟悉方案情况，结合评价指标，从而作出对方案的优先顺序的结论，这就是系统评价的内容。

系统评价是一件很复杂的事情。其复杂性主要来自以下几个方面：

1. 系统评价的多目标性

当系统为单目标时，其评价工作是容易进行的。但是实际系统中的问题要复杂得多，系统评价的目标往往不止一个，当系统为多目标(或指标)时，评价工作就困难得多。而且各个方案往往各有所长、各有千秋：在某些指标上，方案甲比乙优越；而在另一些指标上，方案乙又比甲优越，这时就很难定夺。指标越多，方案越多，问题就越复杂。

2．系统的评价指标体系中不仅有定量的指标而且还有定性的指标

对于复杂系统，系统评价工作主要存在着以下两方面的困难：一是有的指标难以数量化；二是不同的方案可能各有所长，难以取舍。对定量指标，通过比较标准，能容易地得出其优劣的顺序；但对于定性的指标，由于没有明确的数量表示，往往凭人的主观感觉和经验进行评价，如评价一艘舰艇的方便性、舒适性这些指标。传统的评价往往偏重于单一的定量指标，而忽视定性的、难以量化的但对系统是至关重要的指标。

3．人的价值观在评价中往往会起到重大影响

评价活动是由人来进行的，评价指标体系和方案是由人确定的，在许多情况下，评价对象对于某些指标的实现程度(指标值)也是人为确定的，因此人的价值观在评价中起很大作用。由于在大多数情况下各人有各人的观点、立场、标准，因此需要有一个共同的尺度来把各人的价值观统一起来，这是评价工作的一项重要任务。

2.4.2 系统评价的原则

为了搞好系统评价，有些基本原则是必须遵守的。这些原则是：

1．评价的客观性

评价的目的是为了决策，因此评价的好坏直接影响到决策的正确与否。评价必须客观反映实际，为此需注意以下几点：

(1) 保证评价资料的全面性和可靠性。
(2) 防止评价人员的倾向性。
(3) 评价人员的组成要有代表性、全面性。
(4) 保证评价人员能自由发表观点。
(5) 保证专家人数在评价人员中占有一定比例。

2．方案的可比性

备选方案在保证实现系统的基本功能上要有可比性和一致性，不能强调"一俊遮百丑"，个别功能的突出或方案的新内容多，只能说明其相关方面，不能代替其他方面的得分，不容许搞"陪衬"方案，从而失去评价的真意。各个备选方案只能用相同的准则评价。

3．评价指标的系统性和政策性

评价指标要成系统。评价指标要包括系统目标所涉及的一切方面，而且对定性问题要有恰当的评价指标，以保证评价不出片面性。

评价指标必须与国家的法律、法令、方针、政策的要求相一致，不允许有相悖和疏漏之处。

4．评价指标的数量化和归一化

将各评价指标数量化，得到各个可行方案的所有评价指标的无量纲的统一得分以后，采用评价指标综合方法进行指标的综合，就可以得到每一方案的综合评价值，再根据综合评价值的高低就能排出方案的优劣顺序。

常用的系统评价指标数量化的方法主要有：排队打分法、体操计分法、专家评分法、两两比较法、连环比率法。

评价指标综合的主要方法有：加权平均法、功效系数法、主次兼顾法、效益—成本法、罗马尼亚选择法、层次分析法、模糊综合评价方法、灰色综合评价法等。

2.4.3 系统评价的步骤

系统评价是一项复杂的系统工程，为了保证整个过程高效、有序地进行，系统评价需要按照一定的流程进行。

系统评价的流程如图 2.4.1 所示。

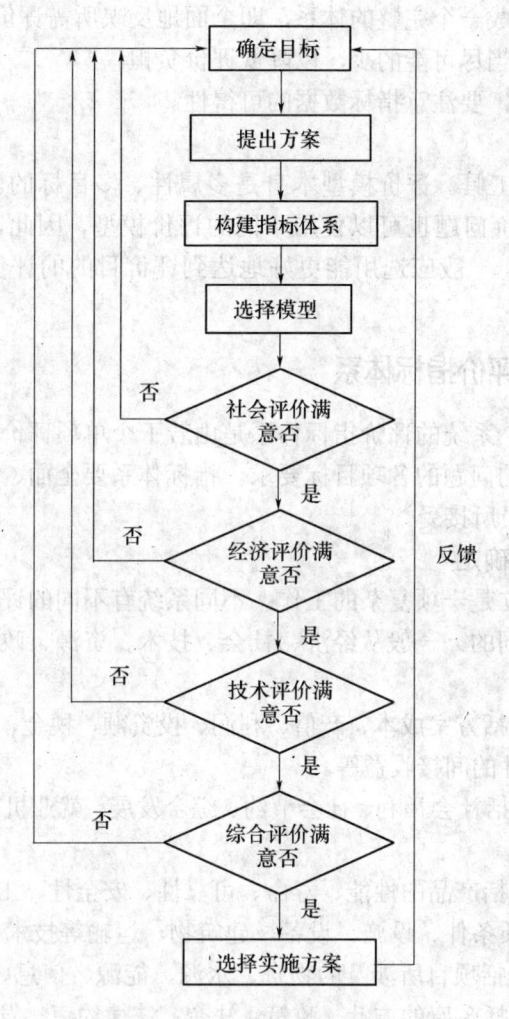

图 2.4.1 系统评价的流程

其中系统评价的 4 个主要步骤如下：

(1) 确定评价目标。

确定评价目标是为了更好地决策，目标是评价的依据，对于评价过程至关重要。大致可从 4 个方面设置评价目标：①使评价系统达到最优；②对决策的支持；③对决定行为的说明；④问题的分析。通常评价目标按照构成层次可分为总体目标、分层目标和具体目标，这样就构成了层次目标体系。

(2) 提出评价方案。

根据系统目标，在分析各种信息的基础上，提出评价方案并对各评价方案做出简要说明，使方案的优缺点清晰明了，便于评价人员掌握。

(3) 确定评价指标体系。

评价指标体系是根据系统目标的层次、结构、特点、类型来设置的，评价指标体系设置要注意全面和重点结合，绝对量指标和相对量指标结合，定量指标和定性指标结合。具体选择应注意以下几点：

① 评价指标必须与评价目的和目标密切相关。
② 评价指标应当构成一个完整的体系，即全面地反映所需评价对象的各个方面。
③ 评价指标总数应当尽可能的少，以降低评价负担。
④ 确定评价指标时，要注意指标数据的可得性。

(4) 选择评价模型。

模型是系统评价的工具。评价模型本身是多属性、多目标的。不同问题使用的评价模型可能不同，同一个评价问题也可以使用不同的评价模型，因此，对选用什么样的评价模型本身也必须做出评价。一般应选用能更好地达到评价目的的评价模型或其他适应的评价模型。

2.4.4 建立系统评价指标体系

从系统的观点来看，系统的评价指标体系是由若干个单项评价指标所构成的有机整体，它应能反映出所要解决的问题的各项目标要求。指标体系要全面、合理、科学、实用，且基本上能为有关部门和人员所接受。

1. 评价指标体系的确定

评价指标体系的建立是一项复杂的工作：不同系统有不同的评价指标；同一系统在不同的环境下其指标也是不同的。一般从经济、社会、技术、资源、政策、风险、时间等方面来建立评价指标。

(1) 经济性指标。包括方案成本、产值、利润、投资额、税金、流动资金占用额、投资回收期、建设周期、地方性的间接收益等。

(2) 社会性指标。包括社会福利、社会节约、综合发展、就业机会、社会安定、生态环境、污染治理等。

(3) 技术性指标。包括产品的性能、寿命、可靠性、安全性、工艺水平、设备水平、技术引进等，以及工程的地质条件、设施、设备、建筑物、运输等技术指标要求。

(4) 资源性指标。包括项目所涉及的物资、水源、能源、信息、土地、森林等。

(5) 政策性指标。包括政府的方针、政策、法令、法律约束、发展规划等方面的要求。这项指标对国防和关系国计民生方面的重大项目或大型系统尤为重要。

(6) 时间性指标。如工程进度、时间结点、周期等。

(7) 其他指标。主要是指针对具体项目的某些指标。

2. 应遵循的原则

建立系统的评价指标体系没有一套现成的办法可以照搬。因为系统开发的对象是各种各样、千差万别的，因此，我们不可能找到一种样板，依葫芦画瓢。我们只能依靠人的知识和经验，发挥人的直觉和创造性思考的能力，发挥各方面专家和智囊团的集体智慧，针对不同的系统对象，采用不同的方法，去建立符合系统目的要求的评价指标体系。

建立评价指标体系虽然没有固定方法，但是，在建立系统评价指标体系时，有些共同的原则应该遵守。例如，整体性原则、动态原则、弹性原则就很重要。下面作些简单介绍。

1) 整体性原则

系统的评价指标体系是由反映系统总体价值的各种评价目标因素及其相互关系结合而成的一个整体。因此，建立评价指标体系的时候，应注意以下两点：

(1) 要把与该系统总体价值有关的评价因素尽量都考虑进去，而不能只考虑其中的一部分。例如：一艘舰艇只考虑费用、性能、进度，而不考虑其可靠性、可维修性，就很难建立起正确的评价指标体系。

(2) 各种评价目标因素对系统总体价值的影响和作用是不相同的，而且它们之间有的存在相互矛盾和冲突，因此，建立评价指标体系必须从系统总体出发，以保证系统总目标的实现为原则，综合考虑各种目标因素所应达到的评价指标。也就是说，各分系统功能很好(价值很高)，但不利于总目标的实现，虽好也不足取；相反，分系统功能不怎么好，但有利于总目标的实现，则可以酌情选取。例如，第二次世界大战中英国商船装高炮是否可取的争论问题，如果从整体性原则出发就很容易解决。商船装高炮是为了保证商船的安全运输，即商船装高炮这一系统的总价值在于提高商船安全航行程度(降低被敌机击沉的概率)，而不在于打下多少敌机，所以商船装高炮是可取的。

2) 动态原则

世界上一切事物都是处在运动变化之中，系统的价值也是不断变化的。一些产品由于技术过时而被淘汰，一种组织体制由于不适应变化了的环境而被取消或者予以改革。这些都是由于系统的价值发生了变化。考虑价值随时间变化的规律，我们提出了时间价值这一综合性指标来衡量系统的价值。如果一个系统创建的时间很长，到它投入使用时，社会已经不需要了或者技术上已经陈旧落后，失去了它的使用价值，这时所花费的全部人力、物力和财力都失去原有的意义。因此，在建立评价指标体系时，应该做好技术预测、经济预测和社会需求预测工作，用发展变化的观点来选择各目标因素的评价指标。例如，选择发射火器除考虑它的一般性能外，还要考虑环境变化的适应性，如抗干扰问题，快速反应时间，被激光武器抗击摧毁问题，以及可能出现的新的对抗性武器等问题。一种武器只有经得起随时间变化引起的竞争考验，才能保持它的生命活力。

武器系统的军事价值是相对的，在服役寿命期间随着敌方的能力及其对抗这个系统功能的手段的变化而变化。所以，我们在创建新的武器系统时，就要考虑到随时间的推移，需要进行现代化改装，更新武器装备，提高其现代化战术性能。在提出研制要"系列化、标准化、规格化、通用化"之外，还要"模块化"，使得研制成果具有更大继承性和可移植性，模块化为未来武备的改装创造了条件。国外 20 世纪 70 代年已兴起新舰艇射击思想——"可变负载设计法"，很值得我们认真研究。从发展的现点看，海军作战对象所要对付的威胁目标，不仅有各种舰艇、飞机、导弹、核弹、枪、炮、鱼水雷、炸弹和电子对抗武器，而且有正在出现和将要发展的精确制导武器(包括新式导弹、制导炮弹、制导炸弹、制导鱼雷等)、定向能武器(包括激光武器、粒子束武器和电磁脉冲武器)、运用隐形技术的武器等。威胁不仅来自空中、水上、水下和陆上，而且来自空间。

未来战争的最大特征是，战争将在不受约束的空间内进行，固守一招一式，按部就班的观念，以不变去应付未来战争坏境的多变，显然很难适应。

3) 弹性原则

系统评价目标集是由系统的各种评价目标因素及其相互关系组成的一个复杂系统。在建立评价指标体系时，不仅要考虑很多的目标因素，而且要考虑这些因素之间存在着千丝万缕的联系。整体性原则要求我们全面地综合地考虑这种情况。但是，毫无疑问，人们要掌握所有因素及其关系是不可能的，也就是说，百分之百地反映系统总价值的评价指标体系是建立不起来的，必须承认我们建立的系统评价指标体系永远有缺陷。因此，应该在选择各目标因素的评价指标时，要留有余地，尤其是要考虑到环境变化剧烈和时间价值的作用，以期系统评价指标体系能够反映系统的客观实际。

3. 建立系统评价指标体系要抓主要因素

系统评价指标体系既然是一个复杂系统，要解决实际问题，就必须通过抓主要因素来进行处理。开发新的系统，一般系统评价的主要因素有性能、进度、成本、可靠性、可维修性、生存能力、期望寿命、质量、体积、兼容性、适应性、技术水平、生产工艺性、能量消耗等、它们是一个有序的集合。我们利用价值观念，并且根据系统的具体任务和所处的技术环境、需求环境、社会环境和国际战略环境来评定它们的顺序(序值)，而反映出它们的量化。

对于复杂系统，可先将主要评价因素分成几个评价项目(大类)，对每个项目又由其构成的子因素形成若干项评价因素，然后进行综合评价。

对武器系统评价的主要战术技术因素有性能、生存能力、可靠性、可维修性、人机工程学性能、抗干扰能力、快速反应能力、期望寿命、质量、容积等。上述主要战术技术因素，对不同的武器系统，其重要程度各不相同，特别是武器系统性能又各有不同的特殊性。例如，所有发射火器主要战斗效能指标是毁伤概率，都具有射程、射速、射击精度和弹丸杀伤威力 4 项基本特征参数。显然，射程越远、射速越快、精度越高、弹丸杀伤威力越大，其火力越强。舰艇船体和发动机的主要战术技术性能是排水量、主尺度、发动机功率、航速、续航力和适航性等。自动化指挥系统或舰艇作战指挥系统主要战术技术性能是快速可靠的反应能力。

对生存能力，影响它的因素多而复杂，主要有隐蔽性、对敌方侦察的防护性能、隐形、消声性能、机动性、快速反应能力、装甲厚度、耐冲击波强度、光辐射和贯穿辐射的容许标准值，等等。

总之，对于不同的武器装备，要区别不同的情况，进行调查研究，具体分析，从而抓住主要矛盾，根据主要因素建立系统评价指标体系。

4. 建立评价指标体系的几个问题

在建立评价指标体系中，有几个问题是必须明确地予以解决的：

1) 评价项目(指标大类)和指标数量

这是一个很困难的问题，有较大的变通幅度。一般地说，指标范围越宽、指标数量越多，则方案之间的差异越明显，因而有利于判断和评价，但这对确定评价项目(指标大类)和指标的重要程度也越困难，因而歪曲方案本质特性的可能性也越大，所以划分评价项目(指标大类)和确定指标的重要程度是其中的关键。经验表明，评价项目(指标大类)最好不超过 5 个，总的评价指标数也不宜过多。

2) 关于评价指标之间的相互关系

在制定单个指标时一定避免指标的重复使用情况，在使用中的交叉处必须加以明确划分和规定。如可靠性与有效性等，就存在交叉。

3) 指标体系的提出和确定

评价指标体系建立的重要性要求尽可能地做到科学、合理、实用，评价指标体系内容的多面性又使上述要求的实现变得很困难，为了解决这种矛盾，通常使用德尔菲法，即经过广泛征求专家的意见，反复交换信息、统计处理和归纳综合等，以保证体系的科学性、合理性和实用性。

5. 武器系统的评价指标体系

武器系统的评价要素有系统的性能、有效性、可靠性、可维修性、生存能力、快速反应时间、抗干扰能力、建立系统所消耗的费用、建立系统所需要的时间、系统的期望寿命、建立系统所占用的资源、系统的战役战术使用效果、(大型复杂武器系统)对战略和国防科学技术的影响等。人—机系统还要考虑其可接受性、适应性、灵活性、操作方便以及维护修理的及时性等要素。不同的系统强调的要素也不同，这就要确定不同的比重系数(亦称评价系数或权数)。军事武器系统的性能、可靠性、可维修性、生存能力与快速反应时间等更重要，评价时应给以较高的比重系数。各要素的比重系数大小，应通过简单比较法、线性规划等优化方法或请有关专家集体讨论等方法予以合理的确定。

随着不同的武器系统所强调的不同评价要素，可以组成不同的评价项目(指标大类)及指标体系。下面我们给出一个供参考的武器系统评价项目与评价指标表，见表 2.4.1。

表 2.4.1 武器系统评价项目与指标

评价项目	评价指标
发射火器性能	毁伤区或毁伤概率；命中精度；爆炸威力相当 TNT 当量；射程、射击死区；速度；射速；质量、体积，外形特征；兼容性；环境适应性；抗干扰性；快速反应时间
舰船武器系统性能(运载部分)	标准和满载排水量；长度、宽度和吃水；最大和经济航速；续航力和自给能力；推进装置的型式、轴马力与轴数；适航性；人员总数；三防要求
舰船武器系统性能(战斗负载部分)	火炮、导弹、水中兵器的类型，座数，联装数，射速，射程，装药量，备弹量；火控系统、电子战系统的类型、数量、性能；舰艇作战指挥系统的类型、性能；快速反应时间
自动化指挥系统性能	兼容性；快速反应时间；探测跟踪距离；信息可靠性、信息率；抗电子干扰性、抗电子脉冲武器干扰性；环境适应性
运行的可靠性(广义的可靠性)	可靠度；失效率；平均失效间隔时间；故障平均修复时间；维修度；有效度；平均寿命或期望寿命
生存能力	隐蔽性、对敌方侦察的防护性能；隐形、消声性能；机动性；快速反应时间；武器装甲厚度、耐冲击波强度、光辐射、贯穿辐射容许标准值
人—机—环境系统工程性能	武器装备适合于人的生理、心理特点和能力限度；机器使用、操作和维修方便性，在使用、操作和维修时安全、可靠地减少事故；良好的工作环境，减少人为误差，避免故障或事故
结构和生产工艺性(以导弹为例)	导弹本身、瞄准装置、发射装置、制导系统的结构工艺性
国家需求	战略战役上的需求程度；战役战术上的配套程度；国防工业发展政策需求程度；其他政策需求
提高技术水平	到达国际水平；促进更大的技术领域改进；战术上使用有发展前途；有扩展领域，可推广于民用国内资源的有效利用；科技情报价值；标准化、通用化、系列化、规格化、模块化程度
系统开发的难易程度	技术困难少；开发经费少；开发周期短；特殊的关键的原材料需求程度少

对表 2.4.1 要说明四点：

(1) 由于不同类型的武器装备所要达到的目标不同，评价项目和评价指标选取不同，所以给出的项目与指标不能都照搬。在具体条件下，可能有所增减或某些指标不予考虑。

(2) 不同的武器系统的特殊性能项目和平均指标要请有关的专家来确定。根据战术需求，确定项目取舍和指标的高低。

(3) 这些分类指标有的可用运筹学方法量化，有的要用概率论或者模糊数学方法量化，有的则不能量化，要定性分析。而对于武器系统的各种备选方案，则要经过综合分析提出恰当的效能量度，即效能准则。这已有成功的经验可以借鉴。

2.5 综合评价方法

2.5.1 目标综合评价方法

将各评价指标数量化，得到各个可行方案的所有评价指标的无量纲的统一得分以后，采用下述各种方法进行指标的综合，就可以得到每一方案的综合评价值，再根据综合评价值的高低就能排出方案的优劣顺序。这里仅介绍常用的几种方法，有些新的方法如遗传算法等在方案排序中的应用，有兴趣的读者可进一步参考有关书籍。

1. 加权平均法

加权平均法是指标综合的基本方法，具有两种形式，分别称为加法规则与乘法规则。

设方案 A_i 的指标因素 F_j 的得分(或得分系数 f_j)为 a_{ij}，将 a_{ij} 排列成评价矩阵，如表 2.5.1 所示。

表 2.5.1 评价矩阵

指标因素 F_j		F_1	F_2	...	F_n	综合评价值 ϕ_i
权重 ω_j		ω_1	ω_2	...	ω_n	—
方案	A_1	a_{11}	a_{12}	...	a_{1n}	ϕ_1
	A_2	a_{21}	a_{22}	...	a_{2n}	ϕ_2
	⋮	⋮	⋮		⋮	⋮
	A_m	a_{m1}	a_{m2}	...	a_{mn}	ϕ_m

在应用加权平均法时，有以下两点值得注意：
(1) 列写指标因素应考虑周全，避免遗漏。
(2) 对于各项指标因素分配的权重要适当。

1) 加法规则

图 2.5.1 给出了加权平均法之加法规则的一般思路。

方案 i 的综合评价值 ϕ_i 按如下公式计算：

$$\phi_i = \sum_{j=1}^{n} \omega_j a_{ij} \quad (i=1,2,\cdots,m) \tag{2.5.1}$$

其中，ω_j 为权系数，满足关系式：$0 \leq \omega_j \leq 1$，$\sum_{j=1}^{n} \omega_j = 1$。

在加法规则式(2.5.1)中，各项指标的得分可以线性地互相补偿。一项指标的得分比较低，其他指标的得分都比较高，总的评价值仍然比较高，任何一项指标的改善，都可以使得总的评价值提高。例如衡量人民群众的生活水平，衣、食、住、行任何一个方面的提高都意味着生活水平的提高。

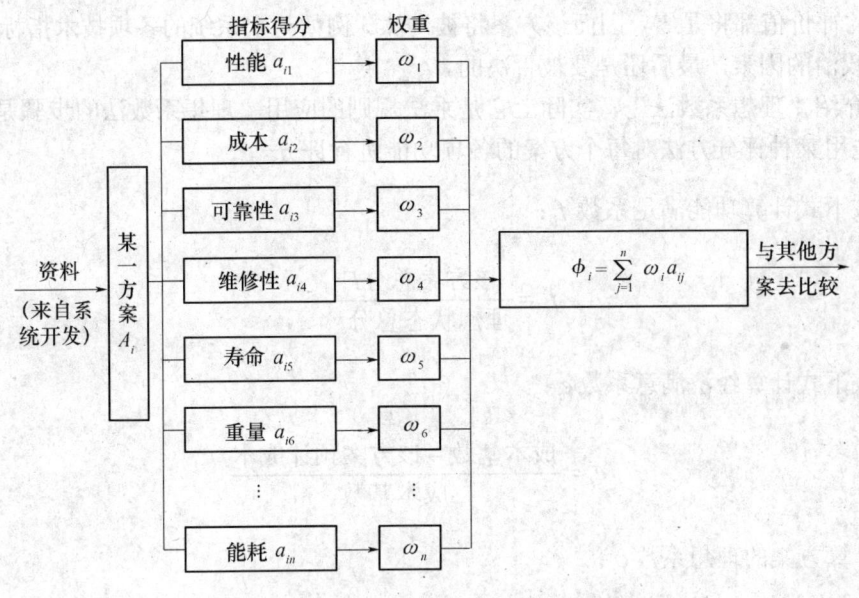

图 2.5.1 加权平均法之加法规则流程图

【例 2.5.1】设有 3 个方案，5 项指标，数据如表 2.5.2 所示，试计算各个方案的综合评价值。

表 2.5.2　例 2.5.1 数据

指标 F_j		F_1	F_2	F_3	F_4	F_5
权重 ω_j		0.4	0.3	0.15	0.1	0.05
方案 A_i	A_1	7	6	9	10	2
	A_2	8	6	4	2	8
	A_3	4	9	5	10	6

解：按式(2.5.1)计算各个方案的评价值 ϕ_i：

$\phi_1 = 0.4 \times 7 + 0.3 \times 6 + 0.15 \times 9 + 0.1 \times 10 + 0.05 \times 2 = 7.05$

$\phi_2 = 0.4 \times 8 + 0.3 \times 6 + 0.15 \times 4 + 0.1 \times 2 + 0.05 \times 8 = 6.20$

$\phi_3 = 0.4 \times 4 + 0.3 \times 9 + 0.15 \times 5 + 0.1 \times 10 + 0.05 \times 6 = 6.35$

因为 $\phi_1 > \phi_3 > \phi_2$，所以方案 A_1 最优，A_3 次之。

2) 乘法规则

乘法规则采用下列公式计算各个方案的综合评价值 ϕ_i：

$$\phi_i = \prod_{j=1}^{n} a_{ij}^{\omega_j} \quad (i=1,2,\cdots,m) \tag{2.5.2}$$

其中，a_{ij} 为方案 i 的第 j 项指标的得分；ω_j 为第 j 项指标的权重。对式(2.5.2)的两边求对数，得：

$$\lg \phi_i = \sum_{j=1}^{n} \omega_j \lg a_{ij} \quad (i=1,2,\cdots,m) \tag{2.5.3}$$

对照加法规则的综合评价值计算方法式(2.5.1)可知，这是对数形式的加法规则。

乘法规则应用的场合是要求各项指标尽可能取得较好的水平，才能使总的评价值较高。它不容许哪一项指标处于最低水平上。只要有一项指标的得分为零，不论其余的指标得分是多高，总的评价值都将是零，因而该方案将被淘汰。例如一个系统的各项技术指标尽管很好，但是由于政治的因素，最后还是要被否决的。

下面介绍"理想系数法"，实际上它是乘法规则的应用。理想系数法的步骤是：
(1) 先用某种评分方法对每个方案的各项功能进行评分。
(2) 按下式计算功能满足系数 f_i：

$$f_i = \frac{该方案总分F_i}{理想状态总分F} \tag{2.5.4}$$

(3) 按下式计算经济满意系数 e_i：

$$e_i = \frac{成本基数 - 该方案预计成本}{成本基数} \tag{2.5.5}$$

(4) 计算方案的理想系数 ϕ_i：

$$\phi_i = \sqrt{f_i \cdot e_i} \tag{2.5.6}$$

对比式(2.5.6)与式(2.5.2)，我们看到，在式(2.5.6)中，是取 $\omega_1 = \omega_2 = \frac{1}{2}$。

理想系数 ϕ_i 是从功能和成本两个方面综合衡量方案符合理想状态的程度。显然，有 $0 \leq f_i \leq 1$，$0 \leq e_i \leq 1$，且 $0 \leq \phi_i \leq 1$。若 $\phi_i = 0$，则方案完全不理想；若 $\phi_i = 1$，则方案符合理想状态。应当保留 ϕ_i 数值较高的方案。

【例2.5.2】森林火警探测系统有4个可行方案，对它们从技术上按照表2.5.3所示的标准进行评分，其评分结果和功能满足系数如表2.5.4所示。

表 2.5.3　评分标准

方案	理想状态	好的方案	较好方案	较差方案	差的方案	不予考虑
评分	5	4	3	2	1	0

表 2.5.4　评分结果和功能满足系数

方案 \ 功能	可靠性	连续性	气候环境影响	信息传递速度	后勤供应	维修保养	总分 F_i	功能满足系数 $f_i = F_i/F$
A. 飞机瞭望	4	3	2	5	4	3	21	$f_A = 0.70$
B. 机载红外照相	5	3	3	5	4	2	22	$f_B = 0.73$
C. 地面红外仪	4	5	5	4	3	4	25	$f_C = 0.83$
D. 人工瞭望塔	4	4	4	5	3	5	24	$f_D = 0.80$
理想状态	5	5	5	5	5	5	30	$F = 30$

式(2.5.5)中的成本基数按森林火灾平均损失的 1/30 计算，这里取为 119 万元。各方案的经济满意系数如表2.5.5所示。最后按式(2.5.6)算得各方案的理想系数亦如表2.5.5所示，显而易见应该选择方案 D 或 C。

表 2.5.5 经济满意系数和理想系数(成本基数 119 万元)

方　案	方案预计成本(万元)	经济满意系数 e_i	理想系数 ϕ_i
A. 飞机瞭望	37.5	$e_A = 0.68$	$\phi_A = 0.690$
B. 机载红外照相	75.9	$e_B = 0.36$	$\phi_B = 0.513$
C. 地面红外仪	19.2	$e_C = 0.84$	$\phi_C = 0.835$
D. 人工瞭望塔	10.9	$e_D = 0.91$	$\phi_D = 0.853$

2. 相关矩阵法

在系统分析过程中,常用相关矩阵法对几种性能相近的系统或方案进行系统评价。该方法通过建立相关矩阵对各个被评价系统(或方案)的确定项目进行综合评价。

1) 确定评价项目的相对重要程度(权重)

假设被评价对象是 m 个被评价的系统(或 m 个方案)A_1, A_2, $\cdots$, A_m,并设被评价系统(方案)的评价项目确定有 n 个,即 x_1, x_2, $\cdots$, x_n,而且各个评价项目的权重为 W_1, W_2, $\cdots$, W_n。对第 i 个被评价系统(或方案)A_i 的第 j 个评价项目 x_j 评定的价值是 V_{ij},其中,$j=1$, 2, $\cdots$, n;$i=1$, 2, $\cdots$, m。由此可以建立相关矩阵如表 2.5.6 所示。

表 2.5.6 相关矩阵表

V_{ij} W_j A_i	x_1	x_2	$\cdots$	x_j	$\cdots$	x_n	V_i
	W_1	W_2	$\cdots$	W_j	$\cdots$	W_n	
A_1	V_{11}	V_{12}	$\cdots$	V_{1j}	$\cdots$	V_{1n}	$V_1 = \sum_{j=1}^{n} W_j V_{1j}$
A_2	V_{21}	V_{22}	$\cdots$	V_{2j}	$\cdots$	V_{2n}	$V_2 = \sum_{j=1}^{n} W_j V_{2j}$
$\vdots$	$\vdots$	$\vdots$		$\vdots$		$\vdots$	$\vdots$
A_m	V_{m1}	V_{m2}	$\cdots$	V_{mj}	$\cdots$	V_{mn}	$V_m = \sum_{j=1}^{n} W_j V_{mj}$

用相关矩阵法对系统进行评价的关键在于确定各评价项目的相对重要程度,即确定权重 W_j,以及由评价主体(或专家)确定评价项目的评价尺度。

确定评价项目相对重要性和评价尺度的方法很多,但都是通过评价主体(或专家)根据经验分析比较确定。比较常用的方法是通过对评价项目两两成对地或逐对地进行比较。具体做法是:对各评价方案的评价项目两两比较时,比较结果认为相对重要的项目得 1 分,不重要的项目得 0 分;或者是定量给出重要的项目比不重要的(或次要的)项目重要多少倍。由此就可以得到各评价项目的权重 w_j。再根据各被评价的系统(或方案)的属性,由评价主体(或专家)按各评价项目属性的量给出评价尺度。最后由评价主体(专家)对被评价的各系统(方案)的评价项目分别一一进行评价,得到每一个评价项目的评价值,再求加权和,求出综合评价值。

为了说明用相关矩阵法对系统进行综合评价的方法原理与步骤,现以弹炮一体化系统论证过程中,对弹炮一体化系统的专用防空导弹武器系统综合性能评价为例,说明建立相关矩阵,进行导弹武器系统综合评价的过程。

【例 2.5.3】从现有和在研的防空导弹中选取 5 种防空导弹进行评价，选出最优者，供弹炮一体化系统决策参考。5 种待选系统(方案)及其主要总体性能参数如表 2.5.7 所示。

表 2.5.7 待选防空导弹系统主要性能表

导弹系统方案 性能指标	A_1	A_2	A_3	A_4	A_5
f_1：最大射程/km	5.0	8.5	15.0	8.9	10.0
f_2：最大作战高度/km	3.0	5.0	6.0	5.0	6.0
f_3：最大速度/Ma	0.9	2.3	2.2	2.5	4.2
f_4：系统反应时间/s	8.0	6.4	10.0	5.5	5.0
f_5：最大机动过载/g	20	25	30	40	45

由表 2.5.7 可知，参与评价的待选方案有 5 个，它们分别是：

A_1——轻型便携式防空导弹武器系统；

A_2——超低空近程防空导弹武器系统；

A_3——近程防空导弹武器系统；

A_4——低空近程防空导弹武器系统；

A_5——超高速动能导弹武器系统。

通过专家(或评价主体)分析讨论，确定各方案的评价项目共 5 项，分别是：最大射程、最大作战高度、导弹的最大飞行速度(马赫数)、武器系统的反应时间和导弹能提供的最大横向机动过载。

2) 评价步骤

下面按评价步骤说明评价过程和原理。

(1) 确定权重。

首先由评价主体(参与评价的专家)对评价项目用逐对比较分析的方法，一一进行比较，确定各评价项目的相对权重。比较时，先将最大射程与最大作战高度相比，认为最大射程重要则给 1 分，作战高度则得 0 分。最大射程再与最大速度相比，认为最大射程重要则给 1 分，最大速度则得 0 分。依此类推，将所有评价项目都进行逐对比较后，根据各评价项目的累计得分计算权重，结果如表 2.5.8 所示，最后一列即为各评价项目的相对权重。

表 2.5.8 评价项目的相对权重

评价项目	最大射程	最大作战高度	最大速度	系统反应时间	最大机动过载	累计得分	权重
最大射程	—	1	1	1	0	3	0.3
最大作战高度	0	—	0	1	1	2	0.2
最大速度	0	1	—	1	0	2	0.2
系统反应时间	0	0	0	—	1	1	0.1
最大机动过载	1	0	1	0	—	2	0.2

(2) 确定各评价项目的评价尺度。

由评价主体(或参与评价的专家)根据各被评价的导弹武器系统(方案)的各项主要性能指

标值，划定范围(或区间)，再给定相应的评价尺度。该尺度是对系统进行综合评价的依据。根据表 2.5.7 中所列各被评价导弹系统(方案)的性能指标值给定评价尺度如表 2.5.9 所示。

表 2.5.9 导弹系统评价尺度

得分 评价项目	5	4	3	2	1
f_1 最大射程/km	>10	8.1～10	6.1～8	5.1～6	<5
f_2 最大作战高度/km	>6.1	5.1～6	4.1～5	3.1～4	<3
f_3 最大速度/Ma	>4.1	3.1～4	2.1～3	1.1～2	<1
f_4 系统反应时间/s	<5.0	5.1～6	6.1～8	8.1～10	>10.1
f_5 最大机动过载/g	>41	31～40	26～30	21～25	<20

(3) 建立相关矩阵，对各评价方案进行综合评价。

根据评价尺度，对评价的导弹武器系统的各个评价项目(属性指标)逐一进行评定，给出分值，并将其列入价值表中，再对各被评价导弹系统(方案)的各因素价值进行加权(乘以权重)并计算其加权之和，即可求得各被评价导弹武器系统(方案)的综合价值。弹炮一体化武器系统的专用防空导弹系统进行综合评价后，所得的结果如表 2.5.10 所示。

表 2.5.10 被评价系统价值表

系统方案 \ 评价项目 \ 权重 \ 得分	最大射程	最大作战高度	最大速度	系统反应时间	最大机动过载	V_i
	0.3	0.2	0.2	0.1	0.2	
A_1	1	1	1	3	1	1.2
A_2	4	3	3	3	2	3.1
A_3	5	4	3	2	3	3.7
A_4	4	3	3	4	4	3.6
A_5	4	4	5	5	5	4.5

设：X_j 表示评价项目，w_j 表示权重，A_i 表示系统方案，V_{ij} 表示方案 i 相对 X_j 的得分，则方案的综合评价值

$$V_i = \sum_{j=1}^{n} w_j \times V_{ij} \tag{2.5.7}$$

根据相关矩阵的计算公式，各方案的综合评价值(加权之和值)为：

方案 A_1：$V_1 = \sum_{j=1}^{5} w_j \times V_{1j} = 0.3 \times 1 + 0.2 \times 1 + 0.2 \times 1 + 0.1 \times 3 + 0.2 \times 1 = 1.2$

方案 A_2：$V_2 = \sum_{j=1}^{5} w_j \times V_{2j} = 3.1$

方案 A_3：$V_3 = \sum_{j=1}^{5} w_j \times V_{3j} = 3.7$

方案 A_4: $V_4 = \sum_{j=1}^{5} w_j \times V_{4j} = 3.6$

方案 A_5: $V_5 = \sum_{j=1}^{5} w_j \times V_{5j} = 4.5$

表 2.5.10 示出了按相关矩阵法对 5 种防空导弹系统进行综合评价的结果。表 2.5.10 就是一个相关矩阵表,由表中所列之综合评价结果可知,在弹炮一体化系统中可供选择的 5 种待选防空导弹武器系统方案,按所确定的 5 个主要性能指标综合评价,以方案 A_5(超高速动能导弹武器系统)的综合性能最好(评价值最大)。其余几个方案的排序依次是 A_3,A_4,A_2,A_1。

3. 主次兼顾法

设系统具有 n 项指标 $f_1(x)$,$f_2(x)$,…,$f_n(x)$,$x \in R$,如果其中某一项最为重要,设为 $f_i(x)$,希望它取极小值,那么我们可以让其他指标在一定约束范围内变化,来求 $f_i(x)$ 的极小值,就是说,将问题化为单项指标的数学规划:

$$\min f_i(x), x \in R' \tag{2.5.8}$$

其中 $R' = \{x | f_i' \leqslant f_i(x) \leqslant f_i'', i = 2, 3, \cdots, n, x \in R\}$。

例如一个化工厂,要求产品成本低、质量好,同时还要求污染少。如果降低成本是当务之急,则可以让质量指标和污染指标满足一定约束条件而求成本的极小值;如果控制污染、保护环境是当务之急,则可以让成本指标和质量指标满足一定约束条件而求污染的极小值等。

4. 效益成本法

在系统评价中,所有的评价指标总可以划分为两类:一类是效益,另一类是成本。前者是我们实现方案后能够获得的结果,后者是为了实现方案必须支付的投资。将每个方案的效益与成本分别计算后,再比较其效益/成本,就可以评价方案的优劣,显然,效益/成本愈大,方案愈好。

【例 2.5.4】某厂为了扩大生产,准备新建一间厂房。为此提出三个方案,如表 2.5.11 所示,请用效益成本法对 3 个方案进行评价。

表 2.5.11 建厂方案指标比较

序号	指标	单位	第Ⅰ方案	第Ⅱ方案	第Ⅲ方案
1	造价	万元	100	86	75
2	建成年限	年	5	4	3
3	建成后需流动资金	万元	45.8	33.3	38.5
4	建成后发挥效益时间	年	10	10	10
5	年产值	万元	260	196	220
6	产值利润率	%	12	15	12.5
7	环境污染程度	—	稍重	最轻	轻

对 3 个方案进行比较后发现它们各有优缺点。为了便于进一步判断,应把目标适当集中。由于在系统评价中最关心的是成本和效益这两大类,因此应该首先集中注意此两类指标。已知建成后发挥效益的时间是 10 年,则可计算出 3 个方案的 10 年总利润及全部投资额。比较结果如表 2.5.12 所示。

表 2.5.12　各方案投资利润率比较

序号	指标	单位	第Ⅰ方案	第Ⅱ方案	第Ⅲ方案
1	总利润额	万元	312	294	275
2	全部投资额	万元	145.8	119.3	113.5
3	利润高于投资的余额	万元	166.2	174.7	161.5
4	投资利润率	%	214	246	242

从表 2.5.12 可以看出，第Ⅱ方案是最理想的。Ⅰ的总利润高于Ⅱ、Ⅲ，但投资额也高于Ⅱ、Ⅲ，结果使投资利润低于Ⅱ、Ⅲ，况且，环境保护方面效果差，因此应放弃此方案。同理，进一步分析Ⅱ、Ⅲ以后可以看出，Ⅲ的放弃也是理所当然的。

5. 罗马尼亚选择法

效益成本法没有严格的步骤，随评价的问题不同，分析的内容和方法也不相同。为了使多指标评价问题的解决能够尽量规范化，罗马尼亚人曾经采用了所谓选择法。这种方法是一种比较简便的规范化方法。

此法的进行过程如下：

(1) 标准化。

把表征各个指标的具体数值化为以 100 分为满分的分数，这一步称为标准化。标准化时分别从各个指标去比较方案的得分，最好的方案得 100 分，最差的方案得 1 分，居中的方案按下式计算得分数：

$$X = \frac{99 \times (C-B)}{A-B} + 1 \qquad (2.5.9)$$

式(2.5.9)中：A 为最好方案的变量值；B 为最差方案的变量值；C 为居中方案的变量值；X 为居中方案的得分数。

现在以例 2.5.4 为例，将表 2.5.11 经过标准化后得到的结果列在表 2.5.13 中。由于表 2.5.11 的第 4 项指标说明 3 个方案建成后发挥效益的时间均是 10 年，无法区分各方案此项指标的优劣程度，因此在表 2.5.13 中不予列出。而对于表 2.5.11 的第 7 项指标环境污染程度(稍重、最轻、轻)进行量化，令居中方案即第Ⅲ方案得 70 分。

表 2.5.13　表 2.5.11 数据的标准化

序号	目标	Ⅰ	Ⅱ	Ⅲ	权系数
1	造价	1	56.4	100	40
2	建成年限	1	50.5	100	40
3	建成后需流动资金	1	100	58.8	40
4	年产值	100	1	38.1	30
5	产值利润率	1	100	17.5	80
6	环境污染程度	1	100	70	20

(2) 确定权系数。

标准化之后先根据各指标的重要性确定权系数，重要的给以较大的权系数。另外，同一指标中各方案分数差异大的，权系数也应大一些。按照这些原则例 2.5.4 确定了权系数，并已

59

填在表 2.5.13 的最右边一列里。

(3) 综合数量评价。

最后进行综合数量评价，以确定中选方案。在表 2.5.13 中权系数总和为 250，有了权系数和每个方案相对于各个指标的得分数，就可对方案进行综合评价。

采用加权平均法，即将各指标的权系数乘以各方案相对于各指标的得分数，然后相加求总和，就得到各个方案的分数加权和。由表 2.5.13 得到Ⅰ、Ⅱ、Ⅲ方案的分数加权和分别为 3220、18306 和 14295，则第Ⅱ方案之分数加权和最大，故选第Ⅱ方案。

从上述计算过程可以看出，加权系数的大小对方案的选择影响很大，上面对产值利润率比较重视，所以给的加权系数比较大(权系数值为 80)。如果不考虑这个指标，即令其加权系数等于 0，则此时Ⅰ、Ⅱ、Ⅲ方案的分数加权和分别为 3140、10306、12895，此时就应该选择第Ⅲ方案了。

2.5.2 模糊综合评价方法

模糊综合评价可以用来对人、事、物进行全面、正确而又定量的评价，因此它是提高领导者决策能力和管理水平的一种有效方法。一些领导者在面对多种而又复杂的方案、褒贬不一的人才、众说纷纭的成果时，常常会感到不知所措，以致由于主观决策失误，给工作带来损失，但是，此时若能运用模糊综合评价方法，就有可能避免上述情况的发生。

对于方案、装备、人才、成果的评价，人们的考虑往往是从多种因素出发的，而且这些考虑一般只能用模糊语言来描述。例如，评价者从考虑问题的诸因素出发，参照有关的数据和情况，根据他们的判断对复杂问题分别作出"大、中、小"、"高、中、低"、"优、良、可、劣"、"好、较好、一般、较差、差"等程度的模糊评价。然后通过模糊数学提供的方法进行运算，就能得出定量的综合评价结果，从而为正确决策提供依据。

1. 模糊综合评价的数学模型

对某一事物进行评价，若评价的指标因素(着眼点)为 n 个，分别记为 $u_1, u_2, u_3, \cdots, u_n$，则这 n 个评价因素便构成一个评价因素的有限集合

$$U = \{u_1, u_2, u_3, \cdots, u_n\}$$

若根据实际需要将评语划分为 m 个等级，分别记为 $v_1, v_2, v_3, \cdots, v_m$，则又构成一个评语的有限集合

$$V = \{v_1, v_2, v_3, \cdots, v_m\}$$

例如，对某武器进行评价，假如可从科学性(u_1)、实践性(u_2)、适应性(u_3)、先进性(u_4)、专业性(u_5)等方面着眼，则其评价因素集合便为 $U = \{u_1, u_2, u_3, u_4, u_5\}$。

若评价结果划分为"很好"(v_1)、"好"(v_2)、"一般"(v_3)、"差"(v_4) 4 个等级，则其评语集合便为 $V = \{v_1, v_2, v_3, v_4\}$。

若我们只着眼于科学性(u_1)一个因素来评定该武器，采用民意测验的办法，结果是 16% 的人说它"很好"，42%的人说它"好"，39%的人说它"一般"，3%的人说它"差"，则这个结果可用模糊集合 B_1 来描述：

$$B_1 = 0.16/\text{很好} + 0.42/\text{好} + 0.39/\text{一般} + 0.03/\text{差}$$

B_1 也可简记为向量的形式：

$$B_1 = [0.16, 0.42, 0.39, 0.03]$$

评价结果 B_1 是评语集合 V 这一论域上的模糊子集。B_1 就是对被评对象所做的单因素评价。

然而，一般往往需要从几个不同方面来综合地评价某一事物，从而得到一个综合的评价结果，该结果仍是评语集合 V 这一论域上的一个模糊子集 B_1，这便是综合评价问题。

通常，V 为一个有限集合，则 B 也为相应的有限模糊集合

$$B_1 = b_1/v_1 + b_2/v_2 + \cdots + b_m/v_m$$

简记为一个 m 维模糊向量形式

$$B = [b_1, b_2, \cdots, b_m]$$

其论域为 V，b_j 为 B 中相应元素的隶属程度(也称隶属度)，且 $b_j \in [0,1]$，$j = 1, 2, 3, \cdots, m$。

在实际评价工作中，各个评价因素的重要程度往往是不相同的，考虑到这个客观存在的事实，评价因素集合实际上是因素集合 U 这一论域上的一个模糊集合 A，实际上亦为一有限集，即因素集合也为一相应的有限模糊集合

$$A = a_1/u_1 + a_2/u_2 + \cdots + a_n/u_n$$

同样也可用一个 n 维模糊向量来表示

$$A = [a_1, a_2, \cdots, a_n]$$

其论域为 U，a_i 是 A 中相应元素的隶属程度，且 $a_i \in [0,1]$，并应满足 $\sum_{i=1}^{n} a_i = 1$。

一个模糊综合评价问题，就是将评价因素集合 U 这一论域上的一个模糊集合 A 经过模糊关系 R 变换为评语集合 V 这一论域上的一个模糊集合 B，即

$$B = A \cdot R \tag{2.5.10}$$

式(2.5.10)为模糊矩阵的乘积，即为模糊综合评价的数学模型。其中：

B 为模糊综合评价的结果，是一个 m 维的模糊行向量，$B = [b_j]$，$b_j = \bigcup_{i=1}^{n}(a_i, b_{ij})$，$j = 1, 2, \cdots, m$；

A 为模糊评价因素权重集合，是一个 n 维模糊行向量；

R 为从 U 到 V 的一个模糊关系，它是一个 $(n \times m)$ 的矩阵，其元素 $r_{ij}(i = 1, 2, \cdots, n; j = 1, 2, \cdots, m)$ 表示从第 i 个因素着眼，作出第 j 种评语的可能程度。

多因素评价比较困难，因为要同时综合考虑的因素较多，而各因素的重要程度又不相同，这些都使问题变得很复杂，如用经典数学方法来解决综合评价问题，就显得很困难，而模糊数学则为解决模糊综合评价问题提供了理论依据，从而找到一种有效而简单的方法。

由式(2.5.10)可知，当评价因素增加时，并不增加问题的复杂性，只是增加计算量而已。

在评价问题时，通常是让模糊向量 A 中各元素满足

$$\sum_{i=1}^{n} a_i = 1$$

其中：a_i 是 u_i 重要程度的度量，也即因素 u_i 的权重，故 A 也就表征了评价因素的权重分配。

2. 模糊综合评价的步骤

1) 设因素集 U

"因素"是指人们考虑问题时的着眼点。对评定科技成果来讲，人们关心的是其水平、可行性、效益等方面。在因素集 $U = \{u_1, u_2, \cdots, u_n\}$ 中，应该尽量用最少的因素来概括和描述问题，以达到简化评价运算的目的。

2) 设评价集 V

人们根据具体情况的需要，对单一因素作出不同程度的评价。一般情况下，评价集有如下几种：

$$V = \{大、中、小\}$$
$$V = \{高、中、低\}$$
$$V = \{优、良、可、劣\}$$
$$V = \{好、较好、一般、较差、差\}$$

3) 确定权重集 A

在诸"因素"中，人们的侧重点是不同的，这就是权重。模糊综合评价是因素权重和单因素评价的复合作用，因此，权重集(权重分配) $A = [a_1, a_2, \cdots, a_n]$ 的确定十分重要。模糊权重分配是否合适是模糊综合评价模型中的一个关键，所以应当尽量符合实际。可以用德尔菲法或统计试验的方法确定，允许有一定弹性。

一般用如下几种方法来确定：

(1) 评价专家共同讨论确定。
(2) 两两对比法。
(3) 德尔菲法。
(4) AHP(层次分析法)。

4) 专家评价

在介绍问题的有关背景、数据和情况的基础上，由专家们对反映问题因素进行模糊评价。通常可采用"民意测验"方法来采集专家们的评价意见。

5) 建立评价矩阵 R

某一因素的评价结果 r_{ij} ($i, j = 1, 2, 3, \cdots$) 表示从第 i 个因素出发，对被评价问题作出第 j 种评语的可能程度。固定 i，$(r_{i1}, r_{i2}, \cdots, r_{in})$ 就是从 i 种因素出发，对评价对象所作的单因素评价模糊子集。多种因素的评价模糊子集可构成一个评价矩阵 R。

对于 $V = \{大、中、小\}$ 或 $V = \{高、中、低\}$，则有

$$R = \begin{bmatrix} r_{11} & r_{12} & r_{13} \\ r_{21} & r_{22} & r_{23} \\ r_{31} & r_{32} & r_{33} \end{bmatrix}$$

对于 $V=\{优、良、可、劣\}$，则有

$$R = \begin{bmatrix} r_{11} & r_{12} & r_{13} & r_{14} \\ r_{21} & r_{22} & r_{23} & r_{24} \\ r_{31} & r_{32} & r_{33} & r_{34} \\ r_{41} & r_{42} & r_{43} & r_{44} \end{bmatrix}$$

对于 $V=\{好、较好、一般、较差、差\}$，则有

$$R = \begin{bmatrix} r_{11} & r_{12} & r_{13} & r_{14} & r_{15} \\ r_{21} & r_{22} & r_{23} & r_{24} & r_{25} \\ r_{31} & r_{32} & r_{33} & r_{34} & r_{35} \\ r_{41} & r_{42} & r_{43} & r_{44} & r_{45} \\ r_{51} & r_{52} & r_{53} & r_{54} & r_{55} \end{bmatrix}$$

6) 综合评价

对于评价对象，模糊综合评价结果为

$$B = A \cdot R$$

7) 归一化处理

通过归一化处理，得出具有可比性的综合评价结果。

3. 模糊综合评价的应用

1) 模糊综合评价用于装备总体性能的评估

装备总体性能的评估是一个复杂的活动，它涉及多方面的因素，如战技指标、可靠性、成本等。

【例 2.5.5】 装备评价模糊模型的建立和求解。

设 U 是因素集，即评价装备总体性能的因素的集合；V 是评价集，即评语等级的集合。

$$U = [容易操作，战技指标、可靠性、成本]$$

$$V = [很好，较好，一般，不好]$$

设 R 是从 U 到 V 的模糊关系(也可看作是模糊变换)，$r_{ij}(i,j=1,2,3,4)$ 表示从第 i 个因素着眼，对被评装备作出第 j 种评语的可能程度。固定 $i(r_{i1},r_{i2},r_{i3},r_{i4})$ 就是 V 上的一个模糊子集，表示从第 i 个因素着眼，对于被评装备所作出的单因素评价，构成模糊评价矩阵为

$$R = \begin{bmatrix} r_{11} & r_{12} & r_{13} & r_{14} \\ r_{21} & r_{22} & r_{23} & r_{24} \\ r_{31} & r_{32} & r_{33} & r_{34} \\ r_{41} & r_{42} & r_{43} & r_{44} \end{bmatrix}$$

U 中的各元素 u，即各个因素对装备总体性能的影响程度是不一样的。也就是说，对 U 中诸因素应有不同的权衡，人们对这个问题的认识可以表现为 U 上的一个模糊子集 A，U 中元素 u 对 A 的隶属度为 $A(u)$，称为因素 u 的权重，$[A(u_i),(i=1,2,3,4)]$ 称为权重分配，一般

都令
$$\sum_{i=1}^{4} \underset{\sim}{A}(u_j) = 1$$

如果已给出模糊评价矩阵 $\underset{\sim}{R}$，又给定了模糊权重分配 $\underset{\sim}{A}$，则综合评价模糊模型为

$$\underset{\sim}{B} = \underset{\sim}{A} \cdot \underset{\sim}{R}$$

就"容易操作"这个因素考虑，参与评价的人员中有 40%的人说"很容易"，50%的人说"较容易"，10%的人说"一般"，便认为该装备性能若从"容易操作"这个因素考虑，应得的评价向量为

$$(0.4, 0.5, 0.1, 0)$$

用上述办法，同样可得"战技指标"、"可靠性"、"成本"这三个因素的评价向量分别为

$$(0.6, 0.3, 0.1, 0)$$
$$(0.1, 0.2, 0.6, 0.1)$$
$$(0.1, 0.2, 0.5, 0.2)$$

于是，可以写出对该装备的模糊评价矩阵

$$\underset{\sim}{R} = \begin{bmatrix} 0.4 & 0.5 & 0.1 & 0 \\ 0.6 & 0.3 & 0.1 & 0 \\ 0.1 & 0.2 & 0.6 & 0.1 \\ 0.1 & 0.2 & 0.5 & 0.2 \end{bmatrix}$$

假设确定的模糊权重分配为

$$\underset{\sim}{A} = (0.5, 0.2, 0.2, 0.1)$$

则可得该装备的综合评价模糊模型为

$$\underset{\sim}{B} = \underset{\sim}{A} \cdot \underset{\sim}{R} = (0.5, 0.2, 0.2, 0.1) \cdot \begin{bmatrix} 0.4 & 0.5 & 0.1 & 0 \\ 0.6 & 0.3 & 0.1 & 0 \\ 0.1 & 0.2 & 0.6 & 0.1 \\ 0.1 & 0.2 & 0.5 & 0.2 \end{bmatrix}$$

$$= [(0.5 \wedge 0.4) \vee (0.2 \wedge 0.6) \vee (0.2 \wedge 0.1) \vee (0.1 \wedge 0.1),$$
$$(0.5 \wedge 0.5) \vee (0.2 \wedge 0.3) \vee (0.2 \wedge 0.2) \vee (0.1 \wedge 0.2),$$
$$(0.5 \wedge 0.1) \vee (0.2 \wedge 0.1) \vee (0.2 \wedge 0.6) \vee (0.1 \wedge 0.5),$$
$$(0.5 \wedge 0) \vee (0.2 \wedge 0) \vee (0.2 \wedge 0.1) \vee (0.1 \wedge 0.2)]$$

$$= (0.4, 0.5, 0.2, 0.1)$$

由于

$$0.4 + 0.5 + 0.2 + 0.1 = 1.2$$

则归一化后

$$\underset{\sim}{B} = \left(\frac{0.4}{1.2}, \frac{0.5}{1.2}, \frac{0.2}{1.2}, \frac{0.1}{1.2}\right) = (0.33, 0.42, 0.17, 0.08)$$

这里隶属函数与评价函数是一致的。上式说明，按隶属原则来识别装备总体性能是"较好"(取其最大值所对应的评语等级)。

2) 模糊综合评价用于科研成果的鉴定

【例 2.5.6】 有甲、乙、丙三项科研成果，为了简化问题，只介绍有关情况如表 2.5.14 所示。现要从中选出优秀项目来。

表 2.5.14 三项科研成果的有关情况

项目\因素	(科学技术)水平	(成功的概率)可行性	经济效益
甲	接近国际先进	70%	>100 万元
乙	国内先进	100%	>200 万元
丙	一般	100%	>20 万元

(1) 设因素集

$$U = \{水平、成功概率、经济效益\}$$

(2) 为了简化运算，我们设定评价集

$$V = \{大、中、小\} 或 V = \{高、中、低\}$$

(3) 确定权重集。在专家们讨论、统一认识后，得出权重集

$$\underset{\sim}{A} = (0.2, 0.3, 0.5)$$

(4) 专家评价的结果。如表 2.5.15 所示，表中的数字是指赞成此种评价的专家人数与专家总人数的比值。

表 2.5.15 专家评价结果

项目\评价	水 平			成功概率			经济效益		
	高	中	低	大	中	小	高	中	低
甲	0.7	0.2	0.1	0.1	0.2	0.7	0.3	0.6	0.1
乙	0.3	0.6	0.1	1	0	0	0.7	0.3	0
丙	0.1	0.4	0.5	1	0	0	0.1	0.3	0.6

(5) 建立单因素评判矩阵。

对甲项成果：

$$\underset{\sim}{R}_{甲} = \begin{bmatrix} 0.7 & 0.2 & 0.1 \\ 0.1 & 0.2 & 0.7 \\ 0.3 & 0.6 & 0.1 \end{bmatrix}$$

对乙项成果：

$$\underset{\sim}{R}_{乙} = \begin{bmatrix} 0.3 & 0.6 & 0.1 \\ 1 & 0 & 0 \\ 0.7 & 0.3 & 0 \end{bmatrix}$$

对丙项成果：

$$\underset{\sim}{R}_{丙} = \begin{bmatrix} 0.1 & 0.4 & 0.5 \\ 1 & 0 & 0 \\ 0.1 & 0.3 & 0.6 \end{bmatrix}$$

(6) 综合评价。

$$\underset{\sim}{B}_{甲} = \underset{\sim}{A} \cdot \underset{\sim}{R}_{甲} = (0.2, 0.3, 0.5) \cdot \begin{bmatrix} 0.7 & 0.2 & 0.1 \\ 0.1 & 0.2 & 0.7 \\ 0.3 & 0.6 & 0.1 \end{bmatrix} = (0.3, 0.5, 0.3)$$

$$\underset{\sim}{B}_{乙} = \underset{\sim}{A} \cdot \underset{\sim}{R}_{乙}$$

$$\underset{\sim}{B}_{丙} = \underset{\sim}{A} \cdot \underset{\sim}{R}_{丙}$$

(7) 归一化处理

$$\underset{\sim}{B}_{甲} = \left(\frac{0.3}{0.3+0.5+0.3}, \frac{0.5}{0.3+0.5+0.3}, \frac{0.3}{0.3+0.5+0.3} \right) = (0.27, 0.46, 0.27)$$

同理：

$$\underset{\sim}{B}_{乙} = (0.56, 0.33, 0.11)$$

$$\underset{\sim}{B}_{丙} = (0.27, 0.27, 0.46)$$

从结果中可以看出，乙项科研成果列为优秀项目。

3) 模糊综合评价用于战斗方案的评估

战斗方案的制定是一个复杂的活动，它涉及敌我双方的兵力、作战意图、指挥人员的指挥水平，参谋人员的素质，还涉及心理学等知识，战斗方案的优劣对战斗结果有着直接的决定性的影响。对战斗方案进行定量化的综合评价，有助于取得最好的战斗结果，也有助于参谋总结经验。

【例2.5.7】某反坦克导弹武器系统方案论证过程中，曾先后提出 5 个方案，分别为 A_1，A_2，A_3，A_4，A_5，邀请有关专家 9 名，应用模糊综合评价法对各方案进行评价，确定优先排序。通过专家讨论，确定评价项目集为

f_1——发展该导弹武器系统的必要性；

f_2——方案的技术先进性；

f_3——方案的技术可行性；

f_4——方案的经济性能(资源消耗)；

f_5——武器系统的效益(效能)。

评定尺度分为 5 级，如按重要程度分别为 0.9(非常重要)，0.7(很重要)，0.5(重要)，0.3(一

般)和 0.1(不重要)，即：评定尺度 $E = (0.9 \quad 0.7 \quad 0.5 \quad 0.3 \quad 0.1)$。

评价项目及其权重与评价尺度见表 2.5.16。

表 2.5.16 评价项目及其权重与评价尺度

评价项目集(F)		f_1	f_2	f_3	f_4	f_5
权重(W)		0.15	0.20	0.10	0.25	0.30
评价尺度	0.9	0	5	0	0	4
	0.7	6	3	4	7	4
	0.5	3	1	4	2	1
	0.3	0	0	1	0	0
	0.1	0	0	0	0	0

A_1 的隶属度矩阵为

$$R_1 = \begin{bmatrix} 0 & 0.67 & 0.33 & 0 & 0 \\ 0.56 & 0.33 & 0.11 & 0 & 0 \\ 0 & 0.44 & 0.44 & 0.12 & 0 \\ 0 & 0.78 & 0.22 & 0 & 0 \\ 0.44 & 0.44 & 0.12 & 0 & 0 \end{bmatrix}$$

综合评定向量为

$$B_1 = WR_1 = (0.15 \quad 0.20 \quad 0.10 \quad 0.25 \quad 0.30) \begin{bmatrix} 0 & 0.67 & 0.33 & 0 & 0 \\ 0.56 & 0.33 & 0.11 & 0 & 0 \\ 0 & 0.44 & 0.44 & 0.12 & 0 \\ 0 & 0.78 & 0.22 & 0 & 0 \\ 0.44 & 0.44 & 0.12 & 0 & 0 \end{bmatrix}$$

$$= (0.244 \quad 0.538 \quad 0.206 \quad 0.012 \quad 0)$$

对于多个方案的评价问题，除了计算每个方案的综合评定向量，还要计算各个方案的优先度。优先度可由评价向量与评价尺度相乘得到。

第一个被评价方案 A_1 的优先度为

$$N_1 = B_1 E^T = (0.244 \quad 0.538 \quad 0.206 \quad 0.012 \quad 0) \begin{pmatrix} 0.9 \\ 0.7 \\ 0.5 \\ 0.3 \\ 0.1 \end{pmatrix} = 0.7028$$

同理求得：$N_2 = 0.4702$，$N_3 = 0.4137$，$N_4 = 0.5634$，$N_5 = 0.6436$。故方案 A_1 最好。

2.6 系统的"效能—费用"分析

讲求实效、着重应用是系统工程的最终目的。系统的"效能—费用"分析是从系统开发的角度来研究武器装备系统的效能与费用问题,从效能角度去考虑费用问题,或从最小费用角度来获得所预期的经济或国防效益,最终达到系统的效能、费用间的综合、权衡和决策,是系统评价的重要方法。

2.6.1 目的和意义

1. 概念

"效能—费用"分析的定义是"根据所获得的利益(效能)与所消耗的资源(费用),去综合比较和优选能满足任务要求的各个方案的过程。"

效能与费用之比称为效费比,反之称为费效比。对武器装备系统的"效能—费用"分析而言,其效能是指武器系统完成规定任务的全部能力,其费用是指该系统在研制、生产和使用中,预计要消耗的人力、物力、财力和时间的统称,"效能—费用"分析就是对效能、费用进行综合、权衡的过程,是一个动态过程。

2. 目的和意义

通过系统的效能、费用的定量化研究,可以在多个备选方案中,选择其中技术先进、经济合理的"优化"方案,供领导决策。

随着科学技术的不断发展,武器装备系统日益复杂,武器系统的单价日益提高,各国军费开支不断增长。和西方发达国家相比,我国的国防费用则相对很少,在这种情况下,提高武器装备建设的经济效益是我们的最终目的。在武器装备发展时,必须全面考虑、统筹权衡"性能、费用和进度"三要素,以达到武器装备"全优"的目的,而系统的"效能—费用"分析是提高经济效益的重要方法,是军方领导者决策的一个工具,适用于武器装备全寿命周期(即概念阶段、审定阶段、研制与采购阶段、使用阶段)。

2.6.2 分析的方法

1. "效能—费用"分析的环节

"效能—费用"分析包括 7 个基本环节:确定目标,制定方案,估算费用,综合备选方案,建立模型,估算效果,确定评价准则,综合评价选优。其分析流程如图 2.6.1 所示。

2. "效能—费用"分析的方法

在进行系统的"效能—费用"分析时,首先应考虑系统的效能费用是否有限额规定,然后再采取不同的分析方法。

1) 效能费用有限额规定

设甲乙两方案为效能费用综合备选方案,取费用 C 为横坐标,效能 E 为纵坐标,得到效能—费用有限额规定曲线图,如图 2.6.2 所示。

效能—费用有限额规定主要有两种分析方法:

(1) 固定费用法。

在给定费用范围内,能最大限度满足系统任务要求的方案为最好方案,这就需要在给定研制系统可利用的资金范围内,估算研制、生产和使用阶段的系统费用,确定满足任务要求

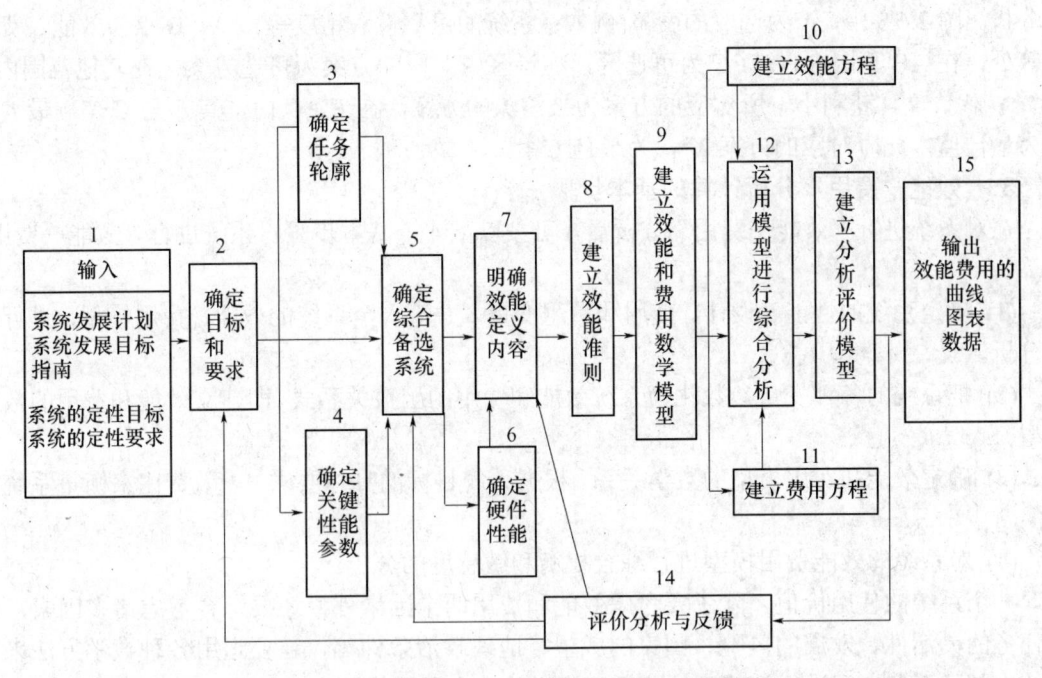

图 2.6.1 系统的"效能—费用"分析流程图

的各个方案的效能,从而确定最佳方案。

在图 2.6.2 中,若给定费用为 C_3,则乙方案优于甲方案;若给定费用为 C_2,则甲方案优于乙方案;若给定费用为 C_0,则两个方案效能相等。

(2) 固定效能法。

在达到系统规定的效能水平的前提下,估算各个系统方案完成任务的费用,费用最少的方案被认为是最好方案。

如图 2.6.2 所示,当效能为 E_0 时,两方案费用相同;当效能为 E_3 时,乙方案费用低于甲方案,乙为最好方案;当效能为 E_1 时,甲方案费用低于乙方案,甲为最好方案。

2) 效能费用无限额规定

取横坐标 X 为备选变量,纵坐标为方案的效能、费用值,得到效能费用无限额规定的效能曲线 E 和费用曲线 C,如图 2.6.3 所示。

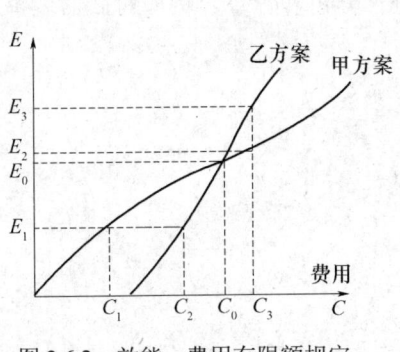

图 2.6.2 效能—费用有限额规定

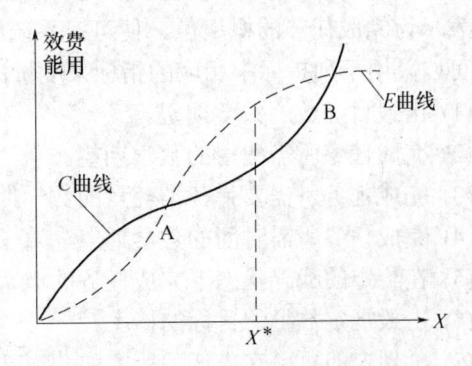

图 2.6.3 效能—费用无限额规定

一般在预研系统时，对系统的效能费用没有具体限定，主要是对系统的效能费用进行预测分析。图 2.6.3 中，X 为选取的变量(例如：系统的可靠性、精度等)，A、B 点为效能、费用相等处，在 AB 范围内，$E>C$ 为可选区，在该区内对应的方案为可选方案；在其他范围内，$E<C$，代价高，获利小，所对应的方案为被淘汰的方案。在 $E>C$ 内，其 E 与 C 差额最大的值为最佳值，此时对应的方案 X^*，为最佳方案。

3. "效能—费用"分析计算的基本步骤

在对系统进行"效能—费用"分析后，可按以下 4 个基本步骤对系统进行"效能—费用"计算。

(1) 确定系统的性能、设计、使用和费用变量，并输入至系统的效能、费用模型，进行综合分析。

(2) 把系统的各种变量参数化为系统效能和费用的函数关系式，即建立效能和费用的数学模型。

(3) 确定效能和费用模型的数学关系。根据系统目标的具体要求，以效费比来衡量系统成功的希望。

(4) 对系统的效能费用模型进行综合权衡和敏感度的分析。

一个系统的使用价值，除了要考虑效能和费用两个因素外，还要综合考虑诸多因素，比如任务的灵活性、发展的风险、国家的威望、地理政治条件等，还要运用各种数学方法来对系统内部、系统之间进行敏感度的分析，这样才能全面评价某个系统。

2.6.3 系统"效能—费用"分析及其模型

对于一个系统，系统的效能是组建系统的目的，而系统的费用将直接影响系统效能的实现，如何对一个系统方案进行综合评价，以达到系统的效能、费用综合权衡乃至决策就显得十分重要。下面将简单介绍一下对系统方案进行效费分析的方法及模型。

1. 系统效能分析及其模型

根据美国咨询委员会的定义：系统效能是预期一个系统满足一组特定任务要求的程度的量度，是系统有效性、可信赖性和能力的函数，其中，描述系统效能的效能指标(如有效性、可依赖性和能力)称为系统的特征参数。

不同的系统有不同的特征参数，且特征参数的数量也不同，常用的特征参数有可靠性、可维修性、有效性、能力、精度、环境影响等。系统的效能往往是由几个特征参数共同表达出来的，尽管每个特征参数的量度各不相同，但只要规定了系统完成的任务，就可把系统的效能表示为完成任务的概率值，便可对系统的效能进行分析和计算。例如对武器装备系统的效能可以采用下列指标中相应的指标来度量：

(1) 击毁目标数的数学期望。

(2) 完成任务所需费用的数学期望。

(3) 完成任务所需要弹药消耗量的数学期望。

(4) 完成任务所需时间的数学期望。

(5) 在给定的战斗状态下完成任务的概率。

(6) 击毁规定数量的目标的概率。

(7) 以规定的概率完成任务所需弹药消耗量。

(8) 我方所遭受的损伤的数学期望。

(9) 敌方所遭受的损伤的数学期望。

在对系统进行效能分析之后，可建立相应的效能模型进行定量分析。常用的效能模型有两种形式：逻辑型和概率积模型。

1) 逻辑型

通常按用户对系统的不同要求，由不同的特征参数组成效能模型，其表现形式是一些框图或表格，具体反映了组成效能的各个参数。图 2.6.4 为美空军用于航空电子系统的效能模型。

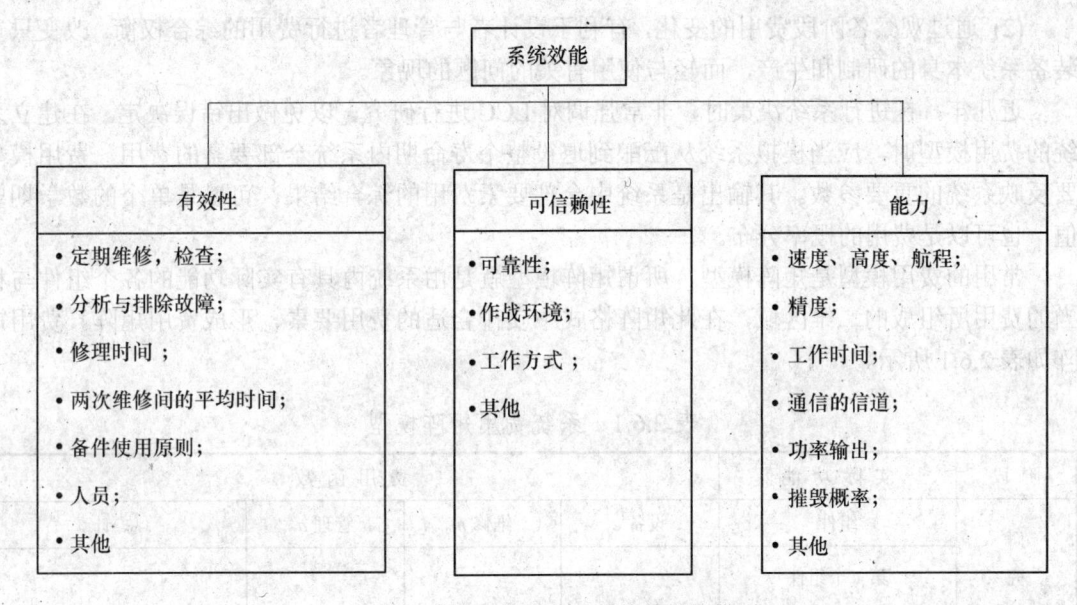

```
                    系统效能
        ┌──────────────┼──────────────┐
     有效性         可信赖性           能力
  ・定期维修，检查；  ・可靠性；      ・速度、高度、航程；
  ・分析与排除故障；  ・作战环境；    ・精度；
  ・修理时间；        ・工作方式；    ・工作时间；
  ・两次维修间的平均时间；・其他        ・通信的信道；
  ・备件使用原则；                   ・功率输出；
  ・人员；                           ・摧毁概率；
  ・其他                             ・其他
```

图 2.6.4 美空军航空电子系统的效能模型

2) 概率积模型

以效能的特征参数概率值相乘，组成数学方程。如武器系统的特征参数是性能 C，有效度 A，可靠度 R 和生存能力 S，则下列方程可用来描述系统效能 E。

$$M(E)=M(C) \cdot M(A) \cdot M(R) \cdot M(S) \qquad (2.6.1)$$

式(2.6.1)中：$M(*)$表示参数*的数学期望。

由此方程可知，武器系统的效能必须同时考虑系统的性能、有效度、可靠性和生存能力等因素，以它们的综合结果来量度和评价系统完成任务要求的能力。当然这个模型只是定量地表示了系统效能的一种结构形式，具体计算还需按实际情况进行处理。

2. 系统费用分析及其模型

费用是衡量系统完成某个任务消耗的全部资源的量度，是把所有资源换算成以金额为尺度的可以衡量的量度。无论对武器系统还是对一般系统而言，进行费用分析，应从全寿命费用角度来考虑其经济性，这样更合理，系统的研究和发展也更具有生命力。

所谓全寿命费用(Life Cycle Cost, LCC)是指系统从酝酿开始到退役整个寿命周期所需的全部费用，可划分为 4 个主要阶段：

(1) 研究阶段(方案和审批阶段)；
(2) 全面研制阶段；
(3) 生产阶段；

(4) 使用阶段。

全寿命费用可用简单的数学模型表示如下：

$$LCC=AC+OSC \tag{2.6.2}$$

式(2.6.2)中：AC 表示购买费用(Acquisition Cost)；OSC 表示使用保障费用(Operation & Support Cost)。

全寿命费用概念的重要性在于：

(1) 提出了新的费用奋斗目标，每个分系统都应为降低 LCC 而努力。

(2) 通过观察各阶段费用的变化，有利于设计者与管理者进行费用的综合权衡。改变只重装备系统本身的研制和生产，而轻与使用有关的问题的现象。

近几年，在进行系统决策时，非常强调对 LCC 进行研究，以免做出错误决定。在建立系统的费用模型时，应当模拟系统从酝酿到退役整个寿命期内系统全部要素的费用，费用模型要反映系统的重要参数。其输出是系统中全部要素费用的综合结果，可以是单个的数学期望值，也可以是费用的概率分布。

常用的费用模型是矩阵模型，所谓矩阵模型就是由系统内具有实际功能的各个组件与相当的费用所组成的二维区域，在此矩阵格式中安排合适的费用要素，形成费用矩阵。费用矩阵如表 2.6.1 所示。

表 2.6.1　系统费用矩阵模型

阶段	实际功能	费用函数			
	组件	设备 e	维修 m	管理 a	总计
研究与发展 (R&D)	第 1 个组件 第 2 个组件 ⋮ 第 M 个组件				Σ ⋮ Σ
	R&D 共计	Σ	Σ	Σ	$\Sigma\Sigma=R$
投资 (I)	第 1 个组件 第 2 个组件 ⋮ 第 M 个组件				Σ ⋮ Σ
	I	Σ	Σ	Σ	$\Sigma\Sigma=I$
年运转 (O)	第 1 个组件 第 2 个组件 ⋮ 第 M 个组件				Σ ⋮ Σ
	O 共计	Σ	Σ	Σ	Σ
运转	O 共计×n 年	$n\Sigma$	$n\Sigma$	$n\Sigma$	$n\Sigma\Sigma O$
R&D+I	R&D 共计+I 共计				$R+I$
全部	总系统费用				$R+I+O$

推导费用矩阵中各个要素的费用估算关系,有两种基本方法:

(1) 统计相关法。要素的费用可以用与要素有关的费用,或参考同类要素的经验费用值,用回归分析的方法来确定其费用模型。

(2) 数学求和法。即对要素各个组成的费用,用数学求和的方法确定要素的费用。

3. "效能—费用"分析模型

有了系统的效能模型和费用模型之后,可以通过建立系统的"效能—费用"模型,把系统的效能和费用综合成一个单一的指标,用以评价系统各种不同的方案。

在着手研究系统的"效能—费用"模型以前,先要作效能和费用的估算,输入有关限制条件,如系统的最大费用期望值,最低效能期望值,如图 2.6.5 所示。

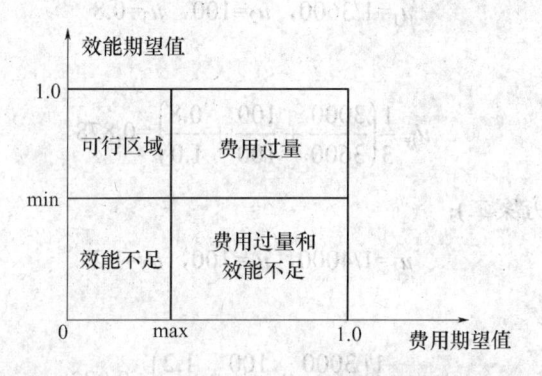

图 2.6.5 费用期望值和效能期望值的关系

1) 比例模型

"效能—费用"比例模型是按系统的输出(效能)与它的输入(费用)的比值来量度系统的效率。其本身只是效能指数被费用指数除,得到的商就是系统的总指数。这是评价系统最简便的方法。可用公式表示如下:

$$M(M_i) = \frac{M(E_i)}{M(C_i)} \geqslant 1.0 \tag{2.6.3}$$

式中:$M(M_i)$为第 i 个系统效能中费用指数的数学期望,越大越好;$M(E_i)$为第 i 个系统效能的数学期望(规格化);$M(C_i)$为第 i 个系统费用的数学期望(规格化)。

2) 指数评价法

在"效能—费用"指数的计算中,可以不考虑研制周期,单纯计算效费比;若考虑研制周期,可按下式计算"效能—费用"指数:

$$E-C = \frac{K_1 E_p + K_2 E_s}{(K_1 + K_2)CT} \tag{2.6.4}$$

式中:E_p 为系统的主要任务的效能;E_s 为系统的次要任务的效能;C 为系统的总费用(万元);T 为研制周期(年);K_1, K_2 为系统主要、次要任务的加权系数。

3) "相对比值"评价法

这种方法是把各项指标与期望的基准值相比,变为百分数或相对值,然后取它们的算术平均值。

【例 2.6.1】某型汽车的价格(总费用)为 3000 元,速度为 100km/h,载荷量为 1t。

关于费用指标可用倒数表示，如价格指标用价格的倒数表示，即越便宜，则指标越高，评价越好，则该汽车的各项指标为

$$u_1=1/3000,\ u_2=100,\ u_3=1$$

设基准值分别为 $u_{1n}=1/3000,\ u_{2n}=100,\ u_{3n}=1$，则综合评价指标 u 为

$$u=\frac{1}{3}\left(\frac{u_1}{u_{1n}}+\frac{u_2}{u_{2n}}+\frac{u_3}{u_{3n}}\right)=\frac{1}{3}(1+1+1)=1$$

若将汽车的指标改为(方案一)：

$$u_1=1/3600,\ u_2=100,\ u_3=0.8$$

则

$$u_{\mathrm{I}}=\frac{1}{3}\left(\frac{3000}{3600}+\frac{100}{100}+\frac{0.8}{1.0}\right)=0.878$$

若汽车指标改为(方案二)：

$$u_1=1/4000,\ u_2=100,\ u_3=1.2$$

则

$$u_{\mathrm{II}}=\frac{1}{3}\left(\frac{3000}{4000}+\frac{100}{100}+\frac{1.2}{1}\right)=0.983$$

显然，方案二比方案一好。

2.7 系统分析应用实例

2.7.1 美军 F–10B 型飞机武器选型的系统分析

1．问题构成

美军为适应其有限战争论的需要，决定为 8 个中队(192 架)的 F-10B 型飞机增加武装，拟议中采用的主要武器为喇叭狗式导弹及 500 磅炸弹，两者只能选用一种。情况如下：

(1) 若是选用导弹，飞机要增加发射架及控制装置，每架飞机需增加 30 万美元；若选用炸弹，仅需增加一个炸弹架，每架飞机只增加 2.5 万美元。

(2) 导弹库存不多，需再增购，计算其首批恢复生产与以后储存所需成本，每枚导弹 10 年总成本为 7000 美元。炸弹有大量库存，计算 10 年的储存、保养成本仅需 100 美元。

因此，空军主张安装炸弹，陆军则认为炸弹威力小，对地面部队火力支援不够，两方相持不下，提交系统分析部门予以分析。

2．搜集资料

1) 计量资料

(1) 摧毁目标的期望程度为 90％。

(2) 每摧毁一个目标需 2 枚导弹或 6 枚炸弹。

(3) 每发武器的命中概率为：导弹 70％，炸弹 32％。

(4) 每架飞机每次升空飞行时间 2 小时。
(5) 导弹每枚购置费 6500 美元，10 年储存成本 500 美元。
(6) 炸弹购置成本不计，每枚 10 年储存成本 100 美元。
2) F-10B 飞机的有关资料
(1) 每架成本 240 万美元(加装武器控制系统后每架成本 242.5 万美元或 270 万美元)。
(2) 攻击速度 600~1240km/h。
(3) 地面支援作战时，飞机被击毁概率每飞行小时为 1%。
(4) 每一飞行小时的飞行成本为 800 美元。
(5) 武器装载量：导弹 6 枚或炸弹 10 枚。
3) 其他资料
这里略述。

3. 定量分析

从军事角度出发，应以用经济有效的方法摧毁目标为准则。

1) 摧毁一个目标的武器成本 C_0

$$C_0 = \text{摧毁一个目标的武器数量} \times \text{每一枚武器的费用}$$

导弹：$C_0 = 2 \times (6500 + 500) = 14000$ (美元)

炸弹：$C_0 = 6 \times (0 + 100) = 600$ (美元)

2) 摧毁一个目标的投射成本 C_d

$$C_d = \frac{\text{摧毁目标所需量}}{\text{每一架次的携带量}} \times \text{每一架次的平均飞行时间} \times \text{每一飞行小时成本}$$

导弹：$C_d = \frac{2}{6} \times 2 \times 800 = 533$ (美元)

炸弹：$C_d = \frac{6}{10} \times 2 \times 800 = 960$ (美元)

3) 摧毁每一目标的损耗成本 C_a

$$C_a = \frac{\text{飞行小时}}{\text{摧毁目标}} \times \text{飞机损耗率} \times \text{每架飞机成本}$$

导弹：$C_a = \frac{2}{6/2} \times 0.01 \times 2700000 = 18000$ (美元)

炸弹：$C_a = \frac{2}{10/6} \times 0.01 \times 2425000 = 29100$ (美元)

4) 摧毁每一目标的总成本 T_c

$$T_c = C_0 + C_d + C_a$$

导弹：$T_c = 14000 + 533 + 18000 = 32533$ (美元)

炸弹：$T_c = 600 + 960 + 29100 = 30660$ (美元)

4. 判断

(1) 单从成本考虑，每摧毁一个目标，导弹成本高出 1873 美元。

(2) 使用导弹，其精确度高，可减小陆军伤亡。

(3) 使用导弹，飞机摧毁目标多。以飞机完好率80%计，每天飞行一架次，则三天内可摧毁目标数为：

导弹：$192 \times 80\% \times 3 \times 3 = 1382$（个）

炸弹：$192 \times 80\% \times 1.7 \times 3 = 783$（个）

后者为前者的56.6%。

(4) 使用导弹后，飞行高度提高，防空武器的火力命中率降低，可指望被击落的概率降低。

5．结论

每摧毁一个目标，使用导弹虽较炸弹成本高出1873美元，但有如下三项优点：

(1) 减少地面部队伤亡。

(2) 增加摧毁目标潜力。

(3) 降低飞行损失。

故建议的方案为：安装喇叭狗式导弹。

2.7.2 三峡工程系统分析

1．工程项目的环境

工程项目的环境是指对工程项目有影响的所有外部的总和，它们构成项目的边界条件，环境对于项目及项目管理具有决定性的影响，主要体现在：

(1) 环境决定着对项目的需求，决定着项目的存在价值。

(2) 环境决定着项目的技术方案和实施方案以及它们的优化。

(3) 环境是产生风险的根源。

三峡水库是一个狭长的河道型水库。三峡库区西起重庆巴县鱼洞镇，东至湖北宜昌三斗坪坝；纵深长600余千米，宽度多小于1000m；岸线长2000多千米；水库面积达1084km^2。三峡水库淹没涉及湖北省和重庆市的20个县(区、市)，总面积达5.67万km^2。其中，淹没陆地面积达600km^2。

三峡库区环境地质条件复杂，环境地质问题较多。其中，水库泥沙淤积、水库诱发地震、库岸稳定性与崩塌滑坡地质灾害等，都是举世关注的三峡库区重大环境地质问题。

关于三峡建库对生态环境的影响，主要包括：有利影响主要在长江中游，包括减轻洪灾对生态环境的破坏，减少燃煤对环境的污染，减轻洞庭湖的淤积等；不利影响主要在库区，除淹没耕地、改变景观和大量移民外，还对稀有物种、天气、库尾洪涝灾害、滑坡、地震、陆生动植物等有影响。

1) 气候

三峡水库蓄水后，由于是典型的河道型水库，虽然对周围气候有一定调节作用，但影响范围不大。对温度、湿度、风速、雾日的影响范围，两岸水平方向最大不超过2km，垂直方向不超过400m。

年平均气温变化不超过0.2℃，冬春季月平均气温可增高0.3~1℃，夏季月平均气温可降低0.9~1.2℃；极端最高气温可降低4℃，最低气温可增高3℃左右；相对湿度夏季增大3%~6%，春秋两季增大1%~3%，冬季将减小2%。

建库后年降水量增加约3mm，影响涉及库周围几千米至几十千米，因地形而异；仍需警惕伏旱对农业的影响。

平均风速将增加 15%~40%,因建库前库区平均风速仅 2m/s 左右,故建库后风速仍不大。

2) 陆生植物

直接受淹没影响的陆生植物物种有 120 科、380 属、560 种。其中绝大部分在未受淹没影响的地区广为分布。因此,不至于造成物种的灭绝,但其中所涉及的三种珍惜植物必须妥为保护。

2. 工程项目的目标

工程项目的目标实质上是工程项目所要达到的最终状态的描述。由于项目管理采用目标管理方法,所以工程项目具有明确的目标,它是项目过程中的一条主线。

3. 长江三峡工程成本预计

三峡工程所需投资,静态(按 1993 年 5 月末不变价)为 900.9 亿元人民币(其中:枢纽工程 500.9 亿元,库区移民工程 400 亿元)。动态(预测物价、利息变动等因素)为 2039 亿元。一期工程(大江截流前)约需 195 亿元;二期工程(首批机组开始发电)需 3470 亿元;三期工程(全部机组投入运行)约需 350 亿元;库区移民的收尾项目约需 69 亿元。考虑物价上涨和贷款利息,工程的最终投资总额预计在 2000 亿人民币左右。

4. 长江三峡工期

三峡工程分三期,总工期 18 年。一期 5 年(1992 年—1997 年),主要工程除准备工程外,主要进行一期围堰填筑,导流明渠开挖,修筑混凝土纵向围堰,以及修建左岸临时船闸,并开始修建左岸永久船闸、升爬机及左岸部分石坝段的施工。二期工程 5 年(1998 年—2003 年),工程主要任务是修筑二期围堰,左岸大坝的电站设施建设及机组安装,同时继续进行并完成永久特级船闸、升船机的施工。三期工程 6 年(2003 年—2009 年),本期进行右岸大坝和电站的施工,并继续完成全部机组安装。届时,三峡水库将是一座长达 600km,最宽处达 2000m,面积达 10000km^2,水面平静的峡谷型水库。

5. 综合效益

1) 防洪

"万里长江,险在荆江"。荆江流经的江汉平原和洞庭湖平原,沃野千里,是粮库、棉山、油海、鱼米之乡,是长江流域最为富饶的地区之一,属国家重要商品粮棉和水产品基地。荆江防洪问题,是当前长江中下游防洪中最严重和最突出的问题。三峡水库正常蓄水位 175m,有防洪库容 221.5 亿 m^3。对荆江的防洪提供了有效的保障,对长江中下游地区也具有巨大的防洪作用。

2) 发电

三峡水电站装机总容量为 1820 万 kW,年均发电量 847 亿 kW·h。三峡水电站若电价暂按 0.18~0.21 元/(kW·h)计算,每年售电收入可达 181 亿~219 亿元,除可偿还贷款本息外,还可向国家缴纳大量所得税。三峡地下电站布置于枢纽右岸,利用弃水发电,可以提高工程对长江水能资源的利用率。地下电站 6 台机组投产后,加上大坝左、右电站 26 台机组,三峡电站总装机容量将达 250 万 kW,年最大发电能力达 1000 亿 kW·h。三峡输电系统工程是 1992 年全国人大批准建设的国家能源重点项目,总投资 348.59 亿元。线路总长度 6519km,跨越华中、华东、华南、西南等地区的 160 多个县级行政区,被誉为目前世界上规模最大、技术最复杂的交直流混合输电系统。至 2010 年底,三峡输电工程已累计安全送出电量 4492.3 亿 kW·h,相当于 1.62 亿 t 标准煤的发电量。到 2011 年 3 月,历时近 20 年论证和建设的三峡电站输电线路工程全部完工。

3) 航运

三峡工程位于长江上游与中游的交界处，地理位置得天独厚，对上可以渠化三斗坪至重庆河段，对下可以增加葛洲坝水利枢纽以下长江中游航道枯水季节流量，能够较为充分地改善重庆至武汉间通航条件，满足长江上中游航运事业远景发展的需要。三峡升船机布置在枢纽左岸，主要用于为大型客轮提供一个"电梯式过坝"的快速通道，将成为三峡双线五级船闸"楼梯式过坝"的有效补充，大大提高船舶过坝效率。

2.7.3 阿拉斯加原油输送方案的系统分析

这里所分析的是如何由阿拉斯加东北部的普拉德霍湾油田向美国本土运输原油的问题。

1. 任务和环境

要求每天运送 200 万桶。油田处在北极圈内，海湾长年处于冰封状态，陆地更是常年冰冻，最低气温达零下 50℃。

2. 提出竞争方案

方案竞争的第一阶段，提出了两个方案：

方案Ⅰ：由海路用油船运输；

方案Ⅱ：用带加温系统的油管输送。

方案Ⅰ的优点是每天仅需四至五艘超级油轮就可满足输送量的要求，似乎比铺设油管省钱，但存在的问题是：第一，要用破冰船引航，既不安全又增加了费用；第二，起点和终点都要建造大型油库，这又是一笔巨额花费，而且考虑到海运可能受到海上风暴的影响，油库的储量应在油田日产量的十倍以上。归纳起来这一方案的主要问题是：不安全、费用大、无保证。

方案Ⅱ的优点是可以利用成熟的管道输油技术，但存在的问题是：第一，要在沿途设加温站，这样一来管理复杂，而且要供给燃料，然而运送燃料本身又是一件相当困难的事情；第二，加温后的输油管不能简单地铺在冻土里，因为冻土层受热融化后会引起管道变形，甚至造成断裂。为了避免这种危险，有一半的管道需要用底架支撑和作保温处理，这样架设管道的成本费要比铺设地下油管高三倍。

3. 决策人员的处理策略

(1) 考虑到安全和供油的稳定性，暂把方案Ⅱ作为参考方案做进一步的细致的研究，为规划做准备。

(2) 继续拨出经费，广泛邀请系统分析人员提出竞争的新方案。

4. 提出竞争方案Ⅲ

其原理是把含 10%～20%氯化钠的海水加到原油中去，使在低温下的原油成乳状液，仍能畅流，这样就可以用普通的输油管道运送了。这一方案获得了很高的评价，并取得了专利。其实，这一原理早就用于制作汽车的防冻液了，把这一原理运用这个工程中来，并断定它能解决问题，这是一个有价值的创造。

5. 提出竞争方案Ⅳ

正当人们在称赞方案Ⅲ的时候，另有两人提出了竞争方案Ⅳ。这两人对石油的生成和变化有丰富的知识，他们注意到埋在地下的石油原来是油、气合一的，这时它们的熔点很低，经过漫长的年代以后，油气才逐渐分离。他们提出将天然气转换为甲醇以后再加到原油中去，以降低原油的熔点，增加流动性，从而用普通的管道就可以同时输送原油和天然气。与方案Ⅲ相比，不仅不需要运送无用的海水，而且也不必另外辅设输送天然气的管道了。这一方案的出现使得人们赞赏不已。由于采用这一方案，仅管道铺设就节省了近60亿美元，比方案Ⅲ省了一半。

从这个例子我们看到了系统分析的实际价值。如果当初仅在方案Ⅱ、Ⅲ上搞优化，即确定最好的管道直径、壁厚、加压泵站的压力和距离等，是无论如何也得不到方案Ⅳ所达到的巨大的效益的。

这个例子同时也说明了系统分析人员的工作性质和应该具有的知识结构，以及系统分析工作与专业工程技术工作之间相辅相成的关系。

2.8 思 考 题

1. 何谓系统分析？系统分析包括哪些要素？
2. 系统分析的原则、特点和步骤是什么？进行系统分析时，应注意什么？
3. 何谓系统评价？系统评价包括哪些要素？系统评价的原则和步骤是什么？
4. 系统评价的主要困难是什么？应该如何去解决这些困难？
5. 系统目标分析有什么作用？如何确定系统目标？
6. 系统环境分析的目的和内容是什么？有什么意义？
7. 系统结构分析包括哪些内容？
8. 为什么要对一个复杂系统进行可行性研究？
9. 系统分析中所说的价值的含义是什么？为什么要建立系统评价指标体系？试就某一具体问题，建立其评价指标体系。
10. 如何理解"效能—费用"分析的概念？"效能—费用"分析有何意义？
11. 全寿命费用的含义如何？为什么要进行武器系统全寿命费用分析？
12. 某厂新建工程拟订了4个方案，各方案的主要指标如表2.8.1所示，请分别用效益成本法、罗马尼亚选择法和相关矩阵法，帮助该厂领导做出正确评价和选择。

表 2.8.1

序号	指标项目	单位	方案Ⅰ	方案Ⅱ	方案Ⅲ	方案Ⅳ
1	工程投资	万元	5000	4200	3500	3000
2	建成年限	年	8	6	5	4
3	年产值	万元	12000	10500	9000	8400
4	产值利润率	%	15	13	17	14
5	使用寿命	年	12	12	12	12
6	环境污染程度		较轻	一般	轻	最轻
7	建成后需流动资金数	万元	2000	1500	1400	1200

13. 设有甲、乙、丙科研成果，有关资料如表2.8.2所示，试通过聘请有关专家，用模糊

综合评价法从中选出优秀项目。

表 2.8.2

项目 \ 因素	科技水平	实现可能性	社会效益	经济效益
甲	国际先进	60%	好	中等
乙	国内先进	85%	最好	好
丙	本省先进	100%	较好	一般

14. 武器系统分析是根据武器系统预期的效能或利益，与要求或预测的系统费用和风险间的关系，对武器系统的发展计划或方案，所进行的一种分析研究和定量的估计与比较。试通过课外资料查找和阅读，结合你自己的知识和理解，分析一下武器系统分析的目的和方法，并对系统分析的六要素进行具体分析。

第3章 系统预测

预测之事,自古有之。自有历史记载以来,甚至更早一些,人们就试图预测未来,例如,人们在很早以前就能凭经验对日食、月食及农历中的二十四节气等做出足够精确的预测,能够根据天空云层的变化做出准确的气象预报等。今天,世界科技发展迅速,综合利用技术的水平不断提高,我们所研究的系统对象越来越复杂,越来越庞大,发展变化也越来越快,要对这样的系统进行预测,单凭经验是远远不够的,它更需要科学,包括科学的头脑、科学的方法和科学的手段。

"凡事预则立,不预则废。"无论是对系统做出规划或进行分析,还是对系统进行设计或决策,首先需要对系统的各有关因素进行预测。通过预测,可以获得系统的必要信息,为科学的逻辑推断与决策提供可靠、正确的依据,因此,系统预测是系统工程中非常重要、必不可少的一项工作。

本章将介绍一些系统预测的概念、方法(包括定性和定量预测)及灰色系统预测的有关知识。

3.1 系统预测概述

3.1.1 预测的概念

所谓预测,就是对尚未发生或目前还不确定的事物进行预先的估计和推断,是对事物将要发生的结果所进行的探讨和研究。与求神问卦不同,科学预测是建立在客观事物发展规律基础之上的科学推断。

在设计一个新系统或改造一个旧系统时,人们都需要对系统的未来进行分析估计,以便做出相应的决策。即使是对正在正常运转的系统,也要经常分析将来的前途和发展设想,对系统的未来进行分析估计,这也称为系统预测。系统预测是以系统为研究对象,根据以往旧系统或类似系统的历史统计资料,运用科学的方法和逻辑推理,对系统中某些确定因素或系统今后发展趋势进行推测和预计,并对此做出评价,以便采取相应的措施,扬长避短,使系统沿着有利的方向发展。

系统预测实际上就是根据系统发展变化的实际数据和历史资料,运用现代的科学理论和方法,以及各种经验、判断和知识,对事物在未来一定时期内的可能变化情况进行推测、估计和分析。

系统预测的实质就是充分分析、理解系统发展变化的规律,根据系统的过去和现在估计未来,根据已知预测未知,从而减少对未来事物认识的不确定性,以指导我们的决策行动,减少决策的盲目性。

系统预测的方法和手段称为预测技术。对一个系统来说,各种因素错综复杂,一旦预测错误,往往会使系统遭到毁灭性的打击。因此,预测技术日益受到重视,并发展成为一门独立的、比较成熟且应用性很强的科学。它对于长远规划的制定、重大战略问题的决策以及提高系统的有效性等，都具有极其重要的意义。

3.1.2 预测的原理

预测是在调查研究的基础上对事物未来发展变化的规律进行研究的理论和方法的总称，对于系统的未来发展过程的预测之所以可能，一般认为是由于系统发展过程的下述两个性质：一是发展过程的连续性，系统的发展过程是遵循历史、现实和可能性的时间序列连续地向前发展的，这是进行预测的基础；二是系统发展过程的规律性，这种客观规律性不论是表现为因果性规律、概率性规律还是相关性规律，总之是有一定的规律可循的。因此，我们可以依据系统的"现在"条件，加上规律性判断，对于它的未来作某种预测。值得注意的是，预测必须以规律性为依据，以现在的信息为前提，以关于该系统的理论知识为指导，这样做出的预测才有可能具有较好的准确度。

预测的基本原理有：

(1) 整体性原理。事物是由若干部分相互关联而成的有机整体，事物发展变化的过程也是一个有机整体，因此，以整体性为特征的系统理论是预测的基本理论。

(2) 可知性原理。由于事物发展过程的统一性，即事物发展的过去、现在和将来是一个统一的整体，所以人类不但可以认识预测对象的过去和现在，而且也可以通过过去到现在的发展规律，推测将来的发展变化。

(3) 可能性原理。预测对象的发展有各种各样的可能性，预测是对预测对象发展的各种可能性的一种估计，如果认为预测是必然结果，则失去了预测的意义。

(4) 相似性原理。把预测对象与类似的已知事物的发展变化规律进行类比，可以对预测对象进行描述。

(5) 反馈原理。预测未来的目的是为了更好地指导当前，因此应用反馈原理不断地修正预测才能更好地指导当前工作，为决策提供依据。

3.1.3 预测方法分类

由于预测有着广泛的用途，并且在应用中具有多样性，所以预测科学的技术方法很多。由于预测对象、时间、范围、性质等的不同，可以有不同的分类方法：

1. 按预测技术的性质分类

(1) 定性预测方法。所谓定性，就是确定预测目标未来发展的性质。定性分析大多根据专业知识和实际经验进行，对把握事物的本质特征和大体程度有重要作用。这种预测方法主要是依据人们对系统过去和现在的经验、判断和直觉，依靠个人经验，对系统的发展远景做出预测。包括个人判断法、专家会议法、头脑风暴法、德尔菲法等。

(2) 定量预测方法。所谓定量，就是确定未来事物可能出现的具体结果(数据)，从数量上来描述事物发展的趋势和程度。定量预测方法又可分为两类：

第一类称为时间序列分析预测方法。这类方法主要是根据历史资料(如统计数据、实验数据和变化趋势等)，考虑系统变量随时间的发展变化规律，对其未来做出预测，包括指数平滑法、趋势外推法等。

第二类称为因果关系预测方法。系统变量之间存在着某种前后因果关系，找出影响某种结果的一个或几个因素，建立起它们之间的数学模型，然后根据自变量的变化预测结果因变量的变化，从而对系统的发展进行预测，包括线性回归分析法、马尔可夫法、投入产出分析、状态空间预测法以及灰色系统预测等。

2. 按预测内容分类

(1) 社会预测，即对有关社会问题的预测。

(2) 经济预测，即对经济领域问题的预测。

(3) 科技预测，即对科学技术问题的预测。

(4) 军事预测，即对国防战争方面课题的预测。

3. 按预测期限长短分类

(1) 近期预测，一般指 3 个月以下的预测。它是制定月、旬计划和明确规定近期经济活动具体任务的依据。

(2) 短期预测，一般指 3 个月以上 1 年以下的预测。它是制定年度计划、季度计划和明确规定短期经济发展具体任务的依据。

(3) 中期预测，一般指 1 年以上 5 年以下的预测。它是制定经济发展五年计划，规划经济五年发展任务的依据。

(4) 长期预测，一般指 5 年以上的预测。它是制定经济发展长期计划、远景规划，规定经济长期发展任务的依据。

3.1.4 系统预测的步骤

系统预测是对系统对象发展变化的客观规律的认识和分析过程，它建立在科学的理论基础之上，采用的是合理的分析、测算以及评价方法和手段，绝不是"凭空猜测"。

尽管不同的预测对象、不同的预测方法可能导致不同的预测实施过程，但总体看来，特别是定量预测方法大致可分为以下几个步骤：

(1) 明确预测目的。

一般来说，系统预测不是系统工程研究的最终目的，它应当是为系统决策任务服务的。因此，在预测工作过程中，首先要在整个系统研究的总目标指导下，确定预测对象及具体的要求，包括预测指标、预测期限、可能选用的预测方法以及要求的基本资料和数据。这是系统预测一项极为重要的准备工作，它实际上是使我们的预测工作有正确的科学理论和方法指导，有的放矢。

(2) 收集、整理资料和数据。

根据选用或可能选用的预测方法和预测指标，进行两个方面的工作：一是把有关的历史资料、统计数据、试验数据等尽可能收集齐全，在此基础上进一步分析、整理，去伪存真，填平补齐，形成合格的数据样本；另一方面，进行调查、访问，以取得第一手的数据资料，这一点对定性预测更为重要。

(3) 建立预测模型。

根据科学理论指导以及所选择的预测方法，用各种有关变量来真实表达预测对象的关系，从而建立起预测用的数学模型。必要时可对数据样本进行适当处理，以符合模型本身的要求。

(4) 模型参数估计。

按照各自模型的性质和可能的样本数据，采取科学的统计方法，对模型中的参数进行估计，最终识别和确认所选用的模型形式和结构。

(5) 模型检验。

检验包括对模型的合理性及有效性的验证。模型检验具体有两个方面，一是对有关假设的检验，如对线性关系的假设、变量结构(变量选取)以及独立性假设等的检验，以保证理论、方法的正确性。另一方面是模型精度即预测误差的检验，如误差区间、标准离差等的检验。一旦检验发现模型不合理，就必须对模型加以修正。

(6) 预测实施与结果分析。

运用通过检验的预测模型，使用有关数据，就可进行未来预测，并对预测结果进一步进行有关理论、经验方面的分析。此外，必要时还可对用不同方法模型同时预测的结果加以分析对比，以做出更加可信的判断，为系统决策提供科学依据。

从上面划分列出的 6 个预测步骤，也从预测实际工作来看，不可能仅靠上述步骤的实施就能完全达到目标，有时会需要若干次的反复和迭代，经过多次样本修改、信息补充、模型修正等，才能完成系统预测任务。

3.1.5 预测在武器装备管理中的地位

预测是武器装备发展规划的基础和前提。由于新的科技成果不断充实到武器装备中来，致使武器装备更新周期缩短，而武器装备系统造价十分昂贵。因此，科学的预测在武器装备发展中占有重要的地位。它能提供武器装备发展的战略目标，为正确的决策和科学的规划提供可靠的依据。从宏观上讲，它关系到整个国家的战略布置；从微观上说，它关系到武器装备型号选用。缺乏科学预测在武器装备建设中不仅浪费大量人力和物力，而且也延误了宝贵时间。由此可见，预测在武器装备管理系统中是十分重要的。

3.2 定性预测方法

定性预测是以人的逻辑判断为主，并根据由各种途径得到的意见、信息和有关资料，综合分析当前的政治、经济、科技等形势以及预测对象的内在联系，以判断事件发展的前景，并尽量把这种判断转化为可计量的预测。定性预测法一般适应于缺乏历史统计数据的系统对象。下面仅简要介绍一种典型的定性预测方法——德尔菲法(Delphi 法)。

德尔菲法是美国"兰德"公司于 1964 年首先用于技术预测的。德尔菲是古希腊传说中的神谕之地，城中有座阿波罗神殿可以预卜未来，因而借用其名。

德尔菲法是专家会议调查法的一种发展。它以匿名方式通过几轮函询，征求专家意见。预测领导小组对每一轮的意见都进行汇总整理，作为参考资料再发给每个专家，供他们分析判断，提出新的论证。如此多次反复，专家意见日趋一致，结论的可靠性越来越大。

德尔菲法曾在 20 世纪七八十年代成为主要的预测方法，得到了广泛的应用。经过人们不断改进、完善，它已成为在技术预测和社会预测方面的日常方法。

日本是从事技术预测工作最系统、最成功的国家之一。早在 1971 年，日本科学技术厅就利用德尔菲法组织实施了一项关于未来科技发展的重大研究，旨在确定日本未来的科技发展方向，借此为科学技术政策的制定做出贡献，并为私营部门的技术战略制定提供基本参照点。其后科学技术厅每五年实施一次技术预测的德尔菲调查。

下面将从德尔菲方法的特点、专家的选择、预测问题、预测过程、应遵守的原则以及结果的处理和表达方式等方面来进行介绍。

3.2.1 预测过程

开展德尔菲法预测需要成立一个预测领导小组。它负责拟订预测主题,编制预测事件一览表,选定专家进行预测以及对结果进行分析处理。

经典的德尔菲预测要经过四轮调查。预测过程为:预测领导小组将预测主题、背景资料及预测调查表以邮件(或信件)的方式发给各位专家;各位专家在收到相关资料后,结合专业知识和个人经验,对预测问题进行预测,并说明理由,同时将上述结果反馈给预测领导小组;领导小组对预测结果进行分析处理,将该轮预测结果连同理由一并汇总,再发给各位专家;专家在接到上一轮预测结果后,参考其他专家的意见,可以修改或坚持自己的意见,并将这轮意见又反馈给领导小组;领导小组再进行结果处理……如此反复,一般说来,经过四轮调查,专家意见可以相当协调或一致。

有些派生或改造的 Delphi 预测方法,考虑到整个过程进行的时间和复杂程度,以及专家意见的一致程度,可以部分取消轮间反馈,适当简化预测过程。

3.2.2 德尔菲法预测的原则

人们从经验中总结了如下几个主要的、在德尔菲预测组织中应遵守的原则:

(1) 对德尔菲方法做出充分说明。在发出调查表的同时,应向专家说明德尔菲预测的目的和任务,专家回答的作用,以及德尔菲方法的原理和依据。

(2) 问题要集中。即提出的问题有针对性。

(3) 避免组合事件。例如对于题为"某国以蒸汽弹射方式起飞舰载机的航母到哪一年可以建成"的预测事件,有的专家就难以做出回答。因为他虽然可以对航母建成日期做出评价,然而他认为弹射方式应是电磁弹射而不是蒸汽弹射。这时他如果提出预测,似乎他同意采用蒸汽弹射,如果他拒绝回答,似乎他对能否建成航母持怀疑态度。因而应避免提出"一种技术的实现是建立在某种方法基础上"这类组合事件。

(4) 用词要确切。例如,"某国海军潜艇部队到哪一年将普遍装备核潜艇"的预测事件中,"普遍"二字比较含糊。如果改为"某国海军潜艇部队到哪一年将全部(100%)装备核潜艇"则是确切的。

(5) 领导小组意见不应强加在调查表中。

(6) 调查表要简化,问题数量适当限制。一般认为上限以 25 个为宜,超过 50 个问题则要相当慎重。

(7) 支付适当报酬,以鼓励专家的积极性。

3.2.3 预测问题调查表的拟订

在开展预测前,首先要根据预测任务拟定调查表。

1. 制定目标—手段调查表

预测领导小组与专家一起对已掌握的数据进行分析,确定预测对象的总目标和子目标,以及达到目标的手段,制定如下表格(表 3.2.1):

例如,在预测反舰导弹技术发展趋势时,总目标是提高反舰导弹的总体性能。其子目标可以划分为:①提高攻击能力;②增强防护能力。达到目标的手段为:①提高探测能力;②提高毁伤目标的能力;③提高抗干扰能力;④加强隐身性;⑤提高速度;⑥增强机动性等。

表 3.2.1　目标—手段调查表

手段 \ 目标	总目标					
	子目标 A	子目标 B	子目标 C	子目标 D	子目标 E	备注
达到目标的手段 手段 a						
手段 b						
手段 c						
手段 d						
手段 e						
手段 f						
手段 g						

2. 制定专家回答问题调查表

问题调查表是德尔菲预测的重要工具，是信息的主要来源，它的质量可能直接影响预测结果。调查表的形式可根据预测问题的不同灵活设计，这里列举两例（表 3.2.2 和表 3.2.3）。

表 3.2.2　事件完成时间调查表

事件	全面实现部队信息化建设的完成时间		
	10%概率	50%概率	90%概率
提高计算机普及程度	a_{1i}	b_{1i}	c_{1i}
提高全体管兵素质	a_{2i}	b_{2i}	c_{2i}
解决有关关键技术	a_{3i}	b_{3i}	c_{3i}
有充足的经费保障	a_{4i}	b_{4i}	c_{4i}

注：i 表示第 i 个专家

表 3.2.3　实现方式调查表

措施名称	为提高反舰导弹的突防概率，你认为下述哪种方式最有效？	
	预测领导小组意见	你的意见
提高反舰导弹的速度		
增强反舰导弹的机动性		
降低反舰导弹的掠海飞行高度		

3.2.4　专家的选择

预测领导小组还有一项更重要的工作就是负责专家的选择。德尔菲法是依据专家的应答资料作为预测的基础，因此，专家征询意见的客观性、正确性和公正性决定着预测的准确性，选聘专家，包括专家的学术水平以及专家组结构的合理性，对预测的结果具有举足轻重的影响，成为预测的关键因素。

1. 对专家选择的要求

专家应具备与预测问题有关的专业知识背景，有在相关问题研究、设计或运用实践中 10 年以上的工作经历，在相关专业、学术领域有实际业绩和学术成就的领域专家、工程技术专家、系统工程专家或社会科学家。

2. 对专家组结构的要求

应包括预测问题涉及到的全部关键学术、专业领城的专家，要特别重视聘请精通专业技术、有一定声望、有学科代表性的专家，同时要照顾到不同学派和学术观点，使专家组具有广泛的代表性，使调查结果的片面性以及个人与部门偏见的影响降到最低限度。在此前提下，专家组的人数应尽可能少，视预测问题规模，专家组一般以 10～50 人为宜，人数太少，限制学科代表性，并缺乏权威，同时影响预测精度；人数太多，难于组织，对结果处理也比较复杂。然而对于某些学术、专业领域较宽的重大预测问题，专家人数可适当增加，一般不应超过 50～100 人。

专家选定后还可根据具体预测问题，划分从事基础研究预测和应用研究预测的小组，亦可按其他形式分组。

美国兰德公司首先采用德尔菲法就科学的突破、人口的增长、自动化技术、航天技术、战争的可能和防止、新的武器系统等 6 个问题进行了预测。专家组由 82 人组成，分 6 个小组活动。成员一半来自于本公司，外单位成员中包括 6 名欧洲专家。

日本在 2000 年—2001 年进行的第七次技术预测调查时，有 100 多名在研究机构、大学或企业中有重要地位和影响的高级研究人员参与调查设计和调查结果分析，3000 多名研究者参与了问卷调查。调查的结果使用户能把握技术中长期的发展动向，而且绝大多数用户认为结果非常可靠。

3.2.5 向专家调查咨询

调查咨询的关键是做好向专家说明问题和组织好调查咨询这两件事。

1. 说明问题

预测领导小组应当清楚、无误、系统地向专家说明需要预测的目标、意义，进行征询调查的目的和基本要求，并且较为详细地介绍进行调查的程序、要求和时间安排。

2. 组织调查

根据预测问题的性质、实际需要和可能，通常进行 2～4 轮调查。调查的核心问题是专家能够明确、独立地提出对影响预测问题的各种主要因素的看法、对预测决策的明确意见和提出预测意见的主要理由。如果通过一轮调查，专家意见比较明确，调查意见比较集中，也可以提前结束专家意见的征询，关键的问题是能否实现调查的目的。

3.2.6 专家调查意见的处理

德尔菲法实质上是利用专家的知识、经验和判断力提供客观评价信息，由预测领导小组汇总分析得出预测结果的方法，因此，预测领导小组对专家提供的预测结果如何综合、分析成为十分重要的问题。对应答结果进行分析和处理是德尔菲法预测的最后阶段，也是最重要的阶段。处理的方法和表达的方式，取决于预测问题的类型和对预测的要求。

德尔菲法应用最为广泛的是：要求对某事件的发生时间进行评估，还要求专家对某方案在总体中的比重进行评价，以及在多方案中择优选择一个。近年来随着科学技术的高速发展，系统预测日益朝着多目标多方案的方向发展。为了用好有限的资金和人力，有必要对众多目标和方案的相对重要性进行评价，这是近年来德尔菲法的一个重要发展。

下面就预测问题的处理方法及表达方式做一简单介绍：

1. 对事件完成时间预测结果的处理

对这类预测进行统计处理时，用中位数代表专家们预测协调的结果，用上下四分点代表专家们意见分散程度。如果将专家们预测的时间在水平轴上按顺序排列，并分成四等份，则中分点值称为中位数，表示专家中有一半人估计的时间早于它，而另一半人估计的时间晚于它。早于中分点的四分点为下四分点，晚于中分点的四分点为上四分点。

【例 3.2.1】在本世纪初，13 位专家参加的对"高分辨率星载合成孔径雷达得到实际应用"的预测，其预测结果在水平轴上的排列见表 3.2.4。这一预测结果的中位数为 2014 年，下四分点为 2010 年，上四分点为 2020 年。

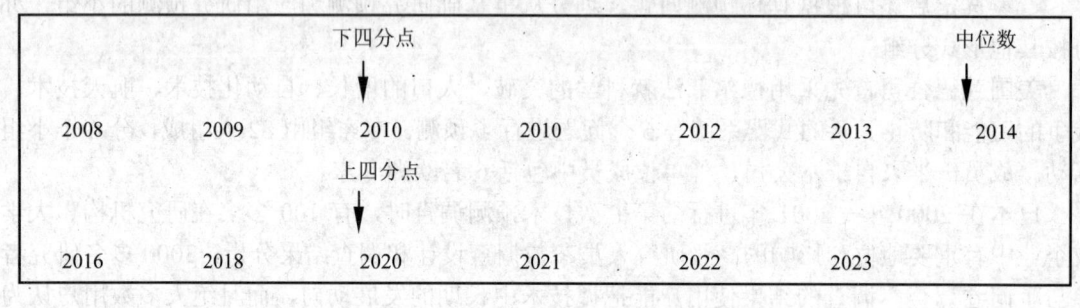

表 3.2.4 预测结果在水平轴上的排列

		下四分点↓				中位数↓
2008	2009	2010	2010	2012	2013	2014
		上四分点↓				
2016	2018	2020	2021	2022	2023	

事件完成时间的预测，最常用的表示方法是截角楔形图(见图 3.2.1)，图示为上述高分辨率星载合成孔径雷达的预测，顶点为中位数，两端点为上下四分点。

有的预测结果只标明中位数。如"2015 年我国星载高分辨红外相机得到实际应用"，其中 2015 年就是中位数。

2. 各方案比重数据处理

按比例对统计数据进行处理时，评价按 0～100%比例排列。这类排列一般以直方图表示。直方图的横坐标按 20%的间距分成 5 个相等的间节，每一间节的纵坐标相当于该间节中的评价数量占总评价数的比重(见图 3.2.2)。

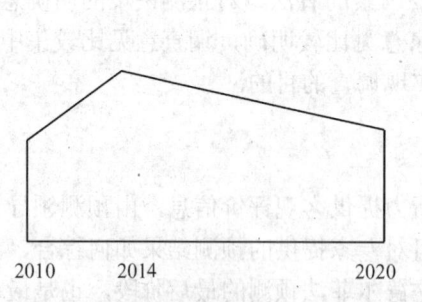

图 3.2.1 高分辨率星载合成孔径雷达得到实际应用预测结果的分布图

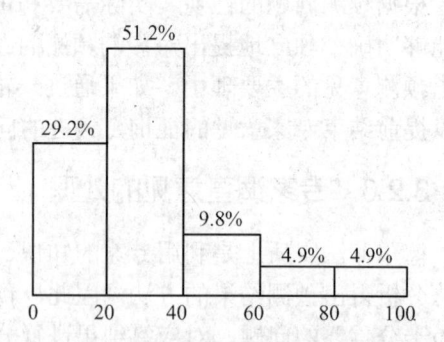

图 3.2.2 在打击来袭目标时，威胁判断时间占总反应时间的比例

当计算某一间节中的评价数量时，如果不考虑权威程度，则每一评价等于 1，如果考虑权威程度，则对每一评价乘以相应专家的权威系数。将落在同一节间中的评价值相加，而后计算该节间的评价值占评价值的比重。

3. 对方案进行择优选择的数据处理

择优选择就是从备选方案中选择你认为最优的方案。预测结果一般也用直方图表示(见图3.2.3)。直方图的纵坐标表示选择该方案的专家的比重。

例如：为提高反舰导弹的突防概率，有3种备选方案：
(1) 增强反舰导弹的机动性。
(2) 提高反舰导弹的速度。
(3) 降低反舰导弹的掠海飞行高度。

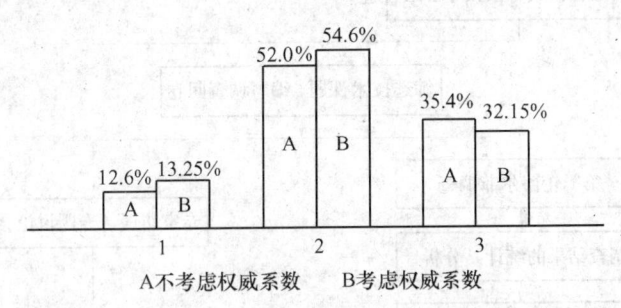

图 3.2.3 提高反舰导弹的突防概率方案专家意见分布表

3.2.7 德尔菲法的特点

德尔菲法有如下3个特点：

(1) 为克服专家会议易受心理因素影响的缺点，德尔菲法采用匿名形式。应邀参加预测的专家互不了解，完全消除了心理因素的影响。专家可以参考前一轮的预测结果，修改自己的意见而无需做出公开说明，无损自己的威望。

(2) 德尔菲法不同于民意测验，一般要经过四轮。在匿名情况下，为了使参加预测的专家掌握每一轮预测的汇总结果和其他专家提出意见的论证，预测领导小组对每一轮的预测结果做出统计，并将其作为反馈材料发给每个专家，供专家进行下一轮预测时参考。

(3) 定量处理是德尔菲法的一个重要特点。为了定量评价预测结果，德尔菲法采用统计方法对结果进行处理。

3.2.8 德尔菲法实例

2003年8月，中国科学院知识创新工程重要方向项目——"中国未来20年技术预见研究"项目启动，考虑到国家战略需求和国际可比要求，选择"信息、通信与电子技术"、"先进制造技术"、"生物技术与药物技术"、"能源技术"、"化学与化工技术"、"资源与环境技术"、"空间科学技术"和"材料科学与技术"等8个技术领域，就未来20年我国应重点发展的关键技术及系列相关问题开展大规模德尔菲调查。在此基础上，提出中国未来20年应当优先发展的战略技术集群和技术课题，以及相关政策建议。

1. 德尔菲调查技术课题选择

为了筛选备选技术课题，中国未来20年技术预见研究项目专门成立了"信息、通信与电子技术"、"能源技术"、"材料科学与技术"和"生物技术与药物技术"等4个技术领域专家组，并聘请4名院士为4个专家组的组长，2003年8月4日项目启动。

德尔菲调查备选技术课题选择包括前期调研、子领域专家研究并提出备选技术课题、领域专家小组讨论确定技术课题、第一轮德尔菲调查征求专家意见、整理回函专家意见、领域专家组讨论确定第二轮德尔菲调查技术课题等几个阶段，以保证德尔菲调查参与者的参与度(图3.2.4)。

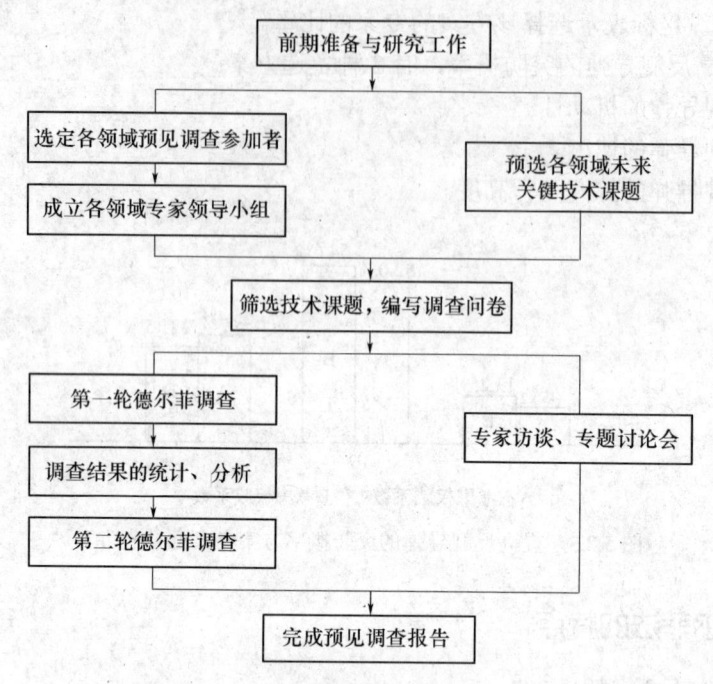

图3.2.4 "技术预见德尔菲调查"技术路径

首先项目总体组翻译日本、英国技术预测相关领域德尔菲调查结果和国内相关资料供专家参考；其次，各领域专家组第一次会议深入研究和比较日本和英国相关技术领域德尔菲调查结果，讨论确定了相关子领域专家组组长和成员；第三，各子领域专家在研究讨论的基础上提出了德尔菲调查备选技术课题；第四，由各技术领域专家组会议讨论确定第一轮德尔菲调查备选技术课题；第五，项目总体组归纳整理第一轮德尔菲调查专家提出的意见，供各技术领域专家组讨论；第六，领域专家组研讨第一轮德尔菲调查结果，经增、删或修改后最终形成第二轮德尔菲调查备选技术课题。

德尔菲调查备选技术课题选择的基本判据是对"促进经济增长"、"提高生活质量"和"保障国家安全"的重要程度高，并对社会经济发展有深刻影响。技术课题遴选过程要坚持全面、客观、公开、公正。全面要求确保技术课题遴选无重大遗漏；客观要求技术预测专家组结合我国国情，实事求是地提出未来我国需要优先发展的技术课题；公开要求技术课题遴选过程公开，广泛征集专家意见，包括一些非技术专家的意见；公正要求技术预测专家组在技术课题遴选过程中充分尊重不同单位和不同领域专家的不同意见。

技术课题遴选过程中还对备选技术课题描述进行了严格规定，要求所有技术课题必须是有可能在2020年前后得以实现，并且严格按照"原理阐明"、"开发成功"、"实际应用"和"广泛应用"4个阶段进行描述。

2. 德尔菲调查问卷的问题栏目设计

德尔菲问卷调查的目的是获得专家对备选技术课题的五大判断，包括：

未来技术的重要性——三大判据；

未来技术的可能性——预计实现时间；

未来技术的可行性——制约因素;

未来技术合作与竞争对手——目前领先国家;

未来技术优先领域——择优支持。

为了区别参与德尔菲问卷调查专家对备选技术课题的熟悉程度对判断的影响,调查问卷设计了区别参与德尔菲问卷调查专家熟悉程度的问题。

"很熟悉"的专家是指有深厚研究积累的专业研究人员。

"熟悉"的专家是指在同一技术研究方向开展研究,并且有一定研究基础的专业技术人员。

"较熟悉"专家是指曾经阅读或听说过该课题,基本清楚该课题的发展前沿和热点,但不是这方面的专家。

"不熟悉"的专家指根本就不了解技术课题的其他人员。

判断未来技术的重要性就是请专家从促进经济增长、提高人民生活质量和保障国家安全等3个角度判断未来技术的重要性(见表3.2.5)。判断未来技术的可能性就是请专家判断技术实现的时间。判断未来技术的可行性是请专家从技术可能性、商业可行性、法规/政策/标准、人力资源、研发投入、基础设施等角度判断技术发展的制约因素。判断未来技术竞争对手就是由专家从美、日、欧、俄及其他国家和地区中选择未来技术的目前领先国家。判断未来技术优先领域就是请专家判断未来技术的中国发展水平是落后、接近或领先国际水平。值得指出的是,第一轮德尔菲问卷还设计了问题"对环境是否友好"选项,请专家判断未来技术是否是环境友好技术。

表3.2.5 备选技术课题调查表

技术课题		
您对该课题的熟悉程度	很熟悉	
	熟悉	
	较熟悉	
	不熟悉	
在中国预计实现时间	2010年之前	
	2010年—2020年	
	2020年后	
	无法预见	
促进经济增长		
提高人民生活质量		
保障国家安全		
当前中国的研究开发水平	国际领先	
	接近国际水平	
	落后国际水平	
技术水平领先国家/地区 (可多选)	美国	
	日本	
	欧盟	
	俄罗斯	
	其他	

(续)

	技 术 课 题	
当前制约该技术课题发展的因素(可多选)	技术可能性	
	商业可行性	
	法规政策标准	
	人力资源	
	开发投入	
	基础设施	

3. 德尔菲调查统计方法

研究中德尔菲调查有两个基本假设。

基本假设1："很熟悉"技术课题的专家对技术课题重要程度的判断要比"熟悉"技术课题的专家的判断为优，"不熟悉"技术课题的专家的判断可以忽略不计。

基本假设2："促进经济增长"、"提高生活质量"和"保障国家安全"对于判定技术课题的重要程度具有同等重要性。

基本假设1是由技术的专有属性决定的。技术的专有属性决定了对技术重要程度的判断在很大程度上依赖于专家的专门知识水平。长期从事某项技术课题研究开发的高水平专家对于该技术课题的重要程度、目前领先国家、国内研究开发水平、实现可能性、制约因素和预计实现时间等问题的判断，显然比其他较熟悉该技术课题的专家的判断要可靠。相应地，一个对技术课题根本不熟悉的专家对该技术未来的发展趋势的判断是很难令人信服的。因此在处理德尔菲调查问卷中"很熟悉"、"熟悉"、"较熟悉"和"不熟悉"4类专家的判断时，分别赋予权重4、2、1和0，用加权回函专家人数取代实际回函专家人数，统计对某一问题的认同度，使判断更趋向于熟悉专家的判断。

4. 德尔菲调查结果

通过德尔菲调查，遴选出了有可能在2020年前后得以实现的409项技术课题。

以"信息通信与电子技术领域"为例，该领域包括"计算机技术"、"人机交互与智能处理技术"、"软件技术"、"通信技术"、"生命信息学"、"微电子光电子与微机械技术"、"信息存储与显示技术"、"信息获取与传感技术"、"网络技术"、"信息安全技术"、"广播电视技术"和"信息技术的应用"等12个技术子领域(以下简称"子领域")。

本研究共进行两轮德尔菲调查。第一轮德尔菲调查包括12个子领域157项技术课题，共发放问卷620份，回收问卷208份，问卷回收率为33.7%，平均每项技术课题有效作答人数为97.5人，平均每个专家作答技术课题数为73.6项。第二轮德尔菲调查包括12个子领域150项技术课题，发放问卷688份，回收问卷232份，问卷回收率为33.7%，平均每项技术课题有效作答人数为83人。

根据第一轮回函专家反馈意见和专家组意见，课题组对问卷中部分课题进行了调整，形成第二轮德尔菲调查问卷，课题数较第一轮略有减少。第二轮德尔菲调查时要求专家仅对熟悉的技术课题作答，因此平均每个专家作答的技术课题数由73.6项下降到53.7项(表3.2.6)。

表 3.2.6　信息领域德尔菲调查专家回函情况

	子领域数/个	课题数/项	发放问卷数/份	回收问卷数/份	问卷回收率/%	技术课题平均有效作答人数/人	专家平均作答课题数/项
第一轮	12	157	620	208	33.6	97.5	73.6
第二轮	12	150	688	232	33.7	83	53.7

从回函专家构成看，来自高等院校、科研院所、政府部门和企业的专家比例第一轮分别为 42.31%、41.83%、1.44%和 11.06%；第二轮分别为 49.57%、39.66%、2.16%和 7.33%。总的来说回函专家主要分布于高等院校和科研院所，来自企业的专家相对较少。德尔菲调查回函专家的专业背景对于调查结果有重要影响，因此德尔菲调查中特别区分了专家对技术课题的熟悉程度。从调查结果看第一轮德尔菲调查中，对技术课题"很熟悉"和"熟悉"的专家分别占回函专家总数的 7%和 19%，"不熟悉"的专家占 36%。为排除不熟悉专家作答的影响，第二轮德尔菲调查中要求专家仅就熟悉的技术课题作答，使回函专家中对技术课题"很熟悉"和"熟悉"的比例显著增加，由 26%增加到 33%，"不熟悉"专家大幅度减少，由 36%减少至 22%。

最后，根据技术课题对保障国家安全的重要程度，遴选未来对保障国家安全最重要的 10 项技术课题。其中以"高分辨率星载合成孔径雷达得到实际应用"最为重要，其他依次是"信息攻击与战争模拟演习系统在军事、国家和企业安全方面得到实际应用"、"星载高分辨红外相机得到实际应用"、"航天航空红外焦平面组件得到广泛应用"、"提出和形成适应量子时代的密码编码和密码分析的理论和技术"、"开发出大规模网络安全防御系统"、"量子保密通信系统得到实际应用"、"开发出数以千万亿次以上的超级计算机"、"开发出社会安全与稳定应急响应信息系统"和"网络犯罪的识别、跟踪、监控和取证技术得到实际应用"。

3.3　回归分析预测法

由于系统中元素之间的相互作用、相互影响，系统中对象发展变化的过程是许多其他因素作用的综合结果。这些因素与变量之间常常存在统计依赖关系，但却没有确定的函数形式加以描述。因此，我们可以依据大量的观测统计数据，利用控制论的"黑箱"(Black Box)模型原理，找出这些因素之间的统计规律，并选用合适的数学方程式加以描述。回归分析就是进行这项工作的一种最简单、最有效、最常用的方法。

回归分析根据自变量的个数通常分为一元回归和多元回归，根据变量之间相互关系又可分为线性回归和非线性回归两种。本节主要介绍多元线性回归，非线性回归可以设法转化成线性回归分析来进行。

回归分析是一种数理统计方法，主要内容有：
(1) 从一组数据出发，确定因变量和自变量之间的关系式。
(2) 对关系式中的参数进行估计，并进行统计检验。
(3) 筛选自变量，即从大量自变量中找出影响显著的，剔除不显著的。
(4) 用求得的回归模型进行预测。
(5) 对预测结果进行分析、评价。

3.3.1 线性回归模型

1. 一元线性回归模型

一元线性回归预测的表达式是一元线性方程:

$$y = a_0 + a_1 x \tag{3.3.1}$$

如果已知 n 组样本数据为 $(x_1, y_1), (x_2, y_2), \cdots, (x_n, y_n)$,则应满足:

$$y_i = a_0 + a_1 x_i + e_i \quad (i=1,\cdots,n) \tag{3.3.2}$$

若假设 e_i 服从同一正态分布 $N(0,\sigma)$,且 ε_i 相互独立,那么由式(3.3.2)就可以利用最小二乘法估计出参数 a_0, a_1 的值 $\hat{a}_0, \hat{a}_1$,则一元回归预测模型可表示为

$$\hat{y} = \hat{a}_0 + \hat{a}_1 x \tag{3.3.3}$$

或简写为

$$\hat{y} = a_0 + a_1 x \tag{3.3.4}$$

2. 多元线性回归模型

设系统变量 y 与 m 个自变量 $x_1, x_2, \cdots, x_m$ 之间存在统计关系,且可表示为

$$y = a_0 + a_1 x_1 + a_2 x_2 + \cdots + a_m x_m \tag{3.3.5}$$

且若给定 n 组样本数据点,即 $(y_1, x_{11}, x_{21}, \cdots, x_{m1}), (y_2, x_{12}, x_{22}, \cdots, x_{m2}), \cdots, (y_n, x_{1n}, x_{2n}, \cdots, x_{mn})$,则其满足

$$y_i = a_0 + a_1 x_{1i} + a_2 x_{2i} + \cdots + a_m x_{mi} + e_i \quad (i=1,\cdots,n) \tag{3.3.6}$$

设 $e_i \sim N(0,\sigma)(i=1,\cdots,n)$,那么可由最小二乘法获得多元线性回归模型为

$$\hat{y} = a_0 + a_1 x_1 + a_2 x_2 + \cdots + a_m x_m \tag{3.3.7}$$

3.3.2 线性回归模型的参数估计

1. 一元回归模型的参数估计

给定样本数据为 $(x_1, y_1), (x_2, y_2), \cdots, (x_n, y_n)$。设选取的趋势曲线为 x 的 k 次多项式: $\hat{y}_t = a_0 + a_1 x + \cdots + a_k x^k$,用最小二乘法估计参数 $a_0, a_1, \cdots, a_k$。

设 y_i 表示样本值,$\hat{y}_i$ 为其估计值,那么其误差序列为

$$e_i = y_i - \hat{y}_i$$

曲线拟合的目标是使误差的平方和最小,即

$$\min Q = \min \sum_{i=1}^{n} e_i^2 = \min \sum_{i=1}^{n} (y_i - \hat{y}_i)^2$$

其中:

$$y_i = y(x = x_i), \hat{y}_i = \hat{y}(x = x_i)$$

现记:

$$Y = \begin{bmatrix} y_1 \\ y_2 \\ \vdots \\ y_n \end{bmatrix}, \quad A = \begin{bmatrix} a_0 \\ a_1 \\ \vdots \\ a_k \end{bmatrix}, \quad E = \begin{bmatrix} e_1 \\ e_2 \\ \vdots \\ e_n \end{bmatrix}$$

$$X = \begin{bmatrix} 1 & x_1 & x_1^2 & \cdots & x_1^k \\ 1 & x_2 & x_2^2 & \cdots & x_2^k \\ \vdots & \vdots & \vdots & \vdots & \vdots \\ 1 & x_n & x_n^2 & \cdots & x_n^k \end{bmatrix}$$

于是

$$Q = E^T E = (Y - XA)^T (Y - XA)$$

$$\frac{\partial Q}{\partial A} = -2X^T Y + 2X^T XA = 0$$

使得 Q 最小的 A 为

$$\hat{A} = (X^T X)^{-1} X^T Y$$

上式可以用标准的算法实现。

最简单的回归分析为一元一次线性回归，$\hat{y} = a_0 + a_1 x$，其中：

$$a_0 = \bar{y} - a_1 \bar{x} \tag{3.3.8}$$

$$a_1 = \frac{\sum_{i=1}^{n} x_i y_i - n\overline{xy}}{\sum_{i=1}^{n} x_i^2 - n\bar{x}^2} \tag{3.3.9}$$

$$\bar{x} = \frac{1}{n} \sum_{i=1}^{n} x_i \tag{3.3.10}$$

$$\bar{y} = \frac{1}{n} \sum_{i=1}^{n} y_i \tag{3.3.11}$$

2. 多元线性回归模型的参数估计

若假设式(3.3.6)的 e_i 服从同一分布 $N(0,\sigma)$，且相互独立，那么其 $k+1$ 个参数 $a_j(j=0,\cdots,k)$ 可以利用最小二乘法进行估计。记

$$Y = \begin{bmatrix} y_1 \\ y_2 \\ \vdots \\ y_n \end{bmatrix}, \quad A = \begin{bmatrix} a_0 \\ a_1 \\ \vdots \\ a_m \end{bmatrix}, \quad \Sigma = \begin{bmatrix} e_1 \\ e_2 \\ \vdots \\ e_n \end{bmatrix}$$

$$X = \begin{bmatrix} 1 & x_{11} & x_{21} & \cdots & x_{m1} \\ 1 & x_{12} & x_{22} & \cdots & x_{m2} \\ \vdots & \vdots & \vdots & \vdots & \vdots \\ 1 & x_{1n} & x_{2n} & \cdots & x_{mn} \end{bmatrix}$$

于是，式(3.3.6)可表示成：

$$Y = XA + \Sigma \tag{3.3.12}$$

式中：A 为待估计参数向量。

根据最小二乘原则可得到便于手工操作的低阶($k \leqslant 3$)回归方法:

$$\begin{cases} na_0 + a_1\sum x_{1i} + a_2\sum x_{2i} + \cdots + a_m\sum kx_i = \sum y_i \\ a_0\sum x_{1i} + a_1\sum x_{1i}^2 + a_2\sum x_{1i}x_{2i} + \cdots + a_m\sum x_{1i}x_{mi} = \sum x_{1i}y_i \\ \vdots \\ a_0\sum x_{mi} + a_1\sum x_{mi}x_{1i} + a_2\sum x_{mi}x_{2i} + \cdots + a_m\sum x_{mi}^2 = \sum x_{mi}y_i \end{cases} \quad (3.3.13)$$

(式中Σ均表示$\sum\limits_{i=1}^{n}$)

解方程组(3.3.13),就可以得到$a_0, a_1, \cdots, a_m$的估计值。

3.3.3 相关系数与相关关系

由以上讨论可知,线性回归方程在某种程度上揭示了因变量和自变量之间的线性相关关系,但这个方程能否反映出所研究系统的变化规律,因变量和自变量之间是否成线性关系,还需要进行检验。

为方便讨论,现特定义回归平方和$S_{回}$、剩余平方和$S_{剩}$及总平方和$S_{总}$如表3.3.1所示。

表 3.3.1 $S_{回}$、$S_{剩}$和$S_{总}$的定义

定 义	平 方 和
$S_{回}$	$\sum\limits_{i=1}^{n}(\hat{y}_i - \bar{y})^2$
$S_{剩}$	$\sum\limits_{i=1}^{n}(y_i - \hat{y}_i)^2$
$S_{总}$	$\sum\limits_{i=1}^{n}(y_i - \bar{y})^2$

相关系数r表示因变量y对m个自变量$x_1, x_2, \cdots, x_m$的整体线性相关程度。它的定义为

$$r = \sqrt{\frac{S_{回}}{S_{总}}} = \sqrt{\frac{\sum\limits_{i=1}^{n}(\hat{y}_i - \bar{y})^2}{\sum\limits_{i=1}^{n}(y_i - \bar{y})^2}} \quad (3.3.14)$$

这里,n为样本数。

当$r=1$时,样本点完全落在回归直线上,则y与x_i有完全的线性关系;

当$0 < r < 1$时,表示y与x_i有一定的线性相关关系;

当$r=0$时,则说明y与x_i之间不存在线性相关关系。

3.3.4 回归模型的统计检验

对于利用最小二乘法建立起来的线性回归模型,在用于实际预测之前,必须对事先的一些假设,如线性假设、残差的独立性假设,以及模型的相关程度和对实际数据的拟合程度等方面,进行数理统计意义上的检验,以证实模型是否可用于实际预测。这里介绍三种常用的

统计检验方法:标准离差(S)检验、相关系数(r)检验和显著性(F)检验。

1. 标准离差检验

标准离差 S,用来检验回归预测模型的精度,其计算式为

$$S = \sqrt{\frac{1}{n-k-1}\sum(y_i - \hat{y}_i)^2} \tag{3.3.15}$$

这里,n 为样本数,k 为回归方程的阶数。从式(3.3.15)可以看出,S 反映了回归预测模型所得估计值 $\hat{y}_i$ 与样本数值 y_i 之间平均误差,所以 S 的值越趋近于零越好。一般要求

$$\frac{S}{\bar{y}} < 10\% \sim 15\%$$

2. 相关系数检验

由相关系数的定义及其与相关关系的讨论可以看到,只有当 r 接近于 1 时,y 与 x_1,$x_2,\cdots,x_k$ 之间才能用线性回归模型来描述其关系。但在实际预测中,r 应该大到什么程度,才能说明 y 与 x_1,$x_2,\cdots,x_k$(对于偏相关系数为 y 与 x_j)之间的线性关系是显著的呢?这除了与样本数据值有关以外,还与样本点个数 n 有关。如图 3.3.1(a)所示,当 $n=4$ 时,y 与 x 之间似乎用线性关系描述很合理,这时线性相关系数可能大到 $r=0.90$。但若多取几个样本,则可能有如图 3.3.1(b)所示的情形,这时 y 与 x 不再是线性相关。因此,在 $n=4$ 时,即使 $r=0.90$,也还不能说 x 与 y 之间存在线性相关关系,这就是相关性检验。

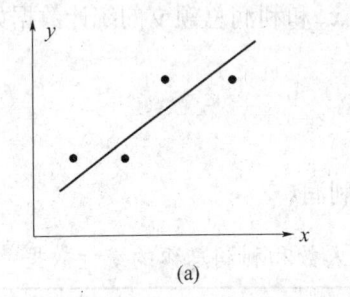

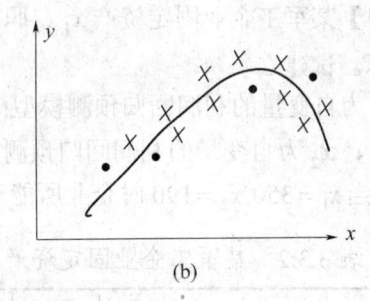

图 3.3.1 相关性

统计学家为相关性检验编制了一个相关系数检验临界值表(见本书附录3)。如果相关系数 r 在某个显著性水平 α(一般取 0.05)下超过临界值 r_α,则认为 r 在显著性水平 α 下同 0 显著不同,否则就认为 r 同 0 无显著差异,说明 y 与 x_1,$x_2,\cdots,x_k$ 无线性相关,检验不能通过。

3. 回归方程的显著性检验(F 检验)

假设 $a_i = 0 \quad (i=0,1,\cdots,k)$,则需在一定显著性水平下,检验此假设是否成立。若成立,则说明 y 与 $x_i(i=1,\cdots,k)$ 之间的相关关系不显著,用式(3.4.7)描述的 y 与 $x_i(i=1,\cdots,k)$ 的统计关系没有意义;反之,则否定此假设,说明在显著性水平下,y 与 $x_i(i=1,\cdots,k)$ 之间的关系可用式(3.4.7)描述。

构造统计量 F:

$$F = \frac{S_{回}/k}{S_{剩}/(n-k-1)} \sim F(k, n-k-1) \tag{3.3.16}$$

则当

$$F > F_\alpha(k, n-k-1) \tag{3.3.17}$$

时，否定假设，认为在显著性水平 α 下，回归模型(3.3.7)有意义，检验通过；否则，接受假设，式(3.3.7)无意义，检验不能通过。

4．预测区间的确定

经过以上检验并通过后，回归模型可用于预测。但是，由于回归预测模型是经数理统计方法得到的，有一定误差，因而会使得预测结果也有一定的误差，亦即预测结果有一定的波动范围，这个范围就是预测置信区间。其确定方法如下：

$$\hat{y} \pm t_{n-1, 1-\alpha/2} \sqrt{\frac{S^2}{n}}$$

根据正态分布理论，当置信水平 α 为 95% 时，预测区间为

上限 $\quad \hat{y}_H = \hat{y} + 2S$

下限 $\quad \hat{y}_L = \hat{y} - 2S \tag{3.3.18}$

式(3.3.18)中，S 为标准离差，$\hat{y}$ 为对于某组自变量取值为 $x_{10}, x_{20}, \cdots, x_{k0}$ 时的预测值。于是，预测区间可表示为 $(\hat{y}_L, \hat{y}_H)$。

【例 3.3.1】某军工企业固定资产 x_1、职工人数 x_2 和利润总额 y 的统计数据如表 3.3.2 中的前三列所示。试建立

(1) 以 x_1 为自变量的利润回归预测模型；
(2) 以 x_1、x_2 为自变量的利润回归预测模型；
(3) 预测当 $x_1 = 350, x_2 = 190$ 时企业所能获得的利润。

表 3.3.2　某军工企业固定资产、职工人数和利润总额的统计数据

年份	y_i	x_{1i}	x_{2i}	x_{1i}^2	x_{2i}^2	$x_{1i}x_{2i}$	$x_{1i}y_i$	$x_{2i}y_i$	y_i^2
1998	233	250	161	62500	25921	40250	58250	37513	54289
1999	238	257	163	66049	26569	41891	61166	38794	56644
2000	261	271	167	73441	27889	45257	70731	43587	68121
2001	264	290	169	84100	28561	49010	76560	44610	69696
2002	270	300	171	90000	29241	51300	81000	46170	72900
2003	273	296	176	87616	30976	52096	80808	48048	74529
2004	285	311	780	96721	32400	55980	88635	51300	81225
2005	298	320	181	102400	32761	57920	95360	53938	88804
2006	304	325	185	105625	34225	60125	98800	56240	92416
2007	315	338	187	114244	34969	63206	106470	58905	99225
Σ	2741	2958	1740	882696	303512	517035	817780	479111	757849

解：先计算有关项如表 3.3.2 所示。于是有

$$\bar{x}_1 = 295.8 \quad \bar{x}_2 = 174 \quad \bar{y} = 274.1$$

(1) 设待建的回归预测模型为

$$\hat{y} = a_0 + a_1 x_1$$

那么，有

$$a_1 = \frac{\sum_{i=1}^{n} x_{1i} y_i - n \bar{x}_1 \bar{y}}{\sum_{i=1}^{n} x_{1i}^2 - n \bar{x}_1^2} = 0.906 \quad , \quad a_0 = \bar{y} - a_1 \bar{x}_1 = 6.1052$$

求得预测模型为

$$\hat{y} = 6.1052 + 0.906 x_1$$

下面对上述模型进行统计检验。先计算有关平方和如下：

$$S_{回} = \sum_{i=1}^{n} (\hat{y}_i - \bar{y})^2 = 9234.95$$

$$S_{剩} = \sum_{i=1}^{n} (y_i - \hat{y}_i)^2 = \sum_{i=1}^{n} \varepsilon_i^2 = 3923.03$$

$$S_{总} = \sum_{i=1}^{n} (y_i - \bar{y})^2 = 13157.98$$

其中，$\bar{y} = 274.1$。

① 标准离差检验。

$$S = \sqrt{\frac{1}{n-k-1} \sum (y_i - \hat{y}_i)^2} = \sqrt{\frac{1}{10-1-1} S_{剩}} \approx 22.1445$$

且

$$\frac{S}{\bar{y}} = \frac{22.1445}{274.1} \approx 0.0808 < 10\%，检验通过。$$

② 相关系数检验。

$$r = \sqrt{\frac{S_{回}}{S_{总}}} = \sqrt{\frac{9234.95}{13157.98}} \approx 0.8378$$

又取 $\alpha = 0.05$，查相关系数表 $(n=10, k=1)$ 得 $r_\alpha = 0.632, r > r_\alpha$，检验通过。

③ F 检验。

$$F = \frac{S_{回}/k}{S_{剩}/(n-k-1)} = \frac{9234.95/1}{3923.03/(10-1-1)} = 18.83$$

取 $\alpha = 0.05$，查 $F_\alpha(k, n-k-1) = 5.32$，显然，$F > F_\alpha$，检验通过。

故以 x_1 为自变量的利润回归预测模型如下：

$$\hat{y} = 6.1052 + 0.906x_1$$

取 $x_{10} = 350$ 代入模型得

$$\hat{y} = 6.1052 + 0.906 \times 350 = 323.21$$

于是，上限 $\hat{y} + 2S = 367.50$

下限 $\hat{y} - 2S = 278.92$

当 $x_1 = 350$ 时，95％的置信区间为 (278.92, 367.50)。

(2) 设待建的回归预测模型为

$$\hat{y} = a_0 + a_1 x_1 + a_2 x_2$$

那么，有

$$R = X^T X = \begin{bmatrix} n & \sum x_{1i} & \sum x_{2i} \\ \sum x_{1i} & \sum x_{1i}^2 & \sum x_{1i} x_{2i} \\ \sum x_{2i} & \sum x_{1i} x_{2i} & \sum x_{2i}^2 \end{bmatrix}$$

$$= \begin{bmatrix} 10 & 2958 & 1740 \\ 2958 & 882696 & 517035 \\ 1740 & 517035 & 303512 \end{bmatrix}$$

而

$$C = R^{-1} = \begin{bmatrix} 185.0231 & 0.5873 & -2.0611 \\ 0.5873 & 0.0024 & -0.0074 \\ -2.0611 & -0.0074 & 0.0245 \end{bmatrix}$$

又

$$X^T Y = \begin{bmatrix} \sum y_i \\ \sum x_{1i} y_i \\ \sum x_{2i} y_i \end{bmatrix} = \begin{bmatrix} 2741 \\ 817780 \\ 479111 \end{bmatrix}$$

于是

$$A = \begin{bmatrix} a_0 \\ a_1 \\ a_2 \end{bmatrix} = (X^T X)^{-1} X^T Y$$

$$= \begin{bmatrix} 185.0231 & 0.5873 & -2.0611 \\ 0.5873 & 0.0024 & -0.0074 \\ -2.0611 & -0.0074 & 0.0245 \end{bmatrix} \begin{bmatrix} 2741 \\ 817780 \\ 479111 \end{bmatrix}$$

$$= \begin{bmatrix} -106.7218 \\ 0.498921 \\ 1.34047 \end{bmatrix}$$

求得预测模型为

$$\hat{y} = -106.7218 + 0.498921x_1 + 1.34047x_2$$

下面对上述模型进行统计检验。先计算有关平方和如下：

$$S_{回} = \sum_{i=1}^{n}(\hat{y}_i - \bar{y})^2 = 6407.0833$$

$$S_{剩} = \sum_{i=1}^{n}(y_i - \hat{y}_i)^2 = \sum_{i=1}^{n}\varepsilon_i^2 = 134.1445$$

$$S_{总} = S_{回} + S_{剩} = 6541.2278$$

其中，$\bar{y} = 274.1$。

① 标准离差检验。

$$S = \sqrt{\frac{1}{n-k-1}\sum(y_i - \hat{y}_i)^2} = \sqrt{\frac{1}{n-k-1}S_{剩}} \approx 4.3776$$

且

$$\frac{S}{\bar{y}} = \frac{4.34}{274.1} \approx 0.0160 < 10\%，检验通过。$$

② 相关系数检验。

$$r = \sqrt{\frac{S_{回}}{S_{总}}} = \sqrt{\frac{6407.0833}{6541.2273}} \approx 0.9897$$

又取 $\alpha = 0.05$，查相关系数表 $(n=10, k=2)$ 得 $r_\alpha = 0.758, r > r_\alpha$，检验通过。

③ F 检验。

$$F = \frac{S_{回}/k}{S_{剩}/(n-k-1)} = \frac{6407.0833/2}{134.1445/(10-2-1)} = 167.17$$

取 $\alpha = 0.05$，查 $F_\alpha(k, n-k-1) = 4.74$，显然，$F > F_\alpha$，检验通过。

故以 x_1、x_2 为自变量的利润回归预测模型如下：

$$\hat{y} = -106.7218 + 0.498921x_1 + 1.34047x_2$$

(3) 取 $x_{10} = 350, x_{20} = 190$ 代入模型得

$$\hat{y} = -106.7218 + 0.498921 \times 350 + 1.34047 \times 190 = 322.59$$

于是，上限 $\hat{y}_0 + 2S = 331.27$

下限 $\hat{y}_0 - 2S = 313.92$

当 $x_1 = 350, x_2 = 190$ 时，企业所能获得的利润是 322.59 万元，95％的置信区间为(313.92，331.27)。

3.4 趋势外推预测法

技术的发展虽有跳跃过程，但主要是渐进发展的。通过对大量技术发展的总结，可以发现，在很多技术的渐变发展过程中，往往存在某种发展趋势。如果能发现这种趋势并且用适当的方法测定出这个趋势，进而给它选择一个合适的趋势曲线方程，就可以作为外推预测的

依据，以预测技术发展的未来。它是统计预测的基本方法之一。

趋势外推预测法的原理基于如下两个假设：第一，影响预测对象过去发展的因素，在很大程度上也决定其未来的发展；第二，预测对象的发展过程不是突变而是渐变过程。

趋势外推法的主要优点是：可以提示预测对象发展的未来，并定量地估计其功能特性。

在采用趋势外推法时，最重要的问题是预测的超前时间。为了保证预测的精度，大部分预测学者认为，预测超前时间应小于占有可靠的统计数据的时间。

在应用趋势外推法进行预测时，主要包括6个阶段：

(1) 选择应预测的参数。
(2) 收集必需的数据。
(3) 利用数据拟合曲线。
(4) 趋势外推。
(5) 预测说明。
(6) 研究预测结果在制定决策和规划中的可能性。

其中，主要解决两个问题：一是找到合适的趋势拟合曲线方程；二是如何确定趋势曲线方程中的参数。下面着重讨论几种常见的趋势曲线方程及其参数辨识方法。

3.4.1 常用的趋势曲线

在实际应用中，最常用的是一些比较简单的函数形式，如多项式函数、指数函数、生长曲线和包络曲线等，下面介绍几种主要形式。

1. 多项式函数

多项式模型的一般形式为

$$y_t = a_0 + a_1 t + a_2 t^2 + \cdots + a_k t^k$$

式中：t 为时间自变量；y_t 为 t 时预测变量；$a_0, a_1 \cdots a_k$ 为多项式系数。

当 $k=1$ 时，是线性模型；$k=2$ 时，为二次抛物线模型；当 $k=3$ 时，是三次抛物线模型(图 3.4.1)。而三次以上的多项式模型实际应用很少。线性模型主要用来描述随时间均匀发展的过程；二次抛物线模型用来描述增量 $u_t = y_t - y_{t-1}$ 均匀变化的过程，或者说以等加速增加(或减小)的过程；三次抛物线描述加速度与时间成比例增加(或减小)的过程。该函数曲线如图 3.4.1、图 3.4.2 所示。

模型中的系数可以用最小二乘法得到。

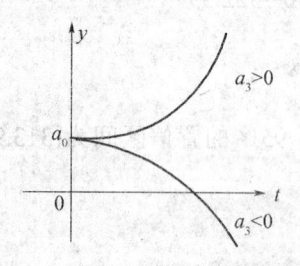

图 3.4.1　$k=3$ 时的三次抛物线模型

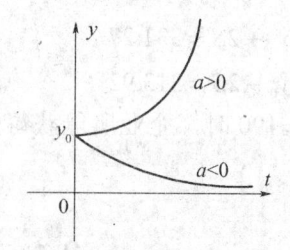

图 3.4.2　三次抛物线描述加速度与时间成比例变化

2. 指数函数

指数函数的一般形式为

$$y_t = y_0 e^{at}$$

指数函数适用于变化率和变量本身与 y 成比例的预测对象,如人口或生物种群繁殖生长。主要用于研究在质变前的技术发展速度,适用于对单元技术和功能技术参数进行预测。

实践表明,很多技术的发展特性都是随时间按指数或接近指数增长,如果在垂直坐标轴取对数的半对数坐标系中,$\ln y = \ln y_0 + at$ 指数增长是一条直线,这大大有利于趋势外推。如图3.4.3 和图 3.4.4 所示。

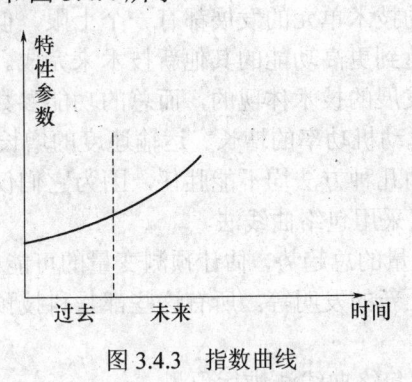

图 3.4.3 指数曲线

图 3.4.4 取对数的指数增长直线

很多技术特性都是符合指数规律的,如飞机的速度、电站容量、发动机效率、计算机的存储容量和运算速度等。

但是,任何技术的发展都不能按指数规律无限地外推,否则,将得到荒谬的结论。例如:按图 3.4.3 所示,飞机速度的前期增长是按指数规律的,若一直按指数增长,其速度将达到光速的几倍甚至几十倍,这是不可能的。因为每一种技术的发展都有一个极限,当接近极限时,技术发展速度减小,功能提高困难。因此,指数曲线仅适用于预测远离极限值的技术发展情况。

3. 生长曲线

生长曲线本来是用来描述生物生长过程的一种曲线,反映了生物在生长过程中所经历的 4 个阶段:发生、发展、成熟和衰亡,以及每个阶段的成长速度,其曲线形如 S,故又称 S 曲线,如图 3.4.5 所示。

将这一过程推广到一般事物,它比较客观地描述了事物变化规律,用它对技术装备特性的发展进行中长期预测比较可靠。因而该方法得到广泛应用。S 曲线有多种数学形式,这里介绍两种。

1) 逻辑斯蒂(Logistic)曲线

又称皮尔曲线。其形式如下:

$$y_t = \frac{k}{1 + ae^{-bt}}$$

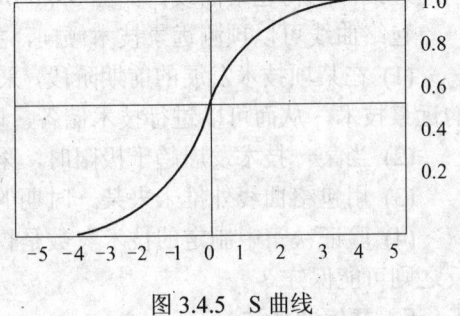

图 3.4.5 S 曲线

在这个方程中,当 $t \to +\infty$ 时,$y_t \to k$,所以 k 是达到饱和状态的极限值;取 y_t 对 t 的二阶导数并令 $y_t'' = 0$,求得 y_t 对 t 的拐点即增长速度的转折点为 $t = \dfrac{\ln a}{b}$,$y_t = \dfrac{1}{2}k$ 即曲线在该处有反弯点,曲线的上半部同下半部绕反弯点对称。

2) 龚伯茨(B.Gonpartz)曲线

该曲线又称双指数曲线,其形式如下:

$$y_t = ke^{-be^{kt}}$$

它和 Logistic 曲线类似，k 是饱和极限值，其拐点为：$t=\dfrac{\ln b}{k}$，$y_t=ke^{-1}$。

4. 包络曲线

技术的发展是由两部分组成的，即渐变和跃变，技术渐变是由知识的量变和积累引起的，发展比较平稳；而技术突变是质变过程，是突然变化，如原理的改变等。

在一个完整的技术装备系统中，虽然组成装备的技术单元的发展都有一个上限，但对于整个装备系统来讲，技术发展并没有停止，可以由达到更高功能的其他新技术来完成。一个武器装备的功能特性就是由一系列相互区别、连续发展的技术体现的，而总的功能参数不断地提高。例如，离子加速器工作能量的增加、航空发动机功率的增长、运输速度的增长等。

对于这样一些整体功能系统的预测，前面所述的几种方法均不能胜任，因为它们仅能预测技术发展的量变过程，而对于技术突变的预测，可采用包络曲线法。

包络曲线法适用于长远预测，有可能揭示预测变量的总趋势，估计预测变量的可能极限，同时还可预测科学和技术发展的突变，即揭示原理上新的发明等。所有这些都是科技预测中最重要和最困难的任务。

下面我们以运输速度的增长为例，研究如何利用包络曲线法进行预测。

我们知道，运输工具的发展已经经过了几代，如马车——火车——汽车——活塞发动机飞机——喷气式飞机——化学燃料喷气式飞机等，现在已进入核燃料喷气飞机时代。那么未来的发展速度会是怎样的呢？

在利用包络曲线法预测时，首先要建立包络曲线，然后再利用包络曲线进行外推。建立包络曲线分两个步骤：

(1) 分析各类预测对象的预测参数的发展趋势。

(2) 相切于各类增长速度变化最大的点(拐点)，形成包络线。

每一代运输工具，它们功能的提高均遵从一条曲线，而每一代速度变化最大的点，是曲线上的拐点。如果对每条曲线求二阶导数 dy^2/dt^2 并令其等于零，则得各曲线上的拐点，将各拐点连线，则得包络曲线，如图 3.4.6 所示。

包络曲线可以预测远景技术倾向，主要应用于 4 个方面：

(1) 在某项技术发展的前期阶段，采用包络曲线对技术发展进行深入研究，可以外推出新的远景技术，从而可以进行技术储备，以及进行技术更新。

(2) 当某一技术发展趋于极限时，采用包络曲线可以外推出可能出现的新技术。

(3) 用包络曲线外推未来某一时期的特性参数水平，借以推测将会出现哪种新技术。

(4) 验证决策中制定的技术参数是否合理，如果拟定的参数在包络曲线之上，则可能冒进，反之则可能保守。

5. 替代曲线法

一种新技术取代功能完全相同的旧技术，这是技术发展的必然趋势，因而在新技术发展过程中对新旧技术交替速度进行预测是十分重要的。实践经验表明：新技术发展初期取代速度比较慢，这是因为新技术的经济性和可靠性还未经过实践充分验证，具有一定的风险和不稳定性；同时旧技术也力图改进，巩固阵地，不少人思想偏于保守，宁愿沿用旧技术，而不愿承担风险。随着新技术的发展和不断完善，取代速度加快，而当趋于完全取代时，取代速度明显下降，因为新技术的性能已充分发挥，而旧技术在某些领域内还能发挥其特有的作用。比如在航海事业中，电罗盘早已问世，而磁罗盘至今仍在采用。

替代曲线如图 3.4.7 所示。

图 3.4.6 包络曲线

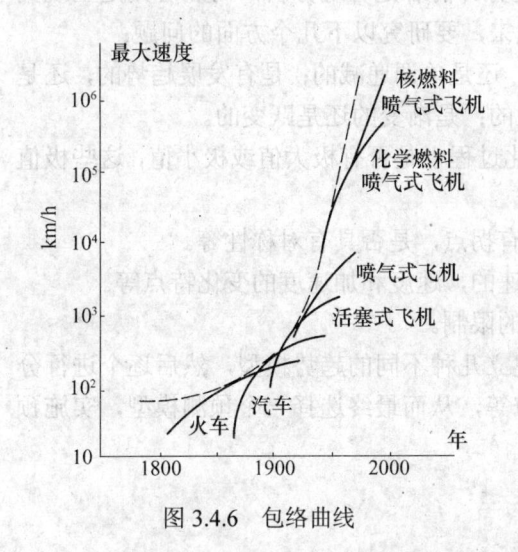

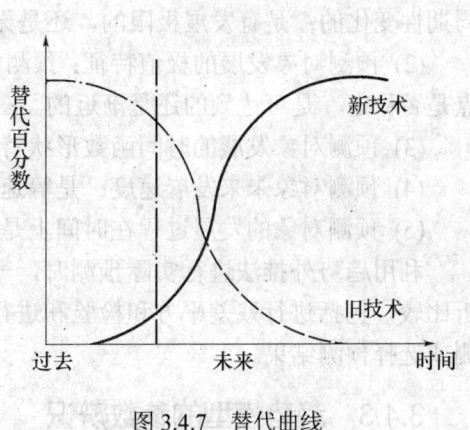

图 3.4.7 替代曲线

利用替代曲线可以正确预测出新技术替代旧技术的速度，这对决策者来说也很重要。

1971年，费歇尔(Fissile)和普莱(Parly)曾提出下列模型：

$$\frac{f}{1-f} = e^{2a(t-t_0)}$$

或

$$f = \frac{1}{1+e^{-2a(t-t_0)}}$$

式中：f 为被替代的百分数；t 为时间；t_0 为起始时刻；a 为参数。

图 3.4.8 和图 3.4.9 描绘出替代速度与时间的关系。

图 3.4.8 替代速度与时间的关系(1)

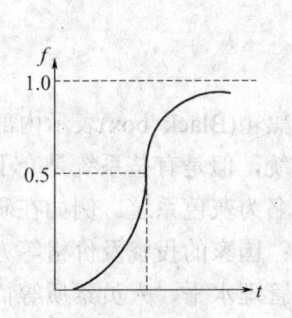

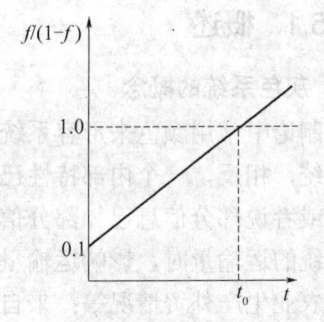

图 3.4.9 替代速度与时间的关系(2)

实际上，预测用的趋势曲线远远不止上述几种，通过组合变形，还可以产生很多可供选择的曲线。因此，如何根据实际中预测对象的规律来选择合适的趋势曲线，就成为应用趋势外推法的一个重要问题。

3.4.2 趋势预测模型的选择

由于预测曲线具有多样性，能否正确地选择趋势模型，对预测的成败至关重要。为了获得与预测对象发展趋势一致的趋势模型，不仅要分析预测对象历史演变的特点即测试历史数据的特点,而且更重要的是要分析其未来的发展趋势。前者是客观分析,而后者则是主观判断,体现了预测的科学性和艺术性的统一。具体说来,要研究以下几个方面的问题:

(1) 预测对象发展的时间特征:是单调递增的,还是单调递减的;是有发展趋势的,还是周期性变化的;是有发展极限的,还是无发展极限的;是渐变的还是跃变的。

(2) 预测对象发展的极值特征:预测对象的变化过程中是否有极大值或极小值,这些极值点是否稳定,是可达到的还是渐近的。

(3) 预测对象发展的时间函数形状特点:是否有拐点,是否具有对称性等。

(4) 预测对象未来发展速度:是等速的还是变速的,速度和加速度的变化特点等。

(5) 预测对象的发展过程在时间上是否有明显的限制。

利用趋势外推法进行实际预测时,一般可以建立几种不同的趋势模型,然后逐个进行分析比较,包括进行残差平方和检验和进行专家评审等,从而最终选择一个预测模型,实施预测或选择预测结果。

3.4.3 趋势模型的参数辨识

趋势模型选定后,首要的工作就是确定模型中的参数。不同的趋势模型可能会有不同的参数辨识方法,使用得较多的主要是最小二乘法。

最小二乘法是广泛使用的一种曲线拟合方法。其优点是:运算简单,能很好地平滑趋势中的随机干扰,对方程式中的参数做出无偏估计。在实际运用中,有两种情况:一是可以直接按最小二乘法,只用简单的变量替换就可以进行,如多项式函数;另一种是方程式需要作适当的变换,以转换为第一种情形,再做处理(详见3.3节)。

3.5 灰色系统预测

3.5.1 概述

1. 灰色系统的概念

控制论中常用颜色来形容系统的信息完备程度,比如说黑箱(Black box)表示内部信息未知的系统,相反,一个内部特性已知的信息系统称为白色系统,但是有些系统是介于黑和白之间,或者说部分信息已知部分信息未知,这样的系统就命名为灰色系统。例如在研究交通运输系统的运输量时,影响运输量的因素有来自社会方面的:国家的投资及价格等方面的政策、工农业生产外贸情况等;来自技术方面的:运输设施、管理水平、人员素质等情况;来自自然方面的:人口、气候、季节等情况。但是很难确定全部有影响的因素,而且虽然知道这些因素对运输量会有影响,也很难找到运输量与这些因素之间明确的映射关系,因此称这样的系统为灰色系统。诸如类似的农业系统、生态环境系统、经济系统、管理系统、能量系统等都可看成是灰色系统。

自灰色系统理论问世以来,其在农业生产、交通运输、资源动态、生态环境、社会科学、军事等领域的应用已初见成效。灰色系统预测方法为我们提供了在贫信息情况下解决系统预测问题的新途径。当系统影响因素多、结构关系复杂、人的行为或自然等不确定因素的影响不可忽略,且系统统计样本小、信息少时,灰色系统预测模型就更加显示其优越性。但是由于灰色系统理论研究的是复杂的贫信息系统,在研究过程中显然会问题多,难度大。目前尚存在许多不完备之处，需要有一个不断发展和完善的长过程。

2. 灰色系统预测种类和应用

灰色系统理论主要研究系统状态、结构、边界等关系不明确、行为信息不完全、运行机制不十分清楚的这类系统的建模、预测、决策和控制等问题，灰色系统预测就是根据灰色系统过去及现在已知的或非确知的信息，建立一个从过去引伸到将来的灰色模型 GM(Grey Model)，在建模中最具有特色的是针对时间序列建立 GM 模型，从而根据灰色模型确定系统在未来发展变化的趋势，为规划决策提供依据。

灰色预测的种类大体可分为 4 类。

1) 数列预测

系统的行为特征量是系统的输出。对系统行为特征量(如产量、运输量、吞吐量、销售量……)大小的预测，称为系统行为数据序列的变化预测，又简称为数列预测。这种数列预测的特点是：对系统行为特征量进行等时距的观测记录(非等时距的可采取转换方法转为等时距)。预测的任务是了解这些行为特征量在下一时刻的大小。

2) 灾变预测

对系统行为特征量超出规定的某个阈值(界限值)的异常值将在何时再出现的预测，称为灾变预测，即对系统异常值出现时刻的预测。比如：年平均降雨量大于某个阈值，是涝灾；年产量小于某个指定值，是欠收年。

灾变预测的特点是：对异常值出现的时间进行预测，而不是对异常值大小的预测，因此灾变预测对时间来说通常是非等时距预测。

3) 拓扑预测

拓扑预测是对一段时间内，系统行为特征量波形的预测。它与数列预测不同，数列预测中，预测的仅仅是波形的一个拟似值，并不是波形本身，而拓扑预测则是预测波形本身，即波形起伏的不规则情况、波形幅值的大小情况等。拓扑预测从本质上说，是对系统行为特征量的整体发展进行预测。其预测的特点是：拓扑预测的模型不是一个 GM，而是 GM 模型群。某一个 GM 模型，对应某一阈值，将预测的未来时刻所有阈值联成曲线，便得到某种预测波形。

4) 系统综合预测

系统综合预测是指系统中各种因素相互影响的预测，亦可称为多因素关联预测。系统综合预测，是属于控制理论中系统动态研究的内容。其预测模型与前述数列、灾变预测不同。它不是基于一个孤立的 GM(1，1)模型，而是基于一串相互关联的 GM(n，h)模型，即控制论中的状态模型。系统综合预测不仅可以了解整个系统的变化，还可以了解系统中各个环节的发展变化。

灰色系统理论是 1979 年首先由我国华中理工大学的邓聚龙教授提出来的。自此以来它一直在不断的发展完善，已成功地应用于许多系统领域，在交通运输、经济发展、工农业发展、环境变化、对机动目标的滤波和预测等方面取得了可喜的成绩。

本书仅介绍灰色系统预测中数列预测的一般方法。

3.5.2 灰色系统建模

灰色系统理论认为：一切随机量都是在一定范围内、一定时段上变化的灰变量和灰过程。对于灰变量的处理不是求它的统计规律和概率分布，而是通过一定的处理方法，变成比较有规律的时间序列数据，即以数找数的规律，再建立动态模型。

由于灰色系统是一个贫信息系统，一般其层次复杂，结构关系较模糊，状态变化随机性大，因此反映系统行为的特征量序列往往呈现离乱现象。这种离乱的序列即为灰色序列，或称为灰色过程。而以灰色序列建立的模型称为灰色模型。

灰色模型是揭示系统随着时间变化而发展的长过程模型，所以一般是用微分方程来描述。考虑到灰色序列是杂乱无章的，不宜直接用于建立模型，因此需对灰色序列进行处理，获得生成数。灰色预测是直接采用生成数建立灰色模型GM的微分方程，并通过积分获得GM微分方程的时间响应函数，通过时间响应函数预测生成数未来大小，最后进行还原处理，得到预测结果。

建立的灰色模型是否反映了系统的运行规律，是否适合用于进行系统未来行为的预测，预测精度如何，还必须通过灰色模型精度检验，只有检验合格的灰色模型才能用于系统未来的预测。

1. 生成数

灰色理论认为尽管灰色系统是朦胧的，数据是杂乱的，但它毕竟是有序的，是具有整体功能的。因此杂乱无章的系统特征量灰色序列后面必然潜藏着某种规律。灰色系统理论是采用对灰色序列进行处理的方法获得生成数列，灰色序列的数据处理可以弱化原始灰色序列的随机性，使之逐步转换为确定性数列，从而能够开拓、发现、寻找出灰色系统的内在规律。因此获取生成数列是建立灰色模型的基本手段，灰色系统生成数列的获取方法常用的是累加生成或累减生成。

1) 累加生成 AGO

设有原始数列 $x^{(0)} = \{x^{(0)}(1), x^{(0)}(2), \cdots, x^{(0)}(n)\}$，若对其作一次累加便得到一次累加数列

$$x^{(1)} = \{x^{(1)}(1), x^{(1)}(2), \cdots, x^{(1)}(n)\}$$

若对其作 r 次累加便得到 r 次累加数列

$$x^{(r)} = \{x^{(r)}(1), x^{(r)}(2), \cdots, x^{(r)}(n)\}$$

其中：
$$x^{(1)}(1) = x^{(0)}(1)$$
$$x^{(1)}(2) = x^{(0)}(1) + x^{(0)}(2)$$
$$\vdots$$
$$x^{(1)}(n) = x^{(0)}(1) + x^{(0)}(2) + \cdots + x^{(0)}(n)$$
$$x^{(r)}(1) = x^{(r-1)}(1)$$
$$x^{(r)}(2) = x^{(r-1)}(1) + x^{(r-1)}(2)$$
$$\vdots$$
$$x^{(r)}(n) = x^{(r-1)}(1) + x^{(r-1)}(2) + \cdots + x^{(r-1)}(n)$$

即累加计算公式：

$$x^{(r)}(k) = \sum_{i=1}^{k} x^{(r-1)}(i) = \text{AGO} x^{(r-1)}(k) \qquad (k = 1, 2, \cdots, n) \qquad (3.5.1)$$

将式(3.5.1)变换还可得到

$$x^{(r)}(k) = \left[x^{(r-1)}(1) + x^{(r-1)}(2) + \cdots + x^{(r-1)}(k-1)\right] + x^{(r-1)}(k)$$

$$= \sum_{i=1}^{k-1} x^{(r-1)}(i) + x^{(r-1)}(k) \tag{3.5.2}$$

$$= x^{(r)}(k-1) + x^{(r-1)}(k)$$

【例 3.5.1】某军港 1995 年—2005 年间的货物吞吐量原始数据为

$$x^{(0)}(t) = \{x^{(0)}(1995), x^{(0)}(1996), \cdots, x^{(0)}(2005)\}$$

$$= \{\ 122929, 124853, 126376, 127533, 128105, 129069,$$

$$130675, 132646, 133691, 134404, 136401\ \}$$

试求 $x^{(0)}(t)$ 的一次累加生成数列 $x^{(1)}(k)$。

解：
$$x^{(1)}(k) = \left\{x^{(1)}(k) \big| k = 1, 2, \cdots, 11\right\} = \mathrm{AGO}\, x^{(0)}(t)$$

$$= \{122929, 247782, 374158, 501691, 629796, 758865, 889540,$$

$$1022186, 1155877, 1290281, 1426682\}$$

用原始数据作曲线如图 3.5.1 所示，用一次累加生成数列作曲线如图 3.5.2 所示。

可以看出，累加生成曲线比原曲线平稳，随机性弱化。累加次数越多，随机性数列就可以转变成非随机数列。

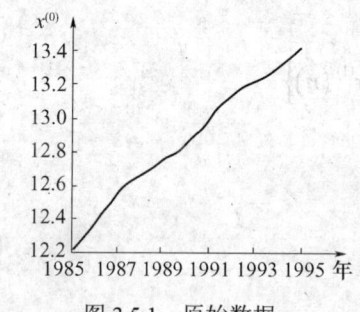

图 3.5.1　原始数据

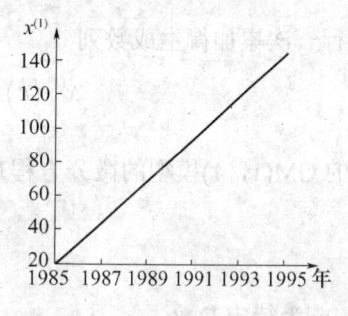

图 3.5.2　一次累加生成数列

2）累减生成 IAGO

累减生成是累加生成的逆运算。

设已知累加生成数列

$$x^{(r)}(k) = \left\{x^{(r)}(1), x^{(r)}(2), \cdots, x^{(r)}(n)\right\}$$

对其作一次累减，即对式(3.5.2)作一次逆运算得：

$$\Delta^{(1)}(x^{(r)}(k)) = x^{(r)}(k) - x^{(r)}(k-1) = x^{(r-1)}(k)$$

对其作二次累减

$$\Delta^{(2)}(x^{(r)}(k)) = \Delta^{(1)}(x^{(r)}(k)) - \Delta^{(1)}(x^{(r)}(k-1)) = x^{(r-2)}(k)$$

对其作 r 次累减

$$\Delta^{(r)}\left(x^{(r)}(k)\right)=\Delta^{(r-1)}\left(x^{(r)}(k)\right)-\Delta^{(r-1)}\left(x^{(r)}(k-1)\right)=x^{(0)}(k) \tag{3.5.3}$$

所以累减运算可以使累加生成数列还原为原始数列。

【例 3.5.2】 将【例 3.5.1】的累加数列还原为原始数列。

解：由式(3.5.3)得

$$\Delta^{(0)}(k)=\Delta^{(1)}(x^{(1)}(k))=x^{(1)}(k)-x^{(1)}(k-1)$$

则有　　$k=1$　　$x^{(0)}(1)=x^{(1)}(1)=122129$

$k=2$　　$x^{(0)}(2)=x^{(1)}(2)-x^{(1)}(1)=124853$

⋮　　⋮

$k=11$　　$x^{(0)}(11)=x^{(1)}(11)-x^{(1)}(10)=136401$

于是有 $\Delta^{(1)}(x^{(1)}(k))=\{122129,124853,\cdots,136401\}=x^{(0)}(k)$。

2. 灰色预测模型

灰色系统理论用到的模型，一般是微分方程描述的动态模型，时间函数形式的时间响应模型。一个 n 阶、h 个变量的 GM 模型记为 GM(n, h)。预测模型一般是 GM(n, 1)模型，即 n 阶一个变量模型，对于产品销售量、运输量、吞吐量、人口增长、农业产量等特征量变化分析和预测，较为适用。n 一般小于 3。n 越大，计算越复杂，而且精度并不高，所以预测时多采用的是 GM(1，1)模型。

设有原始数列

$$x^{(0)}(t)=\left\{x^{(0)}(1),x^{(0)}(2),\cdots,x^{(0)}(n)\right\}$$

对其进行一次累加得生成数列

$$x^{(1)}(k)=\left\{x^{(1)}(1),x^{(1)}(2),\cdots,x^{(1)}(n)\right\}$$

$x^{(1)}(k)$ 的 GM(1，1)模型的微分方程是

$$\frac{\mathrm{d}x^{(1)}}{\mathrm{d}t}+ax^{(1)}=u \tag{3.5.4}$$

其中 a、u 为待定参数。

将式(3.5.4)离散化得：

$$x^{(0)}(k+1)+a\left[\frac{1}{2}[x^{(1)}(k)+x^{(1)}(k+1)]\right]=u$$

或改写为

$$x^{(0)}(k+1)=a\left[-\frac{1}{2}[x^{(1)}(k)+x^{(1)}(k+1)]\right]+u \tag{3.5.5}$$

采用最小二乘法求取待定参数 a、u，其方法见 3.3.3 节。将求解 a、u 的估计值 $\hat{a}$、$\hat{u}$ 代入式(3.5.4)，并积分便可获得 $x^{(1)}(k)$ 数列 GM 模型的时间响应函数模型

$$\hat{x}^{(1)}(k+1)=\left(x^{(0)}(1)-\frac{\hat{u}}{\hat{a}}\right)\mathrm{e}^{-\hat{a}k}+\frac{\hat{u}}{\hat{a}} \tag{3.5.6}$$

求上式求导得还原模型为

$$\hat{x}^{(0)}(k+1) = -\hat{a}\left(x^{(0)}(1) - \frac{\hat{u}}{\hat{a}}\right) e^{-\hat{a}k} \tag{3.5.7}$$

式(3.5.6)和式(3.5.7)是 GM(1，1)模型预测的具体计算公式，$\hat{x}^{(0)}$是预测量序列。

3.5.3 模型的检验

用灰色理论方法建立的模型，都需进行模型精度检验。常用的检验方法有残差检验、后验差检验、关联度检验。

1. 残差检验

残差检验是用原始数列 $x^{(0)}$ 与预测数列 $\hat{x}^{(0)}$ 的差值进行检验，即模型精度按点的检验，属于直观检验法。其计算方法如下：

残差
$$q^{(0)}(k) = x^{(0)}(k) - \hat{x}^{(0)}(k) \tag{3.5.8}$$

相对误差
$$e(k) = \left(q^{(0)}(k)/x^{(0)}(k)\right) \times 100\% \tag{3.5.9}$$

平均相对误差
$$\overline{e}(k) = \sum_{i=1}^{n} e(i)/n \tag{3.5.10}$$

要求相对误差应尽可能小，一般 $\overline{e} \leq 10\%$。

2. 后验差检验

后验差检验是按照残差的概率分布进行检验，属于一种统计检验法。其计算方法如下。

求 $x^{(0)}(t)$ 的平均值 $\overline{x}$

$$\overline{x} = \frac{1}{n}\sum_{i=1}^{n} x^{(0)}(i) \tag{3.5.11}$$

求 $x^{(0)}(t)$ 的方差 S_1

$$S_1 = \sqrt{\frac{1}{n}\sum_{i=1}^{n}\left(x^{(0)}(i) - \overline{x}\right)^2} \tag{3.5.12}$$

求残差 $q^{(0)}$ 的平均值 $\overline{q}$

$$\overline{q} = \frac{1}{n}\sum_{i=1}^{n} q^{(0)}(i) \tag{3.5.13}$$

求残差 $q^{(0)}$ 的方差 S_2

$$S_2 = \sqrt{\frac{1}{n}\sum_{i=1}^{n}(q^{(0)}(i) - \overline{q})^2} \tag{3.5.14}$$

计算后验差比值 C

$$C = S_2/S_1 \tag{3.5.15}$$

计算小误差频率 P

$$P = \left\{\left| q^{(0)}(k) - \overline{q} \right| < 0.6745 S_1 \right\} \tag{3.5.16}$$

要求 C 越小越好，其取值一般为 $C < 0.35$，最大不超过 0.65。要求小误差频率要大，其取值一般为 $P > 0.95$，最小不得小于 0.7。根据 C、P 值的大小，可将模型精度分为 4 个等级，

各等级标准见表3.5.1

表3.5.1 精度检验等级

预测精度	一级	二级	三级	不合格
P	>0.95	>0.80	>0.7	≤0.7
C	<0.35	<0.50	<0.65	≥0.65

如果检验不合格,应对模型进行修正。

3. 关联度检验

关联度检验是模型曲线与原始数据曲线的几何相似检验。它是以 $\hat{x}^{(1)}(k)$ 的导数 $\hat{x}^{(0)}(k)$ 作为参考数列,与原始数列 $x^{(0)}(k)$ 作关联度检验分析,确定二者的相关程度。关联度 r 的大小一般控制 $r \geq 0.7$。

【例3.5.3】已知某基地2002年到2012年间公路运输物资量数列为 $x^{(0)}(k)$,见表3.5.2中第3列,试预测2014年该基地公路物资运输量。

表3.5.2 公路运输物资量 (万t)

t	k	$x^{(0)}(k)$	$x^{(1)}(k)$	$x^{(1)}(k+1)$	$\hat{x}^{(1)}(k)$	$\hat{x}^{(0)}(k)$	$q(k)=x^{(0)}(k)-\hat{x}^{(0)}(k)$	$\dfrac{x^{(0)}-\hat{x}^{(0)}}{x^{(0)}}\times100\%$
2002	1	1839	1839	−2856	1839	1839	0	0
2003	2	2033.9	3872.9	−4962.3	3670.9	1831.9	202	9.9
2004	3	2178.7	6051.6	−7153.4	5662.4	1991.4	187.2	8.6
2005	4	2203.5	8255.1	−9413.9	7827.3	2164.8	38.7	1.8
2006	5	2317.6	10572.7	−11804.9	10180.5	2353.3	−35.7	−1.5
2007	6	2464.4	13037.1	−14224.7	12738.7	2558.1	−93.7	−3.8
2008	7	2375.1	15412.2	−16921.8	15519.5	2780.8	−405.7	−17
2009	8	3019.2	18431.4	−20078.1	18542.4	3022.9	−3.7	−0.12
2010	9	3293.4	21724.8	−23524.4	21828.4	3286.0	7.4	0.22
2011	10	3599.1	25323.9	−27369.2	25400.5	3572.1	27	0.75
2012	11	4090.5	29414.4		29283.6	3883.1	207.4	5.1

解:(1)对 $x^{(0)}$ 作一次累加得一次累加数列

$$x^{(1)}(k)=\sum_{i=1}^{k}x^{(0)}(i)$$

$k=1$ $x^{(1)}(1)=x^{(0)}(1)=1839$

$k=2$ $x^{(1)}(2)=x^{(0)}(1)+x^{(0)}(2)=1839+2033.9=3872.9$

$\vdots$

$k=11$ $x^{(1)}(11)=\sum_{i=1}^{11}x^{(0)}(i)=29414.4$

$x^{(1)}(k)$ 见表3.5.2第4列。

(2) 将 $x^{(1)}(k)$ 拟合为一阶微分方程为

$$\frac{\mathrm{d}x^{(1)}}{\mathrm{d}t}+ax^{(1)}=u$$

(3) 用最小二乘法求解上式中 a、u 参数。根据式(3.5.5)写出上式的离散方程

$$x^{(0)}(k+1) = a\chi^{(1)}(k+1) + u$$

其中：$\chi^{(1)}(k+1) = -\dfrac{1}{2}\left[x^{(1)}(k) + x^{(1)}(k+1)\right]$

$k=1 \quad \chi^{(1)}(2) = -\dfrac{1}{2}[1839 + 3872.9] = -2856$

$k=2 \quad \chi^{(1)}(3) = -\dfrac{1}{2}[3872.9 + 6051.6] = -4962.3$

$\vdots \qquad \vdots$

$k=10 \quad \chi^{(1)}(11) = -\dfrac{1}{2}[25323.9 + 29414.4] = -27369.2$

$\chi^{(1)}(k+1)$ 见表 3.5.2 第 5 列。

根据式(3.3.1)、式(3.3.2)得

$$a = \dfrac{\sum\limits_{k=1}^{10} x^{(0)}(k+1) \cdot \chi^{(1)}(k+1) - \left[\sum\limits_{k=1}^{10} x^{(0)}(k+1) \cdot \sum\limits_{k=1}^{10} \chi^{(1)}(k+1)\right]/10}{\sum\limits_{k=1}^{10} \left(\chi^{(1)}(k+1)\right)^2 - \left(\sum\limits_{k=1}^{10} \chi^{(1)}(k+1)\right)^2/10} = -0.083$$

$$u = \dfrac{\sum\limits_{k=1}^{10} x^{(0)}(k+1)}{10} - a \cdot \dfrac{\sum\limits_{k=1}^{10} \chi^{(1)}(k+1)}{10} = 1603.1$$

所以 $x^{(1)}(k)$ 的一阶微分方程为

$$\dfrac{dx^{(1)}}{dt} - 0.083 x^{(1)} = 1603.1$$

根据式(3.5.6)得

$$\hat{x}^{(1)}(k+1) = 21153.5 e^{0.083k} - 19314.5$$

$\hat{x}^{(1)}(k)$ 见表 3.5.2 第 6 列。

(4) 还原处理。根据累减生成求出 $\hat{x}^{(0)}(k)$

$$\Delta^{(1)}(\hat{x}^{(1)}(k+1)) = \hat{x}^{(1)}(k+1) - \hat{x}^{(1)}(k) = \hat{x}^{(0)}(k+1)$$

$$\hat{x}^{(0)}(1) = x^{(0)}(1) = 1839$$

$k=1 \quad \hat{x}^{(0)}(2) = 3670.9 - 1839 = 1831.9$

$k=2 \quad \hat{x}^{(0)}(3) = 5662.4 - 3671 = 1991.4$

$\vdots \qquad \vdots$

$k=10 \quad \hat{x}^{(0)}(11) = 29283.6 - 25400.5 = 3883.1$

$\hat{x}^{(0)}(k)$ 见表 3.5.2 第 7 列。

(5) 模型精度检验之一——残差检验。

计算残差 $q^{(0)}(k) = x^{(0)}(k) - \hat{x}^{(0)}(k)$

$k=1$ $\qquad q^{(0)}(1) = 0$

$k=2$ $\qquad q^{(0)}(2) = 2033.9 - 1831.9 = 202$

$\vdots$ $\qquad \vdots$

$k=11$ $\qquad q^{(0)}(11) = 4090.5 - 3883.1 = 207.4$

$q^{(0)}(k)$ 见表 3.5.2 第 8 列。

计算相对误差

$$e(k) = \frac{x^{(0)}(k) - \hat{x}^{(0)}(k)}{x^{(0)}(k)} \times 100\%$$

见表 3.5.2 第 9 列。其平均相对误差

$$\bar{e} = \frac{1}{11}\sum_{k=1}^{11}e(k) = 0.36\% \qquad 满足要求。$$

(6) 模型精度检验之二——后验差检验。

残差均值 $\qquad \bar{q} = \dfrac{1}{11}\sum_{i=1}^{11}q^{(0)}(i) = 11.9$

$x^{(0)}(k)$ 的方差 $\qquad S_1 = \sqrt{\dfrac{1}{11}\sum_{i=1}^{11}\left(x^{(0)}(i) - \bar{x}^{(0)}\right)^2} = 687.5$

$q^{(0)}(k)$ 的方差 $\qquad S_2 = \sqrt{\dfrac{1}{11}\sum_{i=1}^{11}\left(q^{(0)}(i) - \bar{q}\right)^2} = 171.5$

后验差比值 $\qquad C = S_2/S_1 = 0.249$

小误差频率 $0.6745 S_1 = 463.719$,对所有的 $k, q^{(0)}(k) - \bar{q}$ 均小于 463.719,故

$$P = P\{|q^{(0)}(k) - \bar{q}| < 0.6745 S_1\} = 1$$

所以由表 3.5.1 查得本模型为一级模型。

(7) 预测 2014 年物资运输量。

由预测模型计算 $k=12 \sim 13$ 的 $\hat{x}^{(1)}(k+1)$ 及 $\hat{x}^{(0)}(k)$ 值,得

$$\hat{x}^{(0)}(13) = 4782.7$$

即 2014 年该基地物资运输量为 4782.7 万 t。

3.5.4 灰色系统预测实例

潜艇水下活动,所获得的主要信息是目标的噪声方位。方位信息是潜艇作战过程中最基本也是最重要的信息。目标的噪声信号在海洋环境传播最终到达声纳接收装置,需要经过不同的时间延迟,延迟量的大小取决于声音的速度、声道以及海洋环境声场的分布特征。因此目标的方位信号呈现非线性和非平稳的状态。在进行目标运动要素解算、目标信息预处理、

目标丢失处理等工作中，都需对目标方位进行处理。其中，对于目标方位回归与预测，则是最基本的工作之一。灰色系统理论对于解决少数据、表面没有明显规律，却隐含某种规律的数列具有很强的分析的处理能力。本实例通过建立灰色残差预测模型，对方位数列进行回归和预测，以说明灰色系统预测理论的具体应用。

目标方位序列回归与预测的GM(1,1)模型建立如下：

设初始时刻，目标与潜艇之间的相对速度为25节，目标相对航向为150°，初始距离为60链，初始方位为45°，据此计算得到相应的方位序列 β(每30s采样一次)，加入均方差为1.0°的高斯白噪声得到新数列β_s，数据如表3.5.3所示，相应的曲线如图3.5.3所示。

表3.5.3 目标方位序列

时间	30	60	90	120	150	180	210	240	270	300
方位	48.103	49.534	50.979	53.274	54.262	58.704	59.124	62.92	63.445	66.10
时间	330	360	390	420	450	480	510	540	570	600
方位	65.818	68.58	72.521	72.602	75.754	76.717	78.804	79.41	81.27	85.26

根据表中的数据，得方位序列的GM(1,1)模型。

$$\hat{X}^{(1)}(t+1) = 1812.5e^{0.0280t} - 1764.4$$

由于残差有正有负，首先对残差进行正化处理，将数列的每项都加上$2|\min[e^{(0)}(t)]|$，得新的残差数列：

$$e_1^{(0)}(t) = e^{(0)}(t) + 2|\min[e^{(0)}(t)]|$$

得残差的GM(1,1)模型为

$$\hat{e}^{(1)}(t+1) = 711.62e^{0.0052t} - 707.66$$

最终，方位序列残差修正的GM(1,1)模型为

$$\hat{X}^{(1)}(t+1) = 1812.5e^{0.0280t} - 1764.4 + 711.62e^{0.0052t} - 707.66$$

原始数据与模型值的比较如表3.5.4所示，曲线图如图3.5.4所示。

表3.5.4 原始数据与模型值对比

| 时间(s) | 原始值 | 残差修正GM | | 时间(s) | 原始值 | 残差修正GM | |
		模型值	相对误差%			模型值	相对误差%
30	48.103	48.103	0	330	65.818	66.224	0.616
60	49.534	51.276	-3.515	360	68.58	68.127	0.659
90	50.979	52.758	-3.491	390	72.521	70.084	3.36
120	53.274	54.283	-1.893	420	72.602	72.096	0.697
150	54.262	55.85	-2.926	450	75.504	74.165	2.098
180	58.704	57.461	2.117	480	76.717	76.291	0.554
210	59.124	59.118	0.010	510	78.804	78.478	0.413
240	62.920	60.821	3.337	540	79.410	80.727	-1.655
270	63.445	62.572	1.375	570	81.278		-2.176
300	66.100	64.343	2.614	600	85.260	85.416	-0.183

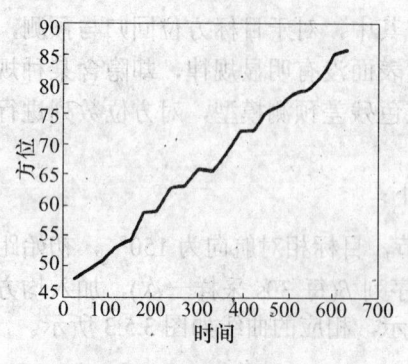

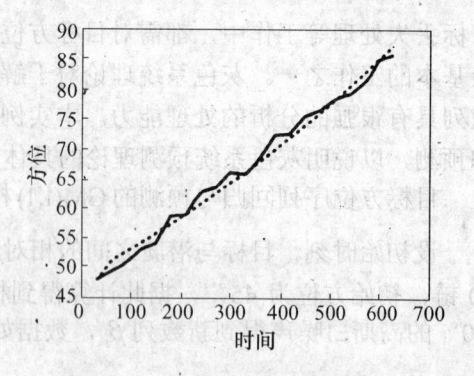

图 3.5.3　目标方位曲线　　　　　　　图 3.5.4　模型值与原始值曲线比对

由上可得，新序列中不再带有明显的噪声污染，很好地对原始数列进行了拟合。得到的新方位序列可以作为解算目标运动要素的输入值。

在任意时刻方位预测中的应用选取原始数据中的前 15 个，从 16 个方位开始用残差修正的 GM(1，1)模型进行预测，得到的结果如表 3.5.5 所示。

表 3.5.5　模型预测值

时间(s)	原始值	残差修正 GM	
		模型值	相对误差%
480	76.717	78.701	-2.585
510	78.804	81.26	-3.116
540	79.410	83.901	-5.653
570	81.27	86.628	-6.593
600	85.260	89.443	-4.907

从表中可以得出，残差修正的模型的预测值的平均误差为 4.571%。

本例运用灰色残差修正 GM(1,1)对目标方位进行了回归分析，结果表明模型具有很好的拟合效果，对目标方位的回归和预测，具有很重大的现实作战意义。

3.6　思考题

1. 预测的基本原理是什么？一般步骤是怎样的？
2. 在什么情况下采用直观性预测？什么情况下采用定量预测？
3. 如何运用德尔菲法进行系统预测？
4. 常用的趋势外推法有哪些？各适用于对什么问题进行预测？
5. 回归分析预测有哪些主要内容？
6. 建立一元线性回归模型并进行有关检验。预测当 $x=18$ 时，$y=?$
7. 如何对灰色系统进行系统预测？
8. 红军攻击蓝军阵地，前 5 天弹药消耗量见数列 $x^{(0)}(k)$：{2.874，3.278，3.337，3.39，3.679}，试建立 GM(1，1)模型并进行精度检验，进一步预测第 6 天的弹药消耗量。

序号	x_i	y_i
1	0	13.0
2	1	17.0
3	2	20.6
4	3	23.8
5	4	28.2
6	5	32.4
7	6	36.1
8	7	39.8
9	8	43.8
10	9	48.6
11	10	52.2
12	11	56.6
13	12	61.0
14	13	64.3

第4章 系统建模与仿真

要对大型复杂系统进行有效的分析研究并得到有说服力的结果，在对系统环境、系统目标和系统结构进行分析后，就要构建系统模型，建立起系统方案与系统评价指标的对应关系，借助模型对系统进行定量的或者定性与定量相结合的分析，以便于系统评价和优化。

系统建模与仿真是系统工程解决问题的必要工具，系统建模与系统分析是系统工程人员必须掌握的重要手段。本章将主要介绍系统模型的有关概念及系统建模的方法，同时还将介绍系统仿真的基本概念及其在军事上的应用，以及未来仿真的发展方向。

4.1 系统模型概述

构建系统模型就是针对要解决的系统问题，通过系统环境、系统目标和系统结构的分析，明确其外部影响因素和内部的条件变量，按照论证后的系统目标要求，用一个逻辑的或数学的表达式，从整体上说明它们之间的结构关系和动态情况。构建系统模型、进行系统分析的意义就在于，它能把非常复杂的系统内部和外部关系，经过恰当的抽象、加工、逻辑推理，变成可以进行准确分析和处理的形式，从而能得到所需要给出的结论。采用模型技术可以大大简化现实系统或待建系统的分析过程，并提高分析的有效性。

钱学森教授关于建模有一段十分精彩的、引人入胜、富有启发性的描述，他说："数学方法只是技术科学研究中的工具，不是真正关键的部分。那么，关键是什么呢？技术科学中最主要的一点是对所研究问题的认识……把问题认识清楚以后，下一步就是建立数学模型。模型是什么呢？模型就是通过我们对问题、现象的了解，利用我们考究得来的机理，吸收一切主要因素，略去一切不主要因素所制造出来的'一幅图画'，一个思想上的结构物。这是一个模型，不是现象本身，因为这是根据我们的认识，把现象简单化了的东西，它只是形象化了的自然现象。模型的选择也因此与现象的内容有密切关系，同是一个对象，在一个问题中，我们着重了它本质的一方面，制造出一个模型，在另一个问题中，因为我们着重了它本质的另一方面，也可以制造出另一个完全不同的模型，这两个不同的模型，看来是矛盾的，但这个矛盾通过现象的全面性质而统一起来。"从调查研究出发，充分占有关于研究对象的资料和数据；通过分析，从纷繁的现象中找出主要的矛盾，以相应的科学理论为指导，建立研究对象的模型，这是钱学森教授的主要建模思想。

4.1.1 系统模型的定义与特征

1. 系统模型的定义

系统模型是一个系统某一方面本质属性的描述，它以某种确定的形式(例如文字、符号、图表、实物、数学公式等)提供关于该系统的知识。

系统模型一般不是系统对象本身，而是现实系统的描述、模仿或抽象。这种抽象的过程需要经过一定程度的简化并依赖于部分假设。

系统是复杂的，系统的属性也是多方面的。对于大多数研究目的而言，没有必要考虑系统的全部属性，因此，系统模型只是系统某一方面本质属性的描述，本质属性的选取完全取决于系统工程研究的目的。所以对同一个系统根据不同的研究目的，可以建立不同的系统模型。例如，海上舰艇编队系统，既可以建立对海作战模型，也可以建立对空作战模型；既可以建立对潜作战模型，也可以建立对岸作战模型；既可以建立导弹攻击模型，也可以建立编队队形配置模型；既可以将整个编队系统看作一个大系统进行建模，也可以将它分解为不同的子系统进行建模。这完全取决于研究目的。

另一方面，同一种模型也可以代表多个系统，例如目标三维匀速直线运动模型：

$$\begin{cases} x_m(t) = x_{m0} + v_x \cdot (t - t_0) \\ y_m(t) = y_{m0} + v_y \cdot (t - t_0) \\ z_m(t) = z_{m0} + v_z \cdot (t - t_0) \end{cases}$$

其中：

$$\begin{cases} v_x = v_m \cdot \cos(\varepsilon) \cdot \sin(K_m) \\ v_y = v_m \cdot \cos(\varepsilon) \cdot \cos(K_m) \\ v_z = v_m \cdot \sin(\varepsilon) \end{cases}$$

该模型既可以描述水下目标，也可以描述空中目标；若只取二维，则可以描述海上目标。这里 v_m 为目标速度，K_m 为航向，ε 为高低角，x_{m0}、y_{m0}、z_{m0} 为目标相对坐标系原点的初始位置坐标，t_0 为初始时刻，v_x、v_y、v_z 为目标速度矢量在直角坐标系中的3个速度分量。

2. 系统模型的特征

系统模型反映着实际系统的主要特征，但它又高于实际系统而具有同类问题的共性。因此，一个适用的系统模型应该具有如下3个特征：

(1) 它是现实系统的抽象或模仿。
(2) 它是由反映系统本质或特征的主要因素构成的。
(3) 它集中体现了这些主要因素之间的关系。

正确的模型应符合已经掌握的事实和数据资料，它既可以说明现实，又能用以预测未来。它具有简单、准确、可靠、经济、实用等优点。

利用模型来模拟和试验在现实世界中无法预先实验的事物，既可以节省大量的人力、物力和时间，又可避免可能的风险。比如对新的社会政策及改革方案、新建系统的功能和指标等，都可通过模型去研究其过程，预测实施中产生的效果。

要对复杂系统进行有效的分析研究并得到有说服力的结果，就必须建立系统模型，然后借助模型对系统进行定性与定量相结合的分析。因此，系统建模是系统工程解决问题的重要工具。

4.1.2 系统模型的分类

系统种类繁多，作为系统的描述——系统模型的种类也是很多的。表4.1.1列出了按不同原则分类的系统模型，从中我们可以了解系统模型的多样性。

表 4.1.1　系统模型的分类方法

	分 类 原 则	模 型 种 类
1	按建模材料不同	抽象、实物
2	按与实体的关系	形象、类似、数学
3	按模型表征信息的程度	文学、数学、物理
4	按模型的构造方法	理论、经验、混合
5	按模型的功能	结构、性能、评价、最优化、网络
6	按与时间的依赖关系	静态、动态
7	按是否描述系统内部特性	黑箱、白箱
8	按模型的应用场合	通用、专用
9	数学模型的分类：	
	(1)按变量形式分	确定性、随机性、连续型、离散型
	(2)按变量之间的关系分	代数方程、微分方程、概率统计、逻辑

下面介绍系统工程中常用的几种系统模型。

一般将系统模型分为物理模型、文字模型和数学模型三大类，其中物理模型与数学模型又可分为若干种。物理模型包括实体模型、比例模型和相似模型等；数学模型包括网络模型、图表模型、逻辑模型、解析模型等。

(1) 实体模型。即系统本身，当系统的大小刚好适合研究而又不存在危险时就可以把系统本身作为模型。

(2) 比例模型。是放大或缩小的系统，使之适合于研究。

(3) 相似模型。根据相似原理，利用一种系统去代替另一种系统。例如用电路系统代替机械系统、热力学系统进行研究，则电路系统就是后二者的相似模型。

(4) 文字模型。例如技术报告、说明书等。在物理模型和数学模型都很难建立时，有时不得不用它来描述研究结果。

(5) 网络模型。用网络图来描述系统的组成元素及元素之间的相互关系(包括逻辑关系与数学关系)。

(6) 图表模型。用图形和表格描述的模型，它们可以相互转化，这里说的图形是指坐标系中的曲线、曲面和点等集合图形。

(7) 逻辑模型。表示逻辑关系的模型，如方框图、程序清单等。

(8) 解析模型。用数学方程式表示的模型。

4.1.3　使用系统模型的必要性

人类认识和改造客观世界的研究方法，一般来说主要有三种，即实验法、抽象法、模型法。实验法是通过对客观事物本身直接进行科学实验来进行研究的，因此局限性比较大。抽象法是把现实系统抽象为一般的理论概念，然后进行推理和判断，因此这种方法缺乏实体感，过于概念化。模型法是在对现实系统进行抽象的基础上，把它们再现为某种实物的、图画的或数学的模型，然后通过模型来对系统进行分析、对比和研究，最终导出结论。由此可见，模型法既避免了实验法的局限性，又避免了抽象法的过于概念化，所以它成为现代工程中一种最常用的研究方法。

在系统工程中，广泛使用系统模型还基于以下 5 个方面的考虑：

(1) 系统开发的需要。在开发一个新系统时，由于此时系统尚未建立，无法直接进行实验，只能通过建造系统模型来对系统的性能进行预测，以实现对系统的分析、优化和评价。

(2) 经济上的考虑。对大型复杂系统直接进行实验，其成本是十分昂贵的，但是使用系统模型就便宜多了。

(3) 安全上的考虑。对有些系统(如载人航天飞行器、核电站等)通过直接实验进行分析，往往是很危险的，有时甚至是根本不允许的。

(4) 时间上的考虑。社会、经济、生态等系统，由于惯性大、反应周期很长，对其直接进行试验要等若干年以后才能看到结果，这是系统分析和评价所不允许的。而使用系统模型进行分析，很快就可得到分析结果。

(5) 系统模型容易操作，分析结果易于理解。有时对现实系统进行直接试验虽然是允许的，而且也不过分费时、费钱，但此时采用系统模型仍然具有优越性。因为现实系统中包含的因素太多而且复杂，试验得到的结果往往难以直接与其中的某一因素挂钩，因此，直接试验的结果不易理解，而且试验过程中要改变系统参数也相当困难。但是，若使用系统模型情况就不一样了，由于系统模型突出了研究目的所要关注的主要特征，因此容易得到一个清晰的结果，而且在系统模型(尤其是数学模型)上进行参数修正也是非常容易的。

下面的例子说明了建模的作用。

第二次世界大战以后，核武器迅速发展，美苏都把核武器作为战略武器，核武器的生产、储存、维护都是耗资巨大的事情，那么究竟生产多少？储存多少？既不过分耗费又能保证在核战争中具有取胜的能力。美国在与苏联的限制战略武器会谈中同意美国拥有 1054 枚洲际导弹，同意苏联拥有 1618 枚导弹，两者数量差是很大的。这个数字不是主观随意估计的，而是在一定的战略目标要求之下，经运筹分析得出的结论。

美国当时提出使用战略核武器对苏的摧毁指标：摧毁苏联工业的 25%，摧毁苏联工业能力的 70%。

美国分析认为，达到这样的摧毁程度，苏联在短期内是难以恢复的。并且要求在苏联首先发动核攻击，美国经受第一次核打击之后仍然具有上述摧毁能力，美国人经过计算得出下面一张图表(表 4.12)：

表 4.1.2　在不设防条件下，核弹头的摧毁效应

枚数(100 万 t 当量)	可摧毁苏联人口	占苏联人口比例	可摧毁苏联工业比例
100 枚	3700(万)	15%	59%
200 枚	5200(万)	21%	72%
400 枚	7400(万)	30%	76%
800 枚	9600(万)	39%	77%
1200 枚	10900(万)	44%	77%
1600 枚	11600(万)	47%	77%

从这张表格上看，只要有 300 枚核弹就能达到美国提出的战略打击的摧毁指标。考虑经受第一次打击损失的数量，可能出现的意外失效，其他各种因素的影响，美国人把核弹的核数保持在 1054 枚是必需的。从该表上还可以看出，从 1200 枚到 1600 枚所具有的摧毁能力并

未提高很多。这样的计算分析用以确定战略武器数量，使得核弹的生产、储存、维护都保持在一个有科学根据的水平上。显然，认为数量愈多，力量就愈强是不科学的。

在研制核弹时还有一个问题，如果提高每枚的 TNT 当量数，当然可以提高杀伤威力，如果减小命中误差，既提高命中精度也可以提高杀伤威力，提高当量就要增加核材料，提高精度就要改善技术，究竟怎样做来提高核弹的杀伤威力是有益的？当然两者都提高会更好，但在耗费巨额资金中既要省钱又要达到杀伤力的要求，总要寻求更好的办法。核弹的杀伤力 K，有一个计算公式：

$$K = \frac{Y^{\frac{2}{3}}}{C^2}$$

式中，Y 为等效百万吨(核弹的 TNT 当量)；C 为命中误差(单位为浬)。

显而易见，提高 Y 值，减少 C 值都会使 K 值增大，作一个分析计算，列出结果如表 4.1.3：

表 4.1.3　核弹的杀伤力与当量命中误差的关系

Y	1	2	4	8	提高 Y
C	1	1	1	1	C 不变
$K = \frac{Y^{\frac{2}{3}}}{C^2}$	1	1.6	2.5	4	
$K = \frac{Y^{\frac{2}{3}}}{C^2}$	1	4	16	64	
Y	1	1	1	1	Y 不变
C	1	0.5	0.25	0.125	降低 C

该表的结果表明，提高核弹的当量数 8 倍，使 K 值提高 4 倍，如果提高精度，降低误差 8 倍，使 K 值提高 64 倍。所以美国人十分重视提高精度来提高核弹的杀伤力。

4.2　系统建模方法

系统建模是系统工程人员的重要工作之一。建立一个简明的适用的系统模型，将为系统的分析、评价和决策提供可靠的依据。建造系统模型，尤其是建造抽象程度很高的系统数学模型，是一种创造性劳动。因此有人讲，系统建模既是一种技术，又是一种"艺术"。

4.2.1　构成模型的要素

一般地，模型有两个主要组成要素：系统目标和系统约束。

系统目标是指系统组成元素的有机行动所应达到的系统功能和目的。比如，舰艇编队的指挥效率、武器系统的作战效能等。系统约束是系统在实现给定目标时所能充分利用的条件范围。约束可能是内部的，即系统组成元素在行动的支配、配合和协调上所遇到的限制，也可能是外部的，即系统与外部环境之间进行交换时出现的物质、能量和信息等方面的限制。

系统模型在描述系统目标和系统约束时，可应用实物、文字、符号、图表、数学等不同的模型化形式和技术。其根据分析工作的性质和进展阶段的要求而定。

在实物模型中，系统目标和系统约束的表达是直观的、具体的。比如在一个作战沙盘上，作战目标及军事布置在地形地物结合中的限制是明显标识出来的。在图表模型中，系统目标和系统约束是通过坐标轴、数学、曲线、符号、交点、切线等的结合来表达的。比如效费分析通过效能曲线和费用曲线对系统的效能费用进行预测分析。在数学模型中，上述两个部分是用目标函数和约束条件的数学表达式来表示的，数学模型是模型化中最抽象的形式。用不同的方式明确描述出系统目标和系统约束是模型化的基本任务。

目标分析为构造系统目标提供方向、范围和要求；结构分析将指明系统目标的结构关系和约束，有时则构成特定的系统目标；环境分析的结果主要应在约束条件的组成上得到反映。但有时也将涉及系统目标的权数分配。

4.2.2 对系统模型的要求

对系统模型的要求可以概括为三条，即现实性、简明性、标准化。

1. 现实性

即在一定程度上能够较好地反映系统的客观实际，应把系统本质的特征和关系反映进去，而把非本质的东西去掉，但又不影响反映本质的真实程度。也就是说，系统模型应有足够的精度。精度要求不仅与研究对象有关，而且与所处的时间、状态和条件有关。因此，为满足现实性要求，对同一对象在不同情况下可以提出不同的精度要求。

2. 简明性

在满足现实性要求的基础上，应尽量使系统模型简单明了，以节约建模的费用和时间。这也就是说，如果一个简单的模型已能使实际问题得到满意的解答，就没有必要去建一个复杂的模型，因为建造一个复杂的模型并求解是要付出很高代价的，有时甚至由于因素太多，模型难以控制和操纵，从而失去了建模的意义。

3. 标准化

在建立系统的模型时，要努力使模型标准化、规范化，要尽量采用已有的标准化模型，或者对标准化模型加以某些修改，使之适合对象系统。这样可以节省时间、精力和费用。

以上三条要求往往是相互抵触的，容易顾此失彼。例如，现实性和简明性就常常存在矛盾，如果模型复杂一些，虽然满足现实性要求，但建模和求解却相当困难，费时、费钱，同时也可能影响标准化的要求，为此，必须根据对象系统的具体情况妥善处理。一般的处理原则是：力求达到现实性，在现实性的基础上达到简明性，然后尽可能满足标准化。

4.2.3 系统建模的原则

我们所面临的系统是多种多样的，需要建立的模型也是多种多样的，但是不管建立什么样的模型，都必须遵循以下原则：

(1) 清晰性。一个大系统往往由许多子系统组成，因而要有许多子系统模型组成对应的系统模型。在子模型之间除了信息联系外，相互耦合要尽量少，以便于进行研究时目的清晰。

(2) 准确性。模型要能准确反映系统某一方面的本质规律，模型中所使用的各种变量、数据、图表等信息要准确，公式要精确可靠。

(3) 实用性。模型必须方便用户使用，易于进行处理和计算，具有一定的鲁棒性。

(4) 反馈性。建模是一个由浅入深的过程，开始可以构建系统的初步模型，然后逐步进行细化，最后达到一定的精确度。

4.2.4 系统建模的信息源

模型的描述，可以看作是对真实世界中的物体或过程有关信息加以浓缩的结果。从这个角度看，建模不外乎就是采用适当的形式对信息进行凝集和浓缩。

用于建模的信息源主要有三类：目标和目的、先验知识和试验数据。

1. 目标和目的

一个系统模型，事实上只对研究的真实系统给出一个非常有限的映像。对同一个实际系统可以有许多不同的研究目标和目的，这些研究目标和目的将决定建模的方向，并对模型有很大影响。

2. 先验知识

建模过程是基于以往的知识源出发而进行开发的。在某项建模工作的开始阶段，所研究的过程常常是前人研究过的。通常随着时间的进展，关于某一类现象的知识已经被集合，被统一成一个科学分支。在这个科学分支中，已经发现了许多定理、原理并开发了一些模型。因此这些先验知识可作为建模的信息源加以利用。

3. 实验数据

建模的信息来源也可以通过现场试验和量测来获得。合适的定量观测是解决建模信息的另一途径。建模所需要的实验数据量，来自对真实系统的实验和调查统计，或者来自一个仿真器上对模型的实验。由于要由数据来提供模型的信息，故要考虑使数据包括尽可能丰富的合适信息，并且要仔细安排实验或调查。应选择易于进行和容易达到预期目的的实验，并尽量降低采集数据的成本。

4.2.5 系统建模的基本步骤

虽然不同系统需要建立的模型是不同的，但是系统建模的步骤基本如下：

(1) 分析现实系统。包含系统目标、约束条件、范围、环境等，并确定模型的类型。

(2) 收集相关信息。根据对现实系统的分析，进行资料收集，并确保信息正确有效。

(3) 找出主要因素。从影响系统的诸多因素中，找出关键因素并分析各因素之间的相互关系。

(4) 确定系统变量。由(3)得到系统变量及其相互关系，分析变量的变动对目标的影响。

(5) 确定模型结构。根据系统的特征、建模对象、各变量之间的关系构造模型结构。

(6) 检验模型效果。检验模型能否在一定精度范围内反映现实系统。

(7) 改进和修正模型。若模型效果不满足要求，要检查原因，修改模型参数或改进模型结构。

(8) 模型应用。对于满足要求的模型，可以在实际中加以应用。

4.2.6 系统建模的主要方法

建立系统模型是一种积极的思维活动，从认识论角度看，是一种极为复杂且应变能力很强的心理现象，因此没有统一的模式，没有固定的方法，其中既有逻辑思维，又有非逻辑思维。建模过程大体都要经过分析与综合、抽象与概括。从逻辑思维来说，抽象、归纳、演绎、类比、移植等形式逻辑的思维方法大量被采用。

(1) 抽象。科学研究就是要揭示事物的共性和联系的规律，因此就要忽略每个具体事物的特殊性，着眼于整体和一般规律。

(2) 归纳。归纳就是从特殊的具体的认识推到一般的抽象的认识的一种思维方式，它是科学发现的一种常用的有效的思维方式。归纳的前提是存在单个的事实或特殊的情况，所以归纳是立足于观察、经验或实验的基础上的。另外，归纳是依据若干已知的不完全的现象推断尚属未知的现象，因此结论具有猜测的性质，然而它却超越了前提包含的内容。

(3) 演绎。演绎推理是由一般性的命题推出特殊命题包含的内容。演绎推理的作用在于把特殊情况明晰化，把蕴涵的性质揭露出来，有助于科学的理论化和体系化。

(4) 类比。类比是在两类不同的事物之间进行对比，找出若干相同或相似点之后推测在其他方面也可能存在相同或相似之处的一种思维方式。由于类比是从人们已掌握了的事物的属性，推测正在被研究中的事物的属性，所以类比的结果是猜测性的，不一定可靠，但它却具有发现的功能，是具有创造性思维的重要方法。

(5) 移植。在科学研究中，往往能够将一个或者几个学科领域中的理论和行之有效的研究方法、研究手段移用到其他领域当中去，为解决其他科学领域中存在的疑难问题提供启发和帮助。这是由于自然界各种运动形式之间的相互联系与相互统一，决定了各门自然科学之间相互影响与相互渗透。移植的特点是把问题的关键与已有的规律和原理、既存的事实联系起来，从而构成一个新的模型或深掘其本质的概念与思想。

运用上述思维方法，针对不同的系统对象，可以采用以下多种方法建造系统模型。

1. 推理法

对于内部结构和特性已经清楚的系统，即所谓的"白箱"系统(例如大多数的工程系统)，可以利用已知的定律和定理，经过一定的分析和推理，得到系统模型。

2. 实验法

对于那些内部结构和特性不清楚或不很清楚的系统，即所谓的"黑箱"或"灰箱"系统，如果允许进行实验性观察，则可以通过实验方法测量其输入和输出，然后按照一定的辨识方法，得到系统模型。

3. 统计分析法

对于那些属于"黑箱"，但又不允许直接进行实验观察的系统(例如非工程系统多数属于此类)，可以采用数据收集和统计分析的方法来建造系统模型。

4. 混合法

大部分系统模型的建造往往是上述几种方法综合运用的结果。

5. 类似法

即建造原系统的类似模型。有的系统，其结构和性质虽然已经清楚，但其模型的数量描述和求解却不好办，这时如果有另一种系统，其结构和性质与之相同，因而建造出的模型也类似，但是该模型的建立及处理要简单得多，我们就可以把后一种系统的模型看成是原系统的类似模型。利用类似模型，按对应关系就可以很方便地求得原系统的模型。例如很多机械系统、气动力学系统、水力学系统、热力学系统与电路系统之间某些现象彼此类似，特别是通过微分方程描述的动力学方程基本一致，因此可以利用研究得很成熟的电路系统来构造上述这些系统的类似模型。

6. 模块化、结构化建模技术

所谓模块化、结构化建模技术是指：根据不同实际系统的组成，对系统进行分解，抽象出它们的基本成分及组合关系；确定各种基本成分及其连接的描述形式并开发一种非过程编程语言(模型描述语言)，根据应用领域的不同建立相应的模型库并使它与模型实验模块有机地结合起来。采用这种技术不仅能使仿真软件直接面向领域工程师，而且能大大缩短建模时间。

7. 图形建模技术

利用鼠标在计算机屏幕上将模型库中已有的系统元件拼合成系统的模型。

利用数字化仪将系统图输入到计算机中。

通过网络将由CAD软件产生的系统图传送给仿真软件(需要有一个共同的图形转换标准，如 IGES(Initial Graphics Exchange Specification))。

8. 建模专家系统

建模专家系统包括智能建模前端和模型验证的专家系统等。前者已有一些研究成果。如利用专家系统来确定系统模型的特征(模型形式、线性、非线性、阶次等)；开发一个自然语言接口来辅助用户建模；开发一个智能接口通过对话获得有关系统的知识，然后直接产生仿真模型等。

9. 基于 Agent 的复杂系统建模

Agent 是一个软件实现的对象，存在于一个可执行的环境中，能根据自身对环境的观察和感受，按照自己所具有的知识，为完成某一目标而采取相应的动作，具有自主性、分布性、协调性，并具有自组织能力、学习能力、推理能力和适应环境的能力。

基于 Agent 的复杂系统建模方法主要是将大的复杂系统建造成小的、彼此相互通信及协调的、易于管理的系统。多 Agent 的研究涉及智能体的知识、目标、技能、规划以及如何使智能体协调行动解决问题等。

上面针对不同情况提出了建造系统模型的几种方法(或思路)。应该指出的是，这些方法只能供系统建模者参考，而要真正解决系统建模问题还必须充分开发人的创造力，综合运用各种科学知识，针对不同的系统对象，或者建造新模型，或者巧妙地利用已有的模型，或者改造已有的模型，这样才能创造出更加适用的系统模型。因此，有人把建造系统模型看成是一种艺术，这说明建造系统模型确实需要充分发挥人的创造性，而不可能有现成的模式可以照搬。

4.2.7 模型的优化

模型的优化通常是对数学模型而言，是为了使某些系统参数和变量取得较好值或最优值的一种方法，它是系统评价的理论方法之一。

模型的优化是构造模型的基本目的之一。它的意义就在于：为一个复杂系统或拟建系统的各类指标提供优化的结论；为改善系统现状提供明确的方向；为提高运行的效能或经济效果提供可靠的依据，提高系统分析工作的科学性。

模型的优化方法因采用的模型类型和性质的不同而不同。实体模型只能在比较过程中选优，不存在严格意义上的优化问题。一般图式模型是在比较和分析或图解中选优，或通过网络技术找出改进方向和最优解。

数学模型有确定型和随机型之分，而确定型又有线性和非线性之分。因而各有不同的优化方法。对于确定型问题，优化方法可分为直接法和间接法两类。直接法是指利用函数本身的数值或者它的判断值，不断迭代(调整)以达到最优解的一种方法，例如优选法、0.618 法、对分法等就是这类方法。间接法是利用函数的解析，不但要知道函数的表达式，而且要了解函数导数的性质。这类方法有非线性规划、牛顿法、梯度法等。对于随机型的数学模型，则可采取排队论、随机过程以及概率统计方法等去解算。

最优化不是一件简单的事情，不是所有情况下都存在。特别是在解决实际的工程、技术或经济问题时，绝对的最优解几乎是不存在的。因为因素太多，关系非常复杂，而建立的模型只能是本质的描述。因此，在这类情况下，探索次优解、满意解是比较可行的。而在多目标情况下，则只能探索非劣解、满意解等。当系统非常复杂，难以建立数学模型时，利用计算机进行系统仿真是一个有效的手段。

4.2.8 系统建模者应具备的素质

一个称职的系统模型建造者应该具备以下几方面的能力：

(1) 对客观事物或过程能够通过现象抓住本质，使得对问题有一个深刻的理解、清楚的层次和明确的轮廓。

(2) 在数学方面应有基本训练，要有一定的数学修养，并且掌握一套数学的思路和方法。

(3) 具有把实际问题与数学联系起来的能力，善于把各种现象中的表面差异撇去，而把本质的共性提炼出来。有些数学工作者或者实际工作者，在实际问题面前感到束手无策，主要就是由于缺乏这种能力，而这种能力在书本上是很难学到的，应该从实践中学，边干边学，逐步积累和培养这种能力。

系统建模者应该注意避免下列四种不良倾向：懒、馋、贪、变。

(1) 懒。没有详细地调查实际情况，仅仅根据一知半解，就随便假设，凭想象提出一些公式、数学方程和逻辑判断。这样建立起来的系统模型往往不能反映系统的实际情况，所得到的解当然也就没有用。

(2) 馋。建模时要求的数据太多，以致提供了全部现有数据和经过多方努力能够得到的数据也还是"喂不饱"，显然，这种要求是很难满足的。

(3) 贪。企图把研究问题的一切细节、一切因素都要包罗进去，以致模型过于复杂而无法求解。这是由于抓不住问题的本质和关键，抓不住主要矛盾所造成的。

(4) 变。企图把研究的问题"变"成为适合某种模型。这种改变问题的特征去适合某种模型的做法是一种本末倒置的作法，由此而建立起来的模型一点用处也没有。必须记住的是，最好的模型是一个实用的切题的模型，而不是一个外表漂亮的失真的模型。

4.3 系统仿真

半个多世纪来，系统建模与仿真技术在各类应用需求的牵引及有关科学技术的推动下，已经发展形成了较完整的专业技术体系，并迅速地发展为一项通用性、战略性技术。它与高性能计算一起，正成为继理论研究和实验研究之后第三种认识、改造客观世界的重要手段。

4.3.1 系统仿真的基本概念

1. 系统仿真的定义

简单地来讲，系统仿真就是建立系统的模型，并在模型上进行试验。如将按比例缩小的飞行器模型置于风洞中吹风，测出飞行器的升力、阻力、力矩等特性；要建一个大水电站，先建一个规模缩小的小水电站来取得建设水电站的经验及其运行规律；指挥员利用电子沙盘或计算机网络来指挥一个战役或一场战斗等，这些都是在模型上进行试验的例证。

系统仿真的完整定义如下：系统仿真是以相似原理、系统技术、信息技术及其应用领域有关专业技术为基础，以计算机和各种专用物理效应设备为工具，利用系统模型对真实的或设想的系统进行动态研究的一门多学科的综合性技术。系统仿真是通过对仿真运行过程的观察和统计分析，得到被仿真系统的仿真输出参数和基本特性，以此来估计和推断实际系统的真实参数和性能，从而达到认识实际的目的。

系统仿真的主要理论依据是相似论。所谓相似，是指各类事物之间某一方面的特性和共同规律。采用相似技术来建立实际系统的相似模型，这是相似理论在系统仿真中基础作用的根本体现。归纳一下，大致有如下基本类型。

(1) 几何相似。结构尺寸按比例缩小得到的模型，称为缩比模型，如风洞试验所用的飞行器模型、战场的沙盘等。

(2) 特性比例相似。如表 4.3.1 所示，一个是弹簧系统(属机械系统)，另一个是 RLC 网络(属电系统)；一个是机械运动，而另一个是电子运动，其运动的物理本质完全不一样，但运动所遵循的微分方程相似，并且参数一一对应，我们称这两个系统是特性比例相似。如将机械系统看作研究对象，则电系统为机械系统的直接数学模型。如仍将机械系统作为研究对象，如图 4.3.1 所示电路称为它的间接数学模型，这是模拟仿真的基础。

表 4.3.1　某机械系统与电系统相似性比较

	机械系统	电系统
系统实体	(弹簧-阻尼-质量系统，$F(t)$)	(RLC 电路，$E(t)$, R, L, C)
系统描述	$M\dfrac{d^2x}{dt^2} + D\dfrac{dx}{dt} + Kx = F(t)$	$L\dfrac{d^2q}{dt^2} + R\dfrac{dq}{dt} + \dfrac{1}{C}q = E(t)$
系统属性	距离　　x 速度　　$\dfrac{dx}{dt}$ 外力　　$F(t)$ 质量　　M 阻尼系数　D 弹簧系数　K	电荷　　q 电流　　$\dfrac{dq}{dt}$ 电源　　$E(t)$ 电感　　L 电阻　　R 1/电容　$1/C$
系统活动	机械振荡	电振荡

(3) 感觉相似。感觉相似涉及耳、眼、鼻、舌、身等感官和经验，人在回路中的仿真把感觉相似化转化为感觉信息源相似，例如利用各类模拟器对操作人员进行训练，通过虚拟现实来建立一个和谐的人—机关系，均是利用了这种相似原则。

(4) 逻辑思维方法相似。对获取的信息进行分析、归纳、综合、判断、决策直至操作控制的方式相似，是体系对抗仿真中计算机兵力生成的根据。

(5) 离散相似。采用差分法、离散相似法等把连续系统离散化为等价的离散时间系统。这里只是讲相似原理的应用，要仔细了解相似原理，请参见有关文献。

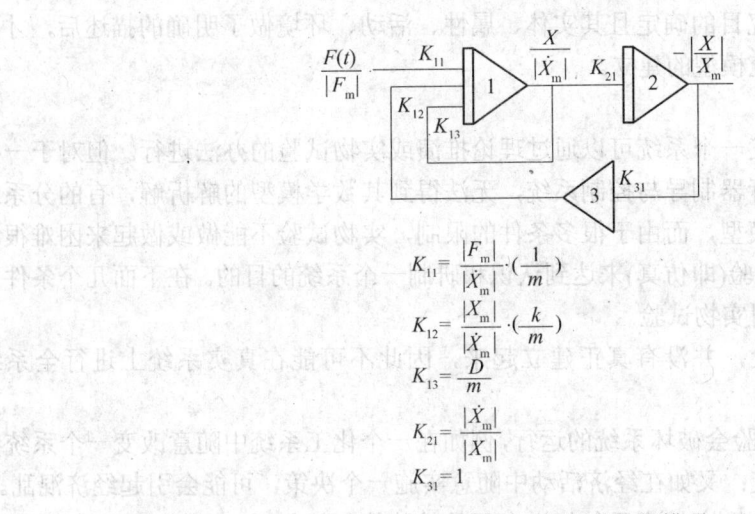

$$K_{11} = \frac{|F_m|}{|\dot{X}_m|} \cdot \left(\frac{1}{m}\right)$$

$$K_{12} = \frac{|X_m|}{|\dot{X}_m|} \cdot \left(\frac{k}{m}\right)$$

$$K_{13} = \frac{D}{m}$$

$$K_{21} = \frac{|\dot{X}_m|}{|X_m|}$$

$$K_{31} = 1$$

图 4.3.1 弹簧系统间接的数学模型

2．系统仿真的特点和研究的对象

根据系统仿真的定义，不难看出系统仿真具有以下六大特点：可靠性、无破坏性、可多次重复、安全性、经济性、不受气象条件和场地空域的限制。

系统仿真研究的对象是系统，任何系统都存在三个需要研究的内容，即实体、属性、活动。

实体——组成系统的具体对象；

属性——实体的特性(状态和参数)；

活动——对象随时间推移而发生的状态变化。

对于一个无人机自动驾驶系统，如图 4.3.2 所示，系统的实体是机体、控制面、陀螺仪及控制器。它的属性是航向、速度、控制面角度、陀螺仪及控制器特性等。它的活动则是对控制面的驱动及机体对控制面运动的响应。

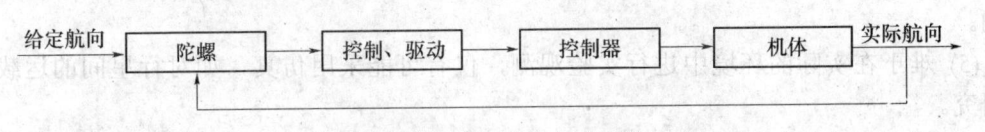

图 4.3.2 无人机自动驾驶系统

对于一艘水面舰艇，系统的实体是船体、动力装置、电力系统、探测系统、武器系统和指控系统。它的属性是各实体的状态，如航速、航向、武器是否准备好、指控系统处理的目标批次、目标属性、处理时间等。它的活动则是各个实体的行动，如目标指示、武器打击等。

研究系统除了需要研究系统的实体、属性和它的活动外，还需要研究系统的环境。例如飞机的运动受到空气阻力的影响，空气阻力是和大气密度有关的，而大气密度又是飞行高度的函数，所以在研究飞机运动时，高度这个环境因素是必须考虑的。因此，研究系统首先需要描述清楚所研究系统的实体及环境，而且这些与研究者的目的及观点有关，如一架飞机在研究其自动驾驶时，可以看成一个系统，但它在空中交通管理系统中，则仅仅是一个子系统。

同一架飞机可以用于研究自动驾驶的控制过程,也可以用于空气阻力和结构强度的研究。因此一个系统,只有在其研究目的确定且其实体、属性、活动、环境做了明确的描述后,才是确定的,才可能去考虑系统模型的建立。

3. 系统仿真的必要性

人类认识或研究、开发一个系统可以通过理论推演或实物试验的办法进行。但对于一些大的、复杂的系统,如飞行器制导与控制系统,无法得到其数学模型的解析解,有的分系统甚至无法得到可信的数学模型,而由于很多条件的限制,实物试验不能做或做起来困难很大等,这样就只能借助模型试验(即仿真)来达到认识和研制一个系统的目的。在下面几个条件下一般考虑用模型试验而不用实物试验。

(1) 系统处于设计阶段,并没有真正建立起来,因此不可能在真实系统上进行全系统的试验。

(2) 在真实系统上做试验会破坏系统的运行,例如在一个化工系统中随意改变一个系统参数,可能导致整炉成品报废;又如在经济活动中随意实施一个决策,可能会引起经济混乱。

(3) 如果人是系统的一部分时,由于他知道自己是试验的一部分,行动往往会和平常不同,因此会影响试验的效果,这时最好将人也建立数学模型,用仿真的方法来进行试验。

(4) 在实际系统上做多次试验时,很难保证每次的操作条件都相同,因而无法对试验结果做出正确的判断。

(5) 试验时间太长或费用太大或有危险。

(6) 系统一旦改变后无法复原。

因此香农(Shannon)认为,有下列情况之一时,应考虑采用仿真的方法。

(1) 不存在完整的数学公式,或者还没有一套解答数学模型公式的方法,离散事件系统中的许多排队模型就属于这种情况。

(2) 虽然可以有解析法方法,但数学过程太复杂,仿真可以提供比较简单的求解方法。

(3) 解析解存在而且是可能的,但超出了个人的数学能力,因而应该估计一下,建立模型、检查并且运行仿真模型的费用与向外求助以获得解析解相比,何者合算?

(4) 希望在一段较短的时间内能观测到过程的全部历史,以及估计某些参数对系统行为的影响。

(5) 难于在实际的环境中进行实验观测,仅有可能采用仿真,如对行星间的运载工具的研究。

(6) 需要对系统或过程进行长期运行的比较,而仿真则可以随意控制时间,使它加快或减慢。

4. 系统仿真的分类

仿真技术可以有多种分类方法。

按模型的类型,可分为连续系统仿真(系统模型以微分方程描述)、离散(事件)系统仿真(系统模型以面向事件、面向进程、面向活动的方法描述),连续/离散(事件)混合系统仿真和定性系统仿真(系统模型以模糊理论来描述)。

按仿真的实现方法和手段,可分为物理仿真、计算机仿真、硬件在回路中的仿真和人在回路中的仿真。物理仿真要求模型与原型有相同的物理属性,其优点是模型能更真实、全面地体现原系统的特性;缺点是模型制作复杂、成本高、周期长。计算机仿真,又称数学仿真,是用计算机实现系统模型的仿真。硬件在回路中的仿真,又称半实物仿真,是将一部分实物接在仿真试验回路中,用计算机和物理效应设备实现系统模型的仿真。人在回路中的仿真是操作、决策人员进入仿真回路内的仿真。

半实物仿真是武器系统研制中的重要手段,在以下情况常需要考虑半实物仿真:

(1) 系统中有些子系统的特性很难用数学语言描述或者是表达式特别复杂,如寻的制导中导引头所处的电磁环境。

(2) 对分系统进行验收和分系统模型校验,如弹上控制、制导计算机研制出来后,为检验计算机运行程序是否正确,要将计算机联入仿真回路进行多种工作方式的试验,使计算机得到全面的考核。

(3) 实物试验前的联合调试。

如图 4.3.3 所示是一个弹体姿态控制系统半实物仿真框图,其中:弹体动力学、加速表动力学是数学模型;三轴转台与舵负载模拟器是物理效应模型;舵机、综合放大器、陀螺与网络、加速表校正网络是实物。

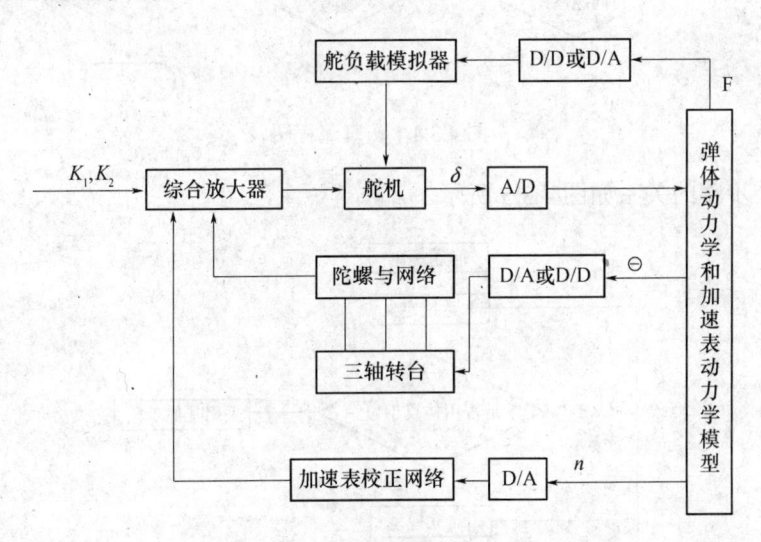

图 4.3.3 弹体姿态控制系统半实物仿真框图

4.3.2 系统仿真的步骤

根据仿真的定义,可以画出仿真的流程,如图 4.3.4 所示,更为具体地说,可将仿真分成 10 个步骤。

(1) 系统定义:确定所研究的系统的边界与约束。

(2) 模型表达:把实际系统简化或抽象为数学公式或逻辑流程图。

(3) 数据准备:核对模型所需要的数据,并简化为适当的形式。

(4) 模型解释:用计算机可接受的语言描述模型,也即建立仿真模型。

(5) 模型确认:有信心断定实际系统的模型是正确的。

(6) 战略设计:设计一个试验,使之能提供所需要的信息。

(7) 战术设计:决定试验过程应怎样进行,比如修改哪些参数等。

(8) 试验:进行仿真,得出所需要的数据,进行敏感性分析。

(9) 整理:由仿真的结果进行推断,得到一些设计或改进系统的有益结论。

(10) 实现:使用模型或仿真结果。

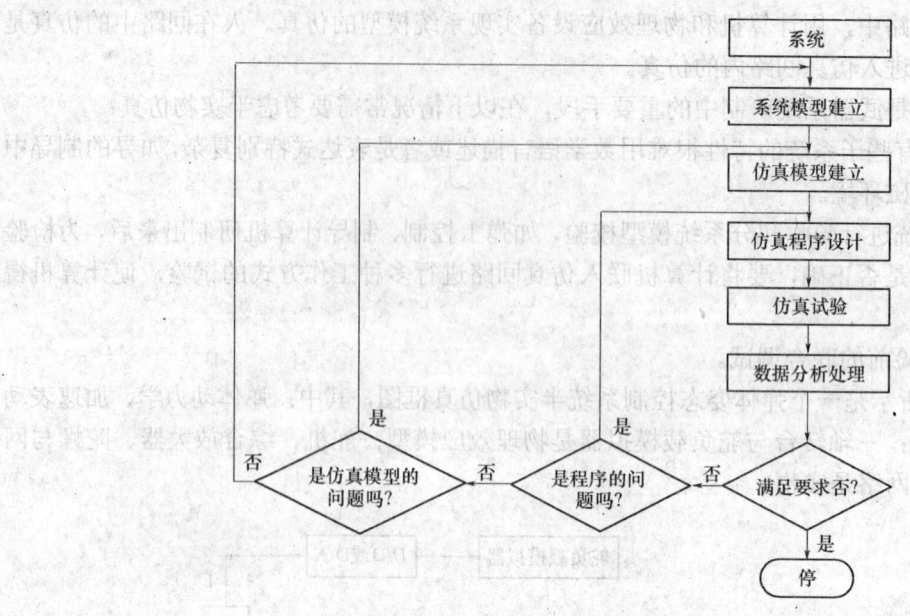

图 4.3.4 仿真流程图

上述 10 个步骤的关系如图 4.3.5 所示。

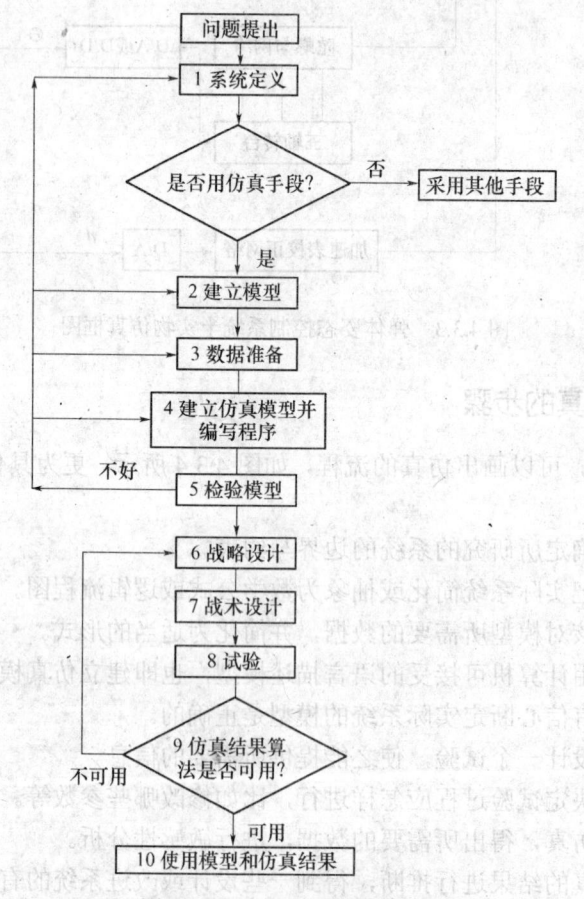

图 4.3.5 仿真各阶段的关系

总之，模型是进行仿真的先决条件，而反过来，仿真技术又是建立模型的重要手段，即通过仿真可以检验并不断使之完善。

4.3.3 系统仿真的作用

由于安全上、经济上、技术上或者时间上的原因，对实际系统进行真实的物理实验很困难有时甚至不可能。这时系统仿真技术就成为十分重要甚至必不可少的工具。随着计算机技术的发展，系统建模仿真技术日益受到人们的重视，其应用领域也越来越广泛。从最初应用于航空、航天、核反应堆等少数领域，逐渐发展到应用于电力、冶金、机械、电子、网络通信、社会经济、军事、交通运输、生态环境、企业管理等众多领域，已成为分析、设计和研究各种系统的重要手段和辅助决策工具。特别是在军用领域，仿真技术已成为武器系统研制与试验中的先导技术、校验技术和分析技术。其次，仿真技术在应用上的经济性，也是被广泛采用的十分重要的因素。世界各国几乎所有大型的发展项目都进行了系统仿真，如航空航天计划、战略防御系统、计算机集成制造、并行工程等，因为这些项目投资太大，又有相当的风险，而仿真技术的应用可以用较小的投资换取风险上的大幅度降低。根据国外有关统计资料的分析，由于采用系统仿真技术，使武器系统靶场试验次数减少了 30%~60%，研制费用节省了 10%~40%，研制周期缩短了 30%~40%，从而使型号研制得到很高的费效比。系统仿真技术在复杂工程系统的分析和设计的研究中已成为不可缺少的工具。系统的复杂性，主要体现在三个方面，即复杂的环境、复杂的对象和复杂的任务。然而不管系统多么复杂，只要能正确地建立起系统的模型，就可以利用仿真技术对系统进行充分的研究。仿真模型一旦建立，就可以重复使用，而且改变灵活，便于更新。经过仿真的逐步修正，从而深化对其内在规律和外部联系及相互作用的了解，采用相应的控制和决策，使系统处于科学化的控制与管理之下。

归纳起来，系统仿真技术主要作用有如下几点：

(1) 优化系统设计。在复杂的系统建立以前，能够通过改变仿真模型结构和调整参数来优化系统设计；可以比较各种设计方案，得到最佳设计。

(2) 系统评价。对系统或系统的某一部分进行性能评价，评价系统各部分或各分系统之间的相互影响，及对系统整体性能的影响。

(3) 节省经费。仿真试验只需要在可重复使用的模型上进行，所花费用比在实际产品上做试验低。

(4) 故障分析。重现系统故障，以便判断故障产生的原因。

(5) 对新建系统理论假设进行检验。

(6) 进行系统干扰性能的分析研究。

(7) 训练系统操作人员。

(8) 为管理决策和技术决策提供依据。

以导弹研制为例，系统仿真在不同阶段都能发挥重要作用：

在导弹研制的方案论证阶段，系统仿真可根据导弹系统的基本性能要求，进行导弹战术技术指标的合理性及可行性研究，比较和选定导弹系统的设计方案，并确定导弹各分系统的技术指标要求。

在导弹研制的工程样机阶段，系统仿真可用于导弹系统性能指标分析、试验验证、设计参数调整，对工程样机阶段导弹系统的战术技术指标做出评估，并为科研靶试提供技术依据。

在导弹研制的设计定型阶段，系统仿真可用来验证设计的正确性，并对导弹系统性能做出较全面的评估，其中包括多种使用条件下的综合效能分析、定型试验条件下飞行试验结果的预测、飞行试验中可能出现的故障分析等。利用经过确认的具有较高置信度的仿真系统，进行大量的统计性试验，从而可以得到导弹在整个使用空域、多种作战条件下对目标的攻击结果。

在导弹的批量生产阶段，系统仿真可用于在满足导弹性能技术指标条件下，产品可生产性的参数测试范围和测试公差的选取，调整某些参量的公差范围，在保证质量的前提下，增加可生产性并尽可能降低生产成本。

在导弹的部署使用阶段，系统仿真可用于评估导弹对新的威胁的反应能力，进而根据新的需求分析提出导弹系统的改进方案。

正因为仿真技术对国防建设、工农业生产及科学研究均具有极大的应用价值，所以，早在1991年仿真技术就被美国国家关键技术委员会确定为影响美国国家安全及繁荣的22项关键技术之一，军事仿真需求一直是推动仿真技术发展的主要动力之一，军事仿真技术往往体现出仿真技术的最新成就。我国仿真技术的研究与应用发展也很迅速，20世纪50年代开始，在运动体自动控制领域首先采用仿真技术，面向方程建模和采用模拟计算机的数学仿真获得较普遍的应用，同时采用自行研制的三轴模拟转台等参与的半实物仿真试验开始应用于飞机、导弹的工程型号研制中。20世纪70年代，我国训练仿真器获得迅速的发展，自行设计的飞行仿真器、舰艇仿真器、火电机组培训仿真系统、化工培训仿真系统、机车培训仿真器、坦克仿真器、汽车仿真器等相继研制成功，并形成一定市场，在操作人员培训中起了很大的作用。80年代，我国建设了一批高水平、规模大的半实物仿真系统，如鱼雷半实物仿真系统、射频制导导弹半实物仿真系统、红外制导导弹半实物仿真系统、歼击机半实物仿真系统等，这些半实物仿真系统在武器型号研制中发挥了重大的作用。90年代，我国开始对分布式仿真、虚拟现实仿真等先进仿真技术及其应用进行研究，开展了较大规模的复杂系统仿真，由单个武器平台的性能进行仿真发展为多武器平台在作战环境下的对抗仿真。2010年研制出世界上最快的每秒千万亿次的高速数字计算机("天河"1号)用于航空航天等多个领域。

4.3.4 系统仿真校核、验证与确认

随着仿真技术应用越来越广泛，它本身的准确性和置信水平也越来越引起人们的广泛重视，并被称为仿真的生命线，没有一定置信度的仿真和仿真系统，其结果是毫无意义的，甚至可能造成错误的决策。建模与仿真的校核、验证与确认(Verification、Validation and Accreditation，VVA)技术正是在这种背景下被提出的。VVA技术的应用能提高和保证仿真置信水平，降低由于仿真系统在实际应用中的模型不准确和仿真置信水平低引起的风险。

国外早在20世纪60年代开始对模型的有效性问题进行研究，并在概念和方法研究方面取得了许多重要的成果，例如美国国防部成功地对"爱国者"导弹半实物仿真模型进行了确认，还有BGS(Battle Group Simulation)、LDWSS(Laser Designator/Weapon System Simulation)等武器仿真系统都经过了专门的确认；美国宇航局(NASA)对TCV(Terminal Con-figured Vehicle)仿真系统进行了专门的确认；美国国防部对"星球大战"计划及其后续的"战区导弹防御计划"中仿真项目都拟定并实施了相应的VVA计划。另外，美国国防部于1991年成立了"国防建设与仿真办公室(DMSO)"负责制定国防系统仿真章程，其中要求各军种和国防机构制定相应的VVA细则。另外，美国国家标准和技术机构(NIFS)于1992年发表了一个适应

性较广的 VVA 标准；IEEE 也发表了一个软件 VVA 计划的标准，已被美国国家标准局(ANSI)和联邦信息处理标准指导委员会采用。

在我国建模与仿真的 VVA 技术也日益受到广大仿真工作者和管理者的重视，比如，关于仿真算法所引起的仿真精度研究，有关采用灰关联度、谱分析等方法对导弹、鱼雷模型进行的验证研究等。但是有关 VVA 的概念、理论和标准的研究还有待进一步深入。

仿真系统的置信水平是建模与仿真 VVA 工作的最终目的，它取决于建模、仿真的过程和结果。它是仿真系统的使用者应用仿真系统在一定环境条件下仿真试验的结果，解决所定义问题正确性的程度。仿真系统的置信水平评估实际上是仿真系统寿命周期中的校核、验证、确认工作及测试与评估等工作有效地统一到一个框架中，目的是提高仿真结果的正确性、精度、可靠性、可用性等，为仿真系统全面的质量管理提供有力的技术支持。置信水平评估包括 5 项内容：理论模型有效性确认、仿真软件校核与验证、运行有效性确认、数据有效性确认和内部安全性的验证。

整个仿真系统的 VVA 技术研究中，从建模、仿真设计到最终仿真试验的每一步都离不开校核、验证和确认的过程。校核是确定一个模型的执行情况是否准确地表现了开发者的概念性描述和说明的过程，通过一定的步骤，检验计算机代码是否正确地实现了算法意图，校核的目的和任务是证实模型从一种形式转化成另一种形式的过程具有足够的精准度。验证是从预期用途的角度来确定模型表达实际系统的准确程度，其目的和任务是根据建模和仿真的目的和目标，考察模型在其作用领域内是否准确地代表了实际系统，这一过程可通过试验进行验证，也可凭主观经验进行验证。确认是一项相信并接受某一模型的权威决定，它表明官方或决策部门已确认模型适用于某一特定的目的。确认意味着一定意义上的赞同，并表明该模型已经"适用它所隶属的研究项目的要求"。

系统建模与仿真的 VVA 涉及研究对象领域、软件工程和软件测试、数理统计、数据分析等多个方面。但其关键之一在于 VVA 工作模式的规范化，不同领域的仿真应建立适合自己的 VVA 标准和规范，其中规范的重点是文档。在 VVA 过程中，各种报告和文档的建立要贯穿整个建模与仿真过程。文档中包括建模与仿真的指标、性能、数据要求、分析结果、存在的问题等说明。关键之二是标准数据库。在 VVA 过程中，数据是一个重要的因素，在建模与仿真开发和实现过程中所用的数据必须是合适的、精确的和完整的。所有数据必须提供正确的表达式，必须经过精确的测量或估计。对原始数据进行数据变换必须准确，并且数据相关性必须有充分的描述，数据尽量规范化、标准化。

4.3.5 军用仿真技术

军用仿真包括武器技术仿真、武器系统仿真以及作战模拟仿真，已经在军队训练、武器装备研制、作战指挥和规划计划等方面发挥重要作用，成为国防领域的一项关键技术。20 世纪 90 年代以来，发达国家军队普遍面临着作战方式变化和国防预算缩减的双重压力，而军用仿真以其在一系列局部战争特别是海湾战争、科索沃战争中发挥的有效作用和相对低廉的成本，更加引起各国政府的普遍重视。

1. 军用仿真技术的意义

军用仿真技术的应用可以大大缩短武器装备特别是高精武器装备的研制周期，减少经费，提高效率。

由于真实世界中许多现象往往很难用直接观察的方式进行研究，如大规模杀伤武器的爆炸，或者虽然能够直接观察，但真实现象又不常发生、难以复现。所以人们希望或不得不借助于仿真世界来认识真实世界。

仿真世界具有一系列真实世界所没有的特性，诸如可控性、无破坏、安全性、可重复性和经济性以及可实现性等，因而成为人们认识真实世界的有效手段，某些情况下甚至是唯一的手段。例如导弹武器的鉴定定型需要进行大量飞行试验，这不但费时、费钱，还有破坏性，并造成环境污染。应用导弹武器的飞行仿真系统进行试验(即所谓模拟打靶)，并辅之以少量的真实飞行试验，同样可以达到鉴定定型的要求，而且又节省经费、人力、时间，提高了安全性，减少了环境污染。同时，还可利用仿真世界的可控性和可重复性，通过改变参数来预测导弹在各种条件下的飞行情况，包括故障和破坏情况，从而得到真实飞行中得不到的知识。又例如核战斗部的小型化是研制核武器必须解决的一个关键问题，解决这个问题当然不能靠一次又一次的核武器试验。目前，世界主要核国家的做法是建立核武器爆炸数学模型，通过少数几次核试验来校准仿真模型参数，以后就可以在仿真模型的基础上进行大量试验，开展核战斗部的小型化研究。

2．军用仿真技术的现状和发展趋势

面向 21 世纪，军事需求仍是仿真技术发展的主要推动力，同时国民经济各领域需求的广泛性和多样性又为仿真技术的发展提供了更多的机遇。军用仿真技术的优良特性和巨大效益，将使它成为 21 世纪人们特别关注并优先发展的一门综合性科学技术。

当今世界各国军队，都将作战仿真系统作为进行作战训练和武器系统使用训练的首选工具，体系对抗仿真已经成为打赢高技术条件下局部战争战法研究及大规模部队训练必不可少的手段。未来的军用系统仿真技术将会以更快的步伐，在继续向武器装备及体系的全寿命、全系统仿真发展、向武器装备采办过程管理仿真的方向发展的同时，向综合性、快速性、环境复杂性、灵活性和规范化的方向大跨步地发展。

(1) 综合性。仿真技术应是面向武器装备全寿命和全系统的综合应用，不等武器发展至后期，仿真就可以避免决策失误造成的不可挽回的损失，仿真技术要支持在更大的地域范围内，进行包括作战人员、实战兵器、仿真器、CGF 在内的更大规模的仿真军事演练。

(2) 快速性。由于仿真的对象不仅运动速度快，而且系统响应时间短，仿真中所要实时处理的信息大，从而要求仿真计算速度快，接口转换速度快，网络通信开销要小，动态数据库信息吞吐要快，而且为了及时提供仿真信息，伴随仿真过程的关键输出量的处理和结果显示要快。

(3) 环境复杂性。为了提高仿真的可信度，武器运行环境仿真的逼真性十分重要。把武器放在十分接近实际的战场仿真环境(含干扰)中，进行仿真评估，才能比较有效地考核武器是否具备了实战能力。为此对空间大气层、近地地面、海面直至水下武器作战的各种物理环境的描述复杂性提高了，仿真技术必须为这种复杂环境及干扰的仿真再现提供可靠、实用的技术支撑。

(4) 灵活性。为提高系统仿真的工作效率，节省经费开支，在仿真建模、构造仿真系统、建立多种复杂的仿真环境等方面，都要求仿真系统具有灵活性和可扩展性。

(5) 规范化。为避免重复开发、系统综合的不协调，并促进成果转化、便于移植和统一管理，仿真软硬件接口网络乃至各类评估准测、研制开发规范，必须统一规范化。

20 世纪末期，以信息技术为主的高新技术的发展，包括计算机并行处理技术、网络技术、光纤通信、图像/图形生成技术、虚拟现实 VR 技术、先进分布仿真、虚拟环境与虚拟样机等为系统仿真技术的发展提供了技术支持和技术推动，扩大了系统仿真的应用领域范围，极大地提高了系统仿真应用的有效性。

先进的军用仿真技术，可以提高战备程度和现代化水平。作战仿真系统将是当今世界各国军队进行作战训练和武器系统使用训练的首选工具，未来的军用系统仿真技术将会以更快的步伐发展，军用仿真技术将是 21 世纪提高部队作战能力最经济、最有效的手段。

4.4 作战模拟及其发展

4.4.1 作战模拟概述

作战模拟，古来有之。其发展经历了一个漫长的历史过程：从最初沙盘推演、实兵布阵演练，到图上作业、采用数字解析方法和专家推演，再到基于现代计算机技术的分布交互式、虚拟现实法等，作战模拟这门古老而又生机勃发的军事艺术，伴随着科技进步茁壮成长。

现代战争，新的作战样式层出不穷，战场环境瞬息万变，武器装备造价愈发昂贵，海量的数据传输和极为抽象的作战模型等，使得传统手工模拟作战方法难以满足实际需要。而计算机网络技术的出现，则使得多台计算机连接起来进行对抗模拟变成现实。再加上计算机运算速度及图形图像处理等相关软硬件技术的飞速发展，使计算机作战模拟向分布交互作战模拟系统、虚拟现实作战模拟系统及智能化作战模拟系统方向实现了新跨越。它不仅是军事训练手段的变革，而且正日益成为决策评估、论证和指挥训练的一种崭新的方式。

采用计算机作战模拟，可以根据已知的或想定的程序和数据来描述和研究作战过程；可以对组成战斗力的诸因素，敌我双方的主要关系，做出精确的定量分析；可以对某些不允许或难以在实际中研究的军事行动进行模拟；可以较好地体现敌我双方的对抗性和交战活动的随机性；可以试验某一因素对总的作战效果的影响程度……实质上，作战模拟为我们提供了一个"作战实验室"，我们可利用它进行策略和计划的试验，发现其缺陷并预测其效果，评估武器系统的效能，启发新的作战思想和样式。实践证明，作战模拟技术反映了从硬模拟到软模拟的进步；实现了新技术和军事艺术的结合；采取了系统科学的研究方法，使研究的过程更加逼真，且研制结果更加可信。

正因如此，计算机作战模拟技术引起国内外广大科研工作者和军事人员的密切关注，并正在军事领域内发挥越来越重要的作用。

早在 1979 年 7 月，钱学森教授在讲授"军事系统工程"时，就指出作战模拟是"军事科学研究方法划时代的革新"。作战模拟方法"实质上提供了一个'作战实验室'，在这个实验室里，利用模拟的作战环境，可以进行策略和计划的试验，可以检验策略和计划的缺陷，可以预测策略和计划的效果，可以评估武器系统的效能，可以启发新的作战思想"。他提出，作战模拟技术"在当前非常庞大而又极为复杂的军事工作中是有重要位置的，因而它是一支现代化军队所必须掌握的。"

作战模拟是研究作战对抗过程的仿真试验，即对一个在特定态势下的作战过程，根据预定的规则、步骤和数据加以模仿复现，取得统计结果，为决策者提供决策数量依据。作战模拟的特点是按时间进度使模型运行，从而动态地显示模拟系统的活动及其结果。

作战模拟，是从战争的实践中日益演化创生的，17 世纪中叶，欧洲出现了比较接近战争实际的棋戏，英文称之为 WarGame(中文译为兵棋或作战模拟)，用以逼真地演示战场上的实际作战活动。我们过去的沙盘作业、图上作业、实兵演习等都是动态模拟作战过程的作战模拟。现在的作战模拟是基于现代计算机技术的分布交互、虚拟现实、战场仿真等技术手段，进行战争推演。

作战模拟分类因角度不同而异，如按军兵种分，有联合兵种作战模拟、陆军、空军、海军作战模拟等；如按规模分，有战役模拟、战术模拟等；如按现代化程度分，有人工作战模拟、计算机辅助作战模拟和计算机化的作战模拟。

作战模拟主要是指计算机辅助及计算机化的作战模拟。它与人工模拟(如实兵演习)相比，主要优点是可试验性，即改变环境条件后可对拟定的作战方案进行多次重复性验证，同时还可以节省时间和人力物力，能反映实兵演习所无法模拟的战斗过程(如人员武器的毁伤情况等)。因此现代作战模拟方法已成为当前各国军队研究编制装备、验证战斗条令及指挥自动化等重要手段之一。

如果模拟模型是用于辅助双方对抗推演的，还要指定军事导演和红、蓝双方的指挥员，建立模型和设计程序时要考虑人工干预的方式。一般推演过程如图 4.4.1 所示。

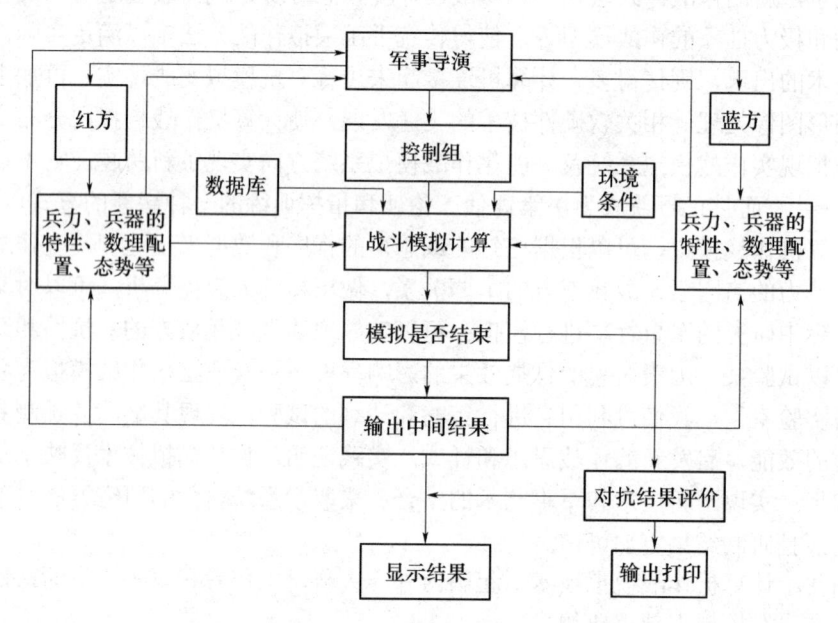

图 4.4.1　作战模拟推演过程图

作战过程或现象通常包括大量的随机因素，对它建立数学模型必须采用统计试验法。统计试验法的基本思想是根据随机现象本身的规律抽取随机数来模拟它的发生情况，并通过重复模拟来产生大量的所需要的数据进行统计分析，以求得解决有关问题的定量结果。统计试验法通常是在计算机上进行的。

建立模拟模型，除了必要的解析方法和统计方法以外，还要采用逻辑流程的方法。逻辑流程的本质在于描述作战对抗过程中各因素(实体)行为之间的相互关系及其变化规律。详细地说，就是把过程分成若干要素，各要素的行为影响着过程中各种可能的状态，并具有特定的概率分布。各要素之间相互关系构成模拟模型的基本结构的成分，然后，把这些成分按照它们在过程中的客观规律构成逻辑流程，通过计算机程序反映出它们之间和对整个过程的影响。在建立了逻辑流程之后，可以利用综合的输入数据，经过运行来模拟整个过程随着时间的变化规律，并记录其所需结果数据。对各种不同输入数据构成的待选方案进行评估，以便选择比较满意的方案。由于统计所产生的误差，不可能保证模拟所得方案确实是最优方案。但如果模拟模型的设计比较符合实际情况，至少应当接近于最优方案。

这样，计算机作战模拟就是在作战对抗过程的逻辑流程上，对各种随机因素进行抽样实验的技术。实验是在模型上而不是在实际战场上进行的。所以，计算机作战模拟就是用计算机描述敌对双方的兵力部署、武器性能、目标分配等要素，并在计算机中进行高速运算，把较长时间的实际战斗过程浓缩到较短时间的模拟战斗过程，可以给出接近于实战条件的科学数据。经过对方案的统计分析，可以得出比较满意的结论和建议，提供给领导机关和决策者作参考。

在模拟模型中常用蒙特卡洛数学模型，即蒙特卡洛方法。

蒙特卡洛法是一种统计试验法，它是模拟随机因素作用的数学方法。它是一项模拟随机现象的模拟技术，通过依照某种预定概率分布随机抽样来模拟随机现象。随机现象可以用随机变量表示，随机变量有一定的取值范围，随机变量取各个值的可能性大小，就是所谓的概率分布。随机抽样就是从所有可能事件中随意抽取一个事件来考虑，如掷一枚骰子就是从 1 到 6 这六个数目中，随意抽取一个数。一系列随机抽样产生的数列就是随机数列。按照蒙特卡洛法的基本思想，取值在 0～1 的均匀分布的随机数，可以代表具有均匀概率分布的随机现象的全部可能性，其中任一个数都代表随机现象的一个现实。例如：根据统计知道了某一地区在某一段时间内下雨的概率为 70%。当要模拟下雨对作战过程的影响时，则可用取值在 0～1 的全部均匀分布的随机数代表晴、雨天气的全部，而用 0～0.7 以下的数代表下雨，大于 0.7 的数代表天晴。当我们进行计算机模拟时，只要按一定的程序使计算机产生一个"随机数"即进行一次随机抽样，就可以用所得随机数取值的大小，描述当时是天晴或是下雨。如果计算机产生的随机数是真正随机的，那么进行多次模拟以后，例如 100 次，将会发现有 70 次左右的结果表示，某一地区是在下雨。对于非均匀分布的随机现象，只要知道了随机现象的概率分布，便可将 0～1 均匀分布的随机数，变换成服从给定分布的随机数。因此，从原理上讲，蒙特卡洛法可以模拟任何复杂的随机过程。应用蒙特卡洛法的关键是建立简单而且易于实现的概率模型，并能在机器上实现真正的随机抽样。

用蒙特卡洛法模拟战斗行动时，即使在同样的兵力部署和作战条件下，各次计算的结果如伤亡数、交换率等也都是不同的。这正是现实战斗中随机现象的反映。只有模拟过程多次重复进行，并用统计方法处理计算结果才能得出反映战斗过程平均特性的有意义的结果。这就是我们通常所说的必然存在于偶然之中，偶然现象中包含着必然的规律。

4.4.2 作战模拟的作用

作战模拟技术可以看成是一种"作战试验"技术，它部分地解决了军事科学研究不能进行作战试验的难题。通过可控条件下的作战试验，能使我们对有关兵力、兵器、装备使用之间的复杂关系，从数量上获得深刻了解。作战模拟方法不仅用于战争，而且还用于武器装备论证、后勤保障以及军事训练、学术研究等军事活动的各个方面。

1. 作战模拟使"战法"在实验室生成

由于现代战争的复杂性，新的作战样式层出不穷，战场环境瞬息万变，战场数据信息量巨大等，使得传统作战方法难以满足实战需要。创新和检验新"战法"，提高部队的"打赢"能力，必须将部队各类参战人员放在贴近现代战争的复杂战场环境下进行训练，但贴近实战的实兵实装训练费时、费力，而且又费钱，和平时期又不可能为了验证新"战法"而发动战争。在这种情况下，使用作战模拟系统在对抗条件下进行战法研究，无疑是一种简便易行的手段。

计算机运算速度及图形图像处理等相关软硬件技术的飞速发展，使计算机作战模拟逐步向分布交互作战模拟系统、虚拟现实作战模拟系统、智能化作战模拟系统方向实现了新跨越。采用计算机模拟方式进行军事推演，作战过程与结果更趋于逼真，参训人员可以在没有硝烟却形象逼真的战场上，感受到部队行动、战斗进程、毁伤情况、组织指挥等全过程，从而实现检验作战方案水平、指挥员谋略水平、新战术技能水平等目的，同时可以节省大量人力、物力、经费等训练资源。

海湾战争中，美军在"沙漠风暴"行动付诸实施前，使用了一套名为"阿拉伯噩梦"的计算机作战模拟系统，形象生动地推演了海湾战争的基本轮廓、进程与结局，为美军的实际作战行动奠定了重要基础。

作战模拟已经并正在应用于战法研究的各个方面，对作战的"战法"生成将产生重要的指导作用。从美军海湾战争38天到科索沃战争78天的"外科手术式"空袭，从阿富汗战争的空中打击到伊拉克战争，这种"制式"战法都源于"战争实验室"，其战争结果都源于美军作战模拟。美军利用作战模拟手段验证了"基于效果的作战"、"快速决定性作战"、"网络中心战"等信息化战法理论，因此，有军事评论家说，将来的战争越来越像是从实验室里"打响"的。

2. 作战模拟使军事训练更贴近实战

现代高技术战争对军队人员素质提出了很高的要求，掌握和运用好高技术兵器的关键在于训练。但军队许多高技术武器装备造价昂贵(如导弹、作战飞机等)，实兵训练耗资巨大，有的军事训练在实际装备上不能随时进行(如核武器试验、核导弹的发射等)，计算机作战模拟为解决这些训练难题提供了技术操作训练的有效途径。

1) 作战模拟"仿真"出真实的战场环境

作战模拟利用虚拟现实技术制造出逼真的"合成"作战环境。通过建立相应的战场环境图形和图像库，存储各种战场目标对象、作战背景、作战场景及作战双方人员的图形图像，最大限度地营造逼真的战场景况。在这种模拟的战场环境中，指挥官可在虚拟的战场上进行作战指挥，并及时了解当前的态势和敌人的意图，实时迅速地定下决心；士兵真正进入形象逼真的战场，置身于虚拟战场的枪林弹雨中摸爬滚打，在近于实战的各种困境、危境、绝境等高危战场环境中，全面模拟演练各种高危险性的行动；并且作战指挥人员与士兵可以在相距几千千米情况下在网络上进行对抗作战演习和训练，效果如同在真实的战场上一样。

2) 作战模拟为军事训练提供训练战场

军事模拟中异军突起的3D军事模型技术，为军事训练营造出逼真的训练场所。某战场环境仿真工程实验室研制的"地形环境仿真系统"，是运用虚拟现实技术，在军事测绘数据库的支持下，实现战场环境仿真的一个实用系统。主要模拟作战区域的地形环境，可以为受训者提供各种地幅的二维电子地图、三维地景的地理信息。

3) 作战模拟使受训者在"游戏"中训练作战技能

作战模拟游戏在取得巨大的商业成功之后，也被外军引入军事训练当中，发挥了重要的作用。达到了寓训于乐、以娱促训的良性循环。比如美陆军在北卡罗来纳州成立了军方专属的"电脑游戏开发公司"，并从一些著名的电脑游戏公司，聘请大批业内专家和高手，同时积极与好莱坞和硅谷的电脑游戏商合作，专门为军队开发用于士兵培训的电脑游戏，借助电脑游戏逼真的三维动画效果、强大的实时互动功能和特有的寓教于乐功效，打造模拟仿真战场。使受训者在逼真的虚拟环境(特别是仿真未来战场环境)中进行"实战"，以求"像打仗一样训练"。在伊拉克战争爆发前，美军专门为海军陆战队秘密开发了一款电脑游戏软件，里面的地形、街道、建筑、桥梁等标志物，都是依照伊拉克首都巴格达的特征模拟的。据有关资料显示，自2003年伊拉克战争爆发以来，美军已先后派遣了一百多万人次军人前往伊拉克地区执行任务，其中接受过电脑游戏"实战"培训的达90%以上。

3．作战模拟为武器装备发展规划提供依据

1) 作战模拟为军事装备试验节省大量经费

作战模拟可以用于研究武器装备的功能、性能和效能，减少试验次数，对武器装备的采办、设计、发展、运用和改进提供依据。一种新式武器需要采用作战模拟的方法不断地研究、改进，以确定这些武器装备最有效的使用方式、方法等。而计算机网络技术的出现，使得多台计算机连接起来进行对抗模拟变成现实。有军事专家经过统计和分析发现，一枚地空导弹的实弹试验发射费用超过100万美元，而在虚拟环境下模拟发射一枚"导弹"，甚至花不到一美元。

2) 作战模拟评估武器装备的战斗效能

部队的战斗力建立在作战部队及其武器装备整体效能的基础上。一个部队具有什么样的武器装备，该武器装备具有什么样的战斗效能，都可以通过作战模拟加以体现。同时，研制开发新型武器装备方面，作战模拟可以对新型武器装备的战斗效能进行评估。在新式武器设计的各个阶段，相关模拟数据反馈的信息不断被细化、补充和完善，从而最大限度地预测新式武器的战斗效能。

3) 作战模拟为武器装备发展提供试验场

典型的装备发展论证作战模拟包括武器装备体系发展研究模拟、战略武器发展研究模拟、多武器平台仿真模拟、武器系统攻防对抗模拟等。

武器装备论证的作战模拟可以帮助战略决策机关制定近期、中期甚至长期的武器发展规划，确定优先发展哪一类武器，以及这类武器的具体战术技术性能指标等，从而为武器装备科学发展做出正确决策。

4.4.3　作战模拟的发展

作战模拟研究重点与发展方向包括综合自然环境建模、多分辨率建模、智能建模、复杂大系统建模与仿真的VV&A、基于HLA的仿真支持环境和基于网格技术的网络中心战仿真等。

1．综合自然环境建模

综合自然环境建模与仿真是指对包括陆地、海洋、大气、太空在内的整个自然环境空间领域具有权威性、完整性、多态性和一致性的数据描述模型表示和仿真，其目标是为国防领域的建模与仿真提供权威一致的自然环境数据和模型，具有互操作性、可信性和重用性。

综合自然环境建模与仿真的研究和发展主要经历了原始技术的积累和先进技术的形成两个阶段，前者自20世纪80年代初期至90年代中期，研究成果主要集中在地形数据库可视化仿真和动态地形仿真等方面；后者自90年代中期至今，研究成果主要包括综合自然环境数据表示与交换、环境数据模型、综合自然环境数据的自动生成和重用以及动态自然环境仿真等方面的技术、方法和工具。

综合自然环境建模与仿真的发展方向集中于以下几个方面：
(1) 环境数据模型和公共数据模型框架。
(2) 综合自然环境数据表示与交换以及数据的语法语义一致性。
(3) 综合自然环境剧情的快速自动生成和分布式自然环境数据库与模型库以及重用。
(4) 多表示和多分辨率的综合自然环境与一致性。
(5) 动态自然环境仿真。

2. 多分辨率建模

从不同分辨率、不同角度分析和处理问题是人类的一种重要思维方式，也是处理复杂问题的一种有效手段。由于需要用仿真来解决的问题越来越复杂，仿真的规模不断扩大，根据不同的仿真需求建立系统的不同分辨率模型，并将这些模型有机结合起来进行仿真研究是复杂系统建模和仿真技术发展的必然趋势。

从1995年美国国防部建模与仿真办公室在其建模与仿真主计划中提出"要建立实体行为和进程的多分辨率模型"到现在，多分辨率建模的研究在国际上已经有近二十年，多分辨率建模技术的体系结构已经建立起来，并且已经得到了初步应用。但是它的研究仍处在起步阶段，还有许多问题需要进一步的研究。以下几点是多分辨率建模进一步的研究重点：
(1) 进一步加强多分辨率建模的理论基础的研究。
(2) 多分辨率模型之间一致性维护的理论和方法
(3) 多分辨率建模的应用研究。

3. 智能建模

兴起于20世纪70年代的Agent技术已经成为研究复杂系统的重要手段。Agent是可以感知其所处环境并且能根据自身的目标作用于环境的计算实体，单个智能Agent的能力受其知识计算资源的限制，不能解决大型复杂的分布仿真系统问题，因此多个交互的Agent组成的系统成为解决复杂问题的重要手段。

基于多Agent的建模方法需要解决怎样建立具有独立自主行为的Agent以及怎样建立能够进行交互合作协调协商的Agent。

在作战模拟中，基于多Agent的计算机生成兵力(CGF)建模是一个重要研究内容。根据计算机生成兵力的角色Agent所描述对象的特点及其模型的特征可以分为半自主兵力、智能兵力和指挥兵力。

(1) 半自主兵力模型，主要描述战场的底层实体模型，所描述的行为属于智能性较低的反应式行为，这种Agent不具备高级的面向目标的智能行为。
(2) 智能兵力模型，除了具有反应式行为外，同时具有高级的智能行为，能够独立地完成面向目标的规划决策及相应的行动过程。
(3) 指挥兵力模型，主要描述战场的指挥实体的指挥控制活动，它具有前两种兵力模型的所有能力，同时由于与指挥有关的决策规划等认知过程以及面向的任务都涉及到多个下属及敌方单位，因此在以上三种模型中复杂程度最高，设计和实现的难度都很大。

4. 复杂大系统建模与仿真的VVA

只有保证了建模与仿真的正确性和可信度，最终得到的仿真结果才有实际应用的价值和意义，仿真系统才真正具有生命力。随着建模与仿真研究的对象向复杂大系统方向发展，其复杂程度大大增加了，建模与仿真的可信度评估问题成为一个难题。军事系统是复杂大系统的典型代表，进行校核验证和确认(VVA)的理论方法和应用研究是提高军用复杂大系统建模与仿真可信度的重要途径。

需要对下列问题开展研究：
(1) 探讨执行军用复杂大系统建模与仿真 VVA 过程的有效途径。
(2) 研究军用复杂大系统建模与仿真 VVA 的相关理论。
(3) 研究适合军用复杂大系统建模与仿真特点的 VVA 方法。
(4) 设计相应的工具辅助军用复杂大系统建模与仿真的 VVA。

5．基于 HLA 的仿真支持环境

根据当前仿真应用的实际需求，仿真支持环境应实现对复杂大系统仿真的建模运行和结果处理的全过程，支持并提供对仿真运行的全过程管理和全系统监控，同时需不断提高工程适用性和用户使用方便性。

HLA 是新一代分布仿真体系结构标准，近年来随着 HLA 应用的不断推广，国内外仿真界对基于 HLA 的分布仿真支持环境进行了深入研究，已经有不少较成熟的软件用于仿真系统的开发和应用，但实现的功能还不齐全，有待进一步完善。下一步的研究方向有：

(1) 一体化的协同仿真集成环境。

HLA 标准的根本目标是实现建模/仿真的互操作和可重用，只有当联邦设计开发集成运行和结果的分析处理各过程具有足够的自动化的情况下才容易实现。针对复杂大系统仿真的开发研制往往具有分布性、协同性和异构性，因此需要一体化的协同仿真集成环境提供支持。

(2) 可扩展建模与仿真框架 XMSF 研究。

XMSF(the Extensible Modeling and Simulation Framework)基于 XML 标记语言，通过使用商用的 Web 技术作为共享的通信平台和通用的传输框架，增强 M&S 的功能以满足训练分析采办的需要。其核心是应用开放的标准和资源，提高分布式仿真系统的效能和可应用性。需要对它的框架规则、网络协议标准、组播通信机制及对 HLA 和 DIS 标准的扩展等方面开展研究。

(3) 组件式开发平台。

为了更好地实现仿真系统集成的灵活组合和互操作性，模型、接口和应用开发等都需要采用组件式开发方式提高它们的组合能力，使其具有良好的可扩展性和互操作能力。

(4) 研究与实物和 C^4KISR 系统的接口。

(5) 与网格技术结合，克服现有 HLA 仿真支撑平台中无法实现仿真资源的动态调度问题。

6．基于网格技术的网络中心战仿真

网络中心战是战场信息化条件下的主要联合作战样式。简要地说就是要求战场实体包括单兵数字化，在此基础上安全可靠的网络化；全球作战空间态势共享；联合交互计划和协同同步作战；精确远程打击等。

对网络中心战的仿真首先要构建一个异构的、虚拟的网络中心战环境，以此为基础，对新战法中资源组织管理、信息共享、作战空间感知、实时协同以及新的战术、战法方法进行研究。网格技术将是实现网络中心战仿真的关键技术。网格技术是在网络技术的基础上，将高速网络、高性能计算机、大型数据库、传感器、远程设备等融为一体，提供更多的资源、功能和交互性。网格是试图实现网络上所有资源的全面连通，实现计算资源、存储资源、数据资源、通信资源、软件资源、信息资源、知识资源的全面共享。

利用网格技术对网络中心战的仿真主要从以下几个方面展开：
(1) 网络中心战仿真的概念和方案设计，包括探测网络的仿真、交战网络的仿真和信息

网络的仿真等。

(2) 网络中心战仿真的关键技术研究，主要包括网络中心战仿真中的信息结构的研究、作战空间感知技术的研究和实时协同方法研究。

(3) 网络中心战的支撑技术研究，包括网格技术应用的研究、安全机制标准的制定、信息处理的智能化、信息交换的全维化、信息融合技术、信息挖掘技术、信息容错技术和传输数据过程中的实时性等问题。

4.4.4 "2002千年挑战"军演概况

美军联合部队司令部在2002年7月24日到8月15日举行了当时历史上规模最大最复杂的军事演练(代号为"2002千年挑战")，大约13500名美国陆军、空军、海军和海军陆战队官兵参加了这次实战演练。目的是检验并提高美军的作战能力以适应未来战争的需要。

在为期3周历时23天的演习中，官兵使用最新的武器装备，模拟各种战争情况，包括如何应对大规模杀伤性武器的攻击、现代巷战、反恐和人道主义援助等。美国防部利用此次演习对美军在情报共享、协同作战和快速反应等方面的6个新概念，包括"基于效果的军事行动"、"快速决策作战"、"联合互动计划"等进行了检验。

1. 准备两年耗资2.5亿美元

"2002千年挑战"演习是美国全民的演习，参加此次演习的除美陆、海、空军、海军陆战队的模拟部队外，美国务院、财政部、能源部以及中央情报局等部门以及一些国防教育和研究机构的人员参加了演习，他们与部队共同阻止恐怖分子的进攻。演习还动用了外交、经济、情报、宣传等各种综合制胜手段。

演习地点设在加利福尼亚南部和内华达州濒临太平洋沿岸广大地区，分布在26个点进行。其中陆军训练地点9个，模拟战场17个。演习规模之大，范围之广，参加演习单位之多，以往少见。美军对此次演习十分重视，准备工作历时两年，以往也不多见。整个演习耗资2.5亿美元。

美国防部长拉姆斯菲尔德、参谋长联席会议主席迈尔斯将军和各军兵种的高官，其中包括退役专家和将领都亲临演习现场督导和观摩。海军陆战队准将纳什说："习惯的说法是从错误中学习，但是现在我们认为，在如何避免错误的过程中所得到的经验是更为宝贵的。这些资深顾问们将帮助我们在事发之前就看到可能出现的错误。"

2. 运用最新科技重点是计算机模拟

演习以部队实战与计算机模拟作业相结合，重点是计算机模拟，使用了50种作战模式和模拟系统。演习内容的80%是由电脑操作完成，首次实现了美国军政各部门对假想敌国的政治、经济、科技等情况和现实情报的共享，并通过高科技通讯手段，争取最大范围内的同步指挥作战。演习实现了所有参与者通过全球指挥与控制系统对虚拟作战空间画面的共享。

演习的"红"、"蓝"双方指挥所均设在联合部队司令部作战中心内，2100人在指挥所参加演习。模拟演习在加州和内华达州17处计算机网络和模拟器上进行。计算机模拟演习中虚拟攻击了15000个如防空设施、车辆等目标，调用了美军领导人武库中的一个关键工具，即"作战网络评估"系统，对双方的力量对比做出详细研究，包括经济、社会和军事等各个方面。这个基础性的战争学说认为，为击败对手，美军不必消灭全部，甚至是大部分的敌方军事设施，美军需要做的只是选择最恰当的攻击模式，即如何击中敌军要害，怎样使敌军全盘崩溃。

美军联合作战司令部总司令克南说:"计算机以及我们如何运用它们,很可能成为军事领域的下一场革命,我们是否真的能够将信息和情报转化为知识,并且使其为我所用。"

与此同时,实战演习在加利福尼亚州的圣迭戈湾以及加州和内华达州的美军9个基地进行。"蓝方"部队使用了包括飞机、导弹和特种装甲车在内的各种武器,对恐怖分子老巢进行攻击,在作战重要关头,空军C-130H型运输机空运了4辆"斯特瑞克"型新一代陆军装甲车投入战斗,与其他部队将敌人彻底歼灭。

3. 为"先发制人"理论作铺垫

演习无论是虚拟的战场环境,还是使用的武器装备几乎都是5年以后的,许多武器装备还是在研制中的,或即将服役的。演习分"红方"和"蓝方","红方"模拟邪恶势力,"蓝方"模拟美国政府。演习设想2007年中东某个国家的一次小规模事件导致一场地区冲突,"红方"动用恐怖分子袭击美国本土和使用大规模杀伤性武器。"蓝方"(美国政府)立即组织对敌实施攻击,迅速将邪恶势力置于死地。演习中使用了如F-22战机、联合攻击战机(JSF)V-22"鱼鹰"飞机、海军新型舰船、空军的空中激光系统和其他尚未服役的新式武器装备。在实兵演习中,"蓝方"部队使用了包括飞机、导弹和特种装甲车在内的各种武器,对恐怖分子老巢进行攻击,并将他们彻底歼灭,使敌人瓦解。

国防部和国会利用此次演习的数据来评估美军在面临21世纪军事威胁时的作战效率和应变能力。具体体现在三个方面:

(1) 通过模拟快速致命打击行动,检验美军联合部队实施参谋长联席会议制定的关于军队改革指导原则的能力。

(2) 发展并提高联合训练和演习能力。

(3) 为军队提供关于战略原则、组织、训练、物资、领导、人事及设施等多方面的建议,以便制定一套新的战略、组织及训练指导原则,更有效地利用现有武器系统。美国军方认为演习将有助于实现国防部关于军队改革的六大目标,即保护美国本土安全及海外军队;延伸并保持美军在远离本土战区的力量;让敌人无处藏身;保护美国信息系统不受袭击;利用信息技术提高美军联合作战能力;保障美国随时自由使用太空并保护美国太空设施不受袭击。

4.4.5 "海上联合-2012"中俄海上联合军事演习

"海上联合-2012"中俄海上联合军事演习于2012年4月22日至27日在青岛附近黄海海域举行,以海上联合防御和保卫海上交通线作战为主题,进行包括联合护航、联合防空、联合反潜、联合反劫持、联合搜救、联合补给和对海、对潜、对空实弹射击等内容的演练。规模大,参演军舰多,持续时间长,协同要求高,具有和平性、对抗性和实弹性,以统一导调、统一指挥下的海上两级实兵对抗方式进行,旨在落实中俄两国、两军领导人达成的共识,发展两国全面战略协作伙伴关系,深化两军特别是两国海军之间的务实合作,是中俄双方首次举行的海上联合军事演习。

演习的课题是"海上联合防御和保交作战",演习设立联合导演部,按照作战筹划、实兵演习、海上阅兵和交流研讨4个阶段组织。中方参演兵力包括驱逐舰、护卫舰、导弹艇、综合补给舰、医院船等水面舰艇16艘、潜艇2艘,俄方派出7艘舰艇参演,共派出各型舰艇25艘、飞机22架、特战分队2个。中俄海上联合军事演习参演兵力多、持续时间长、协同要求高,具有合成性、对抗性和实战性。此次军演是中国海军与外国海军举行的规模最大、科目最丰富的联合军事演习。

演习以统一导调、统一指挥下的海上两级实兵对抗方式进行。演习按照作战筹划、图上作业、实兵演习、实际使用武器、海上阅兵、总结交流的顺序进行，重点演练联合护航、联合防空、联合反潜、联合反劫持、联合搜救、联合补给等科目。演习中还进行了对空、对海、对潜实兵实弹射击。

"海上联合-2012"军事演习有4个目的：一是发展两国全面战略协作伙伴关系；二是深化两军、特别是两国海军间的务实合作；三是提高两国海军遂行海上联合军事行动应对安全威胁和挑战的能力；四是增强两国海军共同维护地区海上和平与稳定的信心。

4.5 思 考 题

1. 何谓系统模型？系统模型的形式有哪些？系统模型有哪些主要特征？
2. 系统建模的意义是什么？系统建模的方法有哪些？
3. 为什么在系统分析中，广泛使用系统模型而不是真实系统进行分析？
4. 对系统模型有哪些基本要求？系统建模主要有哪些方法？请分别说明这些建模方法的适用对象和建模思路。
5. 仿真的基本概念是什么？有哪些基本步骤？
6. 什么是现代作战模拟？它的特点、步骤是什么？其理论、方法和主要工具是什么？

第5章 系统优化技术

在本章的讨论中,我们将介绍一些系统优化的方法,如线性规划问题的模型及解法,包括图解法和单纯形法、线性规划问题的对偶理论、整数规划、分配问题及动态规划等。

5.1 线性规划

5.1.1 线性规划概述

线性规划是运筹学的一个重要分支。线性规划用数学语言表达出来,就是在一组约束条件下寻找一个函数(称为目标函数)的极值的问题。如果约束条件表示为线性方程或线性不等式,目标函数表示为线性函数时,这类问题就称为线性规划问题。

自20世纪40年代由美国数学家、运筹学家丹捷格(G.B.Dantzig)提出了求解一般线性规划问题的方法——单纯形法之后,线性规划在理论上趋向成熟,在实际中的应用日益广泛与深入。特别是在能用计算机来处理成千上万个约束条件和变量的大规模线性规划问题之后,它适用的领域更广泛:从解决各类技术问题中的最优化,到工业、农业、军事、交通、商业的计划和管理及决策分析,都可以发挥作用;从范围来说,大到整个国民经济计划的最优化方案的提出,小到一个基层单位的日常工作和日常计划安排,线性规划都有用武之地。同时,它又具有适应性强、应用面广、计算技术比较简便等特点。因此,它成为现代管理科学的重要基础和手段。

本节将列举一些简单例子用来阐明线性规划所研究的问题和它的数学模型及标准形式。还将介绍两个变量的线性规划问题的图解方法。

在军事上线性规划应用的范围包括确定兵力、武器装备配置计划、设备与资源合理利用、武器装备调运、装备管理、制定装备综合保障方案等,以合理地利用有限的人力、物力、财力等设备资源,以便达到收益大、消耗低、效率高的效果。

【例5.1.1】战时建造武器隐蔽洞库,需要使用4种设备施工,由于能源和设备有效度等条件限制,在短期内4种设备分别只能工作120、90、160、100天,建造甲型洞库可储藏武器30单位,建造乙型洞库可储藏武器20单位,问应如何安排施工方案,使建造洞库储藏武器最多?4种设备完成1个洞库所需要的天数见表5.1.1。

表5.1.1 4种设备任务安排

洞库 \ 施工天数 设备	A	B	C	D
甲	20	10	40	0
乙	20	20	0	40

该问题可用以下的数学语言来描述。

假设 x_1、x_2 分别表示计划建造洞库甲和乙的数量。因此，设备 A 的有效天数是 120，可用不等式表示为：

$$20x_1 + 20x_2 \leqslant 120$$

类似地，对设备 B、C、D 分别得到以下不等式：

$$10x_1 + 20x_2 \leqslant 90$$

$$40x_1 \leqslant 160$$

$$40x_2 \leqslant 100$$

工程兵部队的目标是：在不超过所有设备能力和能源的条件下，如何确定建造洞库数 x_1、x_2，以便达到储藏更多的武器。若用 f 表示武器数量，这时

$$f = 30x_1 + 20x_2$$

综上所述，计划问题可归纳为：

满足约束条件

$$\begin{cases} 20x_1 + 20x_2 \leqslant 120 \\ 10x_1 + 20x_2 \leqslant 90 \\ 40x_1 \leqslant 160 \\ 40x_2 \leqslant 100 \\ x_1, x_2 \geqslant 0 \end{cases}$$

使得目标函数 $f = 30x_1 + 20x_2$ 为最大。

【例 5.1.2】某工厂决定推出两种新产品甲和乙，已知生产新产品需要配件 A、B、C，其中每件产品甲需用 A 配件 1 件，C 配件 3 件，每件产品乙需用 B 配件 2 件，C 配件 2 件，产品甲的单件利润为 3 元，产品乙的单件利润为 5 元，但该厂每分钟只能生产出 A 配件 4 件，B 配件 12 件，C 配件 18 件。问在此条件下，如何合理安排产品甲和乙的产量才能使工厂获得最大利润？

为了求解该问题，首先将问题中给出的数据列成表格，如表 5.1.2 所示。

表 5.1.2 产品需求及利润情况

配件 \ 产品需求量	甲	乙	每分钟可得配件数
A	1	0	4
B	0	2	12
C	3	2	18
单件利润/元	3	5	

设问题中产品甲和乙每分钟的产量分别为 x_1 和 x_2，则问题是如何选择变量 x_1 和 x_2 值，使工厂总利润 $f = 3x_1 + 5x_2$ 达到最大，并且满足每分钟配件需求量不大于工厂的生产量，同时考

虑到产品的数量不可能是负数，因此可得变量 x_1 和 x_2 值应满足下列各项约束条件：

$$\begin{cases} x_1 \leqslant 4 \\ 2x_2 \leqslant 12 \\ 3x_1 + 2x_2 \leqslant 18 \end{cases} \quad x_1, x_2 \geqslant 0$$

综上所述，该计划问题可用数学模型表示为：

$$\max f = 3x_1 + 5x_2$$

满足：

$$\begin{cases} x_1 \leqslant 4 \\ 2x_2 \leqslant 12 \\ 3x_1 + 2x_2 \leqslant 18 \\ x_1, x_2 \geqslant 0 \end{cases}$$

【例 5.1.3】 装备规划问题建模。

战斗机是一种重要的作战工具，但要使战斗机发挥作用必须有足够的驾驶员。因此生产出来的战斗机除一部分直接用于战斗外，需抽一部分用于培训驾驶员。已知每年生产的战斗机数量为 $a_j (j=1,2,\cdots,n)$，又每架战斗机每年能培训出 k 名驾驶员，问应该如何分配每年生产出来的战斗机，使在 n 年内生产出的战斗机为空防作出最大贡献？(n 年内累计用于空防的战斗机数量最大)

设 x_j 表示第 j 年生产出来分配用于作战的战斗机数；

y_j 为 j 年已培训出来的驾驶员总数；

$a_j - x_j$ 为第 j 年用于培训驾驶员的战斗机数；

z_j 为第 j 年用于培训驾驶员的战斗机数。

该问题可用数学模型表示为：

$$\max z = nx_1 + (n-1)x_2 + \cdots + 2x_{n-1} + x_n$$

$$\text{st.} \begin{cases} z_j = z_{j-1} + (a_j - x_j) & (j=1,\cdots,n) \\ y_j = y_{j-1} + kz_{j-1} & (j=1,\cdots,n) \\ x_1 + x_2 + \ldots + x_j \leqslant y_j & (j=1,\cdots,n) \\ x_j, y_j, z_j \geqslant 0 & (j=1,\cdots,n) \end{cases}$$

5.1.2 线性规划的数学模型

线性规划问题是具有下述形式的数学问题：

求 $x_1, x_2, \cdots, x_n$，满足下列条件

$$\begin{cases} a_{11}x_1 + a_{12}x_2 + \cdots + a_{1n}x_n < (>) b_1 \\ a_{21}x_1 + a_{22}x_2 + \cdots + a_{2n}x_n < (>) b_2 \\ \vdots \\ a_{m1}x_1 + a_{m2}x_2 + \cdots + a_{mn}x_n < (>) b_n \\ x_1, x_2, \cdots, x_n \geqslant 0 \end{cases} \quad (5.1.1)$$

使得 $$f(x_1, x_2, \cdots, x_n) = c_1 x_1 + c_2 x_2 + \cdots + c_n x_n \tag{5.1.2}$$

达到最大或最小。条件(5.1.1)称为这个线性规划问题的约束条件，函数 $f(x_1, x_2, \cdots, x_n)$ 称为目标函数。线性规划问题的约束条件左端和目标函数都是变量 $x_j (j=1,2,\cdots,n)$ 的线性函数。

上面给出的线性规划模型，是对不同的问题而言的，约束条件可以是线性方程组，也可以是线性不等式组。目标函数可以求最大值，也可以求最小值。为了方便起见，可用一种统一的标准形式表示出来。

求 $x_1, x_2, \cdots, x_n$ 满足

$$\begin{cases} \sum_{j=1}^{n} a_{ij} x_j = b_i & (i=1,2,\cdots,m) \\ x_j \geq 0 & (j=1,2,\cdots,n) \end{cases} \tag{5.1.3}$$

并且使得 $$\max f(x_1, x_2, \cdots, x_n) = \sum_{j=1}^{n} c_j x_j \tag{5.1.4}$$

其他形式的线性规划问题都可以变换成上述形式。

例如：若给出了一个约束条件是不等式的线性规划问题，可以引入松弛变量 x_{n+i}，把不等式变为等式，原来的约束条件是：

$$\begin{cases} \sum_{j=1}^{n} a_{ij} x_j \leq b_i & (i=1,2,\cdots,m) \\ x_j \geq 0 & (j=1,2,\cdots,n) \end{cases} \tag{5.1.5}$$

现在把它变成：

$$\begin{cases} \sum_{j=1}^{n} a_{ij} x_j + x_{n+i} = b_i & (i=1,2,\cdots,m) \\ x_j \geq 0 & (j=1,2,\cdots,n) \\ x_{n+i} \geq 0 & (i=1,2,\cdots,m) \end{cases} \tag{5.1.6}$$

目标函数不动，得到一个新的线性规划问题。很明显，用约束条件(5.1.6)解出线性规划问题的解以后，把 x_{n+i} 去掉，就是原来的线性规划问题的解。

综上所述，一般线性规划问题就是寻找一组非负变量，满足一个线性方程组，并且使一个线性目标函数达到最小值。

下面引进两个概念：

任何一组满足约束条件的解称为可行解；

凡使目标函数达到最小值(最大值)的可行解称为最优解。

5.1.3 图解法

图解法的优点：简单直观，有助于了解线性规划问题求解的基本原理。

现对例 5.1.1 进行图解。

在以 x_1、x_2 为坐标轴的直角坐标系中,非负条件 $x_1 \geq 0$ 就代表包括 x_2 轴和它的右半平面,非负条件 $x_2 \geq 0$ 代表包括 x_1 轴和它的上半平面。这两个条件同时存在时,是指第一象限。同理,例 5.1.1 的每一个约束条件都代表一个半平面。如约束条件 $10x_1 + 20x_2 \leq 90$ 是代表以直线 $10x_1 + 20x_2 = 90$ 为边界的左下方的半平面。若有一点同时满足 $x_1 \geq 0$,$x_2 \geq 0$ 及 $10x_1 + 20x_2 \leq 90$ 的条件,必然落在由这三个半平面重叠的区域内。由例 5.1.1 的所有约束条件为半平面重叠的区域是 $OQ_1Q_2Q_3Q_4$,见图 5.1.1 中的阴影部分。

区域 $OQ_1Q_2Q_3Q_4$ 中的每一个点(包括边界点)都是这个线性规划问题的一个解(称为可行解),因而区域 $OQ_1Q_2Q_3Q_4$ 是例 5.1.1 的线性规划问题的解集合(称它为可行解域)。

现分析目标函数 $f = 30x_1 + 20x_2$。在坐标平面上,它可以表示为以 f 为参数的一族平行线,位于同一直线上的点,具有相同的目标函数值,因而称之为"等值线"。当 f 值由小变大时,直线向右上方平行移动。当移动到 Q_2 点时,f 取值最大,这就得到了例 5.1.1 的最优解,见图 5.1.2。Q_2 的坐标为(4,2),于是可计算出 $f = 160$。

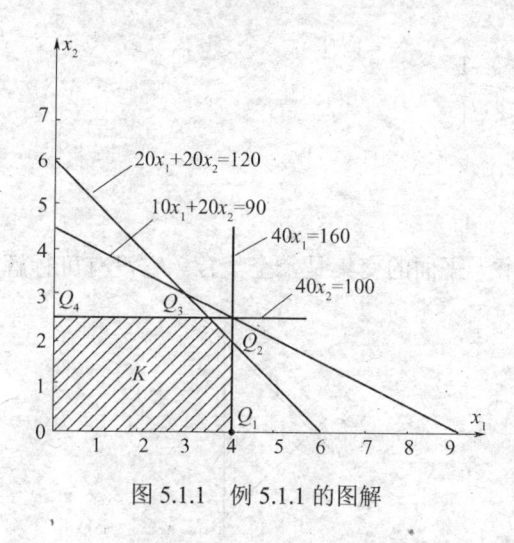

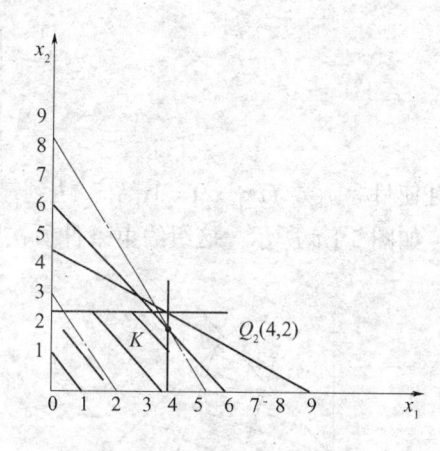

图 5.1.1　例 5.1.1 的图解

图 5.1.2　例 5.1.1 的最优解

这说明工程兵的最优施工计划方案是:在计划期内建造甲型洞库 5 个,乙型洞库 2 个,最多可储藏武器 160 单位。

【例 5.1.4】求 x_1, x_2 满足约束条件:

$$\begin{cases} x_1 + x_2 \geq 1 \\ x_1 - 3x_2 \geq -3 \\ x_1, x_2 \geq 0 \end{cases}$$

并且使目标函数 $f(x_1, x_2) = -2x_1 + x_2$ 达到最小值。

画出由约束条件决定的 4 个半平面的交集 K 见图 5.1.3。

由图 5.1.3 可以看出,这是一个无界的凸多边形。作直线束 $-2x_1 + x_2 = h$,让它向右方平行移动,如图 5.1.3 所示,可以无限制地移下去,一直与 K 相交,所以最小值是负无穷大,或者说函数

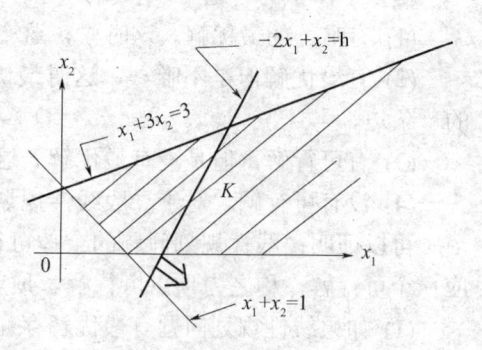

图 5.1.3　例 5.1.4 的图解

$f = -2x_1 + x_2$ 在集合 K 上无下界。

【例5.1.5】求 x_1, x_2 满足约束条件：

$$\begin{cases} x_1 + x_2 \leq 5 \\ -x_1 + x_2 \leq 0 \\ 6x_1 + 2x_2 \geq 21 \\ x_1, x_2 \geq 0 \end{cases}$$

并且使目标函数 $f(x_1, x_2) = 3x_1 + x_2$ 达到最大值。

如图 5.1.4 所示，作出可行解集合 K。作直线束 $3x_1 + x_2 = h$，向右平行移动。到达 $A(11/4, 9/4)$ 点时与线段 AB 重合，再移动就离开集合 K 了。所以线段 AB 上的点都使 $f(x_1, x_2)$ 达到最大值。$f\left(\frac{21}{6}, 0\right) = f\left(\frac{11}{4}, \frac{9}{4}\right) = \frac{21}{2}$。

【例5.1.6】求 x_1, x_2 满足约束条件：

$$\begin{cases} x_1 - x_2 \leq -1 \\ x_1 + x_2 \leq -1 \\ x_1, x_2 \geq 0 \end{cases}$$

并且使目标函数 $f(x_1, x_2) = 3x_1 + x_2$ 达到最大值。

如图 5.1.5 所示，这组约束条件所决定的 4 个半平面的交集是个空集合。它没有可行解。

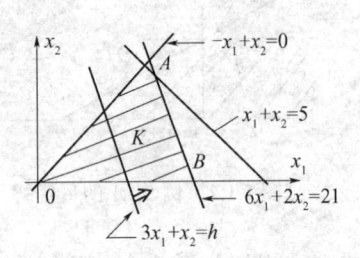

图 5.1.4　例 5.1.5 的可行解集合　　　　图 5.1.5　例 5.1.6 无可行解

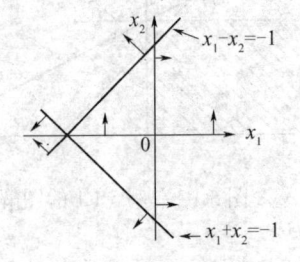

由以上例子的讨论可以看出，两个变量的线性规划问题的解可能有以下 4 种情况：

(1) 有唯一的最优解。这时候，这个最优解一定是可行解集合 K 的一个顶点。

(2) 有最优解但是不唯一，这时最优解一定充满一个线段，而这个线段是可行解集合 K 的一条边。

(3) 有可行解，但是没有最优解。这时可行解集合 K 上的点能使目标函数趋向无穷大。

(4) 没有可行解。对于一般线性规划问题也有上述类似的结论，这个以后便可以看到。

可以证明：线性规划问题的全体可行解必然构成一凸多边形，凸多边形的每个顶点都对应一个可行解，称之为顶点可行解。顶点可行解具有如下性质：

(1) 如果线性规划问题有最优解存在，则它必定是顶点可行解。如果有多个最优解存在，则至少有两个最优解必是相邻的顶点可行解。因此，最优解的求解只需在凸多边形的顶点中进行。

(2) 可行解构成的凸多边形的顶点个数是有限的。因此只存在有限个顶点可行解。

(3) 如果一个顶点可行解的目标函数值比其相邻的顶点可行解的目标值更优,那么它必定比所有其他顶点可行解的目标值更优,因此该顶点可行解就是最优解。

5.2 单纯形法

单纯形法的基本思想就是根据顶点可行解的性质,从可行域中某个顶点开始搜索,最终使目标函数值达到最优值,获得线性规划问题的最优解。整个搜索过程是采用迭代的方法。

因为三角形、四边形、多面体等图形在几何学中叫做单纯形,而丹捷格正是利用这种图形的顶点、棱高等概念和性质得到解线性规划问题的方法,故名单纯形法。

5.2.1 等效模型

为了便于采用单纯形法,必须将原线性规划问题中的不等式约束条件转换为等式约束。不等式约束条件可有两种情况,一是约束为"≤",此时可在"≤"不等式的左端加入非负的松弛变量,将原"≤"不等式转变为等式;二是约束为"≥"不等式,此时只需在"≥"不等式的左边减去一个非负的松弛变量(又称为剩余变量),将原"≥"不等式转变为等式约束。

$$x_4 = 12 - 2x_2$$
$$x_5 = 18 - 3x_1 - 2x_2$$

【例 5.2.1】线性规划原模型为:(原问题见例 5.1.2,其图解法见图 5.2.1)。

$$\max f = 3x_1 + 5x_2$$

$$\begin{cases} x_1 \leqslant 4 \\ 2x_2 \leqslant 12 \\ 3x_1 + 2x_2 \leqslant 18 \\ x_1, x_2 \geqslant 0 \end{cases}$$

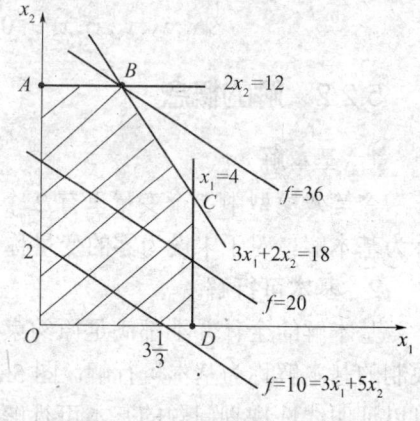

图 5.2.1 例 5.2.1 图解法

除了非负约束以外的三个约束均为"≤"不等式,因此引入 x_3, x_4, x_5 三个松弛变量分别加到三个约束方程中,各代表未用完的配件 A、B、C 的数目。则得到转换后的等式约束如下:

$$\begin{cases} x_1 + x_3 = 4 \\ 2x_2 + x_4 = 12 \\ 3x_1 + 2x_2 + x_5 = 18 \end{cases}$$

其中松弛变量的值为

$$x_3 = 4 - x_1$$
$$x_3, x_4, x_5 \geqslant 0$$

由此便得到例 5.2.1 线性规划问题的等效模型:

$$\max f = 3x_1 + 5x_2 + 0 \cdot x_3 + 0 \cdot x_4 + 0 \cdot x_5$$

$$\begin{cases} x_1 + x_3 = 4 \\ 2x_2 + x_4 = 12 \\ 3x_1 + 2x_2 + x_5 = 18 \\ x_1, x_2, x_3, x_4, x_5 \geq 0 \end{cases}$$

由于 x_3, x_4, x_5 代表没有利用的资源，因此不会产生利润，所以在目标函数中其系数均为零。

为了便于使单纯法能更直接地读出线性规划问题的解和目标函数值，规定在等效模型中所有方程的右端常数应大于或等于零，因此对上模型再进行转化：

$$\max f$$

且满足

$$\begin{cases} f - 3x_1 - 5x_2 - 0 \cdot x_3 - 0 \cdot x_4 - 0 \cdot x_5 = 0 & (0) \\ x_1 + x_3 = 4 & (1) \\ 2x_2 + x_4 = 12 & (2) \\ 3x_1 + 2x_2 + x_5 = 18 & (3) \\ x_1, x_2, x_3, x_4, x_5 \geq 0 \end{cases} \quad (5.2.1)$$

5.2.2 解的概念

1. 基本解

令等效模型中 5 个变量里有 2 个变量等于零，求解其他 3 个变量，用这种方法获得的解称为基本解。对于未设为零的变量称为基本变量，反之称为非基本变量。

2. 基本可行解

基本解的全体并不都满足原约束条件和非负数的限制，而满足所有约束条件和非负约束限制的基本解称为基本可行解。图 5.2.1 中 O、A、B、C、D 5 个点相应的解都是基本可行解。可以证明线性规划问题的基本可行解均对应于可行域的顶点，因此顶点可行解的性质均适合于基本可行解。

3. 最优基本可行解

使目标函数值为最优的基本可行解称为最优基本可行解。从图 5.2.1 中看出具有两个决策变量的线性规划问题的可行解的集合构成一个凸多边形，它具有有限个顶点。推广到多维决策变量的线性规划问题，其所有可行解的集合为一凸集，它具有有限个顶点。因此对于每个线性规划问题来说，都是从有限个基本可行解中搜索最优基本可行解。

5.2.3 解题方法

以例 5.2.1 为例讨论单纯形法实施的步骤。

1. 选择初始基本可行解

令等效模型(5.2.1)的 5 个变量中 2 个等于零，并满足约束条件求解其他 3 个变量，便得到一个基本可行解。从式(5.2.1)中看出，令 $x_1 = x_2 = 0$，可以很容易地直接从约束方程的右端读出基本变量 $(x_3, x_4, x_5) = (4, 12, 18)$。所以得到初始基本可行解 $x_1, x_2, x_3, x_4, x_5 = (0, 0, 4, 12,$

18),它对应于图5.2.1中的坐标原点O。此解说明,若该厂两种产品均不生产,则其利润$f=0$。

2. 向f增大方向搜索更好些的基本可行解

单纯形法在求解过程中的每一次基本可行解的转换搜索,都是使一个非基本变量转变成基本变量,称其为换入基本变量。同时也将一个基本变量转变为非基本变量,称其为换出基本变量,从而得到一个新的基本可行解。

(1) 确定换入基本变量。为了得到更大的目标函数值f,要求选择的换入基本变量应当是当它由零增大至某一正数(退化情况除外)时,f的改变量也应为正的。考查方程组(5.2.1)的方程(0)中的非基本变量的系数,选择系数最负的那个非基本变量作为换入基本变量,因为该非基本变量由零增大将使目标函数值f增大最快。本例方程(0)中,x_2的系数最负(-5),所以选x_2作为换入基本变量。

(2) 选择换出基本变量。令换入基本变量由零逐渐增大,其他(n-1)个非基本变量保持零值。考查非负约束,对于由换入基本变量的增大而最先减小到零(即达到约束的边界)的基本变量取作为换出基本变量。考查的方法是对每个约束方程右边的常数与相应换入基本变量系数的正比值进行比较,取最小比值对应的基本变量作为换出基本变量。本例中

从方程组(5.2.1)的方程(2)得　　12/2=6

从方程组(5.2.1)的方程(3)得　　18/2=9

最小比值在方程(2)中出现,因此该方程中当前的基本变量x_4将作为换出基本变量,在下一个基本可行解中变为零。而x_2将增大到非负性约束限制下的最大值$x_2=6$,即x_2的上界是6。如果不存在正的比值,则目标函数无上界。

(3) 求出新的基本可行解。为了简便地读出基本可行解和目标函数的新值,对方程(5.2.1)中的(0),(1),(2),(3)进行初等变换,使之在每一方程中只有一个基本变量,且系数为+1,同时此基本变量不在任何其他方程中出现。所谓初等变换是指:①用非零常数乘以或除方程两端;②把一个方程的倍数加给另一个方程式。这样做不会改变原方程组的可行解。

在本例中,x_2作为换入基本变量替换出x_4,为使方程组(5.2.1)中的方程(2)的x_2系数转换为+1,用$\frac{1}{2}$乘方程(2)的两边,得到新的方程(2)为:

$$x_2 + \frac{1}{2}x_4 = 6$$

其次,必须从有x_2的其他方程中消去x_2(包括方程(0),以便检查新的解是否是最优解),即

新方程(3)=旧方程(3)+(-2)×新方程(2)

新方程(0)=旧方程(0)+5×新方程(2)

于是得到初等变换后的方程组如下:

$$\begin{cases} f - 3x_1 + \frac{5}{2}x_4 = 30 & (0) \\ x_1 + x_3 = 4 & (1) \\ x_2 + \frac{1}{2}x_4 = 6 & (2) \\ 3x_1 - x_4 + x_5 = 6 & (3) \end{cases} \quad (5.2.2)$$

令此方程组中非基本变量x_1和x_4为零,便可方便地读出当前新的基本可行解(x_1,x_2,x_3,x_4,x_5)=

(0，6，4，0，6)，目标函数值 f =30。

3．最优基本可行解的判别

考查当前方程组(5.2.2)的方程(0)，如果非基本变量系数均为正值，则当前解就是最优基本可行解。如果非基本变量系数仍存在负值，则说明将非基本变量变换为基本变量，目标函数值还可能增大，所以应回到迭代步骤，寻找更好些的基本可行解。

(1) 本例方程组(5.2.2)的方程(0)中非基本变量 x_1 的系数仍为负数，所以需再进行迭代。选择 x_1 作为新的换入基本变量。

(2) 考查由于 x_1 的增大而最先到达零的基本变量：

从方程组(5.2.2)的方程(1)得　　4 / 1= 4

从方程组(5.2.2)的方程(3)得　　6 / 3 = 2

最小值在方程(3)出现，因此方程中的基本变量 x_5 选作为换出基本变量。

(3) 对方程组进行初等变换，将方程组(5.2.2)的方程(3)中的 x_1 系数变换为+1，其余方程中的 x_1 系数为零。变换的结果如下：

$$\begin{cases} f + \frac{3}{2}x_4 + x_5 = 36 & (0) \\ x_3 + \frac{1}{3}x_4 - \frac{1}{3}x_5 = 2 & (1) \\ x_2 + \frac{1}{2}x_4 = 6 & (2) \\ x_1 - \frac{1}{3}x_4 + \frac{1}{3}x_5 = 2 & (3) \end{cases} \quad (5.2.3)$$

从方程组(5.2.3)可读出新的基本可行解(x_1,x_2,x_3,x_4,x_5)=(2，6，2，0，0)，目标函数值 f =36。

由于方程组(5.2.3)的方程(0)中没有一个非基本变量系数是负的，因此当前解就是最优基本可行解。所以该问题的最优解 $f^* = (x_1^*, x_2^*) = (2,6)$，最优目标函数值 f^* =36。

4．单纯形法的步骤

把上述解题方法概括为一般形式，单纯形法的解题步骤为：

(1) 起始步骤。将原线性规划问题的数学模型转化为单纯形法的等效形式，选择初始基本可行解。一般可选择决策变量为零的基本可行解。

(2) 迭代步骤。

① 选择换入基本变量。选择当它本身增大时将使 f 以最快速率增加的非基本变量。方法是在仅由非基本变量表示的目标函数中选择系数为最大的非基本变量，或者在当前改写的目标函数方程中最大负系数的非基本变量。

② 确定换出基本变量。选择当换入基本变量由零增大时最先减小到零的基本变量。选择的方法是对每个方程右端常数与相应换入基本变量系数的正比值进行比较，取最小值对应的基本变量作为换出基本变量。

③ 确定新的基本可行解和目标函数值。采用高斯初等变换法使每一个方程只有一个主系数为+1 的基本变量，且该基本变量不在其他方程中出现。然后令非基本变量等于零，则所有基本变量(及 f)便等于该变量出现的那个方程的右端。

(3) 停止法则。确定此解是否最优，应检验当增大任何一个非基本变量时是否使 f 随之增大。方法是检验目标函数方程中每一个非基本变量系数，如果这些系数均为非负，则当前解就是最优，因此停止。否则转到迭代步骤。

为了更简便地进行求解，可采用表格形式的单纯形法。

5.2.4 表格形式的单纯形法

表格形式的单纯形法是以单纯形表格表达线性规划问题中的各项资料：变量和变量的系数；方程右端的常数；每一个方程中出现的基本变量。它在数学上是等价于代数表达式，其解题的具体步骤实质上与单纯形法完全相同。为了便于说明解题过程，仍以例 5.2.1 为例讨论。

首先将线性规划问题转化为标准等效的形式，用表 5.2.1 的形式写出初始单纯形表格。

1. 起始步骤

令原决策变量 x_1 和 x_2 为初始非基本变量并分别等于零。选择松弛变量 x_3、x_4、x_5 为初始基本变量，得出初始单纯形表 5.2.2。由于每个方程中只含有一个基本变量，其系数为+1，所以每个基本变量就等于其方程右端的常数。因而得出初始基本可行解是 (0, 0, 4, 12, 18)。转到停止法则，以判别此解是否最优。

表 5.2.1　线性规划的初始单纯形表格

基本变量	方程号数	各变量的系数								方程的右端
		f	x_1	x_2	...	x_n	x_{n+1}	x_{n+2}	...	x_{n+m}	
f	0	1	$-C_1$	$-C_2$	...	$-C_n$	0	0	...	0	0
x_{n+1}	1	0	a_{11}	a_{12}	...	a_{1n}	1	0	...	0	b_1
x_{n+2}	2	0	a_{21}	a_{22}	...	a_{2n}	0	1	...	0	b_2
⋮	⋮	⋮									⋮
x_{n+m}	m	0	a_{m1}	a_{m2}	...	a_{mn}	0	0	...	1	b_m

表 5.2.2　线性规划的初始单纯形表格（简化版）

基本变量	方程号	各变量的系数						右端
		f	x_1	x_2	x_3	x_4	x_5	
f	0	1	-3	-5	0	0	0	0
x_3	1	0	1	0	1	0	0	4
x_4	2	0	0	2	0	1	0	12
x_5	3	0	3	2	0	0	1	18

2. 停止法则

只有目标函数方程中每一个系数为非负时 (≥0)，当前基本可行解才为最优，则停止。否则转到迭代步骤求下一个基本可行解。现在当前表格目标函数方程中有两个负系数，x_1 的-3 和 x_2 的-5，因此转到迭代步骤。

3. 迭代步骤

(1) 确定换入基本变量。在目标函数方程中选取具有最大负数的变量,把位于此系数下面的一列系数用长方框围起来,称其为枢纽列。本例中 x_2 具有最大负数(-5),则 x_2 作为换入基本变量。

(2) 确定换出基本变量。在枢纽列中挑出所有正的系数(>0),去除同一行的右端常数,并比较找出具有最小商值的方程,选择此方程的基本变量为换出基本变量。把此方程用长方框围起来,称其为枢纽行。枢纽行与枢纽列共同框出的系数称为枢纽数,如表 5.2.3 迭代 0 中所示。此时的换出基本变量为 x_4。

表 5.2.3 例 5.2.1 单纯形表格

迭代	基本变量	方程号	各变量的系数						右端	商比数
			f	x_1	x_2	x_3	x_4	x_5		
0	f	0	1	-3	-5	0	0	0	0	
	x_3	1	0	1	0	1	0	0	4	
	x_4	2	0	0	2	0	1	0	12	12/2=6
	x_5	3	0	3	2	0	0	1	18	18/2=9
1	f	0	1	-3	0	0	5/2	0	30	
	x_3	1	0	1	0	1	0	0	4	4/1=4
	x_2	2	0	0	1	0	1/2	0	6	
	x_5	3	0	3	0	0	-1	1	6	6/3=2
2	f	0	1	0	0	0	3/2	1	36	
	x_3	1	0	0	0	1	1/3	-1/3	2	
	x_2	2	0	0	1	0	1/2	0	6	
	x_1	3	0	1	0	0	-1/3	1/3	2	

(3) 确定新的基本可行解和目标函数值。在当前单纯形表格的下面建立一个新表格。首先在基本变量一列中用 x_2 代替 x_4,其余不变。经过初等变换,使换入基本变量 x_2 的系数改变为+1,同时消去在其他方程中的换入基本变量。

由于每一基本变量等于其方程的右端,新的基本可行解是(0, 6, 4, 0, 6),目标值 f=30。对迭代 1 表格进行最优检验,其行 0 中仍有负系数(x_1 对应的-3),因而此解不是最优解,转到迭代步骤进行下一轮迭代。选择 x_1 为换入基本变量, x_5 为换出基本变量,如表 5.2.3 迭代 1 所画出的长方框。重复迭代过程中的求解新表格方法,最后得到一组完整的单纯形表格,其新的基本可行解(2, 6, 2, 0, 0),目标值 f=36。转到停止法则,因为迭代 2 表格中行 0 里再没有负系数,则判断此解为最优,所以原问题的最优解是 $X^* = (x_1^*, x_2^*) = (2, 6)$。

5.2.5 人工变量技术

以上讨论单纯形法的求解,约束是以"≤"不等式出现,因而引入松弛变量后很容易确定初始基本可行解。而对于"≥"或"="的约束条件问题,要直接从其等效形式中读出初始基本可行解就比较困难，为此需要利用人工变量技术。

【例 5.2.2】 现将例 5.2.1 线性规划问题改变为，该厂要求必须每分钟使用配件 B12 件，而且最少要使用配件 C18 件，则相应的线性规划模型改写为：

$$\max f = 3x_1 + 5x_2$$

$$\begin{cases} x_1 \leqslant 4 \\ 2x_2 = 12 \\ 3x_1 + 2x_2 \geqslant 18 \\ x_1, x_2 \geqslant 0 \end{cases}$$

将该线性规划问题转化为等效形式，需引入松弛变量 x_3，剩余变量 x_4，即转换为：

$$\max f = 3x_1 + 5x_2 + 0 \cdot x_3 + 0 \cdot x_4 \quad (0)$$

$$\begin{cases} x_1 + x_3 = 4 & (1) \\ 2x_2 = 12 & (2) \\ 3x_1 + 2x_2 - x_4 = 18 & (3) \\ x_1, x_2, x_3, x_4 \geqslant 0 & (4) \end{cases} \quad (5.2.4)$$

从以上等效模型中并无显而易见的初始基本可行解，为能直接读出初始基本可行解，单纯形法要求每一个方程中只有一个基本变量，且在该方程中其系数为+1，在其他方程中系数为零。所以还需对方程组(5.2.4)中的方程(2)和(3)进行修正。方法是引入非负的人工变量 $\bar{x}_5$ 和 $\bar{x}_6$，分别加到方程(2)和(3)的左端，修正后的方程(2)和(3)为：

$$2x_2 + \bar{x}_5 = 12 \quad (2)$$
$$3x_1 + 2x_2 - x_4 + \bar{x}_6 = 18 \quad (3)$$

现在可以令 x_1，x_2，x_4 为非基本变量，x_3，$\bar{x}_5$，$\bar{x}_6$ 为基本变量，读出修正后问题的基本可行解 $(x_1, x_2, x_3, x_4, \bar{x}_5, \bar{x}_6) = (0, 0, 4, 0, 12, 18)$。由于该解中的人工变量大于零，因此此解不是原等效模型的基本可行解。例如原来 $2x_2 = 12$，而上解不符合此约束，显然加入人工变量的结果使可行解区域扩大。为了使修正后的最优基本可行解对原问题也可行，必须要使基本变量中不再含有非零的人工变量。所以假定人工变量在目标函数中的系数为 $-M$，其 M 为一任意大的正数。要实现目标函数的极大值，必须把人工变量从基本变量中换出来。引入人工变量后的方程(0)为：

$$f = 3x_1 + 5x_2 - M_1 \bar{x}_5 - M_2 \bar{x}_6$$

或表达为

$$f - 3x_1 - 5x_2 + M_1 \bar{x}_5 + M_2 \bar{x}_6 = 0 \quad (0)$$

其中 M_1、M_2 分别表示一个很大的正数，故可用一个 M 表示。目标函数的极大值只有 $\bar{x}_5$ 和 $\bar{x}_6$ 等于零时才可能出现。

为了使方程的形式适合于应用单纯形法，还需将初始基本变量 $\bar{x}_5$ 和 $\bar{x}_6$ 从方程组(5.2.4)的方程(0)中消去，方法是用 $-M$ 分别乘以方程(2)和(3)，并把所得结果加到方程(0)中，则新的等效模型为：

$$\max f$$
$$\begin{cases} f+(-3M-3)x_1+(-4M-5)x_2+Mx_4=-30M & (0) \\ x_1+x_3=4 & (1) \\ 2x_2+\bar{x}_5=12 & (2) \\ 3x_1+2x_2-x_4+\bar{x}_6=18 & (3) \\ x_1,x_2,x_3,x_4,\bar{x}_5,\bar{x}_6 \geq 0 \end{cases} \quad (5.2.5)$$

方程组(5.2.5)已适用于单纯形法求解，由此而得的初始单纯形表格以及随后的迭代过程，可参看表 5.2.4，最优解 $f^*=(x_1^*,x_2^*)=(4，6)$，最优目标值 $f^*=42$。

表 5.2.4 例 5.2.2 的单纯形表

迭代	基本变量	方程号	各变量的系数						右端	商比数
			f	x_1	x_2	x_3	x_4	$\bar{x}_5$	$\bar{x}_6$	
0	f	0	1	$-3M-3$	$-4M-5$	0	M	0	0	$-30M$	
	x_3	1	0	1	0	1	0	0	0	4	
	$\bar{x}_5$	2	0	0	2	0	0	1	0	12	12/2=6
	$\bar{x}_6$	3	0	3	2	0	-1	0	1	18	18/2=9
1	f	0	1	$-3M-3$	0	0	M	1/2*(4M+5)	0	$-6M+30$	
	x_3	1	0	1	0	1	0	0	0	4	4/1=4
	x_2	2	0	0	1	0	0	1/2	0	6	
	$\bar{x}_6$	3	0	3	0	0	-1	-1	1	6	6/3=2
2	f	0	1	0	0	0	-1	$M+3/2$	$M+1$	36	
	x_3	1	0	0	0	1	1/3	1/3	$-1/3$	2	2/1/3=6
	x_2	2	0	0	1	0	0	1/2	0	6	
	x_1	3	0	1	0	0	$-1/3$	$-1/3$	1/3	2	
3	f	0	1	0	0	0	3	0	$M+5/2$	M	42	
	x_4	1	0	0	0	3	1	1	-1	6	
	x_2	2	0	0	1	0	0	1/2	0	6	
	x_1	3	0	1	0	1	0	0	0	4	

5.2.6 两阶段法

下面再介绍一种两阶段法，用于求解约束条件是"≥"或"="的线性规划问题。

假定约束条件是 $AX=b$ ($b\geq 0$) 的形式，而且 A 又不包含单位矩阵。这时，我们在每一个约束方程后面加一个"人造变量"。构造一个新的线性规划问题如下：

找 $x_1,x_2,\cdots,x_n,\bar{x}_{n+1}\bar{x}_{n+2},\cdots,\bar{x}_{n+m}$ 满足约束条件：

$$\begin{cases} a_{11}x_1 + a_{12}x_2 + \cdots + a_{1n}x_n + \bar{x}_{n+1} = b_1 \\ a_{21}x_1 + a_{22}x_2 + \cdots + a_{2n}x_n + \bar{x}_{n+2} = b_2 \\ \vdots \\ a_{m1}x_1 + a_{m2}x_2 + \cdots + a_{mn}x_n + \bar{x}_{n+m} = b_m \end{cases} \tag{5.2.6}$$

$$\min Z = \bar{x}_{n+1} + \bar{x}_{n+2} + \cdots \bar{x}_{n+m} \tag{5.2.7}$$

这个问题有一组明显的基本可行解为：

$$x_1 = x_2 = x_3 = \cdots = x_n = 0, \bar{x}_{n+1} = b_1, \bar{x}_{n+2} = b_2, \cdots, \bar{x}_{n+m} = b_m$$

并且它的目标函数在可行解集合上有个明显的下界 $Z = 0$，所以它一定有最优解。因此用前面讲的单纯形方法解(5.2.6)时，最后一定得到一个可行解，它对应的最优解 X°。设 $X^\circ = (x_1^\circ, x_2^\circ, \cdots, x_n^\circ, \bar{x}_{n+1}^\circ, \cdots, \bar{x}_{n+m}^\circ)$，可能出现下列两种情况：

(1) 在最后得到的基中，人造变量 $\bar{x}_{n+1}, \bar{x}_{n+2}, \cdots, \bar{x}_{n+m}$ 全是非基本变量。这时，显然 $X^\circ = (x_1^\circ, x_2^\circ, \cdots, x_n^\circ)$ 是(5.2.6)的一个基本可行解。

(2) 在最后得到的基本变量中，包括某些人造变量 $\bar{x}_{n+j}$ 是基本变量，并且目标函数值 $Z > 0$。这时容易看出式(5.2.6)没有可行解。因为如果式(5.2.6)有一个可行解 $(x_1^1, x_2^1, \cdots, x_n^1)$，那么令 $\bar{x}_{n+1}^1 = 0, \bar{x}_{n+2}^1 = 0, \cdots, \bar{x}_{n+m}^1 = 0, (x_1^1, x_2^1, \cdots, x_n^1, \bar{x}_{n+1}^1, \cdots, \bar{x}_{n+m}^1)$，当然是问题(5.2.6)、问题(5.2.7)的一个可行解，并且使目标函数值 $Z = 0$。这与 X° 是最优解，并且使目标函数值 $Z > 0$ 矛盾。

这样，当需要解问题(5.2.5)时，就可以先解问题(5.2.6)、问题(5.2.7)。解的结果或者说明原问题没有可行解，或者找到它的一个基本可行解，然后再从这个基可行解开始解原问题。这种解法通常称为两阶段法。

前面讲过，在用单纯形法解问题(5.2.6)、问题(5.2.7)时，可以取 $(\bar{x}_{n+1}, \bar{x}_{n+2}, \cdots, \bar{x}_{n+m})$ 作为第一组基本可行解，与之相对应的目标函数也很容易求出来的，因为从问题(5.2.6)、问题(5.2.7)不难看出，只要把式(5.2.6)代入式(5.2.7)，即可得：

$$Z = \sum_{i=1}^{m} b_i - \left(\sum_{i=1}^{m} a_{i1}\right)x_1 - \left(\sum_{i=1}^{m} a_{i2}\right)x_2 - \cdots - \left(\sum_{i=1}^{m} a_{in}\right)x_n \tag{5.2.8}$$

由式(5.2.8)可以看出，在不包含基本变量的目标函数 Z 行中 x_j 的所有系数的和，Z 行的常数项也恰好是式(5.2.6)中各个常数项的和。

【例5.2.3】 解下述线性规划问题：

$$\begin{cases} x_1 - x_2 + 6x_3 - x_4 = 2 \\ x_1 + x_2 + 2x_3 - x_5 = 1 \\ x_j \geqslant 0 \quad (j = 1, 2, \cdots, 5) \end{cases}$$

$$\min f = 5x_1 + 21x_3$$

我们增加人造变量 $\bar{x}_6$、$\bar{x}_7$，得到新的线性规划问题：

$$\begin{cases} x_1 - x_2 + 6x_3 - x_4 + \bar{x}_6 = 2 \\ x_1 + x_2 + 2x_3 - x_5 + \bar{x}_7 = 1 \\ x_j \geq 0 \quad (j=1,2,\cdots,7) \end{cases}$$

$$\min \ Z = \bar{x}_6 + \bar{x}_7$$

用式(5.2.8)把目标函数变成：

$$\min \ Z = 3 - 2x_1 - 8x_3 + x_4 + x_5$$

令：$\max \ Z = -3 + 2x_1 + 8x_3 - x_4 - x_5$

$\max \ F = -5x_1 - 21x_3$

作单纯形表 5.2.5。

表 5.2.5 例 5.2.3 的两阶段法单纯形表格

		x_1	x_2	x_3	x_4	x_5	$\bar{x}_6$	$\bar{x}_7$	右
	F	5	0	21	0	0	0	0	0
基本变量	Z	-2	0	-8	1	1	0	0	-3
	$\bar{x}_6$	1	-1	6*	-1	0	1	0	2
	$\bar{x}_7$	1	1	2	0	-1	0	1	1

这张单纯形表比普通单纯形表多了一行，就是它既有与目标函数对应的行，又有与原目标函数对应的行。我们规定，在进行单纯形迭代时，这两行都要进行变换。增加与 f 对应的行的好处是：当问题(5.2.6)、问题(5.2.7)的计算结果是出现上面讲的第一种情况(即找到了原问题(5.2.5)的基可行解)时，把表中与 Z 对应的行以及人造变量对应的列划去，紧接着就可以往下计算，不必再重新对 f 进行变换。

二阶段法迭代时，首先根据 Z 行进行迭代，迭代过程如表 5.2.6～表 5.2.8 所示。

表 5.2.6 单纯形表(一)

		x_1	x_2	x_3	x_4	x_5	$\bar{x}_6$	$\bar{x}_7$	右
	f	$\frac{3}{2}$	$\frac{7}{2}$	0	$\frac{7}{2}$	0	$-\frac{7}{2}$	0	-7
基本变量	Z	$-\frac{2}{3}$	$-\frac{4}{3}$	0	$-\frac{1}{3}$	1	$\frac{4}{3}$	0	$-\frac{1}{3}$
	x_3	$\frac{1}{6}$	$-\frac{1}{6}$	1	$-\frac{1}{6}$	0	$\frac{1}{6}$	0	$\frac{1}{3}$
	$\bar{x}_7$	$\frac{2}{3}$	$\frac{4}{3}$*	0	$\frac{1}{3}$	-1	$-\frac{1}{3}$	1	$\frac{1}{3}$

表 5.2.7　单纯形表(二)

基本变量		x_1	x_2	x_3	x_4	x_5	$\bar{x}_6$	$\bar{x}_7$	右
	f	$-\dfrac{1}{4}$	0	0	$\dfrac{21}{8}$	$\dfrac{21}{8}$	$-\dfrac{21}{8}$	0	$-\dfrac{63}{8}$
	Z	0	0	0	0	0	1	1	0
x_3		$\dfrac{1}{4}$	0	1	$-\dfrac{1}{8}$	$-\dfrac{1}{8}$	$\dfrac{1}{8}$	$\dfrac{1}{8}$	$\dfrac{3}{8}$
x_2		$\dfrac{1}{2}^*$	1	0	$\dfrac{1}{4}$	$-\dfrac{3}{4}$	$-\dfrac{1}{4}$	$\dfrac{3}{4}$	$\dfrac{1}{4}$

表 5.2.8　单纯形表(三)

基本变量		x_1	x_2	x_3	x_4	x_5	右
	f	0	$\dfrac{1}{2}$	0	$\dfrac{11}{4}$	$\dfrac{9}{4}$	$-\dfrac{31}{4}$
x_3		0	$-\dfrac{1}{2}$	1	$-\dfrac{1}{4}$	$\dfrac{1}{4}$	$\dfrac{1}{4}$
x_1		1	2	0	$\dfrac{1}{2}$	$-\dfrac{3}{2}$	$\dfrac{1}{2}$

至此，得到新问题的一个最优解 $X° = \left(0, \dfrac{1}{4}, \dfrac{3}{8}, 0, 0, 0, 0\right)$，同时也得到原问题的一个基本可行解 $\left(0, \dfrac{1}{4}, \dfrac{3}{8}, 0, 0\right)$。第一阶段结束。$\bar{x}_6$，$\bar{x}_7$ 列及 Z 行都可以去掉。再针对 F 行继续进行迭代，迭代后得到表 5.2.9。

从表 5.2.9 可以看出 $x_1 = \dfrac{1}{2}$，$x_2 = 0$，$x_3 = \dfrac{1}{4}$，$x_4 = 0$，$x_5 = 0$ 是最优解，目标函数值为 $F_{\max} = -\dfrac{31}{4}, f_{\min} = \dfrac{31}{4}$。

还需说明一点，在用两阶段法求第一个可行基时，如果原问题的系数矩阵中原来就包含着 t 个单位列向量，那么就不必加 m 个人造变量，而只要加 $m-t$ 个人造变量就够了，详见 5.2.7 节的例 5.2.5。

5.2.7　目标函数的极小值问题

如果线性规划模型的目标是求极小值时，只要将极小值问题的模型转换成极大值的模型，然后再用单纯形法求解。转化的方法如下：

原极小值问题的模型

$$\min f = \sum_{j=1}^{n} C_j x_j$$

且满足
$$\sum_{j=1}^{n} a_{ij}x_j \leqslant (或 =, \geqslant) b_i \quad (i=1, 2, \cdots, m)$$
$$x_j \geqslant 0 \quad (j=1, 2, \cdots, n)$$

令 $f' = -f = -\sum_{j=1}^{n} C_j x_j$，则转换后的模型

$$\max f' = -\sum_{j=1}^{n} C_j x_j$$

且满足
$$\sum_{j=1}^{n} a_{ij}x_j \leqslant (或 =, \geqslant) b_i \quad (i=1, 2, \cdots, m)$$
$$x_j \geqslant 0 \quad (j=1, 2, \cdots, n)$$

这样便可用求极大值线性规划问题的单纯形法求解转换后的线性规划问题。若问题存在最优解，则最优目标函数值 $f'^* = -f^*$，即原问题的最优目标函数值 $f^* = -f'^*$，使转换后问题获得最大值 f'^* 的解，就是原问题获得最小目标函数值 f^* 的解。

【例 5.2.4】用单纯形法求解下述线性规划问题。

$$\min f = 2x_1 + 3x_2 + x_3$$

且满足

$$x_1 + 4x_2 + 2x_3 \geqslant 8$$
$$3x_1 + 2x_2 \geqslant 6$$
$$x_1, x_2, x_3 \geqslant 0$$

解：令 $f' = -f$，约束条件中分别减去非负的剩余变量 x_4 和 x_5，并加入人工变量 $\bar{x}_6$ 和 $\bar{x}_7$，在目标函数中设人工变量的系数为一任意大正数 M，由此得该问题的等效模型：

$$\max \quad f'$$

$$\begin{cases} f' + 2x_1 + 3x_2 + x_3 + M\bar{x}_6 + M\bar{x}_7 = 0 & (0) \\ x_1 + 4x_2 + 2x_3 - x_4 + \bar{x}_6 = 8 & (1) \\ 3x_1 + 2x_2 - x_5 + \bar{x}_7 = 6 & (2) \\ x_1, x_2, x_3, x_4, x_5, \bar{x}_6, \bar{x}_7 \geqslant 0 \end{cases} \quad (5.2.9)$$

将方程组(5.2.9)中的方程(0)进行初等变换，使方程(0)中 $\bar{x}_6$ 和 $\bar{x}_7$ 的系数为零。

依此而建立的初始单纯形表及随后的迭代见表 5.2.9 所示。其最优基本可行解 $X=(4/5, 9/5, 0)$，最优目标函数 $f'^* = -7$。所以原极小问题的最优解 $f^* = (x_1^*, x_2^*, x_3^*) = (4/5, 9/5, 0)$，最优目标函数值 $f^* = -f'^* = 7$。

线性规划模型的目标是求极小值时，还有一种方法，只要将判断准则进行修改，由检查目标函数中是否存在负系数，变为检查目标函数中是否存在正系数即可，其他步骤不变，通过下例进一步理解。

表 5.2.9　例 5.2.4 单纯形表

迭代	基本变量	方程号	f	各变量的系数							右端	商比数
				x_1	x_2	x_3	x_4	$\bar{x}_5$	$\bar{x}_6$	$\bar{x}_7$		
0	f	0	1	$-4M+2$	$-6M+3$	$-2M+1$	M	M	0	0	$-14M$	
	$\bar{x}_6$	1	0	1	4	2	-1	0	1	0	8	$\frac{8}{4}=2$
	$\bar{x}_7$	2	0	3	2	0	0	-1	0	1	6	$\frac{6}{2}=3$
1	f	0	1	$-5M/2+5/4$	0	$M-1/2$	$-M/2+3/4$	M	$3M/2-3/4$	0	$-2M-6$	$\frac{2}{\frac{1}{4}}=8$
	x_2	1	0	$\frac{1}{4}$	1	$\frac{1}{2}$	$-\frac{1}{4}$	0	$\frac{1}{4}$	0	2	
	$\bar{x}_7$	2	0	$\frac{5}{2}$	0	-1	$\frac{1}{2}$	-1	$-\frac{1}{2}$	1	2	$\frac{2}{\frac{5}{2}}=\frac{4}{5}$
2	f	0	1	0	0	0	$\frac{1}{2}$	$\frac{1}{2}$	$M-\frac{1}{2}$	$M-\frac{1}{2}$	-7	
	x_2	1	0	0	1	$\frac{3}{5}$	$-\frac{3}{10}$	$\frac{1}{10}$	$\frac{3}{10}$	$\frac{1}{10}$	$\frac{9}{5}$	
	x_1	2	0	1	0	$-\frac{2}{5}$	$\frac{1}{5}$	$-\frac{2}{5}$	$-\frac{1}{5}$	$\frac{2}{5}$	$\frac{4}{5}$	

【例 5.2.5】解下述线性规划问题：

$$\begin{cases} x_1 + 2x_2 + x_3 = 15 \\ 2x_1 + 5x_3 = 18 \\ 2x_1 + 4x_2 + x_3 + x_4 = 10 \\ x_i \geq 0 \quad (i=1,2,3,4) \end{cases}$$

$$\min f = 3x_1 + 2x_2 + x_3$$

这个例子的系数矩阵中包含一个单位向量，就是 P_4。因此，只要增加两个人造变量 $\bar{x}_5$、$\bar{x}_6$，就可以得到下述线性规划问题：

$$\begin{cases} x_1 + 2x_2 + x_3 + \bar{x}_5 = 15 \\ 2x_1 + 5x_3 + \bar{x}_6 = 18 \\ 2x_1 + 4x_2 + x_3 + x_4 = 10 \\ x_i \geq 0 \quad (i=1,2,3,4) \end{cases}$$

$$\min f = 3x_1 + 2x_2 + x_3$$

构造新的目标函数：

$$\min Z = \bar{x}_5 + \bar{x}_{63} = 33 - 3x_1 - 2x_2 - 6x_3$$

作单纯形表见表 5.2.10。

表 5.2.10 例 5.2.5 单纯形表

		x_1	x_2	x_3	x_4	$\bar{x}_5$	$\bar{x}_6$	右
	f	-3	-2	-1	0	0	0	0
基本变量	Z	3	2	6	0	0	0	33
		x_1	x_2	x_3	x_4	$\bar{x}_5$	$\bar{x}_6$	右
$\bar{x}_5$		1	2	1	0	1	0	15
$\bar{x}_6$		2	0	5*	0	0	1	81
x_4		2	4	1	1	0	0	10

要注意的是 Z 行的系数是人造变量 $\bar{x}_5$，$\bar{x}_6$ 这两行的系数的和。迭代过程如表 5.2.11 和表 5.2.12 所列：

表 5.2.11 例 5.2.5 单纯形表

		x_1	x_2	x_3	x_4	$\bar{x}_5$	$\bar{x}_6$	右
	f	$-\frac{13}{5}$	-2	0	0	0	$\frac{1}{5}$	$\frac{18}{5}$
基本变量	Z	$\frac{3}{5}$	2	0	0	0	$-\frac{6}{5}$	$\frac{57}{5}$
$\bar{x}_5$		$\frac{3}{5}$	2	0	0	0	$-\frac{1}{5}$	$\frac{57}{5}$
x_3		$\frac{2}{5}$	0	1	1	0	$\frac{1}{5}$	$\frac{18}{5}$
x_4		$\frac{8}{5}$	4*	0	0	1	$-\frac{1}{5}$	$\frac{32}{5}$

表 5.2.12 例 5.2.5 的单纯形表

		x_1	x_2	x_3	x_4	$\bar{x}_5$	$\bar{x}_6$	右
	f	$-\frac{9}{5}$	0	0	$\frac{1}{2}$	0	$\frac{1}{10}$	$\frac{34}{5}$
基本变量	Z	$-\frac{1}{5}$	0	0	$-\frac{1}{2}$	0	$-\frac{11}{10}$	$\frac{41}{5}$
$\bar{x}_5$		$-\frac{1}{5}$	0	0	$-\frac{1}{2}$	1	$-\frac{1}{10}$	$\frac{41}{5}$
x_3		$\frac{2}{5}$	0	1	0	0	$\frac{1}{5}$	$\frac{18}{5}$
x_2		$\frac{2}{5}$	1	0	$\frac{1}{4}$	0	$-\frac{1}{20}$	$\frac{8}{5}$

此时目标函数 Z 对应的系数都不是正数。因此，$x_1 = 0$，$x_2 = \frac{8}{5}$，$x_3 = \frac{18}{5}$，$x_4 = 0$，$\bar{x}_5 = \frac{41}{5}$，$\bar{x}_6 = 0$ 是增加了人造变量以后的线性规划问题的最优解。但是目标函数值 $Z = \frac{41}{5} > 0$，因为人

造变量 $\bar{x}_5 = \frac{41}{5} > 0$，破坏了 $x_1 + 2x_2 + x_3 = 15$。加入人造变量后，约束方程为：
$x_1 + 2x_2 + x_3 + \bar{x}_5 = 15$，由 $\bar{x}_5 \neq 0$，而改变了原线性规划可行域，故原线性规划问题无可行解。

5.2.8 单纯形法的进一步讨论

无论是单纯形法还是单纯形法表格法，都是从等效模型的一个基本可行解开始进行最优解的搜索，直到搜索到使目标函数达最优值的最优基本可行解，则停止。

(1) 如果在等效模型的最优基本可行解中，人工变量为非零值，则原模型不存在可行解。

【例 5.2.6】 求解如下线性规划问题

$$\max f = 3x_1 + 5x_2$$

且满足
$$\begin{cases} x_1 \leq 1 \\ 2x_2 = 12 \\ 3x_1 + 2x_2 \geq 18 \\ x_1, x_2 \geq 0 \end{cases}$$

解：引入松弛变量 x_3，剩余变量 x_4，人工变量 $\bar{x}_5$ 及 $\bar{x}_6$，建立等效模型并采用单纯形表格法求解如表 5.2.13 所示。从最后表格中的行 0 中看出，已经不存在负系数，则当前的解就是最优基本可行解(1，6，0，0，0，3)。但是该解中由于人工变量 $\bar{x}_6 = 3$ 不为零，则判断该问题无可行解，从图 5.2.2 中可以明了地看到此结论。该问题的可行域为一空集，即无可行解，也就不存在最优解。

表 5.2.13 例 5.2.6 单纯形表

迭代	基本变量	方程号	各变量的系数							右端
			f	x_1	x_2	x_3	x_4	$\bar{x}_5$	$\bar{x}_6$	
0	f	0	1	$-3M-3$	$-4M-5$	0	M	0	0	$-30M$
	x_3	1	0	1	0	1	0	0	0	1
	$\bar{x}_5$	2	0	0	2	0	0	1	0	12
	$\bar{x}_6$	3	0	3	2	0	-1	0	1	18
1	f	0	1	$-3M-3$	0	0	M	$2M+5/2$	0	$-6M+30$
	x_3	1	0	1	0	1	0	0	0	1
	x_2	2	0	0	1	0	0	1/2	0	6
	$\bar{x}_6$	3	0	3	0	0	-1	-1	1	6
2	f	0	1	0	0	$3M+3$	M	$2M+5/2$	0	$-3M+33$
	x_1	1	0	1	0	1	0	0	0	1
	x_2	2	0	0	1	0	0	1/2	0	6
	$\bar{x}_6$	3	0	0	0	-3	-1	-1	1	3

(2) 如果在最优基本可行解中，行 0 的非基本变量有零系数，则原模型有多个最优解。例如将例 5.2.1 问题改为产品乙的单件利润为 2 元，即 $C_2 = 2$，建立等效模型并用单纯形表格法

求解。如表 5.2.14 所示。当迭代 2 进行后用停止法则判断可知,此解便是最优解(4,3,0,6,0),目标函数最优值 $f^*=18$。考查迭代 2 的行 0,可见非基本变量 x_3 为换入基本变量,进行迭代 3,得到当前的基本可行解为(2,6,2,0,0),其仍是取优基本可行解,对应的目标函数值 $f^*=18$ 不变。由此可见,当非基本变量在最优表格中行 0 里的系数为零时,则该线性规划问题有多重解。可以令行 0 系数为零的非基本变量为换入基本变量,以便识别其他最优解。利用图解法可以表达得更清楚。如图 5.2.3 所示,目标函数中以参数为 f 的一族等值直线与约束 $3x_1+2x_2 \leqslant 18$ 直线平行,当 $f=18$ 时恰与其重合,因此在顶点 B 和 C 之间连线上的任意一点都使 f 取相同值的最优解。

表 5.2.14 改进后的例 5.2.1 单纯形表格

迭代	基本变量	方程号	各变量的系数						右端	商比数
			f	x_1	x_2	x_3	x_4	x_5		
0	f	0	1	−3	−2	0	0	0	0	
	x_3	1	0	1	0	1	0	0	4	4/1=4
	x_4	2	0	0	2	0	1	0	12	
	x_5	3	0	3	2	0	0	1	18	18/3=6
1	f	0	1	0	−2	3	0	0	12	
	x_1	1	0	1	0	1	0	0	4	
	x_4	2	0	0	2	0	1	0	12	12/2=6
	x_5	3	0	0	2	−3	0	1	6	6/2=3
2	f	0	1	0	0	0	0	1	18	
	x_1	1	0	1	0	1	0	0	4	4/1=4
	x_4	2	0	0	0	3	1	−1	6	6/3=2
	x_2	3	0	0	1	−3/2	0	1/2	3	
3	f	0	1	0	0	0	0	1	18	
	x_1	1	0	1	0	0	−1/3	1/3	2	
	x_3	2	0	0	0	1	1/3	−1/3	2	
	x_2	3	0	0	1	0	1/2	0	6	

(3) 如果在最优基本可行解中,引入的松弛、剩余和人工变量均为零,则说明模型对于使目标函数为最优的各变量值来说,所有约束是严格的"等式",即右端的资源不多不少。如果松弛变量在最优基本解中不为零,则说明资源尚有剩余。

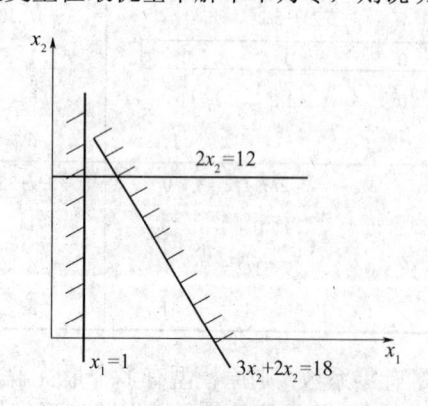

图 5.2.2 例 5.2.6 的图解法

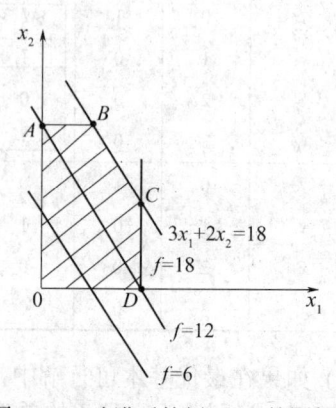

图 5.2.3 改进后的例 5.2.6 的图解法

5.2.9 单纯形法小结

对目标函数求最大值的线性规划问题，单纯形法计算步骤框图如图 5.2.4 所示。

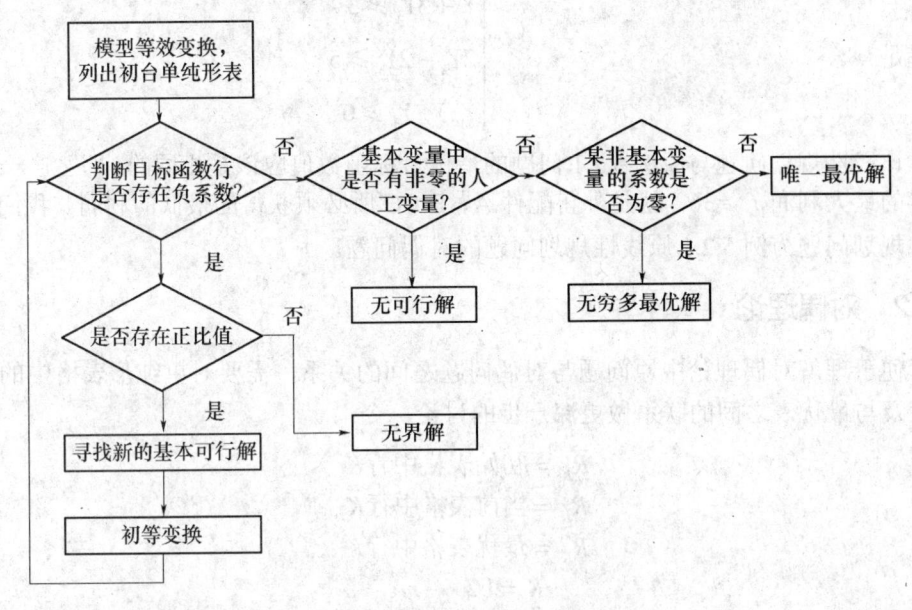

图 5.2.4 单纯形法的计算步骤

线性规划模型是对系统的定量描述，通过求解，可为决策提供依据。当线性规划问题较大、较复杂时，可借助于计算机。Lingo、WinQSB 等软件是当前比较著名的求解线性规划的工具软件。

5.3 对偶理论

5.3.1 问题的提出

在上节所举的例 5.2.1 中讨论了某工厂生产计划的规划问题，由于市场变化该厂的决策者决定组织力量开发新的产品，所以要放弃产品甲和乙的生产，而将甲、乙产品的配件外售。这时就需考虑如何给每一种配件定价的问题。工厂希望外售配件 A、B、C 所获得的利润至少不能比原来生产产品甲、乙所获得的利润低，为此必须求出配件 A、B、C 的最低允许利润，由此再计算其出厂最低价。

设配件 A、B、C 的利润各记为 Y_1、Y_2、Y_3，则外售后所获利润为

$$W=4Y_1+12Y_2+18Y_3$$

根据生产产品甲所需配件的外售利润不应低于原产品甲所获得利润得

$$Y_1+3Y_3 \geqslant 3$$

同理得外售产品乙的配件所获利润应满足

$$2Y_2+2Y_3 \geqslant 5$$

工厂希望利润 W 越大越好，但购买者则希望支付的钱越少越好，因此决策者只能在满足产品

利润的条件下，使 W 尽可能的小，从而获得利润的边际价。所以整理后的模型为

$$\min W = 4Y_1 + 12Y_2 + 18Y_3$$

且满足
$$\begin{cases} Y_1 + 3Y_3 \geq 3 \\ 2Y_2 + 2Y_3 \geq 5 \\ Y_1, Y_2, Y_3 \geq 0 \end{cases}$$

显然该线性规划问题与原例 5.2.1 问题的最优目标函数值应该是相同的。即生产产品甲和乙所获得的最大利润 $f^* = 36$，就是外售配件 A、B、C 所必须获得的最低的利润。我们称这样一个线性规划问题为例 5.2.1 原线性规划问题的对偶问题。

5.3.2 对偶理论

为了便于理解对偶理论中原问题与对偶问题之间的关系，需要对单纯形表格中的初始表与当前表及与最优表之间的联系做更深一步的讨论。令：

$$\bar{R}_K = 初始表格中行 K$$
$$R_K = 当前表格中行 K$$
$$R_K^* = 最优表格中行 K$$
$$K = 1, 2, \cdots, m。$$

初始表、当前表、最优表中的符号定义如表 5.3.1 所示。

表 5.3.1　初始表、当前表、最优表中的符号定义

	方程号	各变量系数									右端
		x_1	x_2	x_3	$\cdots$	x_n	x_{n+1}	x_{n+2}	$\cdots$	x_{m+n}	
初始表	0	$-C_1$	$-C_2$	$-C_3$	$\cdots$	$-C_n$	0	0	$\cdots$	0	0
	1	a_{11}	a_{12}	a_{13}	$\cdots$	a_{1n}	1	0	$\cdots$	0	b_1
	2	a_{21}	a_{22}	a_{23}	$\cdots$	a_{2n}	0	1	$\cdots$	0	b_2
	$\vdots$	$\vdots$	$\vdots$	$\vdots$		$\vdots$	$\vdots$	$\vdots$		$\vdots$	$\vdots$
	m	a_{m1}	a_{m2}	a_{m3}	$\cdots$	a_{mn}	0	0	$\cdots$	1	b_m
当前表	0	$f_1 - C_1$	$f_2 - C_2$		$\cdots$	$f_n - C_n$	Y_1	Y_2	$\cdots$	Y_m	Y_0
	1	a'_{11}	a'_{12}		$\cdots$	a'_{1n}	S_{11}	S_{12}	$\cdots$	S_{1m}	b'_1
	2	a'_{21}	a'_{22}		$\cdots$	a'_{2n}	S_{21}	S_{22}	$\cdots$	S_{2m}	b'_2
	$\vdots$	$\vdots$	$\vdots$			$\vdots$	$\vdots$	$\vdots$		$\vdots$	$\vdots$
	m	a'_{m1}	a'_{m2}		$\cdots$	a'_{mn}	S_{m1}	S_{mn}	$\cdots$	a_{mn}	b'_m
最优表	0	$f^*_1 - C_1$	$f^*_2 - C_2$		$\cdots$	$f^*_n - C_n$	Y^*_1	Y^*_2	$\cdots$	Y^*_n	Y^*_0
	1	a^*_{11}	a^*_{12}		$\cdots$	a^*_n	S^*_{11}	S^*_{12}	$\cdots$	S^*_{1m}	b^*_1
	2	a^*_{21}	a^*_{22}		$\cdots$	a^*_{2n}	S^*_{21}	S^*_{22}	$\cdots$	S^*_{2m}	b^*_2
	$\vdots$	$\vdots$	$\vdots$			$\vdots$	$\vdots$	$\vdots$		$\vdots$	$\vdots$
	m	a^*_{m1}	a^*_{m2}		$\cdots$	a^*_{mn}	S^*_{m1}	S^*_{m2}	$\cdots$	S^*_{mn}	b^*_m

采用表格单纯形法求解线性规划问题的过程中，具有这样两个事实：一是线性规划模型中引入第 i 个松弛变量 x_{n+i} 在方程 i 中($i=1，2，\cdots，m$)系数均为+1，而在所有其他方程(含方程(0)在内)中系数均为零；二是单纯形法的迭代实质上就是对起始方程进行初等变换：

Ⅰ 用一个非零的常数通乘一个方程式；

Ⅱ 把一个方程式的倍数加给另一个方程。

根据这两个事实，可以定义表 5.3.1 中各新符号的意义：

Y_i——原来行 i 按单纯形法加给行 0 时所乘的倍数，也就是行 0 中第 i 个松弛变量 x_{n-i} 原来的系数按单纯形法变换后的净增量，$i=1，2，\cdots，m$；

f_j——行 0 中 x_j 原来的系数按单纯形法变换后的净增量，$j=1，2，\cdots，n$；

S_{ki}——行 k 中第 i 个松弛变量按单纯形法变换后的系数，$k=1，2，\cdots，m$；

Y_0——当前目标函数值。

因此当前表格中行 0 的变量系数可表示为

$$R_0 = \bar{R}_0 + \sum_{i=1}^{m} Y_i \bar{R}_i \tag{5.3.1}$$

并由此可直接推出：

$$f_j - C_j = -C_j + \sum_{i=1}^{m} Y_i a_{ij} \quad (j=1,2,\cdots,n) \tag{5.3.2}$$

$$Y_0 = \sum_{i=1}^{m} Y_i b_i \tag{5.3.3}$$

现以例 5.2.1 求解的单纯形表 5.2.4 来说明。其迭代 1 的行 0，由于 $Y_1=0, Y_2=\dfrac{5}{2}, Y_3=0$，所以

$$\begin{aligned}
R_0 &= \bar{R}_0 + Y_1\bar{R}_1 + Y_2\bar{R}_2 + Y_3\bar{R}_3 \\
&= [-3 \ -5 \ 0 \ 0 \ 0, \ 0] + \frac{5}{2}[0 \ 2 \ 0 \ 1 \ 0, \ 12] \\
&= \left[-3 \ 0 \ 0 \ \frac{5}{2} \ 0, \ 30\right] \\
&= [f_1 - C_1 \quad f_2 - C_2 \quad Y_1 \quad Y_2 \quad Y_3, \quad Y_0]
\end{aligned}$$

迭代 2 的行 0，由于 $Y_1^*=0, Y_2^*=\dfrac{3}{2}, Y_3^*=1$，所以

$$\begin{aligned}
R_0^* &= \bar{R}_0 + Y_1^*\bar{R}_1 + Y_2^*\bar{R}_2 + Y_3^*\bar{R}_3 \\
&= [-3 \ -5 \ 0 \ 0 \ 0, \ 0] + \frac{3}{2}[0 \ 2 \ 0 \ 1 \ 0, \ 12] + 1[3 \ 2 \ 0 \ 0 \ 1, \ 18] \\
&= \left[0 \ 0 \ 0 \ \frac{3}{2} \ 1, \ 36\right] \\
&= \left[f_1^* - C_1 \quad f_2^* - C_2 \quad Y_1^* \quad Y_2^* \quad Y_3^*, \quad Y_0^*\right]
\end{aligned}$$

注意在两轮迭代中，各 $(f_j - C_j)$ 和 Y_0 是如何自动地满足式(5.3.2)和式(5.3.3)。式(5.3.1)及式(5.3.2)、式(5.3.3)是对偶理论的基础。

对于除行 0 以外的其他行 K 的变量系数也可类似地表示为：

$$R_k = \bar{R}_0 + \sum_{i=1}^{m} S_{ki} \bar{R}_i \qquad (K = 1, 2, \cdots, m) \qquad (5.3.4)$$

并由上式直接推出

$$a'_{kj} = \sum_{i=1}^{m} S_{ki} \cdot a_{ij} \qquad (j = 1, 2, \cdots, n) \qquad (5.3.5)$$

$$b'_k = \sum_{i=1}^{m} S_{ki} b_i \qquad (5.3.6)$$

仍以例 5.2.1 求解的表 5.2.4 加以说明，在表的最后迭代的行 1，由于 $S_{11}^* = 1$，$S_{12}^* = \dfrac{1}{3}$，$S_{13}^* = -\dfrac{1}{3}$，所以

$$R_1^* = S_{11}^* \bar{R}_1 + S_{12}^* \bar{R}_2 + S_{13}^* \bar{R}_3$$

$$= 1[1 \ 0 \ 1 \ 0 \ 0 \ , \ 4] + \frac{1}{3}[0 \ 2 \ 0 \ 1 \ 0 \ , \ 12] - \frac{1}{3}[3 \ 2 \ 0 \ 0 \ 1 \ , \ 18]$$

$$= \left[0 \ \ 0 \ \ 1 \ \ \frac{1}{3} \ \ -\frac{1}{3} \ , \ 2 \right]$$

$$= \left[a_{11}^* \ \ a_{12}^* \ \ S_{11}^* \ \ S_{12}^* \ \ S_{13}^* \ , \ b_1^* \right]$$

仔细分析式(5.3.4)不难看出，其与式(5.3.1)的性质是相同的，因为 S_{ki} 与 Y_i 都是第 i 个松弛变量 x_{n+i} 的系数。若令 $\bar{S}_{ki}$ 为初始表格里行 k 中第 i 个松弛变量原来的系数，则有

$$\bar{S}_{ki} = 1 \qquad (当 k=i)$$
$$\bar{S}_{ki} = 0 \qquad (当 k \neq i)$$

依照式(5.3.1) 重写式(5.3.4)即

$$R_k = \bar{R}_k + \sum_{i=1}^{m} \left(S_{ki} - \bar{S}_{ki} \right) \bar{R}_i \qquad (k = 1, 2, \cdots, m)$$

$$= \bar{R}_k + \sum_{i=1}^{m} S_{ki} \bar{R}_i - \bar{S}_{kk} \cdot \bar{R}_k$$

$$= \sum_{i=1}^{m} S_{ki} \bar{R}_i$$

式(5.3.4)，式(5.3.5)，式(5.3.6)主要用于讨论最优表格，它是线性规划灵敏度分析的基础。

以上对行 0 和行 k 的讨论说明了单纯形法的一个重要性质：对于当前表格中的任意行 $k(k=0, 1, 2, \cdots, m)$，松弛变量 $x_{n+i}(i \neq k)$ 的系数就是原来行 i 按单纯形法已直接或间接加给原来行 k 时所乘的倍数，如果 $i=k$，则 x_{n+i} 的系数便是原来行按单纯形法所乘上的

常数。

从上面对单纯形法任意一次迭代的讨论得，当前行 0 中决策变量的系数和当前目标函数值可分别表示为

$$Y_0 = \sum_{i=1}^{m} b_i Y_i$$

$$f_j - C_j = \sum_{i=1}^{m} a_{ij} Y_i - C_j \qquad (j = 1, 2, \cdots, n)$$

为了求出最优解，应寻求一组基本可行解，使行 0 中所有的系数为非负，因此而得到的最优性条件为：

$$Z_j - C_j \geq 0 \qquad (j = 1, 2, \cdots, n)$$

$$Y_i \geq 0 \qquad (i = 1, 2, \cdots, m)$$

将已知条件代入整理后得出对偶问题：

求 Y_1, Y_2, $\cdots$, Y_m, 使

$$Y_0 = \sum_{i=1}^{m} b_i Y_i \qquad \text{达极小}$$

且满足

$$\sum_{i=1}^{m} a_{ij} Y_i \geq C_j \qquad (j = 1, 2, \cdots, n)$$

$$Y_i \geq 0 \qquad (i = 1, 2, \cdots, m)$$

为了比较原始问题与对偶问题的形式，表 5.3.2 列出了线性规划的原始与对偶问题关系表。依照该关系表可得出原始与对偶问题之间的一些相关性质。

1. 对称性质

从表 5.3.2 中看出，其中任一问题的目标函数的系数就是其对偶问题约束的右端，而且任意约束参数 a_{ij} 既是原问题 x_j 的系数，也是对偶问题 Y_i 的系数。因此若将表 5.3.2 转动 90°看，原问题可作为对偶问题，而对偶问题也可作为其原问题，二者互为对偶。

表 5.3.2　原问题与对偶问题关系表

对偶问题＼原问题	各变量系数 x_1	x_2	$\cdots$	x_n	原关系	右端	
变	a_{11}	a_{12}	$\cdots$	a_{1n}	$\leq$	b_1	目标函数达极小
量	a_{21}	a_{22}	$\cdots$	a_{2n}	$\leq$	b_2	
系	$\vdots$	$\vdots$	$\cdots$	$\vdots$	$\vdots$	$\vdots$	
数	a_{m1}	a_{m2}	$\cdots$	a_{mn}	$\leq$	b_m	
对偶关系	$\geq$	$\geq$	$\cdots$	$\geq$	$\max f = \min Y_0$		
右端	C_1	C_2	$\cdots$	C_n			

目标函数达极大

更为全面的对偶关系表如表 5.3.3 所示。

表 5.3.3 对偶关系表

原问题(或对偶问题)		对偶问题(或原问题)	
目标函数 max f		目标函数 min W	
变量	n 个 ≥ 0 ≤ 0 无约束	n 个 $\geq$ $\leq$ $=$	约束条件
约束条件	m 个 $\leq$ $\geq$ $=$	m 个 ≥ 0 ≤ 0 无约束	变量
约束条件右端项目标函数变量系数		目标函数变量系数约束条件右端项	

2. 目标函数值的性质

如果 $(x_1, x_2, \cdots, x_n)$ 是原问题的一个可行解，而 $(Y_1, Y_2, \cdots, Y_m)$ 是对偶问题的一个可行解，则必然满足：

$$C_j \leq \sum_{i=1}^{m} a_{ij} y_i \quad \text{及} \quad b_i \geq \sum_{j=1}^{n} a_{ij} x_j$$

根据

$$f = \sum_{j=1}^{n} C_j x_j \leq \sum_{j=1}^{n} \left(\sum_{i=1}^{m} a_{ij} y_i \right) x_j$$

$$= \sum_{i=1}^{m} \left(\sum_{j=1}^{n} a_{ij} x_j \right) \cdot Y_i \leq \sum_{i=1}^{m} b_i y_i = Y_0$$

所以有

$$f \leq Y_0$$

即

$$\sum_{j=1}^{n} C_j x_j \leq \sum_{i=1}^{m} b_i y_i \tag{5.3.7}$$

3. 可行解是最优解时的性质

如果 $(x_1, x_2, \cdots, x_n)$ 是原问题的可行解，$(Y_1, Y_2, \cdots, Y_m)$ 是对偶问题的可行解，则当 $\sum_{j=1}^{n} C_j x_j = \sum_{i=1}^{m} b_i y_i$ 时根据目标函数的性质式(5.3.7)，$(x_1, x_2, \cdots, x_n)$ 和 $(Y_1, Y_2, \cdots, Y_m)$ 是原问题和对偶问题的最优解。

4. 对偶定理

如果原问题有最优解，根据可行解是最优解时的性质，则其对偶问题也必存在最优解，且其目标函数值相等，即 $f^* = Y_0^*$。

现以例 5.2.1 的线性规划问题来说明，该计划问题的原始和对偶关系表如表 5.3.4 所示。

表 5.3.4 例 5.2.1 的对偶关系表

	变量系数		关系	右端	
	x_1	x_2			
变量系数	1	0	≤	4	达极大
	0	2	≤	12	
	3	2	≤	18	
关系	≥	≥		$\max f = \min Y_0$	
右端	3	5			

达极小

由表 5.3.4 可得该线性规划的原问题和对偶问题为：

原问题：
$$\max f = 3x_1 + 5x_2$$
$$x_1 \leq 4$$
$$2x_2 \leq 12$$
$$3x_1 + 2x_2 \leq 18$$
$$x_1, x_2 \geq 0$$

对偶问题：
$$\min Y_0 = 4Y_1 + 12Y_2 + 18Y_3$$
$$Y_1 + 3Y_3 \geq 3$$
$$2Y_2 + 2Y_3 \geq 5$$
$$Y_1, Y_2, Y_3 \geq 0$$

经单纯形求解原问题得知，原问题的最优解 $X^* = (2,6)$，最优目标函数值 $f^* = 36$。根据原问题与对偶问题的性质可知，对偶问题也存在最优解，其目标函数值与原问题相等，即 $Y_0^* = f^* = 36$。而使 Y_0 达极小值的解 $Y^* = (Y_1^*, Y_2^*, Y_3^*) = \left(0, \frac{3}{2}, 1\right)$ 为对偶问题的最优解。用大 M 法计算最优解 Y_0^* 的过程如下：

引入非负的剩余变量 Y_4 和 Y_6、非负的人工变量 $\overline{Y}_5$ 和 $\overline{Y}_7$，分别加到约束条件方程的右端，修正后的约束条件方程为：

$$Y_1 + 3Y_2 - Y_4 + \overline{Y}_5 = 3$$
$$2\overline{Y}_2 + 2Y_3 - Y_6 + \overline{Y}_7 = 5$$

引入人工变量后的目标函数方程为：
$$\max f' = -4Y_1 - 12Y_2 - 18Y_3 - M\overline{Y}_5 - M\overline{Y}_7$$

或表达为
$$\max f' + (4-M)Y_1 + (12-M)Y_2 + (18-5M)Y_3 + MY_4 + MY_6 = -8M$$

即原问题的对偶问题为：

$$\max f' = -4Y_1 - 12Y_2 - 18Y_3 - M\overline{Y}_5 - M\overline{Y}_7$$
$$Y_1 + 3Y_3 - Y_4 + \overline{Y}_5 = 3$$
$$2Y_2 + 2Y_3 - Y_6 + \overline{Y}_7 = 5$$
$$Y_1, Y_2, Y_3, Y_4, \overline{Y}_5, Y_6, \overline{Y}_7 \geqslant 0$$
$$\max f' + (4-M)Y_1 + (12-M)Y_2 + (18-5M)Y_3 + MY_4 + MY_6 = -8M$$

此方程组已适用于单纯形法求解,由此而得的初始单纯形表格以及随后的迭代过程,可参看表 5.3.5,$Y_0^* = 36$,而使 Y_0 达极小值的解 $Y^* = (Y_1^*, Y_2^*, Y_3^*) = \left(0, \dfrac{3}{2}, 1\right)$。

表 5.3.5 例 5.2.1 的求解

迭代	基本变量	方程号	\multicolumn{8}{c}{各变量的系数}	右端	商比数
			f	Y_1	Y_2	Y_3	Y_4	$\overline{Y}_5$	Y_6	$\overline{Y}_7$		
0	f'	0	1	$4-M$	$12-2M$	$18-5M$	M	0	M	0	$-8M$	
	$\overline{Y}_5$	1	0	1	0	3	-1	1	0	0	3	3/3=1
	$\overline{Y}_7$	2	0	0	2	2	0	0	-1	1	5	5/2=2.5
1	f'	0	1	$-2+2/3M$	$12-2M$	0	$6-2/3M$	$-6+5/3M$	M	0		
	Y_3	1	0	1/3	0	1	$-1/3$	1/3	0	0	1	
	$\overline{Y}_7$	2	0	$-2/3$	2	0	2/3	$-2/3$	-1	1	3	
2	f'	0	1	2	0	0	2	$-2+M$	6	$-6+M$	-36	
	Y_3	1	0	1/3	0	1	$-1/3$	1/3	0	0	1	
	Y_2	2	0	$-1/3$	1	0	1/3	$-1/3$	$-1/2$	1/2	3/2	

5.3.3 对偶问题的解释

对偶问题在经济上的解释是以原问题的解析作为依据的。在原问题中,决策变量 x_j 反映了某项活动的水平 $(j=1,2,\cdots,n)$,c_j 表示活动 j 的单位利润,f 表示总利润,b_i 为资源 i 的可利用量 $(i=1,2,\cdots,m)$,a_{ij} 表示每单位活动 j 所消耗资源 i 的量。在对偶问题每一轮的迭代中,Y_0 是 Z 的当前值,即反映当前一组活动安排所获得的利润。因为

$$Y_0 = b_1 Y_1 + b_2 Y_2 + \cdots + b_m Y_m$$

所以对偶变量 Y_i 就是使用每单位的资源 i 所能产生的利润。

以例 5.2.1 说明,原问题中

$$B = (b_1, b_2, b_3) = (4, 12, 18)$$
$$X^* = (x_1^*, x_2^*) = (2, 6)$$
$$f^* = 36$$
$$Y^* = (Y_1^*, Y_2^*, Y_3^*) = \left(0, \dfrac{3}{2}, 1\right)$$

单独增大每项资源投入量:

b_1 增大一个单位量 $b_1 = 5$,则 $f^* = 36$ $\Delta f = 0 = Y_1^*$

b_2 增大一个单位量 $b_2 = 13$，则 $f^* = 36 + \frac{3}{2}$ $\quad \Delta f = \frac{3}{2} = Y_2^*$

b_3 增大一个单位量 $b_3 = 19$，则 $f^* = 37$ $\quad \Delta f = 1 = Y_3^*$

由此看出 Y_i 实际反映了由于增大 b_i 而使 f 增大的速率，它代表了对第 i 种资源的估价，这种估价是针对具体某经济活动而存在的一种特殊价格，又称它为"影子价格"。

对偶变量的这种经济解释在线性规划实际应用中是很有用的。因为虽然在一般线性规划的数学模型中假定资源 i 的分配量 b_i 是常量，但实际问题中资源的分配量却常常有灵活性。所以在模型求得最优解后，对偶变量 Y_i^* 所具有的影子价格就可以用来估价，从而判断是否应改变资源的分配量使企业获得更高的利润。在完全市场经济的条件下，当某种资源 i 的市场价格低于影子价格 Y_i^* 时，企业就应买进该资源用以增大该资源的分配量，直到关系不成立为止。

在以上对例 5.2.1 的分析中，利润 $Y_2^* = 3/2$ 元，如果现在资源 b_2 的市场价向下的波动幅度大于 Y_2^*，企业应购入 b_2 资源以加大 b_2 的分配量使 $b_2 = 13$，则企业获得利润的增量 $\Delta f = 3/2$ 元高于购入单位 b_2 的价格，从而有利可图。由此可见资源 i 的影子价格 Y_i^* 反映出企业为增加该资源的分配量所能付出的最大单位价格。如果该资源的市场价格增幅高于企业的影子价格，企业则应当抛出已有的资源来减少该资源的分配量，从而获利。

5.4 整数规划

5.4.1 问题的提出

在前面讨论的线性规划问题中，有些最优解可能是分数或者小数，但对于某些武器装备具体问题，常要求问题的解必须是整数(称为整数解)。例如：飞机架次、火炮门数、参战人数、战舰艘数等，分数或小数的解答就不符合实际要求，为了得到整数解，初看起来似乎只要把已得到的非整数解经过"四舍五入"或简单地取整就可以得到整数解，但实际上这样做常常是行不通的，有两个原因：一是这样得到的整数解不一定是可行解；二是这样得到的整数解虽然是可行解但不一定是最优解。因此，有必要另外研究一套求解最优整数解的方法。我们称求最优整数解的线性规划问题为整数规划问题(Integer Programming，IP)。

整数规划问题可分为以下几类：

(1) 纯整数规划：所有变量都限制为非负整数。
(2) 混合整数规划：一部分变量限制为非负整数。
(3) 0-1 规划：变量取值仅限于 0 或 1，是整数规划的特例。

5.4.2 分枝定界解法

【例 5.4.1】 求解

$$\max f = 40x_1 + 90x_2 \quad (1)$$
$$\begin{cases} 9x_1 + 7x_2 \leqslant 56 & (2) \\ 7x_1 + 20x_2 \leqslant 70 & (3) \\ x_1, x_2 \geqslant 0 & (4) \\ x_1, x_2 \text{为整数} & (5) \end{cases}$$

在求解整数规划时，如果可行域是有界的，首先容易想到的方法就是穷举变量的所有可行的整数组合，就像在图 5.4.1 中画出所有"+"号的点那样，然后比较它们的目标函数值，以定出最优解。对于小型的问题，变量数很少，可行的整数组合数也是很小时，这个方法是可行的，也是有效的。在例 5.4.1 中，变量只有 x_1 和 x_2，由条件(2)，x_1 所能取的整数值为 0~6 共 7 个，x_2 所能取的整数值为 0~8 共 9 个，它的组合(不都是可行的)数是 7×9=63 个，穷举法还是勉强可用的。对于大型的问题，可行的整数组合数是很大的。例如在本章 5.5 节的分配问题(这也是整数规划)中，将 n 项任务分配 n 个人去完成，不同的分配方案共有 $n!$ 种，当 $n=10$，这个数就超过 3×10^6；当 $n=20$，这个数就超过 2×10^{18}，如果一一计算，就是用每秒百万次的计算机，也要几万年的功夫。很明显，解这样的题，穷举法是不可取的。所以我们的方法一般应是仅检查可行的整数组合的一部分，就能定出最优的整数解。分枝定界法(Branch and Bound Method)就是其中的一个。

分枝定界法可用于解纯整数或混合的整数规划问题。在 20 世纪 60 年代初由 Land Doig 和 Dakin 等人提出的。由于这种方法灵活且便于用计算机求解，所以现在它已是解整数规划的重要方法。设有最大化的整数规划问题 A，与它相应的线性规划为问题 B，从解问题 B 开始，若其最优解不符合 A 的整数条件，那么 B 的最优目标函数必是 A 的最优目标函数 f^* 的上界，记作 $\overline{f}$；而 A 的任意整数可行解的目标函数值将是 f^* 的一个下界 $\underline{f}$。分枝定界法就是将 B 的可行域分成子区域(称为分枝)的方法，逐步减小 $\overline{f}$ 和增大 $\underline{f}$，最终求到 f^*。

下面结合例 5.4.1 进行具体说明。

解：先不考虑条件(5)，即解相应的线性规划 B(1)~(4)，得最优解
$$x_1 = 4.81, \quad x_2 = 1.82, \quad f_0 = 356$$

(见图 5.4.1)。可见它不符合整数条件(5)。这时 f_0 是问题 A 的最优目标函数值 f^* 的上界，记作 $f_0 = \overline{f}$。而 $x_1=0$，$x_2=0$，显然是问题 A 的一个整数可行解，这时 $f=0$，是 f^* 的一个下界，记作 $\underline{f}=0$，即 $0 \leqslant f^* \leqslant 356$。

分枝定界法的解法，首先注意其中一个非整数变量的解，如 x_1，在问题 B 的解中 $x_1 = 4.81$。于是对原问题增加两个约束条件
$$x_1 \leqslant 4, \quad x_1 \geqslant 5$$

可将原问题分解为两个子问题 B_1 和 B_2(即两枝)，给每枝增加一个约束条件，如图 5.4.2 所示，这并不影响问题 A 的可行域，不考虑整数条件解问题 B_1 和 B_2，称此为第一次迭代。得到最优解如表 5.4.1 所列：

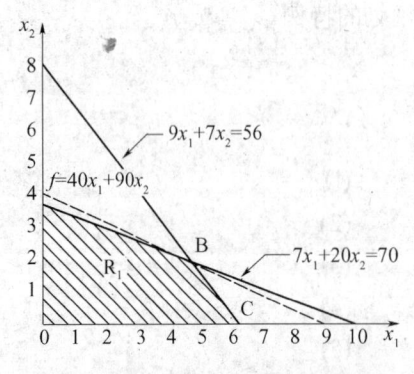

图 5.4.1 例 5.4.1 的整数规划(图解法)

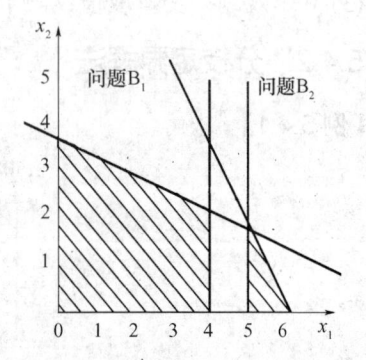

图 5.4.2 例 5.4.1 的整数规划(分枝)

表 5.4.1 原问题分解为两个子问题 B_1 和 B_2

问题 B_1	问题 B_2
$f_1 = 349$	$f_2 = 341$
$x_1 = 4.00$	$x_1 = 5.00$
$x_2 = 2.10$	$x_2 = 1.57$

显然没有得到全部变量是整数的解，因 $f_1 > f_2$，故将 $\bar{f}$ 改为 349，那么必存在最优整数解，得到 f^*，并且

$$0 \leqslant f^* \leqslant 349$$

继续对问题 B_1 和 B_2 进行分解，因 $f_1 > f_2$，故先分解 B_1 为两枝。增加条件 $x_2 \leqslant 2$ 者，称为问题 B_3；增加条件 $x_2 \geqslant 3$，称为问题 B_4。在图 5.4.2 中再舍去 $x_2 > 2$ 与 $x_3 < 3$ 之间的可行域，再进行第二次迭代。解题过程的结果都列在图 5.4.3 中。可见问题 B_3 的解已都是整数，它的目标函数值 $f_3 = 340$，可取为 $\underline{f}$，而它大于 $f_4 = 327$。所以再分解 B_4 已无必要。而问题 B_2 的 $f_2 = 341$，所以 f^* 可能在 $340 \leqslant f^* \leqslant 341$ 之间有整数解。于是对 B_2 分解，得问题 B_5，即非整数解，且 $f_5 = 308 < f_3$，问题 B_6 为无可行解。于是可以断定

$$f_3 = \underline{f} = f^* = 340$$

问题 B_3 的解 $x_1 = 4.00$，$x_2 = 2.00$ 为最优整数解。

将要求解的整数规划问题称为问题 A，将与它相应的线性规划问题称为问题 B。从以上解题过程可得分枝定界法求解整数规划(最大化)问题的步骤为：

(1) 解问题 B，可能得到以下情况之一：

① B 没有可行解，这时 A 也没有可行解，则停止。
② B 有最优解，并符合问题 A 的整数条件，B 的最优解即为 A 的最优解，则停止。
③ B 有最优解，但不符合问题 A 的整数条件，记它的目标函数值为 $\bar{f}_0$。

(2) 用观察法找问题 A 的一个整数可行解，一般可取 $x_j = 0 (j=1,2,\cdots,n)$ 试探，求得其目标函数值，并记作 $\underline{f}$。以 f^* 表示问题 A 的最优目标函数值；这时有 $\underline{f} \leqslant f^* \leqslant \bar{f}$ 进行迭代。

第一步：分枝，在 B 的最优解中任选一个不符合整数条件的变量 x_j，其值为 b_j，以 $\lfloor b_j \rfloor$ 表示小于 b_j 的最大整数。构造两个约束条件

$$x_j \leqslant \lfloor b_j \rfloor \quad ① \quad \text{和} \quad x_j \geqslant \lfloor b_j \rfloor + 1 \quad ②$$

将这两个约束条件，分别加入问题 B，求两个后继规划问题 B_1 和 B_2，不考虑整数条件求解这两个后继问题。

定界，以每个后继问题为一分枝标明求解的结果，与其它问题的解的结果中，找出最优目标函数值最大者作为新的上界 $\bar{f}$。从已符合整数条件的各分枝中，找出目标函数值为最大者作为新的下界 $\underline{f}$，若无作用，$\underline{f} = 0$。

第二步：比较与剪枝，各分枝的最优目标函数中若有小于 $\underline{f}$ 者，则剪掉这枝(用打×表示)，即以后不再考虑了。若大于 $\underline{f}$，且不符合整数条件，则重复第一步骤。一直到最后得到 $f^* = \underline{f}$ 为止。得最优整数解 $x_j^*, j=1,2,\cdots,n$。

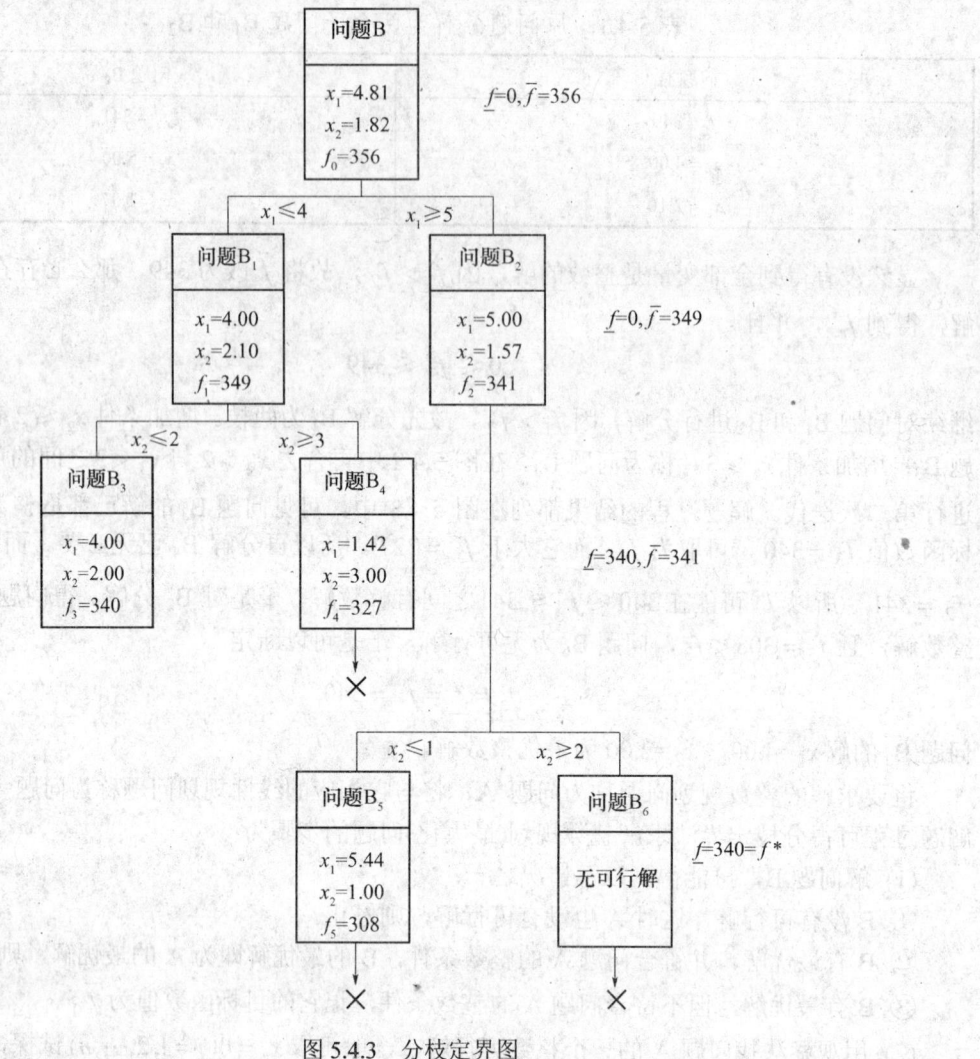

```
                        ┌─────────┐
                        │  问题B   │
                        │x₁=4.81  │    f=0, f̄=356
                        │x₂=1.82  │
                        │f₀=356   │
                        └────┬────┘
                    x₁≤4  ╱   ╲  x₁≥5
```

图 5.4.3 分枝定界图

用分枝定界法可解纯整数规划问题和混合整数规划问题。它比穷举法优越，因为它仅在一部分可行解的整数解中寻求最优解，计算量比穷举法小。若变量数目很大，其计算工作量也是相当可观的。

当然，在用分枝定界法求解整数规划问题时，也可不必考虑目标函数的上下界问题，而是依次求出每一分枝的最终结果(或为整数解，或无可行解)，最后再在所有整数解中寻找最优整数解，不过计算量就要更大些。

现再举一例说明其算法。

【例 5.4.2】求解下列整数规划问题，其模型为

$$\max f = 250x_1 + 500x_2$$

$$\text{s.t.} \begin{cases} 20x_1 + 50x_2 \leq 1450 \\ 20x_1 + 10x_2 \leq 650 \\ x_1, x_2 \geq 0 \text{且均为整数} \end{cases}$$

上图各分枝节点信息：

问题B₁：$x_1=4.00, x_2=2.10, f_1=349$；$\underline{f}=0, \bar{f}=349$

问题B₂：$x_1=5.00, x_2=1.57, f_2=341$

问题B₃：$x_1=4.00, x_2=2.00, f_3=340$

问题B₄：$x_1=1.42, x_2=3.00, f_4=327$ ×；$\underline{f}=340, \bar{f}=341$

问题B₅：$x_1=5.44, x_2=1.00, f_5=308$ ×

问题B₆：无可行解 ×；$\underline{f}=340=f^*$

分枝条件：$x_1 \leq 4$ / $x_1 \geq 5$；$x_2 \leq 2$ / $x_2 \geq 3$；$x_2 \leq 1$ / $x_2 \geq 2$

解：按分枝定界法计算步骤，该问题为 A 问题，与之相对应的无整数约束的线性规划为 B 问题。B 的解为

$$x_1 = 22.5, x_2 = 20, f = 15625, \underline{f} = 0, \overline{f} = 15625$$

因 $x_1 = 22.5$ 为非整数，引入 $x_1 \leq 22$ 和 $x_1 \geq 23$ 两个约束，将可行区分为两个部分，得两个一般线性规划：

$$B_1 \quad \max \ f = 250x_1 + 500x_2$$
$$\text{s.t.} \begin{cases} 20x_1 + 50x_2 \leq 1450 \\ 20x_1 + 10x_2 \leq 650 \\ x_1 \geq 23, x_2 \geq 0 \end{cases}$$

$$B_2 \quad \max \ f = 250x_1 + 500x_2$$
$$\text{s.t.} \begin{cases} 20x_1 + 50x_2 \leq 1450 \\ 20x_1 + 10x_2 \leq 650 \\ 0 \leq x_1 \leq 22, x_2 \geq 0 \end{cases}$$

求解，得

$$B_1: x_1 = 23, x_2 = 19, f = 15250$$
$$B_2: x_1 = 22, x_2 = 20.2, f = 15600$$

B_1 的解为整数，目标 f 大于 $\underline{f}$，故 $\underline{f} = 15600$。

B_2 的解存在非整数，故 $\overline{f} = 15625$

对 B_2 再进行分枝，得一般线性规划 B_{21}、B_{22}

$$B_{21} \quad \max \ f = 250x_1 + 500x_2$$
$$\text{s.t.} \begin{cases} 20x_1 + 50x_2 \leq 1450 \\ 20x_1 + 10x_2 \leq 650 \\ 0 \leq x_1 \leq 22, x_2 \geq 21 \end{cases}$$

$$B_{22} \quad \max \ f = 250x_1 + 500x_2$$
$$\text{s.t.} \begin{cases} 20x_1 + 50x_2 \leq 1450 \\ 20x_1 + 10x_2 \leq 650 \\ 0 \leq x_1 \leq 22, 0 \leq x_2 \leq 20 \end{cases}$$

求解 B_{21}，得：

$$x_1 = 20, x_2 = 21, f = 15500$$

求解 B_{22}，得：

$$x_1 = 22, x_2 = 20, f = 15500$$

因 B_{21}、B_{22} 均为整数解，且目标值高于上一分枝的 $\underline{f}$，故

$$\underline{f} = 15500 = f^*$$

该问题的分枝定界过程见图 5.4.4。

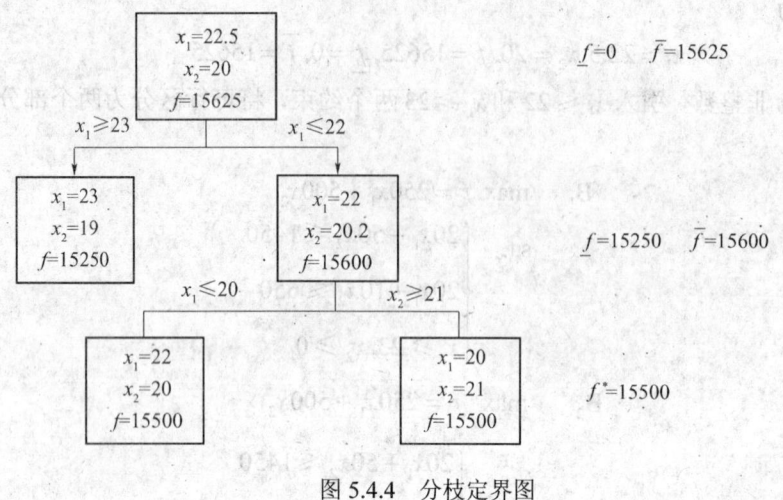

```
            ┌─────────┐
            │ x₁=22.5 │           f=0    f̄=15625
            │ x₂=20   │
            │ f=15625 │
            └─────────┘
          x₁≥23 / \ x₁≤22
        ┌─────────┐  ┌─────────┐
        │ x₁=23   │  │ x₁=22   │
        │ x₂=19   │  │ x₂=20.2 │   f=15250  f̄=15600
        │ f=15250 │  │ f=15600 │
        └─────────┘  └─────────┘
                  x₁≤20 / \ x₂≥21
              ┌─────────┐  ┌─────────┐
              │ x₁=22   │  │ x₁=20   │
              │ x₂=20   │  │ x₂=21   │   f*=15500
              │ f=15500 │  │ f=15500 │
              └─────────┘  └─────────┘
```

图 5.4.4　分枝定界图

5.5　分配问题

5.5.1　问题的提出

为了说明什么是分配问题，让我们先看一个实际问题。

【例 5.5.1】有 4 名工程师，他们均能完成 4 项不同类型的工作，但是由于熟悉程度不同，每名工程师完成不同类型工作的时间不同(表 5.5.1)，希望对这 4 名工程师进行合理工作分配(一人负责一项工作)，使所有工作完成时间总和为最少。

表 5.5.1　4 名工程师完成 4 项不同类型的工作的时间

工程师＼工作	工作 1	工作 2	工作 3	工作 4
张	2	10	9	7
王	15	4	14	8
李	13	14	16	11
赵	4	15	13	9

分配问题中的任务可能是各种类型的活动，而成员又可以看作是任何类型的资源，因此某成员完成一项任务的时间可看作为，把给定资源类型用于给定活动时，与之有关的效能。如果效能表示损失，例如费用、时间，那么分配一种且只有一种类型的资源给每一活动，与之有关的总效能是取小值问题，否则是最大值问题。将资源分配给活动，有各种各样的分配方法，其效能通常以表格形式给出，称为效能矩阵。

分配问题的表达形式

设

$$x_{ij} = \begin{cases} 0 & \text{如果资源}i\text{没分配到活动}j \\ 1 & \text{如果资源}i\text{分配到活动}j \end{cases}$$

c_{ij} 为资源 i 分配到活动 j 的效能,其中 $i=1, 2, \cdots, m$,而 $j=1, 2, \cdots, m$,因而在数学上分配问题可以描述为:

$$\min(\max) f = \sum_{i=1}^{m}\sum_{j=1}^{m} c_{ij} x_{ij} \tag{5.5.1}$$

满足约束条件:

$$\begin{cases} \sum_{j=1}^{m} x_{ij} = 1 & 对 i=1,2,\cdots,m \\ \sum_{i=1}^{m} x_{ij} = 1 & 对 j=1,2,\cdots,m \end{cases} \tag{5.5.2}$$

$x_{ij}=0$ 或 1 (对所有的 i 和 j)。

值得注意的是:上述分配问题的表达式是假设:有 m 个单位资源有 m 个活动。如果单位资源数与活动数不相等时,怎么办?为了满足资源与活动数相等,可以将效能为零的相应行或列附加在虚设的资源和活动上去,以改写每个分配问题,从而使效能矩阵变为方阵。

如在表 5.5.1 的分配问题中,我们希望花费的总时间最少,线性规划模型将为

$$\min f = 2x_{11} + 10x_{12} + 9x_{13} + 7x_{14}$$
$$+ 15x_{21} + 4x_{22} + 14x_{23} + 8x_{24}$$
$$+ 13x_{31} + 14x_{32} + 16x_{33} + 11x_{34}$$
$$+ 4x_{41} + 15x_{42} + 13x_{43} + 9x_{44}$$

满足约束条件:

$$\begin{cases} \sum_{j=1}^{4} x_{ij} = 1 & (i=1,2,3,4) \\ \sum_{i=1}^{4} x_{ij} = 1 & (j=1,2,3,4) \end{cases}$$

所有 $x_{ij}=0$ 或 1(即约束条件的系数构成的方阵中,所有的变量的行向量和列向量都是单位矩阵)。

分配问题当然可以用解一般线性规划的单纯形法求解,但是其计算过程繁杂。一种解分配问题的有效方法称为匈牙利法。

5.5.2 匈牙利法

人们把匈牙利法归功于匈牙利数学家狄·考尼格(D·Konig),他为发展这个方法证明了主要定理。这种方法成功地修改了效能矩阵的行和列,直到在每一行和列里至少有一个等于零的分量,而得到与这些零元素相应的完全分配。当它应用于原效能矩阵,这个完全分配是一个最优分配,使总效能将是最小(最大)。这种方法总是在有限步数内收敛于一个最优解。

本方法的基础是:在效能矩阵中的任何的行或列中,加上或减去一个常数并不改变最优分配。例如,如果从 i 行中减去 3 个单位或在 j 列去加上 2 个单位,那么,在分配问题数学模型中,目标函数将是:

$$\min f = \sum_{i=1}^{m}\sum_{j=1}^{m} c_{ij} x_{ij} - 3\sum_{j=1}^{m} x_{ij} + 2\sum_{i=1}^{m} x_{ij}$$

$$= \sum_{i=1}^{m}\sum_{j=1}^{m} c_{ij} x_{ij} - 3 + 2$$

这是由约束条件 $\sum_{j=1}^{m} x_{ij} = 1$ 和 $\sum_{i=1}^{m} x_{ij} = 1$ 得到的。从目标函数中加上或减去一个常数并不改变最优解，这是由于每个基可行解将在目标函数中加上或减去相同的数量。

上述的概念可以推广为：对从效能矩阵第 i 行的每个元素中减去 a_i，从第 j 列的每个元素中减去 b_j，$i=1, 2, \cdots, m$；$j=1, 2, \cdots, m$。新的目标函数将为：

$$\min f = \sum_{i=1}^{m}\sum_{j=1}^{m} c_{ij} x_{ij} - \sum_{i=1}^{m} a_i \sum_{j=1}^{m} x_{ij} - \sum_{j=1}^{m} b_j \sum_{i=1}^{m} x_{ij}$$

$$= \sum_{i=1}^{m}\sum_{j=1}^{m} c_{ij} x_{ij} - \sum_{i=1}^{m} a_i - \sum_{j=1}^{m} b_j$$

从原目标函数中再一次减去常数 $\sum_{i=1}^{m} a_i$ 和 $\sum_{j=1}^{m} b_j$ 不改变基可行解集。

现以例 5.5.1 为例将匈牙利算法说明如下：

匈牙利算法的第 1 步为：修改效能矩阵，使得效能矩阵的每一行和每一列中至少有一个零元素的缩减矩阵，希望能制定一个与该矩阵零元素相应的完全分配方案，这个方案必须使总效能为最小，为完成第一步，从效能矩阵的每行每个元素中减去该行中最小元素。如表 5.5.2 所示。

表 5.5.2 4名工程师、4项工作完成时间的效能矩阵

工程师＼工作	工作 1	工作 2	工作 3	工作 4	
张	2	10	9	7	−2
王	15	4	14	8	−4
李	13	14	16	11	−11
赵	4	15	13	9	−4

表 5.5.3 是在表 5.5.2 的 1, 2, 3, 4 行中相应减去 2, 4, 11, 4 之后得到的缩减矩阵。这些数的总和为：

$$S_1 = 2+4+11+4 = 21$$

表 5.5.3 行缩减后的效能矩阵

工程师＼工作	工作 1	工作 2	工作 3	工作 4
张	0	8	7	5
王	11	0	10	4
李	2	3	5	0
赵	0	11	9	5

−5

根据表 5.5.3 所得任何一种完全分配的总效能必须加 S_1，这是由于不论分配张工程师完成什么工作，至少要 2 个单位的时间；同样不论分配李工程师完成什么工作，最少要 11 个单位的时间等等。

因为表 5.5.3 的第 3 列未出现零元素，因此从第 3 列每个元素中减去其中最小元素即为 5，结果可得表 5.5.4 的效能矩阵。

表 5.5.4 　行和列缩减后的效能矩阵

工程师\工作	工作 1	工作 2	工作 3	工作 4
张	0	8	2	5
王	11	0	5	4
李	2	3	0	0
赵	0	11	4	5

匈牙利法的第 2 步为：试图制定一个完全分配方案，该方案只与表 5.5.4 中零元素相对应。为了做到这点，从第一行开始，依次检查各行，直到找出这样的行，该行只有一个零元素为止，将该元素用 △ 符号表示，而与该零元素同列的零元素用×符号表示(也可依次检查各列，如有的列只有一个零元素，则该列零元素用△符号表示，而与该零元素同行的其它零元素用×表示)。打上×的零元素在检查时不计入零元素之内。重复这一过程，直到每一行中所有零元素都有标记或者一行中至少有两个零元素按上述原则无法打标记。

将表 5.5.4 用缩减矩阵表示：

$$\begin{pmatrix} 0_\triangle & 8 & 2 & 5 \\ 11 & 0_\triangle & 5 & 4 \\ 2 & 3 & 0 & 0 \\ 0_\times & 11 & 4 & 5 \end{pmatrix} \quad (5.5.3)$$

因为第一行只有 1 个零元素，标记符号△，并对第 4 行第 1 列的零元素画×。在第 2 行第 2 列零元素标△，而第 3 行有 2 个零元素，至此结果为矩阵(5.5.3)。

现在依次检查每列中只含一个未标记的零元素，并给未标记的零元素标△。并对该元素同一行的其他零元素画×。重复上述过程，直到每行中没有尚未标记的零元素或至少有两个零元素。

在矩阵(5.5.3)中，第 3 列只有一零元素，所以给该零元素标△，对第 4 列第 3 行的零元素画×，可得矩阵(5.5.4)矩阵：

$$\begin{pmatrix} 0_\triangle & 8 & 2 & 5 \\ 11 & 0_\triangle & 5 & 4 \\ 2 & 3 & 0_\triangle & 0_\times \\ 0_\times & 11 & 4 & 5 \end{pmatrix} \quad (5.5.4)$$

因为不可能制定出只包含零元素的完全分配方案，于是画出最少数目的水平线和垂直线，它们穿过每行每列的零元素至少一次。画出最少的线数，其具体步骤如下：

(1) 对没有△的行打√号。
(2) 对打√号行上的所有 0 元素的列打√号。
(3) 再对打√号的列上有 △ 的行打√号。
(4) 重复(2)、(3)直到得不出新的打√号的行列为止。
(5) 对没打√号的行画横线，所有打√号的列画纵线，这就是能覆盖所有 0 元素的最少直线数集合。

$$\begin{pmatrix} 0_\triangle & 8 & 2 & 5 \\ 11 & 0_\triangle & 5 & 4 \\ 2 & 3 & 0_\triangle & 0_\times \\ 0_\times & 11 & 4 & 5 \end{pmatrix} \rightarrow \begin{pmatrix} 0_\triangle & 8 & 2 & 5 \\ 11 & 0_\triangle & 5 & 4 \\ 2 & 3 & 0_\triangle & 0_\times \\ 0_\times & 11 & 4 & 5 \end{pmatrix} \rightarrow \begin{pmatrix} 0_\triangle & 8 & 2 & 5 \\ 11 & 0_\triangle & 5 & 4 \\ 2 & 3 & 0_\triangle & 0_\times \\ 0_\times & 11 & 4 & 5 \end{pmatrix} \rightarrow$$

(1)　　　　　　　(2)　　　　　　　(3)

$$\begin{pmatrix} 0_\triangle & 8 & 2 & 5 \\ 11 & 0_\triangle & 5 & 4 \\ 2 & 3 & 0_\triangle & 0_\times \\ 0_\times & 11 & 4 & 5 \end{pmatrix} \quad (5.5.5)$$

(4)

如果效能矩阵有 m 行和 m 列，而且能制定出一个总效能为零的完全分配，那么，在现有缩减的效能矩阵内最少线数必须为 m 条。(最少线数是穿过每个零元素至少一次所需要的线数)。在矩阵(5.5.5)中，只需 3 条就可穿过每个零元素至少一次，所有尚不能得到完全的可行分配。换句话，总的准备时间是 21 单位或更少的完全分配是不可能的。

从第(4)步骤缩减矩阵开始，最后得到总效能为最小的完全解的过程是：

(6) 在上述最后的缩减矩阵中，检查那些没有一根线通过的元素。设其中最小元素为 K。找出含有未划线元素的各行，将这些行的每个元素减去 K，出现新的零元素。在矩阵(5.5.5)中，$K=2$，因而由第 1 行、第 4 行减去 2，可得矩阵(5.5.6)：

$$\begin{pmatrix} -2 & 6 & 0 & 3 \\ 11 & 0 & 5 & 4 \\ 2 & 3 & 0 & 0 \\ -2 & 9 & 2 & 3 \end{pmatrix} \quad (5.5.6)$$
+2

(5)

(7) 对矩阵(5.5.6)中第一列出现负值元素 K，因此，对第一列所有元素加 K，即 $K=2$，矩阵变成如下：

$$\begin{pmatrix} 0 & 6 & 0 & 3 \\ 13 & 0 & 5 & 4 \\ 4 & 3 & 0 & 0 \\ 0 & 9 & 2 & 3 \end{pmatrix} \quad (5.5.7)$$

(6)

可以证明，如果用第(7)步中的缩减矩阵(5.5.7)可以制定只含零元素的完全分配方案，那么，应用同一分配方案时，原矩阵总效能也必须是最小。

为了确定完全分配方案，对上述第(7)步得到的新的效能矩阵(5.5.7)，重新进行制定分配方案的一般过程具体是：

① 第2行确定一种分配。
② 第4行确定一种分配，而在第1行第1列的零元素画×。
③ 第1行确定一种分配，而在第3行第3列的零元素上画×。
④ 第3行确定一种分配。

结果为：

$$\begin{bmatrix} 0_\times & 6 & 0_\triangle & 3 \\ 13 & 0_\triangle & 5 & 4 \\ 4 & 3 & 0_\times & 0_\triangle \\ 0_\triangle & 9 & 2 & 3 \end{bmatrix} \quad (5.5.8)$$

于是一个完全分配的最优方案制定出来了。即分配如下：

张工程师：工作3；王工程师：工作2；李工程师：工作4；赵工程师：工作1。总的完成时间最少为：9+4+11+4=28(单位)

这个总时间可以由原效能矩阵得到，或由整个过程加到各列和各行的(正负)常数求其代数和而得到，只是将加到行和列数变减，将减去各行和列数变为加，结果如下：

$$2+4+11+4+5+2+2-2=28(单位)$$

以下是应用匈牙利法求解 m 个人员(资源)，m 个活动的一般分配的逐步算法，目标是使总效能为最小。

第1步：如果总效能是求最大值，改变效能矩阵中每一个元素的符号，并转第2步，否则，直接转第2步。

第2步：如果第i行中最小元素不是零，则从i行每个元素减去这个最小元素($i=1, 2, \cdots, m$)。

第3步：如果第j列最小元素不是零，则由j列中每个元素减去这个最小元素($j=1, 2, \cdots, m$)。

第4步：由第1行开始逐行检查，是否该行只有一个零元素且又未标记，则用符号△在这个零元素上做标记，以此表示一种分配。与该零元素所在的同一列其他的零元素上画×，从而不会对那一列(活动)再进行分配。重复这个过程，直到每一行没有未标记的零元素或至少有两个未标记的零元素。

第5步：逐列检查未标记的一个零元素，用表示分配的符号△标记该零元素。在同一行其他的零元素上画×，这样相应的人员(资源)就不会分配给其他活动。重复这个过程，直到每一列没有未标记的零或至少有2个未标记的零。

第6步：依次重复第4步、第5步(如果需要)直到下述三种情况之一出现：

(a) 每一行有一个分配△。
(b) 在每一行或每一列中至少有2个未标记的零元素。
(c) 没有留下未标记的零元素，并没有形成一个完全分配方案。

第7步：如果(a)出现，分配是完全的，因而这是一个最优分配方案。如果(b)出现，任意地对其中一个零元素分配△，并对同一行和列其他所有的零画×，然后转第4步。如果(c)出现转第8步。

第8步：对没有标记△的行打√。

第9步：对打√号行上的所有零元素的列打√。

第10步：再对打√的列上有△的行打√。

第11步：重复第9步和第10步，直到这一系列检查结束。

第12步：对没有打√的行画横线。所有打√的列画纵线，这一步将给出能穿过所有零元素的最小直线数。

第13步：找出未画线元素的各行中的最小元素，将这些行的所有元素减去最小元素，然后把最小元素加到有垂线通过的每一列中所有元素。返回第4步。

【例5.5.3】使摧毁目标数达到最大值的导弹发射分配问题。

有 m 枚导弹，预定来摧毁 m 个目标。每枚导弹摧毁目标的概率如表5.5.5所示。

表 5.5.5 导弹摧毁目标的概率效能矩阵

目标 导弹	目标Ⅰ	目标Ⅱ	目标Ⅲ	目标Ⅳ	目标Ⅴ
导弹 A	0.50	0.45	0.75	0.60	0.40
导弹 B	0.85	0.40	0.85	0.40	0.50
导弹 C	0.90	0.85	0.45	0.65	0.75
导弹 D	0.75	0.55	0.90	0.90	0.80
导弹 E	0.80	0.35	0.75	0.70	0.75

改变效能矩阵的所有元素的符号：

$$\begin{bmatrix} -0.50 & -0.45 & -0.75 & -0.60 & -0.40 \\ -0.85 & -0.40 & -0.85 & -0.40 & -0.50 \\ -0.90 & -0.85 & -0.45 & -0.65 & -0.75 \\ -0.75 & -0.55 & -0.90 & -0.90 & -0.80 \\ -0.80 & -0.35 & -0.75 & -0.70 & -0.75 \end{bmatrix} \begin{matrix} +0.75 \\ +0.85 \\ +0.90 \\ +0.90 \\ +0.80 \end{matrix}$$

$$\begin{bmatrix} 0.25 & 0.30 & 0_\triangle & 0.15 & 0.35 \\ 0_\triangle & 0.45 & 0_\times & 0.45 & 0.35 \\ 0_\times & 0.05 & 0.45 & 0.25 & 0.15 \\ 0.15 & 0.35 & 0_\times & 0_\triangle & 0.10 \\ 0_\times & 0.45 & 0.05 & 0.1 & 0.05 \end{bmatrix}$$

$$\qquad\qquad -0.05 \qquad\qquad -0.05$$

$$\begin{bmatrix} 0.25 & 0.25 & 0_\triangle & 0.15 & 0.30 \\ 0_\triangle & 0.40 & 0_\times & 0.45 & 0.30 \\ 0_\times & 0_\triangle & 0.45 & 0.25 & 0.10 \\ 0.15 & 0.30 & 0_\times & 0_\triangle & 0.05 \\ 0_\times & 0.40 & 0.05 & 0.1 & 0_\triangle \end{bmatrix}$$

导弹摧毁目标最大概率的分配方案如下：

导弹 A→目标Ⅲ(0.75)， 导弹 B→目标Ⅰ(0.85)，
导弹 C→目标Ⅱ(0.85)， 导弹 D→目标Ⅳ(0.90)，
导弹 E→目标Ⅴ(0.75)。

另一个实例将说明如何求解分配的项目(例如资源)比分配对象(例如活动 n)多的分配问题(即 $m>n$)。与此相反的问题(例如 $n>m$)处理方式同 $m>n$ 相同。

【例 5.5.4】某运输大队必须从 6 艘运输艇中安排 5 艘运输艇到 5 个指定码头去装武器弹药。6 艘运输艇停靠在不同的码头上。问题是要安排 5 艘运输艇到 5 个码头的代价最小。代价在表 5.5.6 中给出。

表 5.5.6 运输代价效能矩阵

运输艇\码头	B_1	B_2	B_3	B_4	B_5
A_1	25	31	29	30	20
A_2	18	19	30	19	18
A_3	32	18	19	24	17
A_4	27	21	19	25	16
A_5	19	20	22	19	14
A_6	22	30	23	18	16

因为运输艇数较码头数多，1 个虚设的码头加到表 5.5.6，对每艘艇来说相应的代价为零。表 5.5.7 为新的代价表，它表示每艘艇均有分配到虚设的码头 B_6 的机会，列缩减后的效能矩阵见表 5.5.8。

表 5.5.7 新的代价效能矩阵

运输艇\码头	B_1	B_2	B_3	B_4	B_5	B_6
A_1	25	31	29	30	20	0
A_2	18	19	30	19	18	0
A_3	32	18	19	24	17	0
A_4	27	21	19	25	16	0
A_5	19	20	22	19	14	0
A_6	22	30	23	18	16	0
	−18	−18	−19	−18	−14	

表 5.5.8 列缩减后的效能矩阵

运输艇\码头	B_1	B_2	B_3	B_4	B_5	B_6
A_1	7	13	10	12	6	0
A_2	$0_\triangle$	1	11	1	4	0
A_3	14	$0_\triangle$	$0_\times$	6	3	0
A_4	9	3	$0_\triangle$	7	2	0
A_5	1	2	3	1	$0_\triangle$	0
A_6	4	12	4	$0_\triangle$	2	0

得到的最优分配方案为：

A_1 艇→未指派， $\quad\quad$ A_2 艇→B_1 码头， $\quad\quad$ A_3 艇→B_2 码头，

A_4 艇→B_3 码头， $\quad\quad$ A_5 艇→B_5 码头， $\quad\quad$ A_6 艇→B_4 码头。

最小运输代价为 87。

匈牙利算法是求解指派问题的一个很好的算法，有很高的应用价值，可用于火力分配问题的求解。但一般情况下，火力分配问题的数学模型不具备指派问题的模型，通过增加虚拟火力单位或目标的方法，将火力分配问题转化为能够用匈牙利算法求解的指派问题，使得火力分配更简单、更易于计算。

【例 5.5.5】 有 2 种不同类型导弹，射击 3 个空中目标，第一种导弹的数量为 3 个单位，第二种导弹的数量为 2 个单位。目标的重要程度及每种导弹毁伤各个目标的概率如表 5.5.9 所示，要求攻击每个目标的导弹数不超过 2 个，请给出使用目标毁伤期望值达到最大的导弹分配方案。

表 5.5.9 目标重要程度、导弹毁伤概率

目标			B_1	B_2	B_3
重要程度	w_j		0.3	0.2	0.5
毁伤	导弹	A_1	0.4	0.1	0.5
概率	类型	A_2	0.2	0.4	0.2

在这个问题中，将每一枚导弹作为一个火力单位而不是将每一类导弹作为一个火力单位，这样就可保证不同的火力单位射向不同的目标。另外，因为问题要求攻击每个目标的导弹数不超过 2 个，可以将每个目标虚拟成 2 个，这样就可保证每一个目标射入的火力单位数不超过 1。

因为问题有两种类型导弹共有 5 个，所以有 5 个火力单位，将它们依次排序，其中前 3 个导弹是第一类，后 2 个导弹属于第二类，又因为每个目标虚拟成 2 个，所以共有 6 个目标。这样问题转成 $m=5$, $n=6$ 的具有如下形式的火力分配问题：

$$\max F = \sum_{j=1}^{n} w_j [1 - \prod_{i=1}^{n}(1-c_{ij})^{x_{ij}}]$$

$$\begin{cases} \sum_{j=1}^{n} x_{ij} \leq 1 & (i=1,2,\cdots,m) \\ \sum_{i=1}^{m} x_{ij} \leq 1 & (j=1,2,\cdots,n) \\ x_{ij}=0 或 1 & (i=1,2,\cdots,m; j=1,2\cdots,n) \end{cases}$$

其中：

$$\boldsymbol{C} = (c_{ij})_{5\times 6} = \begin{bmatrix} 0.4 & 0.4 & 0.1 & 0.1 & 0.5 & 0.5 \\ 0.4 & 0.4 & 0.1 & 0.1 & 0.5 & 0.5 \\ 0.4 & 0.4 & 0.1 & 0.1 & 0.5 & 0.5 \\ 0.2 & 0.2 & 0.4 & 0.4 & 0.2 & 0.2 \\ 0.2 & 0.2 & 0.4 & 0.4 & 0.2 & 0.2 \end{bmatrix}$$

因为 $m<n$，虚拟 1 个火力单位，得到 $n=6$ 的火力分配模型如下：

$$\max F = \sum_{j=1}^{n} w_j [1 - \prod_{i=1}^{n}(1-c_{ij})^{x_{ij}}]$$

$$\begin{cases} \sum_{j=1}^{n} x_{ij} \leqslant 1 & (i=1,2,\cdots,n) \\ \sum_{i=1}^{m} x_{ij} \leqslant 1 & (j=1,2,\cdots,n) \\ x_{ij} = 0 \text{ 或} 1 & (i=1,2,\cdots,n;\ j=1,2,\cdots,n) \end{cases}$$

其中：

$$C_1 = (c_{ij})_{6\times 6} = \begin{bmatrix} 0.4 & 0.4 & 0.1 & 0.1 & 0.5 & 0.5 \\ 0.4 & 0.4 & 0.1 & 0.1 & 0.5 & 0.5 \\ 0.4 & 0.4 & 0.1 & 0.1 & 0.5 & 0.5 \\ 0.2 & 0.2 & 0.4 & 0.4 & 0.2 & 0.2 \\ 0.2 & 0.2 & 0.4 & 0.4 & 0.2 & 0.2 \\ 0 & 0 & 0 & 0 & 0 & 0 \end{bmatrix}$$

令 $K = \max\limits_{1\leqslant i,j\leqslant 6}(w_j c_{ij}) = 0.5$，得矩阵

$$R = (K - w_j c_{ij}) = \begin{bmatrix} 0.1 & 0.1 & 0.4 & 0.4 & 0 & 0 \\ 0.1 & 0.1 & 0.4 & 0.4 & 0 & 0 \\ 0.1 & 0.1 & 0.4 & 0.4 & 0 & 0 \\ 0.3 & 0.3 & 0.1 & 0.1 & 0.3 & 0.3 \\ 0.3 & 0.3 & 0.1 & 0.1 & 0.3 & 0.3 \\ 0.5 & 0.5 & 0.5 & 0.5 & 0.5 & 0.5 \end{bmatrix}$$

在矩阵 R 上运用匈牙利算法，得到最优解矩阵

$$x^* = \begin{bmatrix} 0 & 0 & 0 & 0 & 0 & 1 \\ 0 & 0 & 0 & 0 & 1 & 0 \\ 0 & 1 & 0 & 0 & 0 & 0 \\ 0 & 0 & 1 & 0 & 0 & 0 \\ 0 & 0 & 0 & 1 & 0 & 0 \\ 1 & 0 & 0 & 0 & 0 & 0 \end{bmatrix}$$

因此最优火力分配方案是：

第一类导弹射向第一个目标的数量为 $\sum_{i=1}^{3}\sum_{j=1}^{2} x_{ij} = 1$

第一类导弹射向第二个目标的数量为 $\sum_{i=1}^{3}\sum_{j=3}^{4}x_{ij}=0$

第一类导弹射向第三个目标的数量为 $\sum_{i=1}^{3}\sum_{j=5}^{6}x_{ij}=2$

第二类导弹射向第一个目标的数量为 $\sum_{i=4}^{5}\sum_{j=1}^{2}x_{ij}=0$

第二类导弹射向第二个目标的数量为 $\sum_{i=4}^{5}\sum_{j=3}^{4}x_{ij}=2$

第二类导弹射向第三个目标的数量为 $\sum_{i=4}^{5}\sum_{j=5}^{6}x_{ij}=0$

最优的目标毁伤效能指标是：$\sum_{i=1}^{5}\sum_{j=1}^{6}w_i c_{ij}x_{ij}=3.3$

5.6 动 态 规 划

动态规则是运筹学的一个分支，它是解决多阶段决策过程最优化的一种数学方法，大约产生于20世纪50年代。1951年美国数学家贝尔曼(R.Bellman)等人，根据一类多阶段决策问题的特点，把多阶段决策问题变换为一系列互相联系的单阶段问题，然后逐个加以解决。与此同时，他提出了解决这类问题的"最优性原理"，研究了许多实际问题，从而创建了解决最优化问题的一种新的方法——动态规划。他的名著《动态规划》于1957年出版，该书是动态规划的第一本著作。

动态规划的方法，在工程技术、企业管理、工农业生产及军事等部门中都有广泛的应用，并且获得了显著的效果。在企业管理方面，动态规划可以用来解决最优路径问题、资源分配问题、生产调度问题、库存问题、装载问题、排序问题、设备更新问题、生产过程最优控制问题等，所以它是现代企业管理中的一种重要的决策方法。许多问题用动态规划的方法去处理，常比线性规划或非线性规划更有成效。特别对于离散性的问题，由于解析数学无法施展其术，动态规划的方法就成为非常有用的工具。应指出，动态规划是求解某类问题的一种方法，是考查问题的一种途径，而不是一种特殊算法(如线性规划是一种算法)，因而，它不像线性规划那样有一个标准的数学表达式和明确定义的一组规则，而必须对具体问题进行具体分析处理。因此，在学习时，除了要对基本概念和方法正确理解外，应以丰富的想像力去建立模型，用创造性的技巧去求解。

动态规划模型的分类，根据多阶段决策过程的时间参量是离散的还是连续的变量，过程分为离散决策过程和连续决策过程。根据决策过程的演变是确定性的还是随机性的，过程又可分为确定性决策过程和随机性决策过程。组合起来就有离散确定性、离散随机性、连续确定性、连续随机性4种决策过程模型。

本节主要研究离散决策过程，介绍动态规划的基本概念、理论和方法，并通过几个典型的问题来说明它的应用，这些都是整个动态规划的基本内容。

5.6.1 动态规划的基本方法

在生产和科学实验中，有一类活动的过程，由于它的特殊性，可将过程分为若干个互相联系的阶段，在它的每一个阶段都需要做出决策，从而使整个过程达到最好的活动效果。因此，各个阶段决策的选取不是任意确定的，它依赖于当前面临的状态，又影响以后的发展。当各个阶段决策确定后，就组成了一个决策序列，因而也就决定了整个过程的一条活动路线。这种把一个问题可看作是一个前后关联具有链状结构的多阶段过程(图5.6.1)就称为多阶段决策过程，也称序贯决策过程，这种问题就称为多阶段决策问题。

图 5.6.1　多阶段决策过程

在多阶段决策问题中，各个阶段采取的决策，一般来说是与时间有关的，决策依赖于当前的状态，又随即引起状态的转移，一个决策序列就是在变化的状态中产生出来的，故有"动态"的含义。因此，把处理它的方法称为动态规划方法。但是，一些与时间没有关系的静态规划(如线性规划、非线性规划等)问题，只要人为地引进"时间"因素，也可把它视为多阶段决策问题，用动态规划方法去处理。

多阶段决策问题很多，现举例如下：

【例5.6.1】如图5.6.2，给定一个线路网络，两点之间连线上的数字表示两点之间的距离(或费用)，试求一条由A到F的铺管路线，使总距离最短(或总费用最小)。该问题就可以用动态规划来求解。

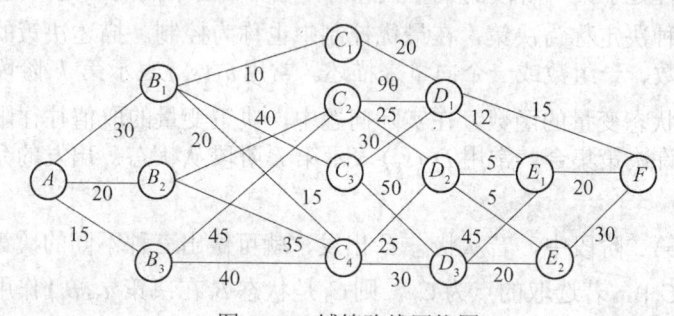

图 5.6.2　铺管路线网络图

5.6.2　动态规划的基本概念

动态规划的基本概念有阶段、状态、决策、状态转移方程、策略指标函数和最优值函数等。

1. 阶段

把所给问题的过程，恰当地分为若干个相互联系的阶段，以便能按一定的次序去求解。描述阶段的变量称为阶段变量，常用 k 表示。阶段的划分，一般是根据时间和空间的自然特征来划分，但要便于把问题的过程能转化为多阶段决策的过程。如例5.6.1可分为5个阶段来求解，k 分别等于1、2、3、4、5。

2. 状态

状态表示每个阶段开始所处的自然状况或客观条件，它描述了研究问题过程的状况，又称不可控因素。在例5.6.1中，状态就是某阶段的出发位置，它既是该阶段某支路的起点，又是前一阶段某支路的终点。通常一个阶段有若干个状态，第一阶段有一个状态就是点A，第二阶段有三个状态，即集合 $\{B_1, B_2, B_3\}$，一般第 k 阶段的状态就是第 k 阶段所有始点的集合。

描述过程状态的变量称为状态变量，它可用一个数、一组数或一个向量(多维情形)来描述，常用 s_k 表示第 k 阶段的状态变量。如在例 5.6.1 中第三阶段有 4 个状态，则状态变量 s_k 可取 4 个值，即 C_1、C_2、C_3、C_4，集合 $\{C_1, C_2, C_3, C_4\}$ 就称为第三阶段的可达状态集合，记为 $S_3 = \{C_1, C_2, C_3, C_4\}$。有时为了方便起见，将该阶段的状态编上号码 1，2，$\cdots$，这时也可记 $S_3 = \{1, 2, 3, 4\}$，第 k 阶段的可达状态集合就记为 S_k。

这里所说的状态应具有下面的性质：如果某阶段状态给定后，则在这阶段以后过程的发展不受这阶段以前各段状态的影响。换句话说，过程的过去历史只能通过当前的状态去影响它未来的发展，当前的状态是以往历史的一个总结，这个性质称为无后效性(即马尔可夫性)。

如果状态仅仅描述过程的具体特征，则并不是任何实际过程都能满足无后效性的要求。所以，在构造决策过程的动态规划模型时，不能仅由描述过程的具体特征这点出发去规定状态变量，而要充分注意是否满足无后效性的要求。如果状态的某种规定方式可能导致不满足无后效性，应适当地改变状态的规定方法，达到能使它满足无后效性的要求。例如，研究物体(把它看作一个质点)受外力作用后其空间运动的轨迹问题。从描述轨迹这点着眼，可以只选坐标位置 (x_k, y_k, z_k) 作为过程的状态，但这样不能满足无后效性，因为即使知道了外力的大小和方向，仍无法确定物体受力后的运动方向和轨迹，只有把位置 (x_k, y_k, z_k) 和速度 $(\dot{x}_k, \dot{y}_k, \dot{z}_k)$ 都作为过程的状态变量，才能确定物体运动下一步的方向和轨迹，实现无后效性的要求。

3. 决策

决策表示当过程处于某一阶段的某个状态时，可以做出不同的决定(或选择)，从而确定下一阶段的状态，这种决定称为决策，在最优控制中也称为控制。描述决策的变量，称为决策变量，它可用一个数、一组数或一个向量来描述。常用 $u_k(s_k)$ 表示第 k 阶段当状态处于 s_k 时的决策变量，它是状态变量的函数。在实际问题中，决策变量的取值往往限制在某一范围之内，此范围称为允许决策集合。常用 $D_k(s_k)$ 表示第 k 阶段从状态 s_k 出发的允许决策集合，显然有 $u_k(s_k) \in D_k(s_k)$。

如在例 5.6.1 第二阶段中，若从状态 B_1 出发，就可做出三种不同的决策，其允许决策集合 $D_2(B_1) = \{C_1, C_3, C_4\}$，若选取的点为 C_3，则 C_3 是状态 B_1 在决策 $u_2(B_1)$ 作用下的一个新的状态，记作 $u_3(B_1) = C_3$。

4. 策略

策略是一个按顺序排列的决策组成的集合。由过程的第 k 阶段开始到终止状态为止的过程，称为问题的后部子过程(或称为 k 子过程)，由每段的决策按顺序排列组成的决策函数序列 $\{u_k(s_k), \cdots, u_n(s_n)\}$ 称为 k 子过程策略，简称子策略，记为 $p_{k,n}(s_k)$。即

$$p_{k,n}(s_k) = \{u_k(s_k), u_{k+1}(s_{k+1}), \cdots, u_n(s_n)\}$$

当 $k = 1$ 时，此决策函数序列称为全过程的一个策略，简称策略，记为 $p_{1,n}(s_1)$。即

$$p_{1,n}(s_1) = \{u_1(s_1), u_2(s_2), \cdots, u_n(s_n)\}$$

在实际问题中，可供选择的策略有一定的范围，此范围称为允许策略集合，用 P 表示，从允许策略集合中找出达到最优效果的策略称为最优策略。

5. 状态转移方程

状态转移方程是确定过程由一个状态到另一个状态的演变过程。给定第 k 阶段状态变量

s_k 的值，如果该段的决策变量 u_k 一经确定，第 $k+1$ 阶段的状态变量 s_{k+1} 的值也就完全确定，即 s_{k+1} 的值随 s_k 和 u_k 的值变化而变化。这种确定的对应关系，记为

$$s_{k+1} = T_k(s_k, u_k)$$

上式描述了由 k 阶段到 $k+1$ 阶段的状态转移规律，称为状态转移方程。T_k 称为状态转移函数，在例 5.6.1 中，状态转移方程为 $s_{k+1} = u_k(s_k)$。

6. 指标函数和最优值函数

用来衡量所实现过程优劣的一种数量指标，称为指标函数。它是定义在全过程和所有后部子过程上确定的数量函数，常用 $V_{k,n}$ 表示之，即

$$V_{k,n} = V_{k,n}(s_k, u_k, s_{k+1} u_{k+1}, \cdots, s_n, u_n,) \quad k=1,2,\cdots,n$$

对于要构成动态规划模型的指标函数，应具有可分离性，并满足递推关系，即 $V_{k,n}$ 可以表示为 s_k、u_k、$V_{k+1,n}$ 的函数。记为

$$V_{k,n}(s_k, u_k, s_{k+1}, \cdots, u_n) = \psi_k[s_k, u_k, V_{k+1,n}(s_{k+1}, \cdots, u_n)]$$

在实际问题中很多指标函数都满足这个性质。常见的指标函数的形式如下：

(1) 过程和它的任一子过程的指标是它所包含的各阶段的指标的和。即

$$V_{k,n}(s_k, u_k, \cdots, u_n) = \sum_{j=k}^{n} v_j(s_j, u_j)$$

其中 $v_j(s_j, u_j)$ 表示第 j 阶段的阶段指标。这时上式可写成

$$V_{k,n}(s_k, u_k, \cdots, u_n) = v_k(s_k, u_k) + V_{k+1,n}(s_{k+1}, u_{k+1}, \cdots, u_n)$$

(2) 过程和它的任一子过程的指标是它所包含的各阶段的指标的乘积。即

$$V_{k,n}(s_k, u_k, \cdots, u_n) = \prod_{j=k}^{n} v_j(s_j, u_j)$$

这时就可写成

$$V_{k,n}(s_k, u_k, \cdots, u_n) = v_k(s_k, u_k) V_{k+1,n}(s_{k+1}, u_{k+1}, \cdots, u_n)$$

指标函数的最优值，称为最优值函数，记为 $f_k(s_k)$。它表示从第 k 阶段的状态 s_k 开始到第 n 阶段的终止状态的过程，采取最优策略所得到的指标函数值。即

$$f_k(s_k) = \underset{\{u_k, \cdots, u_n\}}{\text{opt}} V_{k,n}(s_k, u_k, \cdots, u_n)$$

其中 "opt" 是最优化(optimization)的缩写，可根据题意而取 min 或 max。

5.6.3 动态规划的基本思想和基本方程

(1) 动态规划的基本方程是通过 k 阶段与 $k+1$ 阶段的递推关系式来表达的，一般情况下可写为：

$$f_k(s_k) = \underset{u_k \in D_k(s_k)}{\text{opt}} \{v_k(s_k, u_k(s_k)) + f_{k+1} u_k((s_k))\}$$

$$(k = n, n-1, \cdots, 1)$$

边界条件为 $f_{n+1}(s_{n+1}) = 0$。这种递推关系式称为动态规划的基本方程。

(2) 动态规划方法的基本思想可以归纳如下:

① 动态规划方法的关键在于正确地写出基本的递推关系式和恰当的边界条件(简言之为基本方程)。要做到这一点,必须先将问题的过程分成几个相互联系的阶段,恰当地选取状态变量和决策变量及定义最优值函数,从而把一个大问题化成一族同类型的子问题,然后逐个求解。即从边界条件开始,逐段递推寻优,在每一个子问题的求解中,均利用了它前面的子问题的最优化结果,依次进行,最后一个子问题所得的最优解,就是整个问题的最优解。

② 在多阶段决策过程中,动态规划方法是既把当前一段和未来各段分开,又把当前效益和未来效益结合起来考虑的一种最优化方法。因此,每段决策的选取是从全局来考虑的,与该段的最优选择答案一般是不同的。

③ 在求整个问题的最优策略时,由于初始状态是已知的,而每段的决策都是该段状态的函数,故最优策略所经过的各段状态便可逐次变换得到,从而确定了最优结果。

5.6.4 动态规划的解法

动态规划方法有逆序解法和顺序解法之分,其关键在于正确写出动态规划的递推关系式,故递推方式有逆推和顺推两种形式。一般地说,当初始状态给定时,用逆推比较方便;当终止状态给定时,用顺推比较方便。

考查如图5.6.3所示的n阶段决策过程。

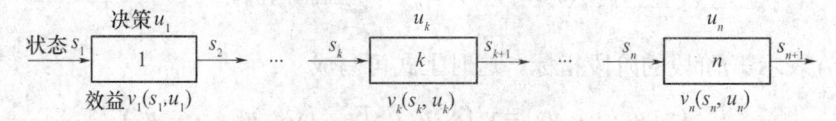

图5.6.3　n阶段决策过程

其中取状态变量为$s_1, s_2, \cdots, s_{n+1}$;决策变量为$u_1, u_2, \cdots, u_n$。在第$k$阶段,决策$u_k$使状态$s_k$(输入)转移为状态$s_{k+1}$(输出),设状态转移函数为

$$s_{k+1} = T_k(s_k, u_k) \quad (k = 1, 2, \cdots, n)$$

假定过程的总效益(指标函数)与各阶段效益(阶段指标函数)的关系为

$$V_{1,n} = v_1(s_1, u_1) * v_2(s_2, u_2) * \cdots * v_n(s_n, u_n)$$

其中记号"*"可都表示为"+"或者都表示为"×"。问题为使$V_{1,n}$达到最优化,即求opt$V_{1,n}$,为简单起见,不妨此处就求max$V_{1,n}$。

1. 逆推解法

设已知初始状态为s_{n+1},并假定最优值函数$f_k(s_k)$表示当第k阶段的初始状态为s_k时,从k阶段到n阶段所得到的最大效益。

从第n阶段开始,则有

$$f_{n-1}(s_{n-1}) = \max_{u_{n-1} \in D_{n-1}(s_{n-1})} [v_{n-1}(s_{n-1}, u_{n-1}) \times f_n(s_n)]$$

其中$D_n(s_n)$是由状态s_n所确定的第n阶段的允许决策集合。解此一维极值问题,就得到最优解$u_n = u_n(s_n)$和最优值$f_n(s_n)$,要注意的是,若$D_n(s_n)$只有一个决策,则$u_n \in D_n(s_n)$就应写成$u_n = u_n(s_n)$。

在第$n-1$阶段,有

$$f_{n-1}(s_{n-1}) = \max_{u_{n-1} \in D_{n-1}(s_{n-1})} [v_{n-1}(s_{n-1}, u_{n-1}) * f_n(s_n)]$$

其中 $s_n = T_{n-1}(s_{n-1}, u_{n-1})$。解此一维极值问题，得到最优解 $u_n = u_{n-1}(s_{n-1})$ 和最优值 $f_{n-1}(s_{n-1})$。

在第 k 阶段，有

$$f_k(s_k) = \max_{u_k \in D_k(s_k)} [v_k(s_k, u_k) * f_{k+1}(s_{k+1})]$$

其中 $s_{k+1} = T_k(s_k, u_k)$。解得最优解 $u_k = u_k(s_k)$ 和最优值 $f_k(s_k)$。

如此类推，直到第一阶段，有

$$f_1(s_1) = \max_{u_1 \in D_1(s_1)} [v_1(s_1, i_1) * f_2(s_2)]$$

其中 $s_2 = T_1(s_1, u_1)$。解得最优解 $u_1 = u_1(s_1)$ 和最优值 $f_1(s_1)$。

由于初始状态 s_1 已知，故 $u_1 = u_1(s_1)$ 和 $f_1(s_1)$ 是确定的，从而 $s_2 = T_1(s_1, u_1)$ 也就可确定，于是 $u_2 = u_2(s_2)$ 和 $f_2(s_2)$ 也就可确定。这样，按照上述递推过程相反的顺序推算下去，就可逐步确定出每阶段的决策及效益。

2. 顺推解法

设已知终止状态 s_{n+1}，并假定最优值函数 $f_k(s)$ 表示第 k 阶段末的结束状态为 s，从第 1 阶段到第 k 阶段所得到的最大收益。

已知终止状态 s_{k+1} 用顺推解法与已知初始状态用逆推解法在本质上没有区别，它相当于把实际的起点视为终点，实际的终点视为起点，而按逆推解法进行的。换言之，只要把图 5.6.3 的箭头倒转过来即可，把输出 s_{k+1} 看作输入，把输入 s_k 看作输出，这样便得到顺推解法。但应注意，这里是在上述状态变量和决策变量的记法不变的情况下考虑的。因而这时的状态变换是上面状态变换的逆变换，记为 $s_k = T_k^*(s_{k+1}, u_k)$。从运算而言，就是由 s_{k+1} 和 u_k 而去确定 s_k 的。

从第 1 阶段开始，有

$$f_1(s_2) = \max_{u_1 \in D_1(s_1)} v_1(s_1, u_1) \quad \text{其中 } s_1 = T_1^*(s_2, u_1)$$

解得最优解 $u_1 = u_1(s_2)$ 和最优值 $f_1(s_2)$。若 $D_1(s_1)$ 只有一个决策，则 $u_1 \in D_1(s_1)$ 就写成 $u_1 = u_1(s_2)$。

在第 2 阶段，有

$$f_2(s_3) = \max_{u_2 \in D_2(s_2)} [v_2(s_2, u_2) * f_1(s_2)], \quad \text{其中 } s_2 = T_1^*(s_3, u_2)$$

解得最优解 $u_2 = u_2(s_3)$ 和最优值 $f_2(s_3)$。

如此类推，直到第 n 阶段，有

$$f_n(s_{n+1}) = \max_{u_n \in D_n(s_n)} [v_n(s_n, u_n) * f_{n-1}(s_n)], \quad \text{其中 } s_n = T_n^*(s_{n+1}, u_n)$$

解得最优解 $u_n = u_n(s_{n+1})$ 和最优值 $f_n(s_{n+1})$。

由于终止状态 s_{n+1} 是已知的，故 $u_n = u_n(s_{n+1})$ 和 $f_n(s_{n+1})$ 是确定的。再按计算过程的相反顺序推算上去，就可逐步确定出每阶段的决策及效益。

应指出的是，若将状态变量的记法改为 $s_0, s_1, \cdots, s_n$，决策变量记法不变，则按顺序解法，此时的最优值函数为 $f_k(s_k)$。因而，这个符号与逆推解法的符号一样，但含义是不同的，这

里的 s_k 是表示 k 阶段末的结束状态。

【例 5.6.2】 资源配置问题。

某公司现有 5 台设备,准备用其生产甲、乙、丙 3 种产品,每种产品的利润见表 5.6.1。如何分配设备才能使企业利润最多?

表 5.6.1 产品生产利润表

设备台数\产品	甲	乙	丙
0	0	0	0
1	3	5	4
2	7	10	8
3	9	11	11
4	12	11	12
5	13	11	12

该问题可分为 3 个阶段,其决策变量为 u_k,表示分配生产第 k 种产品的设备数,s_k 为状态变量,表示在第 k 阶段可供分配的设备数,传递函数为

$$s_{k+1} = s_k - u_k$$

指标值函数为 $V_k(s_k)$,$P_k(u_k)$ 为阶段指标函数。

递推方程为

$$V_k(s_k) = \max_{0 \le u_k \le s_k} \{P_k(u_k) + V_{k+1}(s_{k+1})\} \quad (k=3,2,1)$$

(1) 当 $k=3$ 时,该阶段可供分配的设备($s_3 = 0,1,2,3,4,5$)均分配生产丙产品,故得表 5.6.2。

表 5.6.2 第 3 阶段设备分配的最佳指标值

s_3 \ u_3	\multicolumn{6}{c}{$P_3(u_3)$}	$V_3(s_3)$	u_3^*
	0	1	2	3	4	5		
0	0						0	0
1		4					4	1
2			8				8	2
3				11			11	3
4					12		12	4
5						12	12	5

(2) 当 $k=2$ 时,该阶段可供分配的设备($s_2 = 0,1,2,3,4,5$)均分配生产乙和丙产品,按递推方程,有

$$V_2(s_2) = \max_{0 \le u_2 \le s_2} \{P_2(u_2) + V_3(s_3)\}$$

故得表 5.6.3。

(3) 当 $k=1$ 时,该阶段可供分配的设备($s_1 = 5$)分配生产甲、乙和丙产品,按递推方程,有

$$V_1(s_1) = \max_{0 \le u_1 \le s_1} \{P_1(u_1) + V_2(s_2)\}$$

表 5.6.3 第 2 阶段设备分配的最佳指标值

s_2 \ u_2	$P_2(u_2)$						$V_2(s_2)$	u_2^*
	0	1	2	3	4	5		
0	0						0	0
1	0+4	5+0					5	1
2	0+8	5+4	10+0				10	2
3	0+11	5+8	10+4	11+0			14	2
4	0+12	5+11	10+8	11+4	11+0		18	2
5	0+12	5+12	10+11	11+8	11+4	11+0	21	5

故得表 5.6.4。

表 5.6.4 第 1 阶段设备分配的最佳指标值

s_1 \ u_1	$P_1(u_1)$						$V_1(s_1)$	u_1^*
	0	1	2	3	4	5		
5	0+21	3+18	7+14	9+10	12+5	13+0	21	0, 1, 2

该问题共有 3 个方案,由表 5.6.4 反向推算可得出分配方案:

① $u_1^* = 0$,由于 $s_2 = s_1 - u_1^* = 5 - 0 = 5$,查表 5.6.3 中 $s_2 = 5$ 行的最优决策;$u_2^* = 2$,由于 $s_3 = s_2 - u_2^* = 5 - 2 = 3$,查表 5.6.2 中 $s_3 = 3$ 行的最优决策;$u_3^* = 3$,即甲产品分配 0 台,乙产品分配 2 台,丙产品分配 3 台,总利润为 21。

② $u_1^* = 1$,由于 $s_2 = s_1 - u_1^* = 5 - 1 = 4$,查表 5.6.3 中 $s_2 = 4$ 行的最优决策;$u_2^* = 2$,由于 $s_3 = s_2 - u_2^* = 4 - 2 = 2$,查表 5.6.2 中 $s_3 = 2$ 行的最优决策;$u_3^* = 2$,即甲产品分配 1 台,乙产品分配 2 台,丙产品分配 2 台,总利润为 21。

③ $u_1^* = 2$,由于 $s_2 = s_1 - u_1^* = 5 - 2 = 3$,查表 5.6.3 中 $s_2 = 3$ 行的最优决策;$u_2^* = 2$,由于 $s_3 = s_2 - u_2^* = 3 - 2 = 1$,查表 5.6.2 中 $S_3 = 1$ 行的最优决策;$u_3^* = 1$,即甲产品分配 2 台,乙产品分配 2 台,丙产品分配 1 台,总利润为 21。

这种用表格计算的方法叫做表算法。这类问题的决策变量是离散的,状态是可数的,因此还可将其转换成网络图求最长路径的方法求解,所得网络图如图 5.6.4 所示。

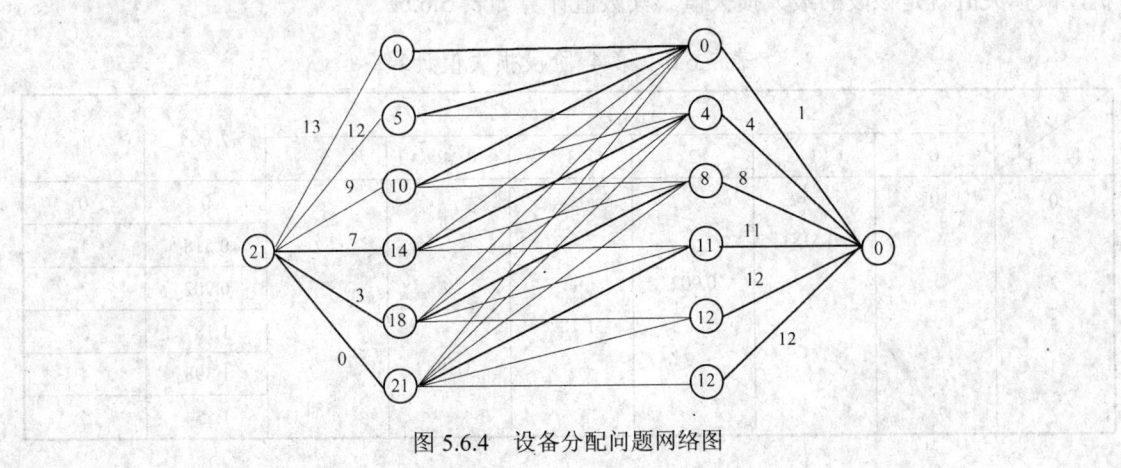

图 5.6.4 设备分配问题网络图

用逆算法求解该网络的结果与上述算法是一致的。

5.6.5 动态规划的实例

【例 5.6.3】 防空兵群兵力分配问题。

我侦察预警系统侦察到 4 架敌机对我防空兵群进行空袭。我防空兵群由 5 个同型号防空营组成，毁伤 1 架敌机给敌造成的损失为 g_i，1 个防空营对 1 架敌机的平均毁伤概率为 $P=0.3$，试决定向每一目标分配的兵力数量，使得对敌造成最大的损失。将此问题按空袭目标分为 4 个阶段，见表 5.6.5。

这里：阶段变量：$i=1, 2, 3, 4$；

决策变量：$u_k (0 \leqslant u_k \leqslant m)$ 表示分配给第 k 个目标的火力单元数目，取整数；

状态变量：s_k 表示分配给第 k 个空袭目标至第 n 个空袭目标的火力单元数目的累计数量：$s_k = \sum_{i=k}^{n} x_i, 0 \leqslant s_k \leqslant m$。

表 5.6.5 空袭目标的 4 个阶段

目标编号	1	2	3	4
g_i	16	14	12	2
P	0.3	0.3	0.3	0.3

递推关系式为：

$$\begin{cases} f_k(s_k) = \max_{0 < x_k < s_k} [v_k(u_k) + f_{k+1}(s_k - u_k)] \\ f_5(s_5) = 0 \end{cases} \quad (k=4,3,2,1)$$

下面从最后一个阶段开始向前递推计算。

第 4 阶段：设将 s_4 个防空营 $s_4 = (0,1,2,3,4,5)$ 全部分配给第 4 架飞机，则敌最大损失值为：

$$f_4(s_4) = v_4(s_4) = \max_{s_4}[v_4(u_4)] = \max_{s_4}[g_4(1-e^{-pu_4})]$$

其中 $u_4 = s_4 = (0,1,2,3,4,5)$，因为此时只有 1 架敌机，有多少个防空营就全部分配给第 4 架飞机，故损失值就是该段的最大损失值。其数值计算如表 5.6.6。

表 5.6.6 第 4 阶段损失值计算

s_4 \ u_4	0	1	2	3	4	5	$f_4(s_4)$	u_4^*
0	0						0	0
1		0.518					0.518	1
2			0.902				0.902	2
3				1.187			1.187	3
4					1.398		1.398	4
5						1.554	1.554	5

表中 u_4^* 表示使 $f_4(s_4)$ 为最大值时的最优决策。

第 3 阶段：设把 s_3 个防空营 $s_3 = (0,1,2,3,4,5)$ 配给第 3 架和第 4 架敌机时，则对每个 s_3 值，有一种最优分配方案，使最大损失值为：

$$f_3(s_3) = \max_{0 < u_3 < s_3}[v_3(u_3) + f_4(s_3 - u_3)]$$

其中 $u_3 = (0,1,2,3,4,5)$。因为分配给第 3 架敌机 u_3 个防空营，其损失值为 $v_3(u_3)$，余下的 $s_3 - u_3$ 个防空营就分配给第 4 架敌机，则最大损失值为 $f_4(s_3 - x_3)$，选择 u_3 的值，使 $v_3(u_3) + f_4(s_3 - u_3)$ 取最大值。其数值计算见表 5.6.7。

表 5.6.7 第 3 阶段最大损失值计算

s_3 \ u_3	\multicolumn{6}{c}{$v_3(u_3) + f_4(s_3 - u_3)$}	$f_3(s_3)$	u_3^*
	0	1	2	3	4	5		
0	0						0	0
1	0.518	3.110					3.110	1
2	0.902	3.628	5.414				5.414	2
3	1.187	4.012	5.932	7.121			7.121	3
4	1.398	4.297	6.316	7.639	8.386		8.386	4
5	1.554	4.508	6.601	8.023	8.904	9.322	9.322	5

第 2 阶段：设把 s_2 个防空营 $s_2 = (0,1,2,3,4,5)$ 分配给第 2 架至第 4 架敌机时，最大损失值为：

$$f_2(s_2) = \max_{0 < u_2 < s_2}[v_2(u_2) + f_3(s_2 - u_2)]$$

其中 $u_2 = (0,1,2,3,4,5)$，计算结果见表 5.6.8。

表 5.6.8 第 2 阶段最大损失值计算

s_2 \ u_2	\multicolumn{6}{c}{$v_2(u_2) + f_3(s_2 - u_2)$}	$f_2(s_2)$	u_2^*
	0	1	2	3	4	5		
0	0						0	0
1	3.110	3.629					3.629	1
2	5.414	6.739	6.317				6.739	1
3	7.121	9.043	9.427	8.308			9.427	2
4	8.386	10.75	11.731	11.418	9.783		11.731	2
5	9.322	12.015	13.438	13.722	12.893	10.876	13.722	3

第 1 阶段：把 s_1 个防空营 $(s_1 = 5)$ 分配给 4 架飞机，敌最大损失值为：

$$f_1(5) = \max_{0 < u_1 < 5}[v_1(u_1) + f_2(s_1 - u_1)]$$

其中 $u_1 = (0,1,2,3,4,5)$，计算结果如表 5.6.9。

表 5.6.9 第 1 阶段敌最大损失值计算

s_1 \ u_1	\multicolumn{6}{c}{$v_1(u_1)+f_2(s_1-u_1)$}	$f_1(s_1)$	u_1^*
	0	1	2	3	4	5		
5	13.722	15.877	16.646	16.233	14.809	12.430	16.646	2

再按计算表格的顺序反推算，可知最优分配方案为 $u=(2,2,1,0)$，对敌造成的损失为 16.646。

【例 5.6.4】 导弹数量给定情况下导弹分配优化的问题。

假设我方编队计划用 n 枚导弹打击敌舰艇编队中的 m 个目标，若分配数量 x_i 的导弹用于打击敌编队中第 i 艘舰艇，其收益为 $g_i(x_i)$，则导弹分配模型可写成静态规划问题：

$$\begin{cases} \max z = g_1(x_1) + g_2(x_2) + \cdots + g_m(x_m) \\ x_1 + x_2 + \cdots + x_m = n \\ x_i \geqslant 0 \quad (i=0,1,2,\cdots,n) \end{cases} \tag{5.6.1}$$

由于对敌毁伤是一个随机事件，a_{ij} 表示对敌编队第 i 个目标打击到第 j 等级的毁伤对我的相对价值，p_{xij} 表示使用 x_i 枚导弹对敌编队第 i 个目标打击到第 j 等级的毁伤的概率，则收益函数可以用对敌毁伤价值的期望表示，如：

$$g_i(x_i) = p_{xij} a_{ij} \tag{5.6.2}$$

显然，$g_i(x_i)$ 是非线性函数时，它是一个非线性规划问题，其具体求解比较麻烦。但是，由于这类问题的特殊结构，可以将其看作一个多阶段决策问题，可以利用动态规划的递推关系来求解。

设状态变量 s_k 表示分配用于打击敌第 k 艘到第 m 艘舰艇的导弹数量。决策变量 u_k 表示分配给敌第 k 艘舰艇的导弹数，即 $u_k = x_k$。

状态转移方程：$s_{k+1} = s_k - u_k = s_k - x_k$

允许决策集合：$D_k(s_k) = \{u_k \mid 0 \leqslant u_k = x_k \leqslant s_k\}$

令最优值函数 $f_k(s_k)$ 表示以数量 s_k 的导弹分配给敌第 k 至第 m 艘的最大作战效益。因而可写出动态规划的递推关系式为：

$$\begin{cases} f_k(s_k) = \max_{0 \leqslant x_k \leqslant s_k} \{g_k(x_k) + f_{k+1}(s_{k+1})\} \quad (k=m-1,\cdots,1) \\ f_m(s_m) = \max_{x_n = s_n} g_n(x_n) \end{cases} \tag{5.6.3}$$

利用递推关系式(5.6.3)进行逐段计算，最后求得 $f_1(n)$ 即为所求编队导弹火力的最大效益，解式(5.6.1)得到的 X^* 即为最优导弹火力分配。

5.7 思考题

1. 用图解法求解下列线性规划问题：

(1) $\max f = x_1 + 1.5x_2$ 　　　　(2) $\min f = 6x_1 + 4x_2$

$$\begin{cases} 2x_1 + 3x_2 \leqslant 6 \\ x_1 + 4x_2 \leqslant 4 \\ x_1, x_2 \geqslant 0 \end{cases}$$
$$\begin{cases} 2x_1 + x_2 \geqslant 1 \\ 3x_1 + 4x_2 \geqslant 1.5 \\ x_1, x_2 \geqslant 0 \end{cases}$$

(3) $\max f = 3x_1 - 2x_2$ (4) $\max f = 2x_1 + 2x_2$

$$\begin{cases} x_1 + x_2 \leqslant 1 \\ 2x_1 + 2x_2 \geqslant 4 \\ x_1, x_2 \geqslant 0 \end{cases}$$
$$\begin{cases} x_1 - x_2 \geqslant -1 \\ -0.5x_1 + x_2 \leqslant 2 \\ x_1, x_2 \geqslant 0 \end{cases}$$

2. 用单纯形法求解下列线性规划问题：

(1) $\min f = 2x_1 + x_2 - x_3 - x_4$ (2) $\min f = 4x_1 + 3x_2 + 8x_3$

$$\begin{cases} x_1 + x_2 + x_3 - x_4 = 2 \\ 2x_1 + x_2 - 3x_3 + x_4 = 6 \\ x_1 + x_2 + x_3 + x_4 = 7 \\ x_1, x_2, x_3, x_4 \geqslant 0 \end{cases}$$
$$\begin{cases} 2x_1 + x_3 \geqslant 2 \\ x_2 + 2x_3 \geqslant 5 \\ x_1, x_2, x_3 \geqslant 0 \end{cases}$$

(3) $\max f = x_1 - x_2 + x_3 - 3x_4 + x_5 - x_6 - 3x_7$

$$\begin{cases} 3x_3 + x_5 + x_6 = 6 \\ x_2 + 2x_3 - x_4 = 10 \\ -x_1 + x_6 = 0 \\ x_3 + x_6 + x_7 = 0 \\ x_j \geqslant 0 \quad (j = 1, 2, \cdots, 7) \end{cases}$$

(4) $\min f = -3x_1 - 11x_2 - 9x_3 + x_4 + 29x_5$

$$\begin{cases} x_2 + x_3 + x_4 - 2x_5 \leqslant 4 \\ x_1 - x_2 + x_3 + 2x_4 + x_5 \geqslant 0 \\ x_1 + x_2 + x_3 - 3x_5 \leqslant 1 \\ x_1 无限制, x_2, x_3, x_4, x_5 \geqslant 0 \end{cases}$$

3. 对下列整数规划问题，问用解相应的线性规划然后凑整的办法能否求到最优整数解？

(1) $\max f = 3x_1 + 2x_2$ (2) $\max f = 3x_1 + 2x_2$

$$\begin{cases} 2x_1 + 3x_2 \leqslant 14.5 \\ 4x_1 + x_2 \leqslant 16.5 \\ x_1, x_2 \geqslant 0 \\ x_1, x_2 整数 \end{cases}$$
$$\begin{cases} 2x_1 + 3x_2 \leqslant 14 \\ 2x_1 + x_2 \leqslant 9 \\ x_1, x_2 \geqslant 0 \\ x_1, x_2 整数 \end{cases}$$

4. 用分枝定界法解：

(1) $\max f = x_1 + x_2$ (2) $\max f = x_1 + x_2$

$$\begin{cases} x_1 + \dfrac{9}{14}x_2 \leq \dfrac{51}{14} \\ -2x_1 + x_2 \leq \dfrac{1}{3} \\ x_1, x_2 \geq 0 \\ x_1, x_2 \text{ 整数} \end{cases} \qquad \begin{cases} 2x_1 + x_2 \leq 6 \\ 4x_1 + 5x_2 \leq 20 \\ x_1, x_2 \geq 0 \\ x_1, x_2 \text{ 整数} \end{cases}$$

5. 写出下列线性规划问题的对偶问题:

(1) $\min f = 2x_1 + 2x_2 + 4x_3$ \qquad (2) $\max f = 4x_1 + 7x_2 + 2x_3$

$$\begin{cases} 2x_1 + 3x_2 + 5x_3 \geq 2 \\ 3x_1 + x_2 + 7x_3 \leq 3 \\ x_1 + 4x_2 + 6x_3 \leq 1 \\ x_1, x_2, x_3 \geq 0 \end{cases} \qquad \begin{cases} x_1 + 2x_2 + x_3 \leq 10 \\ 2x_1 + 3x_2 + x_3 \leq 10 \\ x_1, x_2, x_3 \geq 0 \end{cases}$$

6. 某卫星测控站每天至少需要下列数量的干部值班:

班次	1	2	3	4	5	6
起止时间	6～10时	10～14时	14～18时	18～22时	22～2时(第2天)	2～6时
最少干部数	60	70	60	50	30	30

每班值班的干部在班次开始时上班,连续工作8小时。测控站首长需要确定每个班次应派多少干部值班,才能既满足需要又使每天上班的干部人数最少,请帮助建立解决此问题的数学模型。

7. 某空运部队,考虑购置一批新的远程、中程及短程运输机。每架远程运输机购价670万元,中程运输机500万元,短程运输机350万元。该部队现有装备费15000万元可用于购置运输机。据估算每年节省运输费(扣除成本)每架远程运输机42万元,中程运输机30万元,短程运输机23万元。设该部队现有熟练飞行员可用来配备30架新购运输机。维修设备足以维修新增加40架新的短程运输机,每架中程运输机维修量相当于4/3架短程运输机,每架远程运输机维修量相当于5/3架短程运输机。为最大程度地的节省装备运输费用,该部队应购买各类运输机多少架?

8. 基地要指派4艘潜艇 A_1、A_2、A_3、A_4 到指定海区 B_1、B_2、B_3、B_4 各一艘伏击敌舰,已知4艘潜艇距离4个海区的航程如表5.7.1所示,问应如何指派4艘潜艇才能尽早到达伏击海区,并使总航程最短?(航程以海里为单位)。

表5.7.1 四艘潜艇在四个海区的航程

海区 潜艇	B_1	B_2	B_3	B_4
A_1	20	150	130	40
A_2	100	40	140	150
A_3	90	140	160	130
A_4	70	80	110	90

9. 应用匈牙利算法，求解表 5.7.2 所示的分配问题。

表 5.7.2 工作效率表

人员 \ 工作	B_1	B_2	B_3
A_1	7	3	5
A_2	2	2	1
A_3	6	5	3
A_4	3	4	7

确定谁应当做哪项工作，以使总的工作时间(以天为单位)为最短。总的最短工作时间等于多少？

10. 某军要订购 I、II 型岸舰导弹，已知 I 型导弹平均 5 枚毁伤一艘敌巡洋舰，II 型导弹平均 8 枚毁伤一艘敌巡洋舰，又知 I、II 导弹价格分别为 20 万元和 15 万元，要求在购买导弹总费用不超过 420 万元的条件下，购买导弹的总数量要具有毁伤 4 艘敌巡洋舰的能力，其随弹配套器材如表 5.7.3 所示。像在尽量不超过现有随弹配套器材的情况下，应如何制定购买方案，使得总花费最少？

表 5.7.3 购买配套器材统计

弹上配件	I	II	现有储备量
传炸装置	8	6	160
燃料	2	1	38
战斗部	1	1	25

11. 设自国外进口一部精密机器，机器制造厂至出口港有三个港口可供选择，进口港又有三个可供选择，进口后可经由两个城市到达目的地，其间的运输成本如图 5.7.1 中所标的数字，试求运费最低的路线。

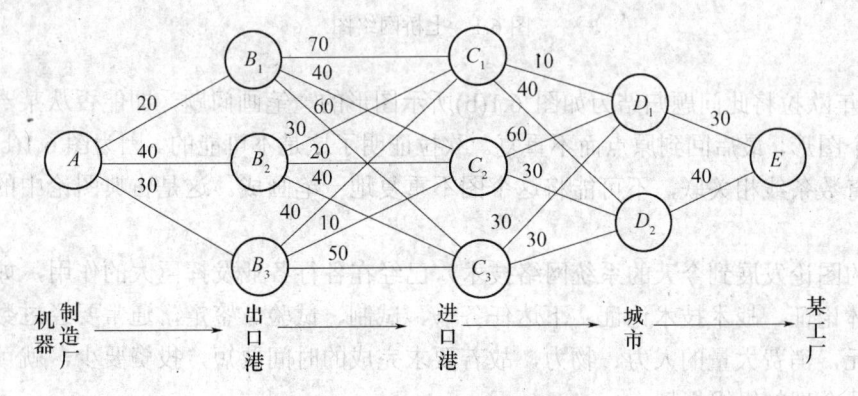

图 5.7.1 习题 11 的运输成本

第6章 系统管理的网络技术

随着科学技术的发展，特别是计算机的广泛应用，从20世纪50年代开始，古老的图论理论得到了迅速发展，已广泛应用于物理学、化学、控制论、信息论和科学管理的各个领域。用图的形式描述庞大的工程系统以及管理方面的问题，并在此基础上使决策最优成为现今广泛应用的方法，由此产生了系统工程中常用的一种科学管理方法——系统网络方法。它是把工程开发研制过程当作一个系统来处理，将组成系统的各项工作和各个阶段按先后顺序，通过网络图的形式统筹规划，全面安排，并对整个系统进行协调控制，以达到最有效地利用资源，并用最少的时间来完成系统的预期目标。网络系统分析方法是解决某些系统最优化问题的主要手段。

最古老最著名的网络图是欧拉于1736年提出的讨论哥尼斯城堡苏联加里宁格勒七桥难题论文中的七桥网络图。

布拉盖尔河中有两上小岛，把市区分成A、B、C、D共4块陆地，其间有7座桥相连通，如图6.1(a)所示。当时那里的居民热衷于这样一个问题：能否从任一陆地出发，走遍7座桥而每座桥只走一次？(七桥难题)

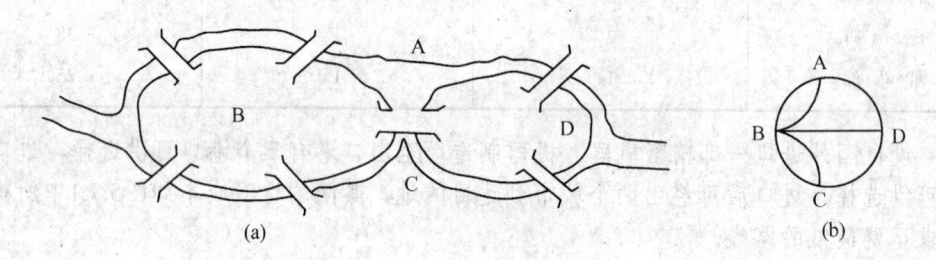

图 6.1 七桥网络图

1736年欧拉将此问题归结为如图6.1(b)所示图形的一笔画问题，即能否从某一点开始一笔画出这个图形，最后回到原点而不重复。欧拉证明了这是不可能的。因为图6.1(b)中的每个点都只与奇数条线相关联，不可能将这个图不重复地一笔画成。这是古典图论中的一个著名问题。

古老的图论发展到今天的系统网络技术，已经在各行各业发挥巨大的作用，如对大型舰艇进行总体论证、战术技术论证、下达任务书、试制、试验、鉴定，通常要经过数年时间，投资上亿元，消费大量的人力、物力，故若要求完成的时间要短，投资要少，就可以借助网络技术进行合理的组织规划。

在本章的讨论中，我们将介绍具体介绍网络分析的基本方法、网络图的绘制及时间参数的计算和关键路线的确定，并将对任务按期完成的概率进行分析，重点介绍网络图的调整及优化，以制定最优计划方案。

6.1 图的基本概念

人们在从事各种活动中，为了反映一些复杂的关系，常在纸上用点和线画出各式各样的示意图。例如铁路交通图(图 6.1.1)、电话线分布图、煤气管道图、下水道图、光缆分布图、航空线图、比赛对阵图等。

在图 6.1.2 中，点代表运动队，线表示某两队之间赛过一次。

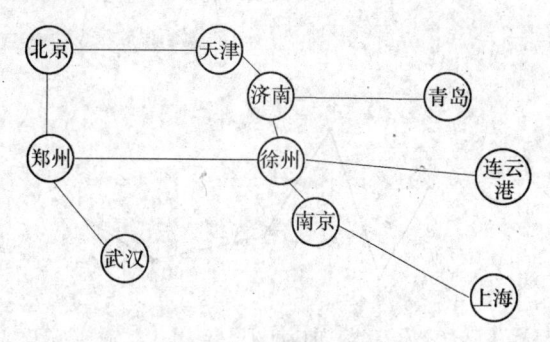

图 6.1.1　铁路交通图　　　　　图 6.1.2　比赛对阵图

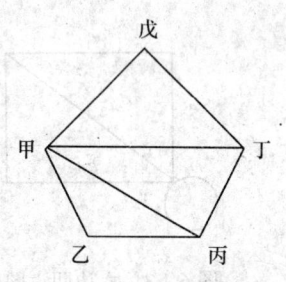

可见：图的最基本要素是点以及点与点之间的一些连线(简称线或边)。通常用点表示我们所要研究的对象(如城市、运动队、状态等)。用线表示对象之间的某种特定关系(如两城市之间有铁路线、两个运动队之间已比赛过等)。因此可以说图是反映对象之间关系的一种工具。

如果甲、乙两个对象有某种关系，就用一条线连接这两个点。而且一般来讲图中点的相对位置如何，直线的长短弯曲并不重要。

6.1.1 图的几个名词

图论中所研究的图与通常的几何图形不同。

图论中所研究的图是指由有限个点和连接这些点的某些"点对"连线所组成的图形。点、线的位置是随意的，线段不代表真正长度。而几何图形的三边则要满足一定的数量关系，如直角三角形满足勾股定理。

(1) 图。图是反映对象之间关系的一种工具，其基本要素是点和边，点表示对象，边表示对象之间的关系。

(2) 顶点。图的点称为顶点(记为·或O)，用 v_1, v_2, …, v_n 表示。

(3) 边。两点之间的连线称为边。$[u, v]$表示连接点 u 和 v 的边，若 V 表示点的集合，用 E 表示边的集合，则可用集合的形式表示图：图是由点和边集合构成的，记为 $G=(V, E)$。

【例 6.1.1】图 6.1.3 是一个由 6 条边 4 个顶点构成的图。

6 条边为 $e_1=[v_1, v_2]$, $e_2=[v_2, v_3]$, $e_3=[v_3, v_4]$, $e_4=[v_1, v_4]$, $e_5=[v_2, v_4]$, $e_6=[v_4, v_4]$；

$P(G)$为点的个数，$P(G)=4$；

$q(G)$为边的个数，$q(G)=6$；

(1) 端点。若边 $e=[u, v]\in E$，则 u, v 是边 e 的端点。

(2) 关联边。若边 $e=[u, v]$时，则 e 为点 u, v 的关联边。

(3) 相邻的点。若点 u, v 在同一条边上时称为相邻的点。

(4) 相邻的边。若两条边 e_1，e_2 有公共端点时，称为相邻的边。

(5) 环。若边 e 的两个端点相同时，称为环。

(6) 次。以点 v 为端点(顶点)的边的条数。

如在图 6.1.3 中，v_1，v_2 为 e_1 的端点，e_1 为 v_1，v_2 的关联边，e_1，e_4 为相邻的边，v_1，v_4 为相邻的点，e_6 称为环，v_1 的次为 2。

(7) 链。图 6.1.4 中，图 G 的点和边交替序列为 $\{v_{i1}, e_{i1}, v_{i2}, e_{i2}, \cdots, v_{ik}\}$，满足 $e_{i_t} = [u_{i_t}, v_{i,t+1}]$ ($t = 1, 2, \cdots, k-1$) 则称这个点边序列为一条链，记为 $\{v_{i1}, v_{i2}, \cdots, v_{ik}\}$。即按顺序由小到大依次连接各个顶点，形成一条链。

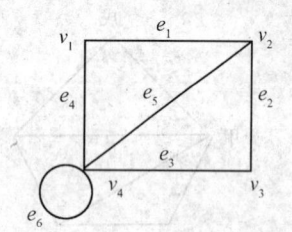

图 6.1.3　六边四点图

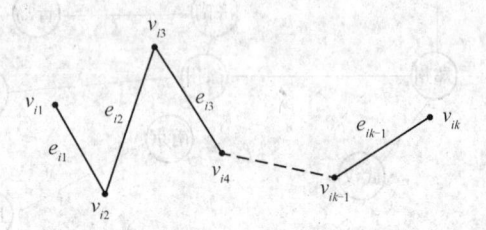

图 6.1.4　链

(8) 圈。在链 $\{v_{i1}, \cdots, v_{ik}\}$ 中若 $v_{i1} = v_{ik}$ 时称为圈(即封闭的链)。

6.1.2　树

1. 连通图和不连通图

(1) 连通图。一个图中任何两点之间至少有一条链相连，见图 6.1.5。

(2) 不连通图。一个图中有任何两点不通时，称该图为不连通图，见图 6.1.6。

2. 树及其性质

1) 定义

树是无圈的连通图，形状类似于树枝，见图 6.1.7。

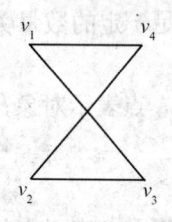

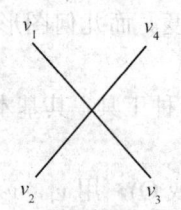

图 6.1.5　连通图　　　　图 6.1.6　不连通图　　　　图 6.1.7　树

很多实际的优化问题，都可以转化为树图来进行处理。

问题 1：有 5 个哨所要彼此间都能通话(允许通过其他哨所转)，要求电话线根数最少。

用 5 个点 $v_1, v_2, \cdots, v_5$ 分别代表 5 个哨所，如果在某两个哨所之间架设电话线，则在相应的两个点之间连一条边，这样一个电话网就可以用一个图来表示。为了使任意两个哨所都能通话，这样的图必须是连通的；其次，若图中有圈的话，可以从圈上去掉一条边，余下的图仍然是连通的，这样可以省去一根电话线。因而满足要求的电话线网所对应的图必定是不含圈的连通图即树。图 6.1.8(a)、(b)代表了满足要求的两个电话线网。

所以问题 1 的答案即是构造出一个 5 个点的树。

2) 性质

树的一些基本性质是：

性质 1：在树中任意两点之间必须有一条且仅有一条链相连接。

性质 2：在树中任意去掉一条边时，则必然不连通。

性质 3：在树中不相邻的点之间连线恰好得到了一个圈。

性质 4：任意树图中必然存在次为 1 的结点。

定理 1：设树 T 为 P 个顶点的一棵树，则 T 的边数为 $P-1$。

推论 1：任意一个图形，如有 K 个点，则 $K-1$ 条边的连通图都是树图。

现将问题 1 进一步加以限制，得到

问题 2：给了连接 5 个哨所的公路交通图如图 6.1.9 所示，除了"问题 1"的要求外，为了便于维修，还要求电话线必须沿公路架设，那么又应该如何架线，使电话线根数最少？

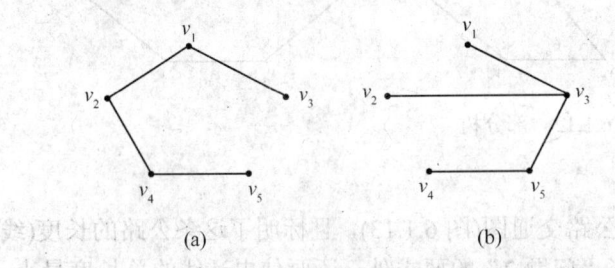

图 6.1.8　电话线网

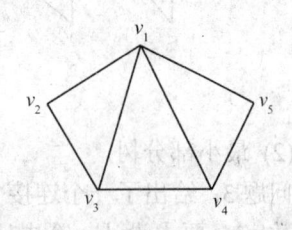

图 6.1.9　连接 5 个哨所的公路交通图

由于 v_2、v_3 之间无公路线，所以问题 1 得出的图 6.1.8(b) 不合要求。

现在的问题是在图 6.1.9 的基础上选出一些线。使选出的线(连同端点)构成一棵树，或者说从图 6.1.9 中丢去一些线(不丢端点)，使得剩下的图是一棵树。称这样的树为原来图的部分树。

3) 部分树的定义

如图 $G=(V, E)$ 的部分图 $T=(V, E')$ 是树，则称 T 为 G 的一个部分树。可见部分树是连接图 G 所有点但边数为最少的子图，如图 6.1.10 所示。

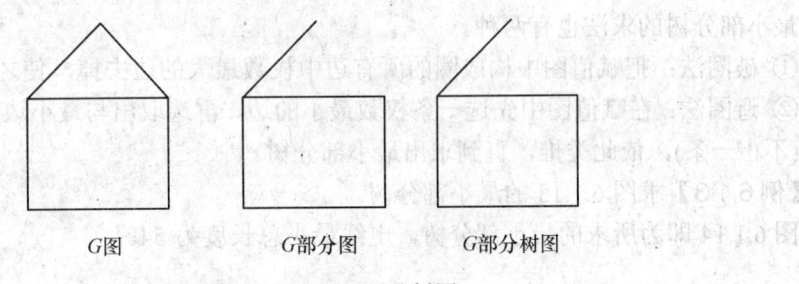

图 6.1.10　部分图和部分树图

定理 2：若图 G 为连通图，则必有树。

因此，问题 2 的解答就是构造图 6.1.11 的一个部分树。

(1) 构造一个图的部分树的方法——破圈法、避圈法。

破圈法：把图中构成圈的所有边中去掉一条，使之不再有圈存在。

避圈法：从图的一条边 e_i 出发，找不与 e_i 构成圈的边 e_j，依此类推找下去，直到得到部分树为止。

【例 6.1.2】求图 6.1.11 的部分树。

① 破圈法。在 $\{v_1,v_2,v_3,v_1\}$ 圈中破掉 e_3，在 $\{v_2,v_3,v_4,v_2\}$ 圈中破掉 e_2，在 $\{v_3,v_4,v_5,v_3\}$ 圈中破掉 e_7，在 $\{v_3,v_4,v_6,v_5,v_3\}$ 圈中破掉 e_8，部分树由 e_1、e_4、e_5、e_6、e_9 构成。

② 避圈法。从图中任一条边出发(这里取 e_1)，找不与 e_1 构成圈的边 e_4，再找不与 e_1e_4 构成圈的边 e_5，再找不与 $e_1e_4e_5$ 构成圈的边 e_6，再找不与 $e_1e_4e_5e_6$ 构成圈的边 e_9，至此求出部分树。

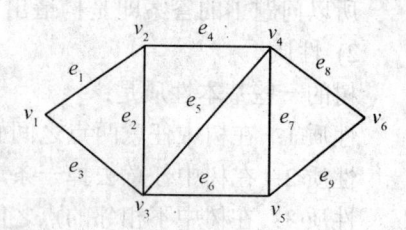

图 6.1.11　例 6.1.2 图

图 6.1.12 是求得的几个部分树，不止一个。

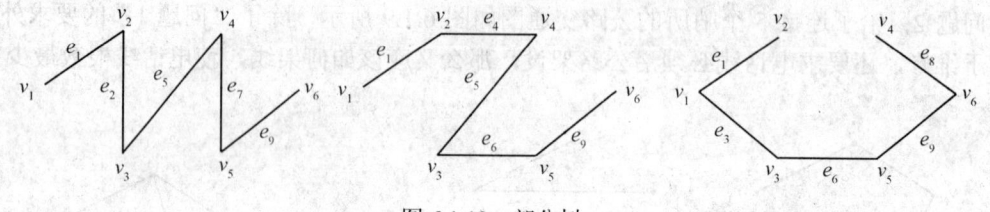

图 6.1.12　部分树

(2) 最小部分树。

问题 3：给出了一个连接 5 个哨所的公路交通图(图 6.1.13)，且标明了这条公路的长度(线旁的数字)，要求设计一个电话线网，除了"问题 2"的要求外，还要使电话线的总长度最小。

这里首先介绍赋值图的概念，然后再介绍其解法。

● 赋值图：设图 $G=(V, E)$，对 G 中的每一条边 $[v_i,v_j]$ 相应的有一个权数 w_{ij}，考虑权数后的图称为赋值图。赋值图不仅表示了图中各点间的一般关联关系，且表示了各点之间的数量关系，用以解决工程技术科学管理方面许多问题的最优化。权可表示不同含义，如距离、时间、代价等。

● 最小部分树：树值和最小的部分树。

问题 3 可理解为在所有的部分树中，选取最小部分树的问题。

最小部分树的求法也有两种。

① 破圈法：把赋值图中构成圈的所有边中权数最大的边去掉，使之不再有圈存在。

② 避圈法：在赋值图中先选一条权数最小的边，再选取出与最小边构不成圈的权数最小的边(不止一条)，依此类推，直到求出最小部分树。

【例 6.1.3】求图 6.1.13 的最小部分树。

图 6.1.14 即为所求的最小部分树，电线最小总长度为 54。

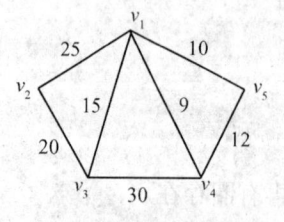

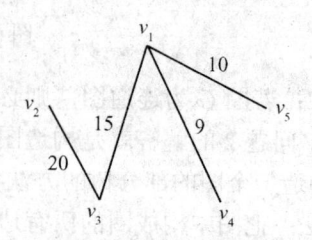

图 6.1.13　公路交通图　　　　图 6.1.14　例 6.1.3 的解

6.2 网络分析

网络分析就是利用网络技术来分析一项工程并求出最优解。下面先介绍有向图的基本概念，然后再介绍最短路问题。

6.2.1 有向图

前面研究图时未注明从某点至某点的方向，这种图称为基础图。

在实际问题中经常会遇到有方向的线，如仓库和各个车间均有路连通，从仓库取货料到车间，走的方向为仓库→车间，反之从车间送产品到仓库，走的方向就相反。所以我们实际上研究得更多的是有向图。

(1) 有向线：表示由 v_i 点到 v_j 点的线。把 $v_i \to v_j$ 记为 a_{ij}，$A=\{a_{ij}\}$ 称为有向线的集合。

(2) 有向图：由 A 及有向图点的集合 V 构成的图 D。记为 $D=(V, A)$。如图 6.2.1(a)所示，标以方向的边叫弧。

(3) 基础图：去掉有向图 D 中的箭头所得到的图就称为 D 的基础图，记为 $G(D)$，如图 6.2.1(b)所示。

(4) 路：相当于无向图中的链，即从某点至某点的路。

(5) 回路：相当于无向图中的圈。

例如：图 6.2.1 中，v_1 至 v_3 的路为 $\{v_1, (v_1, v_2), v_2, (v_2, v_3), v_3\}$。回路为 $\{v_1, (v_1, v_2), v_2, (v_2, v_3), v_3, (v_3, v_1), v_1\}$。

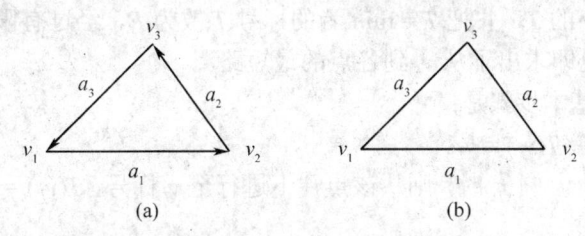

图 6.2.1 有向图和基础图
(a) 有向图；(b) 基础图。

6.2.2 最短路径问题

1. 最短路问题的原理叙述

【例 6.2.1】已知如图 6.2.2 所示的单行线交通图，每条弧线线段旁边的数字表示通过这条单行线所需要的费用。现在某运输车要从 v_1 出发，通过这个交通网运送后勤物资到 v_9 去，求使总费用最少的运输线路。

由图 6.2.2 可见，从 v_1 到 v_9 的运输线路是很多的，不同的线路所需总费用不同。比如，从 v_1 出发，依次经过 v_2，v_3，v_6，然后到 v_9，总费用是 2+4+4+4=14 单位，而从 v_1 出发，依次经过 v_4，v_5，v_6，然后到 v_9，总费用是 4+6+2+4=16 单位。不难看出，用图的语言来描述，从 v_1 到 v_9 的运输线路与有向图中从 v_1 到 v_9 的路是一一对应的，一条运输线路

图 6.2.2 单行线交通图

的总费用就是相应的从 v_1 到 v_9 的路中所有弧旁数字之和。

从这个例子可以引出一般的最短路问题：给定一个赋值有向图，又给定两个顶点 v_s, v_e，最短路问题就是要在所有从 v_s 到 v_e 的路中，求一条总权数最小的路 P_0，称为从 v_s 到 v_e 的最短路，路 P_0 的权数之和称为从 v_s 到 v_e 的距离，记为 $d(v_s, v_e)$。显然 $d(v_s, v_e)$ 与 $d(v_e, v_s)$ 不一定相等。

例 6.2.1 所提出的问题就可以用寻找最短路的方法来解决。最短路问题是重要的最优化问题之一，它不仅可以直接应用于解决许多实际问题，如管道铺设、线路安装、基地布局、设备更新等，而且经常被作为一个基本工具，用于解决其他的优化问题。

最短路问题通常用来解决以下三类问题：
(1) 确定从起始点到终端点的最短路径。
(2) 确定从起始点到其他各点的最短路径。
(3) 确定各点间的最短路径。

2. 最短路的求法——D 氏标号法

对于简单的网络，可以采取向外探寻的方法，从 v_1 出发，找出到各邻近点的最短距离，但对于复杂的网络，必须有更为严格和简便的方法。

下面将介绍一个在所有权数 $w_{ij} \geq 0$ 的情形下求最短路的方法——D 氏标号法。该法由 E.Wdijkstra 在 1959 年提出，是目前公认的最好的方法，我国在 1999 年 11 月对"神州"号飞船的返回舱的搜寻工作就是采用改进的 D 氏标号法确定最短路线。

D 氏标号法可以求出有向图中任意两点之间的最短路。其基本步骤是：

从 v_s 点出发，给图中每一个顶点标号，它或者表示从 v_s 到该点的最短路的权(称为 P 标号，为固定标号)；或者是从 v_s 到该点的最短路的上界(称为 T 标号，为临时标号)。以后每运算一步，都去寻找最小的 T，并把 $T = \min$ 者的标号 T 改为 P，经过有限次运算，就可以把所有的 T 都变成了 P，也即求出了从 v_s 到各点的最短路。

如从 v_1 开始时，基本步骤是：
(1) $P(v_1) = 0$，其余 $T(v_j) = \infty$。
(2) 如 v_s 点是刚改为 $P(v_i)$ 时，则从该点往下进行至 v_j 标号，$T(v_j) = \min[T(v_j), P(v_i) + w_{ij}]$ $(v_i, v_j) \in A$。
(3) 在前面各步所有计算出的 $T(v_j)$ 中选取中最小者，把标号改为 P。
(4) 依此类推，直到把所有标号都改为 P。

用途：
(1) 求 $v_1 \rightarrow v_j$ 的最短路 $P(v_j)$。
(2) v_i 至有向图中各点的最短路。
(3) 追踪法找出 v_1 至各点的最短路径。

【例 6.2.2】求图 6.2.3 中 v_1 至各点的最短路。

第一步：从 v_1 出发，$P(v_1)=0$，$T(v_i)=+\infty$

$$T(v_2)=\min[T(v_2), P(v_1)+\omega_{12}]=\min[+\infty, 1]=1$$

$$T(v_3)=\min[T(v_3), P(v_1)+\omega_{13}]=\min[+\infty, 1]=1$$

在计算出的 T 中，$(v_2)= T(v_3)$，可任选一个改为 P 标号，这里选 $P(v_3)=1$。

第二步：从 v_3 出发

$$T(v_5)=\min[T(v_5), P(v_3)+\omega_{35}]=\min[+\infty, 1+2]=3$$

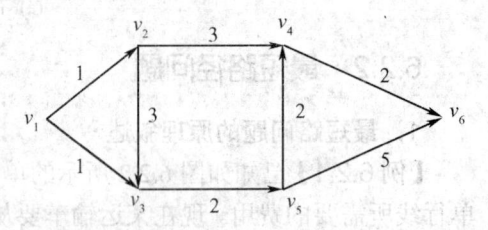

图 6.2.3 例 6.2.2 图

在所有计算出的 T 中 T(v_2)最小，故 $P(v_2)=1$
(注意不仅只看当前这一步)
第三步：从 v_2 出发

$$T(v_4)=\min[T(v_4), P(v_2)+\omega_{24}]=\min[+\infty, 1+3]=4$$

在所有计算出的 T 中，第二步计算出的 T(v_5)最小，故 $P(v_5)=3$
第四步：从 v_5 出发

$$T(v_6)=\min[T(v_6), P(v_5)+\omega_{56}]=\min[+\infty, 3+5]=8$$

$$T(v_4)=\min[T(v_4), P(v_5)+\omega_{54}]=\min[4, 3+2]=4$$

在所有计算出的 T 中 T(v_4)最小，故 $P(v_4)=4$
第五步：从 v_4 出发

$$T(v_6)=\min[T(v_6), P(v_4)+\omega_{46}]=\min[8, 4+2]=6$$

故 $P(v_6)=6$
至此，全部标号均已改完。
用追踪法找出 v_1 到 v_6 的最短路径。

$$P(v_6) \quad \rightarrow \quad P(v_4) \quad \rightarrow \quad P(v_2) \quad \rightarrow \quad P(v_1)$$

(第五步)　(第四步)　(第三步)　(第一步)

$P(v_j)$表示从 v_1 点到 v_j 点的最短距离，D 氏标号法对于有 6 个点的网络，经过了 5 次运算，找出了 v_1 点至各点的最短路程，用追踪法可以求出至各点的最短路径。当从 v_i 点($i=2, 3, \cdots, 6$)出发时，同样可以求出 v_i 点至各点的最短距离及路径。

对于顶点较多的网络图，可以借助于计算机计划最短路。

3. 求任意两点间最短距离的矩阵法

利用 D 氏标号法可以求出有向图中某一点到其他点的最短距离，虽然图中各点之间的最短路也可以用 D 氏标号法求，但很麻烦，工作量将相当大。实际上，若要计算网络各点间任意一对顶点之间的最短距离，通常采用下面介绍的矩阵法，又称福劳德算法。

设网络顶点编号为1,2,$\cdots$,n，令 d_{ij}^m (D^m 矩阵的元素)为第 i 个顶点到第 j 个顶点的一条最短路径的长度，该路中只允许前 m 个顶点作为中间顶点；如不存在这种路，则 $d_{ij}^m=\infty$。由 d_{ij}^m 涵义知 $d_{ii}^0=0$，d_{ij}^0 为两相邻顶点间的弧长，d_{ij}^n 为所要确定的 i、j 两点间的最短距离。福劳德算法的步骤为：

(1) 确定 D^0 矩阵，d_{ij}^0 为 i 点到 j 点的最短弧长，如 i、j 两点间无弧，则 $d_{ij}^0=\infty$；当 $i=j$ 时，$d_{ij}^0=0$。

(2) 对 $m=1,2,\cdots,n$,依次由 D^{m-1} 应用下式确定 D^m：

$$d_{ij}^m = \min\{d_{im}^{m-1}+d_{mj}^{m-1}, d_{ij}^{m-1}\}$$

如果选出的最小元素是由 $d_{im}^{m-1}+d_{mj}^{m-1}$ 确定的，则记下 m；如二者相等或取决于 d_{ij}^{m-1}，则不记录。

(3) 直到计算出 D^n 为止。

现举例说明该算法。

【**例 6.2.3**】某工地有 4 个重点防火点，道路和防火点位置见图 6.2.4，现安全员需确定在任一防火点到其他防火点的最短路径。

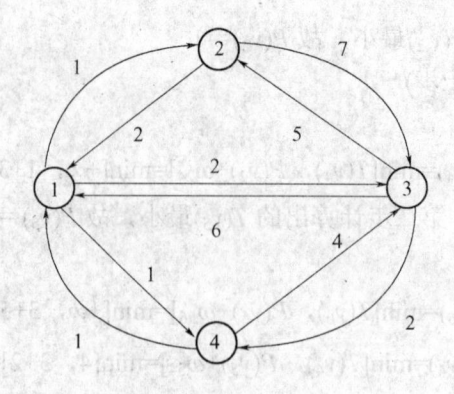

图 6.2.4 例 6.2.3 图

解：应用福劳德算法：

(1) 写出 D^0：

$$D^0 = \begin{matrix} 1 \\ 2 \\ 3 \\ 4 \end{matrix} \begin{bmatrix} 0 & 1 & 2 & 1 \\ 2 & 0 & 7 & \infty \\ 6 & 5 & 0 & 2 \\ 1 & \infty & 4 & 0 \end{bmatrix}$$

(2) 根据 D^0 列表求出 D^1 和所对应的路径(计算见表 6.2.1)为

$$D^1 = \begin{bmatrix} 0 & 1 & 2 & 1 \\ 2 & 0 & 4 & 3 \\ 6 & 5 & 0 & 2 \\ 1 & 2 & 3 & 0 \end{bmatrix} \begin{matrix} 1 \\ 2 \\ 3 \\ 4 \end{matrix} \begin{bmatrix} & & & \\ & & 1 & 1 \\ & & & \\ & 1 & 1 & \end{bmatrix}$$

表 6.2.1 路径计算表

$d_{ij}^1 = \min\{d_{i1}^0 + d_{1j}^0, d_{ij}^0\}$	中间点	$d_{ij}^1 = \min\{d_{i2}^0 + d_{2j}^0, d_{ij}^0\}$	中间点
$d_{11}^1 = d_{11}^0 = 0$		$d_{31}^1 = \min\{6+0,6\} = 6$	
$d_{12}^1 = \min\{0+1,1\} = 1$		$d_{32}^1 = \min\{6+1,5\} = 5$	
$d_{13}^1 = \min\{0+2,2\} = 2$		$d_{33}^1 = \min\{6+2,0\} = 0$	
$d_{14}^1 = \min\{0+1,1\} = 1$		$d_{34}^1 = \min\{6+1,2\} = 2$	
$d_{21}^1 = \min\{2+0,2\} = 2$		$d_{41}^1 = \min\{1+0,1\} = 1$	
$d_{22}^1 = \min\{2+1,0\} = 0$		$d_{42}^1 = \min\{1+1,\infty\} = 2$	1
$d_{23}^1 = \min\{2+2,7\} = 4$	1	$d_{43}^1 = \min\{1+2,4\} = 3$	1
$d_{24}^1 = \min\{2+1,\infty\} = 3$	1	$d_{44}^1 = \min\{1+1,0\} = 0$	

D^1 表示中间点为 1 时的各点间的最短距离；对应的路径表示经过中间点 1 的最短路径，如 $d_{42}^1 = 2$ 表示路径④—①—②对应的距离为 2。

(3) 由 D^1 按上法求 D^2，此时中间点为两个，即 $m = 2$，公式为：

$$d_{ij}^2 = \min\{d_{i2}^1 + d_{2j}^1, d_{ij}^1\}$$

计算得

$$D^2 = \begin{bmatrix} 0 & 1 & 2 & 1 \\ 2 & 0 & 4 & 3 \\ 6 & 5 & 0 & 2 \\ 1 & 2 & 3 & 0 \end{bmatrix}$$

因中间点无选择，故对应路径与上同。注意，D^2 为经过两个点，而不是经第二个顶点，因为 $d_{ij}^2 = \min\{d_{i2}^1 + d_{2j}^1, d_{ij}^1\}$ 中 d_{i2}^1 已经为经过一个中间点的值。

(4) 再由 D^2 计算 D^3，此时公式为：

$$d_{ij}^3 = \min\{d_{i3}^2 + d_{3j}^2, d_{ij}^2\}$$

计算得 D^3 为：

$$D^3 = \begin{bmatrix} 0 & 1 & 2 & 1 \\ 2 & 0 & 4 & 3 \\ 6 & 5 & 0 & 2 \\ 1 & 2 & 3 & 0 \end{bmatrix}$$

对应路径仍同上。

(5) 最后由 D^3 求 D^4，公式为：$d_{ij}^4 = \min\{d_{i4}^3 + d_{4j}^3, d_{ij}^3\}$

$$D^4 = \begin{bmatrix} 0 & 1 & 2 & 1 \\ 2 & 0 & 4 & 3 \\ 3 & 4 & 0 & 2 \\ 1 & 2 & 3 & 0 \end{bmatrix}$$

计算得 D^4 和相应的路径为

$$\begin{matrix} 1 \\ 2 \\ 3 \\ 4 \end{matrix} \begin{bmatrix} & & & \\ & & 1 & 1 \\ & 4 & 4 & \\ & 1 & 1 & \end{bmatrix}$$

由 D^4 可见，网络任两点间的距离均求出，所对应的路径也可确定，如点 3 与点 2 之间的最短距离为 4，其路径为③—④—①—②，即由路径矩阵可知，先由第 3 行第 2 列对应的 4，决定先由③至④，再查该矩阵的第 4 行第 2 列的④到②的路径为④—①，再查点①—②的路径，因①—②对应元素为零，故可直接到达，从而确定③至②的路径为③—④—①—②。

6.2.3 图与网络分析在军事上的应用

1. 选址问题

在执行装备保障任务时经常需要确定抢修车与人员的待命地点，一旦出事以便尽快赶到出事地点。在一个连通的交通网络上将抢修车与人员的待命地点选在哪个结点上，这就是所要研究的选址问题。首先来看一个例子。

【例 6.2.4】某部所辖 7 个分队分别在 7 个地方(结点)作业,交通网络如图 6.2.5 所示,旁边数字是路程(单位:km)。试给出设备维修车停放的待命结点,以便每个作业点发生设备故障,抢修车都能在 1h 内赶到出事地点(抢修车的速度为 50km/h)。

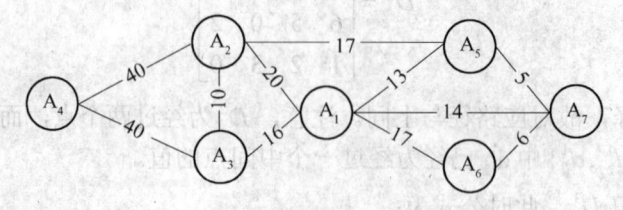

图 6.2.5 交通网络上的选址

分析:问题是抢修车停在哪个结点上待命,一旦某个作业点发生故障,抢修车能在 1h 内到达。也就是说待命结点离最远的结点不能超过 50km。对于网络中任何两个结点之间都求出最短路的长,列成表 6.2.2。通过比较可知将抢修车停在 A_2 处或 A_3 处待命是最优的选择,可以保证 1h 内到达任何出事地点。

表 6.2.2 各结点间的最短路

距离 起点 \ 终点	A_1	A_2	A_3	A_4	A_5	A_6	A_7	网络上离停车点最远距离
A_1	0	20	16	56	13	17	14	56
A_2	20	0	10	40	17	28	22	40
A_3	16	10	0	40	27	33	30	40
A_4	56	40	40	0	57	68	62	68
A_5	13	17	27	57	0	11	5	57
A_6	17	28	33	68	11	0	6	68
A_7	14	22	30	62	5	6	0	62

【例 6.2.5】如同例 6.2.4,17 个分队分别在 7 个地方作业,统计数字表明,7 个作业点发生故障的概率基本相同。上级要求,要把抢修车停在某结点处待命,便得该处到其他各作业点的总距离最短。

分析:建立了网络中各结点间的最短路长的表 6.2.2,这个问题就容易解决了。只要将各列相加,就得到将抢修车在各结点处到其他各结点的最短路的总和,得到表 6.2.3。

表 6.2.3 到其他各结点最短路总和

A_1	A_2	A_3	A_4	A_5	A_6	A_7
136	137	156	323	130	163	139

可见将维修车停在 A_5 待命比较合适。

2. 最短路径的应用——工程装备更新问题

工程保障中的关键问题是工程装备保障。如何在有限的经费条件下,制定一个时期的购置维修计划,使总费用最省是我们关心的主要问题。

【例 6.2.6】 某基地保障大队使用联调装备一台,在每年年底都面临这样一个决策问题:明年是更新一台新装备还是使用旧装备?若更新一台新装备,就要支付购置费及当年的维修费;若继续使用旧装备就要支付较多的维修费。现要制定一个为期五年的购置维修计划,使总费用最低。已知装备在各年的购置费及维修费如表 6.2.4 所示。

表 6.2.4 装备各年购置维修费用

	第 1 年	第 2 年	第 3 年	第 4 年	第 5 年
购置费/千元	11	11	12	12	13
装备年龄/年	0~1	1~2	2~3	3~4	4~5
维修费/千元	5	6	8	11	13

解:该问题可以转化为最短路径问题。首先建立网络图,如图 6.2.6 所示。

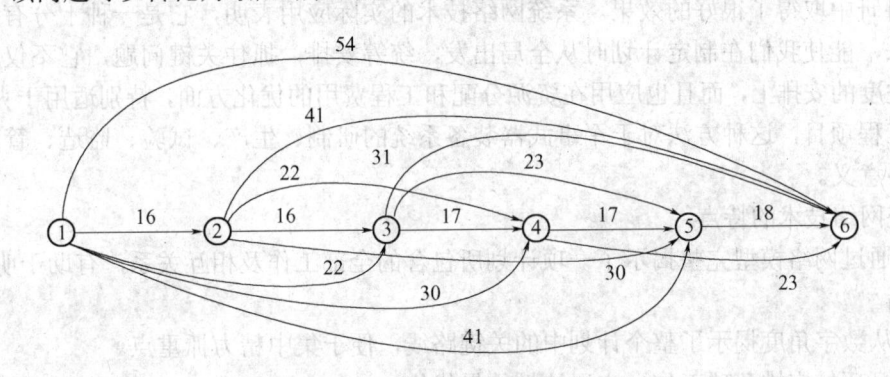

图 6.2.6 工程装备更新问题示意图

图 6.2.6 中,顶点 1 表示第 1 年初,顶点 2 表示第 2 年初(第 1 年末)……,顶点 6 表示第 5 年末。弧上的权数 C_{ij} 表示从第 i 年初购置一台装备用到第 j 年初时所支付的费用,它等于装备购置费加上使用($j-i$)年的维修费。例如 C_{12} 表示从第 1 年初购置一台装备用到第 2 年初时所支付的费用,它等于装备购置费加上使用(2-1)年的维修费,即 $C_{12}=11+5=16$。依此类推,$C_{14}=11+5+6+8+11=41$。

如果第 3 年初决定更新设备,则 C_{23} 表示从第 2 年初购置一台装备用到第 3 年初时所支付的费用,它等于装备购置费加上使用(3-2)年的维修费,即 $C_{12}=11+5=16$。依此类推,$C_{24}=11+5+6=22$。

同理,可计算出所有的权数,如图 6.2.6 所示。装备更新问题就转化为求顶点 1 到顶点 6 总费用最少的最短路径问题。用 D 氏标号法可求得最短路为 53(千元),最短路线为{1,3,6}或{1,4,6},即第 3 年或第 4 年进行装备更新。

6.3 系统网络技术

系统网络技术是系统工程中常用的一种科学管理方法。它是把工程开发研制过程当作一个系统来处理,将组成系统的各项工作和各个阶段按先后顺序,通过网络图的形式,统筹规划,全面安排,并对整个系统进行组织、协调和控制,以达到最有效的利用资源,并用最少的时间来完成系统的预期目标。

系统网络技术是20世纪50年代末开始发展起来的一种大型工程的新的组织管理科学方法,1956年美国杜邦公司和兰德公司为了协调公司内部不同业务部门的工作,共同制定了一种系统的计划方法,这种计划借助于网络表示各项工作及其需要的时间,以及各项工作的相互关系,其目的是通过网络分析研究工程费用与工期的相互关系,并找出编制和执行计划时的关键路线,所以也称这种网络计划方法为关键路线法(Critical Path Method,CPM)。1958年,美国海军武器部特种计划局在制定研制"北极星"导弹核潜艇过程中,同样也应用了网络分析方法和网络计划,但注重于各项工作安排的评价和审查,所以也称之为计划评审方法(Program Evaluation and Review Technique,PERT)。这两种方法得到应用推广之后,又陆续出现了与CPM和PERT的基本原理和基本方法类似的最低成本估算计划法、人员分配法、物资分配法等,由于这些方法都是建立在系统网络模型的基础上,所以统称系统网络技术。

在钱学森等著名科学家的主持和倡导下,我国于1963年首先推广和应用了网络技术,并在国防科研中取得了很好的效果。系统网络技术的实际应用表明,它是一种十分有效的科学管理方法,能使我们在制定计划时从全局出发,统筹安排,抓住关键问题,它不仅广泛应用在时间进度的安排上,而且也应用在资源分配和工程费用的优化方面,特别适用于大型科研、生产或工程项目,这种方法对于军事武器装备系统的研制、生产、试验、监造、管理和使用等有重要意义。

系统网络技术的特点:

(1) 通过网络模型完整揭示了一项计划所包含的全部工作及相互关系,有助于明确职责,避免遗漏。

(2) 从数字角度揭示了整个计划中的关键路线,便于集中精力抓重点。

(3) 可巧妙安排各项工作,实现计划的最优化。

(4) 可依照计划执行情况的信息,预测、监督、控制计划的执行,并及时进行相应的调整。

(5) 可以实现计算机管理和方案选优。

6.3.1 网络图绘制

在有向图的基础上加入时间参数称为网络方法,应用网络方法来制定和编制的计划称为网络计划。下面先介绍一些基本概念,然后再介绍具体的网络计划方法。

1. 网络图的组成

网络图是由工序、事项及标有完成各道工序所需要时间等参数所构成的有向图,用以表示一项工程以及组成工程的各道工序之间的相互关系。

(1) 工程。科研试制项目、施工任务、比较复杂的工作任务均可称为工程。

(2) 工序。在完成某项工程中,凡是在工艺技术、组织管理上相对独立的活动均可称为工序。用箭线"→"表示。

(3) 结点。相邻工序的分界点称为结点,用○表示。

(4) 事项。用○符号把结点编上号,以表示工序的开工与完工。

(5) 工程开工。只有始点的事项表示工程开工。

(6) 工程完工。只有终点的事项表示工程完工。

把表示各道工序的很多箭线,按工程的工艺顺序,从左到右,逻辑地排列起来,并在各箭线上标上相应的时间参数,就可形成一个完整的工程网络图。

【例6.3.1】一个由 $a \sim h$,l,m 的10道工序构成的网络图如图6.3.1所示。

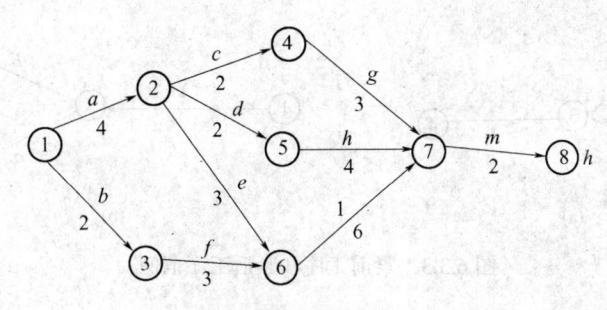

图 6.3.1 网络图

图 6.3.1 中，箭线 a，b，…，m 分别代表 10 道工序，箭线下面的数字表示为完成该道工序所需的时间(天数)，结点①，②，…，⑧分别表示某一道或某几道工序的开始和结束。在网络图中，用一条弧和两个结点表示一道确定的工序，例如：

②——④ 表示一道确定的工序 c；事项②表示 a 工序完工，c 工序开工，工序开始的结点②称为箭尾结点，工序结束的结点④称为箭头结点，对应的事项分别称为箭尾事项和箭头事项，两者又称为该工序的相关事项。

图中，各道工序的先后顺序和相互关系为：

a，b 可同时开工；a 完工后，c，d，e 同时开工；b 完工，f 开工，d 完工，h 开工；c 完工，g 开工，e，f 完工，l 开工；g，h，l 完工，m 开工。

2．绘制网络图的基本原则

1) 方向、时序、编号

网络图是有向图，按照工艺流程的顺序，规定工序从左到右排列，网络图要如实反映工序的时间顺序(时序)和相互间的衔接关系，所以对事项编号时，尽量按时序从左到右按次序进行，左编号小于右编号。为了便于修改编号和调整计划，可以在编号过程中留出一些编号，注意任何两个事项之间只能代表一道工序。

2) 紧前工序和紧后工序

如果有工序 a 和 b，工序 b 在 a 后面紧跟着，即 a 完后 b 才可开工，则图 6.3.2(a)表达不正确。正确表达如图 6.3.2(b)所示，称 a 为 b 的紧前工序，b 为 a 的紧后工序。

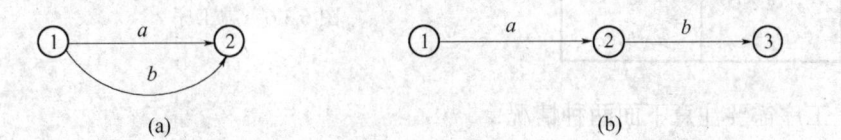

图 6.3.2 绘制网络图规则
(a) 不正确；(b) 正确。

在图 6.3.3(a)中，a、b 为 c 的紧前工序，c 为 a、b 的紧后工序；图 6.3.3(b)中，a 为 b、c 的紧前工序，b、c 为 a 的紧后工序。

3) 网络图中不能有缺口与回路

在网络图上，除始点和终点外，其他所有事项(结点)前后都必须由箭头连接，不可中断，否则就形成缺口。即从始点出发经任何路经都应能到达终点，否则就存在缺口，如图 6.3.4 所示。

网络图中不能有回路，即不可有循环现象，否则将造成逻辑上的错误，使这些工序永远也达不到终点，如图 6.3.5 所示。

219

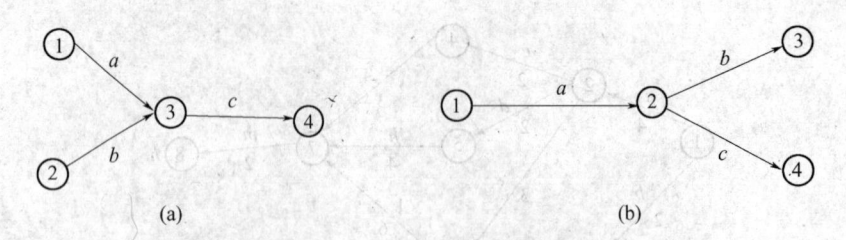

图 6.3.3 紧前工序和紧后工序范例

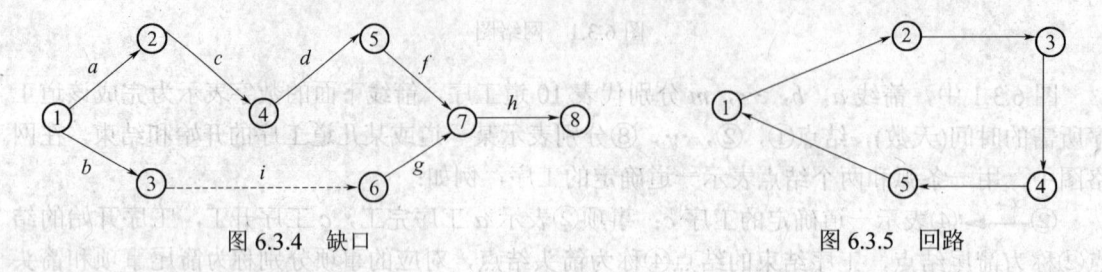

图 6.3.4 缺口

图 6.3.5 回路

4) 虚工序

虚工序是虚设的,实际上并不存在,(用虚箭线---▶表示),仅仅用来表示相邻工序之间的衔接关系,即只表明一道工序与另一道工序之间的相互依存、相互制约的逻辑关系,不需要时间、费用、资源,立即完成。

【例 6.3.2】 某工程工序如表 6.3.1 所示,画出网络图。

图 6.3.6 中引入了 4 道虚工序,虚工序 g 表示工序 a 也是 d 的紧前工序。

表 6.3.1 工程工序

工 序	紧前工序
a	—
b	—
c	—
d	b
e	c
f	a,b,c

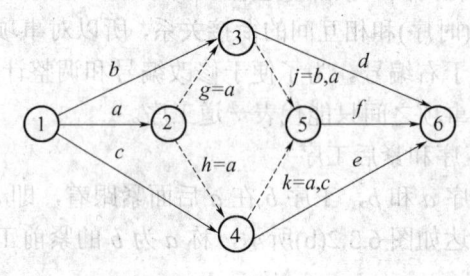

图 6.3.6 虚工序

引入虚工序需要注意下面两种情况:

(1) 出现两个事项之间代表多道工序时,必须设置新事项号,通过新的事项用虚工序联系起来,如图 6.3.7 所示。

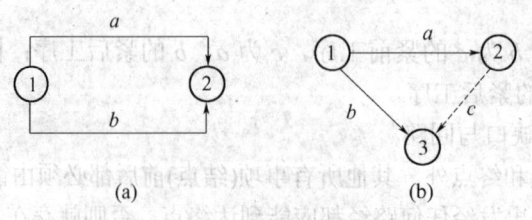

图 6.3.7 两个事项之间代表多道工序的画法
(a) 不正确;(b) 正确。

(2) 工序 a,b,c,d 之间的关系是 c 要等 a 完工后开始，d 要等 a，b 都完工后才开始，如图 6.3.8。

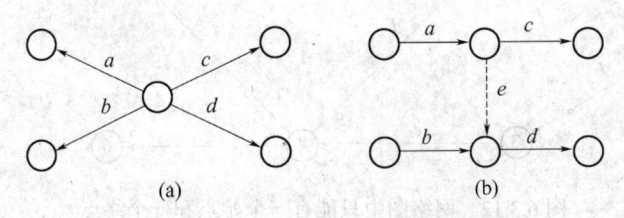

图 6.3.8 工序 a,b,c,d 之间的关系
(a) 不正确；(b) 正确。

5) 平行作业

为加快工程进度，在工艺流程和生产组织条件允许的情况下，在编制计划时，有些工序可以同时进行，即采用平行作业的方式。例：在开发新系统时，收集技术资料(a)和进行社会调查(b)这两道工序可同时进行，在完成这两道工序之后可转到下一道工序：制定设计任务书(c)，如图 6.3.9 所示。

6) 交叉作业

需要较长时间完成的相邻几道工序，只要条件允许，为缩短工期，可以不必等待紧前工序全部完工后再开始后一道工序，而可以分期分批地将紧前工序完成的部分任务转入下一道工序，这种方式称为交叉作业。

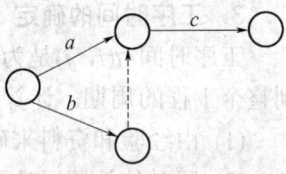

图 6.3.9 平行作业

【例 6.3.3】一项施工任务，由挖沟工序 a 和埋管工序 b 组成，可把它们组成交叉作业，如图 6.3.10 所示。

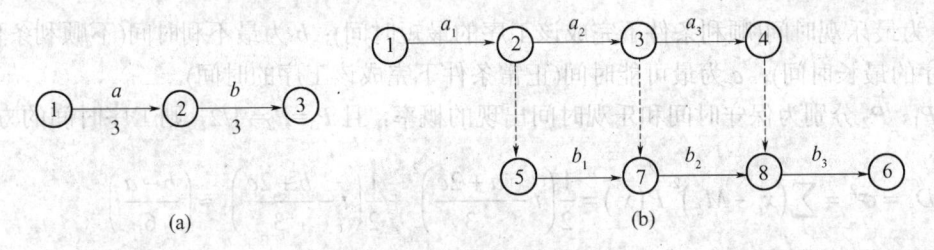

图 6.3.10 交叉作业
(a) 施工任务；(b) 交叉作业。

设 $a = a_1 + a_2 + a_3$，$b = b_1 + b_2 + b_3$，交叉作业的时间 4 小时小于不交叉作业的时间 6 小时。

7) 始点与终点

为表示工程的开始和结束，在网络图中只能有一个始点和一个终点。当工程开始时有几个平行作业，或在几个工序同时结束后完工，应用同一个始点和终点表示，如图 6.3.11 所示。

若这些工序不能用同一个始点或一个终点表示时，可用虚工序把它们与始点或终点连接起来，如图 6.3.12 所示。

8) 箭头的画法与网络图的布局

(1) 箭头要平直或具有一段水平线的折线，避免交叉线以便清楚地填写数字。

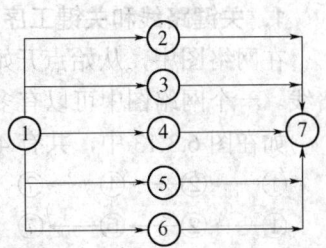

图 6.3.11 始点与终点

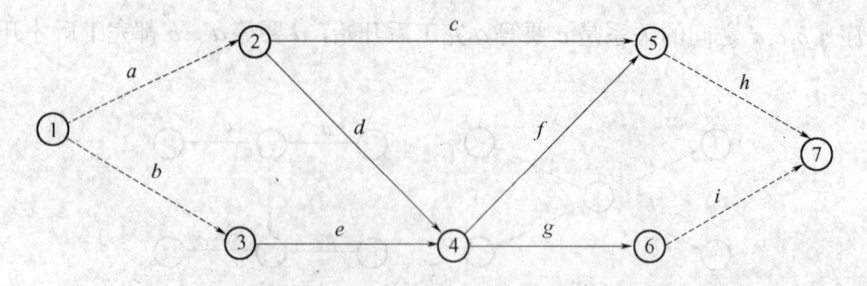

图 6.3.12 网络图中只能有一个始点和一个终点

(2) 不使箭线密集。当一个事项的引出或射入线较多时，可用一条母线与各箭线相连，如图 6.3.11 所示。

(3) 突出中心。关键路线布在图的中心位置，紧密联系的工序要放在一起。

(4) 可在网络图上附有进度、任务负责单位。

3．工序时间的确定

工序时间 $t(i,\ j)$是为完成某一工序所需要的时间，它是编制网络计划的基础，直接关系到整个工程的周期。计算方法有两种：

(1) 由经验和资料来确定，可参考同类工序完成时间和由经验判断得到。

(2) 三时估计法。对于大型开发项目及科研项目，往往没有资料可以借鉴，靠经验判断也困难时，可采用此法。

工序平均时间：

$$t = \frac{a+4c+b}{6} \tag{6.3.1}$$

其中：a 为最乐观时间(顺利条件下完成该工序的最短时间)；b 为最不利时间(不顺利条件下完成该工序的最长时间)；c 为最可能时间(正常条件下完成该工序的时间)。

设 P_1、P_2 分别为保守时间和乐观时间出现的概率，且 $P_1=P_2=1/2$，则工序时间的方差为：

$$D_\xi = \sigma^2 = \sum_i (x_i - M_\xi)^2 P(x_i) = \frac{1}{2}\left(t - \frac{a+2c}{3}\right)^2 + \frac{1}{2}\left(t - \frac{b+2c}{3}\right)^2 \approx \left(\frac{b-a}{6}\right)^2 \tag{6.3.2}$$

6.3.2 关键路线和时间参数

在网络方法中，网络图的时间参数计算是一个重要环节，通过时间参数的计算可为编制计划提供科学的依据。(网络图中的时参主要是各项工序时间值)关键路线就是据此得出的。

1．关键路线和关键工序

在网络图中，从始点开始，按照各个工序的顺序，连续不断地到达终点的一条通路称为路线。一个网络图中可以有多条路线，走完各条路线所用时间不同。

如在图 6.3.13 中，共有 4 条路线，其组成和所需要的时间如下：

① → ② → ④ → ⑦　　　　　　　　　$t_1=11$
① → ② → ⑤ → ⑦　　　　⑧　$t_2=12$
① → ② → ⑥ → ⑦　　　　　　　　　$t_3=15$　最长
① → ③ → ④ → ⑦　　　　　　　　　$t_4=13$

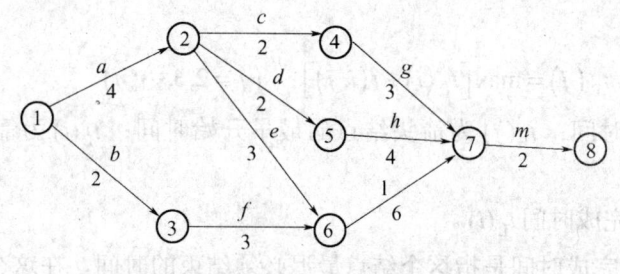

图 6.3.13　多条路线

(1) 关键路线。在一个网络图中，从始点到终点，完成各个工序需要时间之和最长的路。(t_3=15)

(2) 关键工序。组成关键路线的所有工序称为关键工序，不在关键路线上的工序称为非关键工序。

关键工序(a，e，l，m)直接影响整个工程的进度，关键工序提前1，工程提前1；反之也成立。所以如果能够缩短关键工序所需的时间，就可以缩短整个工程的完工时间，而缩短非关键工序所需的时间，却不能使工程提前完工。系统网络方法的基本思想就是在一个庞大的网络图中找出关键路线，对各个关键工序优先安排资源，挖掘潜力，采取相应措施，尽量压缩需要的时间。

关键路线是相对的，也是可以变化的。在采取一定的技术组织措施后，关键路线有可能变为非关键路线，而非关键路线也有可能变为关键路线。

2．时间参数及其计算

为了编制网络计划和找出关键路线，要计算网络图中各个事项及各个工序的有关时间，称这些时间为网络时间。各时间参数的定义和计算如下：

1) 结点的时间参数与计算

(1) 结点的最早开始时间 $t_E(i)$。

一个结点的最早开始时间是指从始点到本结点的最长时间之和。在这时刻之前是不能开始的。以 $t_E(i)$ 表示结点(事项) i 的最早开始时间，它等于其紧前工序中最晚一道工序的完成时间。

始点结点的最早开始时间等于零，即

$$t_E(1) = 0 \tag{6.3.3}$$

若结点只有一条箭线进入的话，则该箭尾所触结点的最早开始时间加上箭杆时间(工序时间)即为该箭头所触结点的最早开始时间，如图 6.3.14 所示。若结点有很多条箭线进入的话，则对每条箭线都作上述计算之后，取其中最大数值为该结点的最早开始时间，如图 6.3.15 所示。

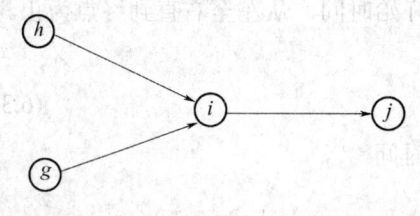

图 6.3.14　一条箭线进入的结点 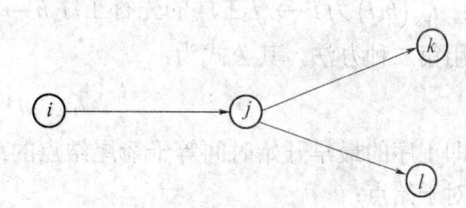　　　　图 6.3.15　多条箭线进入的结点

用公式表示为

$$t_E(j) = \max\left[t_E(i) + t(i,j)\right] \quad (j = 2, 3, \cdots, n) \tag{6.3.4}$$

式中：$t(i,j)$ 为工序时间；$t_E(j)$ 为箭头结点的最早开始时间；$t_E(i)$ 为箭尾结点的最早开始时间。

(2) 结点的最迟完成时间 $t_L(i)$。

一个结点的最迟完成时间是指这个结点最迟必须结束的时间，在这个时间里事项若不完成，就要影响它的后续工序的按时开工。以 $t_L(i)$ 表示结点 i 的最迟完成时间。

终点结点的最迟完成时间：

$$t_L(n) = 总工期 \tag{6.3.5}$$

若对任务的总工期没有特别规定，为便于计算，我们令：

$$t_L(n) = t_E(n) \tag{6.3.6}$$

若结点只有一条箭尾，则该结点最迟完成时间，等于箭头所触结点的最迟完成时间减去该工序的时间。

若结点有很多条箭尾，则对每一条箭线都做上述运算之后，取其中最小值为该结点的最迟完成时间。用公式表示为

$$t_L(i) = \min\left[t_L(j) - t(i,j)\right] \quad (j = n-1, n-2, \cdots, 1) \tag{6.3.7}$$

式中：$t(i,j)$ 为工序时间；$t_L(i)$ 为箭尾结点的最迟完成时间；$t_L(j)$ 为箭头结点的最迟完成时间。

(3) 结点的时差 $S(i)$。

结点的时差就是结点的最迟完成时间减去其最早开始时间。用公式表示为

$$S(i) = t_L(i) - t_E(i) \tag{6.3.8}$$

式中：$S(i)$ 为结点时差；$t_L(i)$ 为结点最迟完成时间；$t_E(i)$ 为结点最早开始时间。

2) 工序的时间参数与计算

(1) 工序的最早开始时间 $t_{ES}(i,j)$

一个工序必须等它前面的工序完工之后才能开始，在这之前是不具备开工条件的。这个时间就叫做工序的最早开始时间。其意义是该工序最早什么时候可以开始，用 $t_{ES}(i,j)$ 表示。

它的计算方法有两种：一是通过它的先行工序的最早开始时间加上工序时间来进行；二是通过结点的最早开始时间来进行。

用第一种办法，其公式为

$$t_{ES}(i,j) = \max_{h<i<j}\left[t_{ES}(h,i) + t(h,i)\right] \tag{6.3.9}$$

式中：$t_{ES}(h,i)$ 为 $i \to j$ 工序的先行工序 $h \to i$ 的最早开始时间，从左至右直到终点为止。

用第二种办法，其公式为：

$$t_{ES}(i,j) = t_E(i) \tag{6.3.10}$$

即工序的最早开始时间等于箭尾结点的最早开始时间。

对于始点：

$$t_E(1) = 0 \tag{6.3.11}$$

(2) 工序的最早完成时间 $t_{EF}(i,j)$

一个工序的最早完成时间,就是它的最早开始时间加上本工序所需的时间。其意义是指该工序最早什么时间可以完成,以 $t_{EF}(i,j)$ 表示。它的计算也有二种办法。

第一种办法,其公式是:

$$t_{EF}(i,j) = t_{ES}(i,j) + t(i,j) \tag{6.3.12}$$

第二种办法,其公式是:

$$t_{EF}(i,j) = t_E(i) + t(i,j) \tag{6.3.13}$$

即工序的最早完成时间等于箭尾所触结点的最早开始时间加上工序所需时间。

整个关键工序都按最早可能时间开工,整个工程完成的时间即为关键工序时间之和,称为工程最早完工时间。

$$T_E = \sum_{i=1}^{S} t_{EF}(i) = t_E(n) \tag{6.3.14}$$

式中:S 表示关键工序,T_E 为工程最早完工时间。

(3) 工序的最迟开始时间 $t_{LS}(i,j)$。

一个工序,紧接其后有一个或几个工序,为了不影响后续工序的如期开始,每个工序应有一个最迟必须开始时间,这个时间就叫做工序的最迟开始时间,其意义是该工序最迟应该什么时间开始,以 $t_{LS}(i,j)$ 表示,它的计算也有两种办法。

第一种办法,其公式是:

$$t_{LS}(i,j) = \min_{i<j<k}\left[t_{LS}(j,k) - t(i,j)\right] \tag{6.3.15}$$

式中:$t_{LS}(j,k)$ 为 $i \to j$ 工序的后续工序 $j \to k$ 的最迟开始时间,计算是从右至左直到终点为止。

用第二种办法,其公式为:

$$t_{LS}(i,j) = t_L(j) - t(i,j) \tag{6.3.16}$$

即工序的最迟开始时间等于箭头所触结点的最迟完成时间减去工序时间。

(4) 工序的最迟完成时间 $t_{LF}(i,j)$。

一个工序的最迟完成时间等于它的最迟开始时间加上本工序所需要的时间。其意义就是该工序最迟应该什么时候完成,以 $t_{LF}(i,j)$ 表示。它的计算也有两种办法。

第一种办法,其公式为:

$$t_{LF}(i,j) = t_{LS}(i,j) + t(i,j) \tag{6.3.17}$$

第二种办法,其公式为:

$$t_{LF}(i,j) = t_L(j) \tag{6.3.18}$$

即工序的最迟完成时间等于箭头结点的最迟完成时间。

(5) 工序的总时差 $R(i,j)$。

在不影响整个工序最早完成的条件下,允许各个工序有个推迟时间,某工序 $i \to j$ 可以推迟的时间称为工序的总时差。任取一个工序 (i,j) 来分析。如果它在最早开始时间 $t_{ES}(i,j)$ 开始,并且耗费规定工时 $t(i,j)$,则它一定能在最早完成时间 $t_{EF}(i,j)$ 完成;工序 (i,j) 又有一个最迟完成时间 $t_{LF}(i,j)$,它只要不超过 $t_{LF}(i,j)$ 而完工,就不会拖延整个任务的工期。所以,工序 (i,j)

的安排具有一定的回旋余地,其回旋范围称为工序(i,j)的"总时差",计算公式如下

$$R(i,j) = t_{LF}(i,j) - t_{EF}(i,j) \tag{6.3.19}$$

将式(6.3.12)及式(6.3.17)代入式(6.3.19),得到

$$R(i,j) = t_{LS}(i,j) - t_{ES}(i,j) \tag{6.3.20}$$

将式(6.3.13)及式(6.3.18)代入式(6.3.19),得到

$$R(i,j) = t_L(j) - t_E(i) - t(i,j) \tag{6.3.21}$$

当$R(i,j)=0$时,称工序(i,j)为"关键工序"。

当$R(i,j) \neq 0$时,工序(i,j)可以作如下两种机动安排:适当推迟其开工时间(不超过其最迟开始时间);或者适当放慢进度,延长其工时$t(i,j)$(延长的幅度不超过$R(i,j)$就行)。当然,也可以将两种机动安排结合使用:既适当推迟一些开工时间,又适当放慢一些该工序的进度。这些情况称为"时差的调用",记调用量为$\delta(i,j)$,则调用原则可以统一表示为$\delta(i,j) \leqslant R(i,j)$。

$R(i,j)$的数值实际上表明工序(i,j)具有的潜力,调用时差就是挖掘其中的潜力(人力、物力、财力)。

(6) 工序的单时差$r(i,j)$。

在不影响紧后工序的最早开工时间的前提下,该工序的完工期可以推迟的时间。当$R(i,j) \neq 0$而$r(i,j) > 0$时,只要满足$r(i,j) \leqslant R(i,j)$,整个任务的总工期是不会拖延的,但是对于后续工序(j,k)来说,则会出现两种情况:一是后续工序受干扰,无法在其最早开始时间$t_{ES}(j,k)$开工,一是后续工序不受干扰,仍然可以在$t_{ES}(j,k)$开工。对于后一种情况,我们称工序(i,j)具有"单时差",记为$r(i,j)$。就是说,工序(i,j)的单时差$r(i,j)$定义为:在不影响后续工序(j,k)的最早开始时间$t_{ES}(j,k)$的前提下,工序(j,k)可以自由地利用的机动时间范围。用公式表示为

$$r(i,j) = t_{ES}(j,k) - t_{EF}(i,j) \tag{6.3.22}$$

将式(6.3.10)及式(6.3.13)代入式(6.3.22),得到

$$r(i,j) = t_E(j) - t_E(i) - t(i,j) \tag{6.3.23}$$

现将公式系总结如表6.3.2所示。

表6.3.2 时间参数计算公式系

1	工序时间	$t(i,j)$	$t(i,j) = \dfrac{a+4c+b}{6}$
2	结点的最早开始时间$t_E(i)$	$t_E(1)=0$	$t_E(j) = \max[t_E(i)+t(i,j)]$ $(j=2,3,\cdots,n)$
3	结点的时差$S(i)$		$S(i) = t_L(i) - t_E(i)$
4	结点的最迟完成时间$t_L(i)$	$t_L(n)=$总工期	$t_L(i) = \min[t_L(j)-t(i,j)]$ $(j=n-1,n-2,\cdots,1)$
5	工序的最早开始时间$t_{ES}(i,j)$	$t_{ES}(i,j) = \max\limits_{h<i<j}[t_{ES}(h,i)+t(h,i)]$	$t_{ES}(i,j) = t_E(i)$
6	工序的最早完成时间$t_{EF}(i,j)$	$t_{EF}(i,j) = t_{ES}(i,j)+t(i,j)$	$t_{EF}(i,j) = t_E(i)+t(i,j)$

(续)

7	工序的最迟开始时间 $t_{LS}(i,j)$	$t_{LS}(i,j)=\min_{i<j<k}[t_{LS}(j,k)-t(i,j)]$	$t_{LS}(i,j)=t_L(j)-t(i,j)$
8	工序的最迟完成时间 $t_{LF}(i,j)$	$t_{LF}(i,j)=t_{LS}(i,j)+t(i,j)$	$t_{LF}(i,j)=t_L(j)$
9	工序的总时差 $R(i,j)$	$R(i,j)=t_{LF}(i,j)-t_{EF}(i,j)$	$R(i,j)=t_L(j)-t_E(i)-t(i,j)$
10	工序的单时差 $r(i,j)$	$r(i,j)=t_{ES}(j,k)-t_{EF}(i,j)$	$r(i,j)=t_E(j)-t_E(i)-t(i,j)$
11	工程最早完工时间 T_E	$T_E=\sum_{i=1}^{S}t_{EF}(i)$	

3) 关键路线与时差的关系

网络图中，时差为零的结点称为关键结点，总时差为零的工序称为关键工序。

在一张网络图中，从始点到终点，沿箭头方向把总时差为零的工序连接起来所形成的线路称为"关键路线"。关键路线在图上用粗线或双线表示。

从时间进度上来讲，关键路线是完成工程计划的关键，即缩短或者延迟关键工序的完工时间，可以提前或者推迟整个工程的完工时间，所以编制网络计划目的就是要在一个庞大的网络图中找出关键路线，在各道关键工序上挖掘潜力，以达到缩短工期、降低工程费用和合理利用资源的目的。在一张网络图中，关键路线可以有多条。关键路线越多，表明各项工序的周期都很紧张，要求必须加强管理，严格控制，以保证任务的按期完成。

而非关键路线上各项工序的时差不全为零，就是说，或多或少有潜力可挖。

系统网络技术的精华就在于根据网络图找出关键路线，重点保证关键路线；利用非关键路线上工序的时差，调用其中的人力、物力、财力去支援关键路线，使得关键工序——从而使得整个任务——能按期或提前完成。

调用时差时，应该首先调用单时差，因为它是自由时差，对后续工序不发生影响。总时差与单时差的关系可以用图 6.3.16 表示。

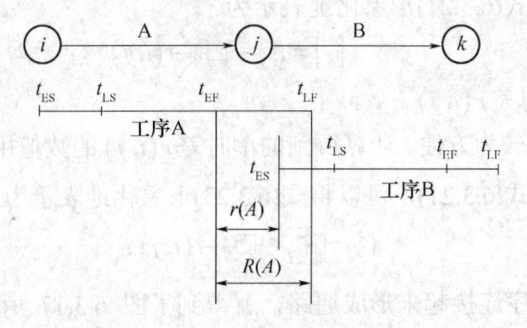

图 6.3.16 总时差与单时差的关系

4) 网络图参数的计算方法

在系统网络技术的应用中，我们不但要找出关键路线，而且要知道各种工序时间参数，这样才能便于挖掘潜力，合理安排，采取措施，保证关键路线，从而保证整个任务的按期或提前完成。

计算工序的时间参数有两组公式可供利用。一组公式是利用已经算得的结点时间参数值进行，计算结果用适当的符号标注在图画上，故称图上计算法。另一组是利用工序之间的关系列表进行计算，故称表格计算法。

(1) 图上计算法。

【例 6.3.4】我们通过图 6.3.17 所示的例子来说明这种方法的计算步骤。

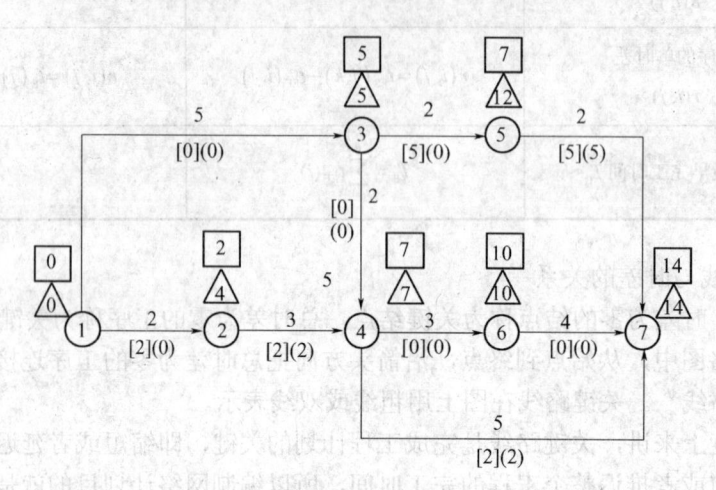

图 6.3.17　网络图

① 计算结点的最早开始时间 $t_E(j)$。

利用式(6.3.3)与式(6.3.4)，从始点开始，自左向右，逐个结点地进行计算，直到终点为止。计算结果填入结点近旁所画的符号□之中。

② 计算结点的最迟完成时间 $t_L(i)$。

利用式(6.3.5)～式(6.3.7)，从终点开始，自右向左，逐个结点地进行计算，直至始点为止。计算结果填入结点近旁所画的符号△之中。

③ 计算工序的总时差 $R(i,j)$。

此时利用式(6.3.21)较为方便。得到的总时差 $R(i,j)$ 的数值用方括号[]括起来，标注在工序箭杆线旁。我们可以将式(6.3.21)形象化地表示为

$$[\ ] = \Delta_j - \Box_i - t(i,j) \qquad (6.3.24)$$

④ 计算工序的单时差 $r(i,j)$。

此时利用式(6.3.23)较为方便。计算得到的单时差 $r(i,j)$ 的数值用圆括号()括起来，标注在工序箭杆线旁。对应于式(6.3.21)，可以将式(6.3.23)形象化地表示为

$$(\ ) = \Box_j - \Box_i - t(i,j) \qquad (6.3.25)$$

将总时差为零的工序连接起来形成通路，就得到了图 6.3.17 所示网络图的关键路线 CP 为：①→③→④→⑥→⑦。

我们可以用框图 6.3.18 完整地描述图上计算法的整个过程。

图上计算法的特点是形象具体，在结点少时省事方便，但是结点多时图面标注很拥挤，而且容易遗漏。为了计算更多的网络参数，我们可以采用表格计算法。

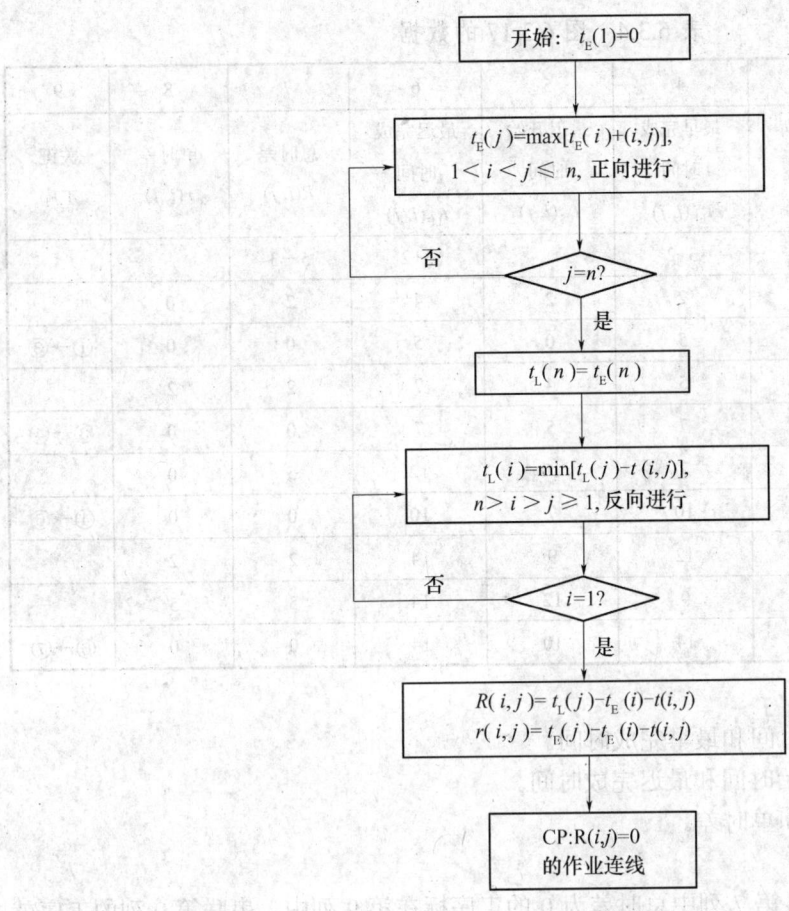

图 6.3.18 图上计算法的过程

(2) 表格计算法。

表格计算法，就是先制定一个合适的表格，然后在表格上按一定的顺序和规定的算法来计算网络图的各个参数。其步骤如下：

① 作表格。

作一个表格，每一格里填上一个参数名称(见表 6.3.3)。

表 6.3.3 表格计算法

1	2	3	4	5	6	7	8	9
工序 $i \to j$	工序时间 $t(i,j)$	最早开始时间	最早完成时间	最迟开始时间	最迟完成时间	总时差	单时差	关键工序
		t_{ES}	t_{EF}	t_{LS}	t_{LF}	R	r	
			3+2		5+2	5−3		

② 填表格。

按网络图的顺序自上而下，逐行填写表格的第 1、2 列。将图 6.3.17 的数据填在表 6.3.3 上，得表 6.3.4。

表 6.3.4　图 6.3.17 的数据

1	2	3	4	5	6	7	8	9
工序 $i \to j$	工序时间 $t(i,j)$	最早开始时间 $t_{ES}(i,j)$	最早完成时间 $t_{EF}(i,j)$	最迟开始时间 $t_{LS}(i,j)$	最迟完成时间 $t_{LF}(i,j)$	总时差 $R(i,j)$	单时差 $r(i,j)$	关键工序
			3+2		5+2	5−3		
①→②	2	0	2	2	4	2	0	
①→③	5	0	5	0	5	0	0	①→③
②→④	3	2	5	4	7	2	2	
③→④	2	5	7	5	7	0	0	③→④
③→⑤	2	5	7	10	12	5	0	
④→⑥	3	7	10	7	10	0	0	④→⑥
④→⑦	5	7	12	9	14	2	2	
⑤→⑦	2	7	9	12	14	5	5	
⑥→⑦	4	10	14	10	14	0	0	⑥→⑦

③ 在表上计算参数。

a. 计算工序最早开始时间和最早完成时间。

b. 计算工序的最迟开始时间和最迟完成时间。

c. 计算工序的总时差和单时差。

d. 标出关键工序。

第 9 列是关键工序，将第 7 列中总时差为 0 的工序标在第 9 列中，串联第 9 列的工序就构成了关键路线。

从以上讨论可以看出，网络方法中时间参数计算的目的：

a. 确定计划中各个工序的时间进度。

b. 确定哪些是控制计划进程的关键工序和关键路线。

c. 确定非关键工序允许延迟的活动时间。

在编制网络计划时，必须计算 10 个时间参数，在工序数目较多、网络图变化较多的情况下，可借助计算机进行计算。

6.4　任务按期完成的概率分析与计算

在 6.3 节中，我们是从确定的情况出发，对网络的有关时间参数进行计算的。这里有一个前提，即每个工序所需时间都是确定的数值，因而算出来的总计划所需时间也是确定的数值。在这种把握比较大的情况下，我们使总预定完成时间等于总的所需时间，即前面讲的 $t_L = t_E$。这就是说，我们经过科学的计算，一个计划完成需要多少时间，就给它多少时间，这样找出的关键路线是以总时差为零来确定的。

在实际工程中，完成某项工序或任务所需的时间是不容易确定为某一数值的，往往只能凭经验或过去的试验研究结果来做一定的估计。对于这种估计所带来的一系列问题需要慎重考虑。前面讲过，工序时间是用"三时估计法"求出的平均时间，因而用公式算出的最早开始时间,也必然有某些不确定因素在内,并不是非常准确的时间。所以,我们就要研究由于这些不确定因素而引起的计划是否能按期完成的问题,即计划按期完成的可能性有多大?这就是任务按期完成的概率分析的由来。下面对此做一简单的介绍。

6.4.1 任务完成时间近似符合正态分布规律

根据概率论中有名的"中心极限定理",我们可以认为,任何事项的完工时间是近似符合正态分布的。有了这样一个假设后,我们只要计算出每个工序预计完工时间的平均值和方差,就可以用下面公式求出各个事项按期完成的概率,就能对整个任务是否按期完成给予概率评价,并对计划的执行做出预测。

1. 平均值

前面讲过,$t = \dfrac{a+4c+b}{6}$ 叫做工序的平均时间,它与三个估计时间参数有关。

工程完工时间 $T_E = \sum\limits_{i=1}^{s} \dfrac{a_i + 4c_i + b_i}{6}$,$S$ 为关键工序的道数。

2. 离差与方差

工序方差为:

$$\sigma^2 = \left(\dfrac{b-a}{6}\right)^2 \tag{6.4.1}$$

$\sigma = \dfrac{b-a}{6}$,σ 为工序时间的标准离差,它只与工序的最长时间与最短时间有关,与最可能时间无关,它是工序时间概率分布离散程度的度量。

工程完工时间的方差为:

$$\sigma_{cp}^2 = \sum\limits_{i=1}^{s} \left(\dfrac{b_i - a_i}{6}\right)^2 \tag{6.4.2}$$

3. 任务完成时间

根据概率论中有名的"中心极限定理"来分析,任务最后完成时间呈正态分布,以 $t_{cp} = \sum\limits_{i=1}^{s} \dfrac{a_i + 4c_i + b_i}{6}$ 为平均值,以 $\sigma_{cp} = \sqrt{\sum\limits_{i=1}^{s}\left(\dfrac{b_i - a_i}{6}\right)^2}$ 为标准离差。

则其概率密度函数为

$$P(t_k) = \dfrac{1}{\sqrt{2\pi}\sigma_{cp}} e^{\dfrac{(t_k - t_{cp})^2}{2\sigma^2}} \tag{6.4.3}$$

分布函数为:

$$F(T_k) = \dfrac{1}{\sqrt{2\pi}} \int_{-\infty}^{T_k} e^{\dfrac{(T_k - t_{cp})^2}{2\sigma_{cp}^2}} dt = \Phi\left(\dfrac{T_k - t_{cp}}{\sigma_{cp}}\right) \tag{6.4.4}$$

工程完工时间 T_k 在规定期限发生的概率

$$p(T_k \leqslant T_{dk}) = \Phi\left(\frac{T_{dk} - T_k}{\sigma}\right)$$

这里 σ_{cp} 是当 S 充分大时的一个渐近估计。实际上，我们可用概率曲线来形象地分析。关键路线上的工序是由 10 个以上组成的，从均值左侧伸展 $-3\sigma_{cp}$ (σ_{cp} 为关键事项的标准离差)，又从右侧伸展 $+3\sigma_{cp}$，事项在这一段时间内实现的机会为 99.7%，这可用图 6.4.1 来说明。

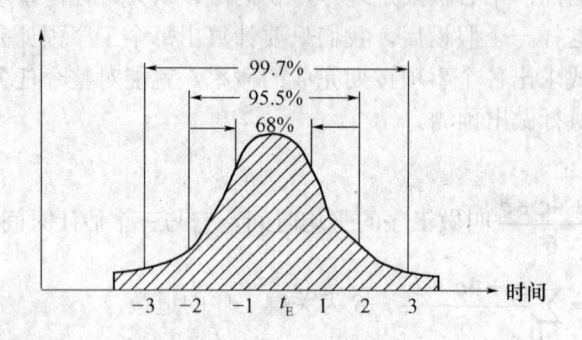

图 6.4.1 正态分布概率曲线

曲线上任一点的高度用来衡量事件在横轴上相应的时间里实现的概率密度，任意一条垂直线左方的面积代表在相应时间里实现的概率，实际概率曲线从 $-3\sigma_{cp}$ 到 $+3\sigma_{cp}$ 的水平宽度是对于 t_E 的不确定性的一个度量。σ_{cp} 越小，水平宽度越窄，则 t_E 越肯定。反之，σ_{cp} 越大，则 t_E 越不肯定。

σ_{cp} 是从一系列 σ^2 值推导出来的，而 σ^2 值又依赖于每项工序的 $\frac{b-a}{6}$。为了尽可能地增加终点结点的 t_E 值的确定性，应使 $(b-a)$ 越小越好。但是不大可能在一切情况下都把 $(b-a)$ 限制得很小，可是对那些特别大的 $(b-a)$ 至少应该检查一下，看看是否判断错误。

6.4.2 任务按期完成的概率计算

1. 计算方法

为计算概率，引入一个概率因子 z，以便于查正态分布表，概率 $P = P(z)$。

$$z = \frac{t_L - t_E}{\sigma_{cp}} \tag{6.4.5}$$

式中：t_L 为结点(事项)的最迟完成时间；t_E 为结点(事项)的最早开始时间；$t_L - t_E$ 为结点的时差。σ_{cp} 是关键路线上方差之和的平方根。$\sigma_{cp} = \sqrt{\sum \sigma_{cp}^2}$，$\sigma_{cp}^2$ 是关键路线上工序的方差，σ_{cp} 是平均值。

若已经规定了计划的完成时间为 t_s，则 t_L 就用此规定时间。因 t_E 是已知的，σ_{cp} 也是已知的，这样就可以计算出 z 值。用 z 值查正态分布表即得概率 P。

2. 应用举例

【例 6.4.1】设某工程的网络图如图 6.4.2 所示，试计算该工程在 20 天完成的可能性。如果完成的可能性要求达到 94.5%，则工程的工期应规定为多少天？

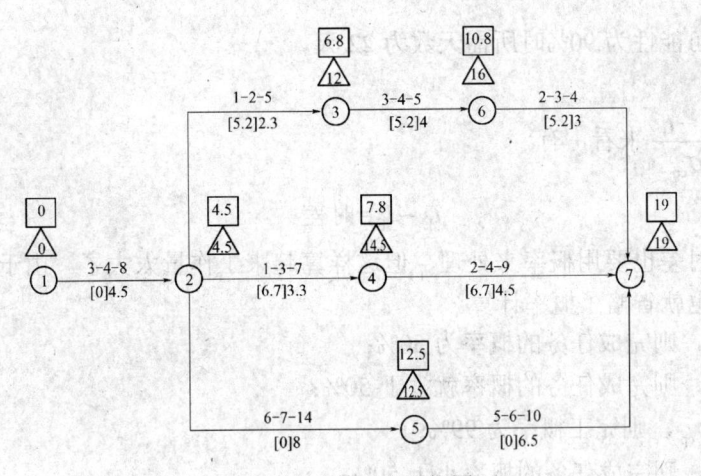

图 6.4.2 某工程网络图

解：(1) 先求出 $t_m(i,j)$。用 $t_m(i,j)=\dfrac{a+4c+b}{6}$ 求得，标在每个工序线的下面，时间单位为天。

(2) 计算 t_E 值。用公式 $t_E(j)=\max\left[t_E(i)+t_m(i,j)\right]$ 求得 $t_E(7)=19$ (天)。

(3) 计算 t_L 值。用公式 $t_L(i)=\min\left[t_L(j)-t_m(i,j)\right]$ 求得 $t_L(7)=19$ (天)。

(4) 计算 $t_L=19$ (天) 完成概率。使用 $z=\dfrac{t_L(7)-t_E(7)}{\sigma_{cp}}=\dfrac{19-19}{\sigma_{cp}}=0$

查表：由 $z=0$ 查得 $P=0.5$，即工程按时完成的可能性为 50%。

(5) 当 $t_s=20$ (天) 时完成任务概率的计算。

关键路线上的方差 σ_c^2 分别为

$$\left(\dfrac{8-3}{6}\right)^2=\dfrac{25}{36};\quad \left(\dfrac{14-6}{6}\right)^2=\dfrac{64}{36};\quad \left(\dfrac{10-5}{6}\right)^2=\dfrac{25}{36}$$

关键路线上方差之和

$$\sum\sigma_{cp}^2=\dfrac{25}{36}+\dfrac{64}{36}+\dfrac{25}{36}\approx 3.2$$

由此可得概率因子

$$z=\dfrac{t_L-t_E}{\sqrt{\sum\sigma_{cp}^2}}=\dfrac{20-19}{\sqrt{3.2}}=\dfrac{1}{1.8}\approx 0.56$$

查正态分布表得 $P=0.71$，即该工程在 20 天完成的可能性为 71%。

(6) 如要求按时完成的可能性为 90%，计算需要的天数，由公式 $z=\dfrac{t_L-t_E}{\sqrt{\sum\sigma_{cp}^2}}$ 得

$$t_L=t_E+z\sqrt{\sum\sigma_c^2}$$

查表 $P=0.90$ 时知 $z=1.28$，于是 $t_L=19+1.28\times 1.8=21.3$ (天)。

即按时完成可能性为90%时所需天数为22天。

3. 讨论

由公式 $z = \dfrac{t_L - t_E}{\sigma_{cp}}$ 来看，有

$$t_L - t_E = 时差 \tag{6.4.6}$$

严格地讲，时差也要用概率来处理，但这样算起来工作量太大了。由于时差只是作为调整的参考，所以也就省略了概率计算。

若 $t_L - t_E = 0$，则完成任务的概率为50%；

若 $t_L - t_E > 0$，则完成任务的概率就大于50%；

若 $t_L - t_E = 3\sigma_{cp}$，则完工概率为99%；

若 $t_L - t_E < 0$，则完成任务的概率小于50%；

如果 $t_L - t_E < -\sigma_{cp}$ 时，可以判断按时完成任务是成问题的；

如果 $t_L - t_E < -2\sigma_{cp}$ 时，则肯定是大有问题了；

如果 $t_L - t_E < -3\sigma_{cp}$，则按时完成任务只有0.1%的可能性。

这样，管理人员就可根据时差和标准离差来判断按时完成任务的可能性，也就有了一个标准。这就是置信度的分析与计算。

一般当任务在指定日期完成的概率 $P(z)$ 满足条件 $0.3 \leq P(z) \leq 0.70$ 时，则表示按此网络图执行计划，在指定日期完成是可能的，是比较合适的，计划制定得既先进又留有余地。

4. 按照上面讨论的几种情况重新评价关键路线的定义

我们是用时间平均值把非确定型化为确定型，从而找出关键路线。这样做是否合适，值得重新考虑。化为确定型而算关键路线的方法，可以看成在以 $1/2$ 的可能性来完成整个任务的条件下，确定关键路线。确切的提法应该是：给一个预计完成日期，在所有的线路中，依预计日期完成的可能性最小的才是关键路线。而不能只把总时差为零的路线称为关键路线，即应从时差为负值、零或正值三种情况综合考虑来确定关键路线。

6.5 制定最优计划方案——网络图的调整与优化

在编制一项工作计划时，通过绘制网络图，计算网络时间和确定关键路线，得到的只是一个初始的计划方案，有些指标不完全合理，通常还需要对该方案进行调整和完善，根据指标的要求，综合考虑进度、资源利用和降低费用等目标，对网络图进行优化，确定最优的满足要求的计划方案。网络图的调整与优化的主要内容有三个方面：时间优化；时间—资源优化；时间—费用优化。

6.5.1 时间优化

根据对计划进度的要求，需缩短工程完工时间。具体措施有：

(1) 采取技术措施，缩短关键工序的作业时间。例如采用新技术和新工艺，进行技术革新和技术改造，增加人力和设备等。

(2) 采取组织措施，充分利用非关键工序的总时差，合理调配技术力量及人、财、物力等资源，缩短关键工序的作业时间。

(3) 在可能的情况下，采取平行作业和交叉作业，缩短工期。

采用上述几种方法缩短网络工期，在调整过程中都会引起网络计划的改变，每次改变后都要重新计算网络时间参数和确定关键路线，直到求得最短周期为止，现举例说明如下。

【例 6.5.1】 图 6.5.1 为某工程的网络图，网络初始方案计划时间为 19 周，现根据客观情况的要求，上级规定工程的完工期为 16 周，试对网络进行调整。

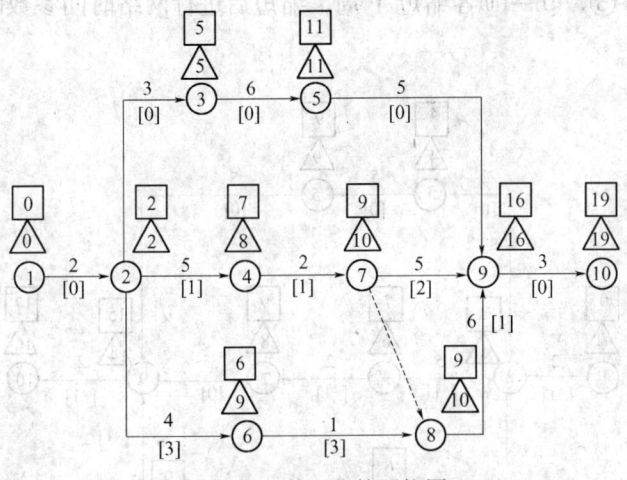

图 6.5.1 某工程的网络图

解：为达到上级规定的工期要求，需要对工序时间重新进行安排，采取措施压缩关键路线的持续时间。图 6.5.1 的关键路线是：①→②→③→⑤→⑨→⑩。

缩短工期的计算：首先将终点⑩的最迟完成时间定为 16 周，然后采取倒退算法，求出网络中各工序的时差，再确定应该缩短哪条路线上的工期，计算结果如图 6.5.2 所示。

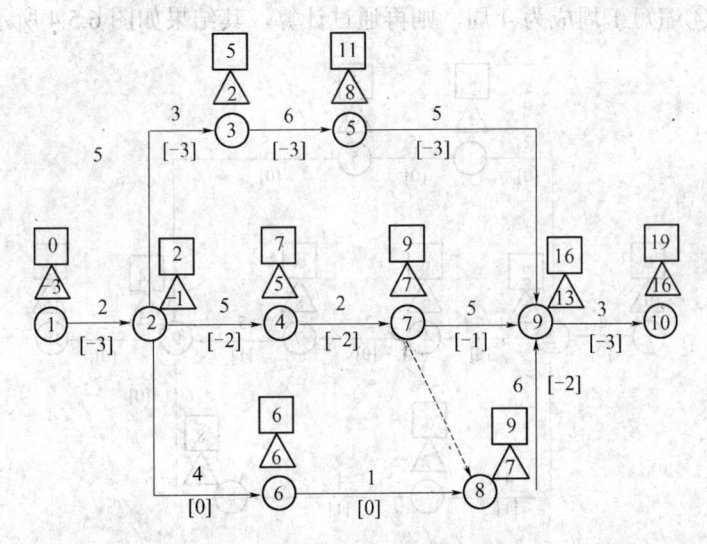

图 6.5.2 例 6.5.1 计算结果 1

图 6.5.2 中箭线下方括号内的数字为总工期 16 周时各工序的总时差，从计算结果可以看出，在原先的关键路线上各工序的总时差为(-3)，这意味着在原来的关键路线上应缩短 3 周。除原来关键路线是负时差外，其他非关键路线也出现了负时差，即在这些路线上也要进行日

期的缩短。需要缩短日期的线路和工序有：
(1) ①→②→③→⑤→⑨→⑩。
(2) ②→④→⑦→⑧→⑨。
(3) ⑦→⑨。

上述各线路和工序需要缩短的时间分别为 3 周、2 周、1 周。首先考虑在(1)线路上缩短 3 周，即②→③、③→⑤、⑨→⑩各缩短 1 周，缩短后进行网络时间参数的计算，其结果如图 6.5.3 所示。

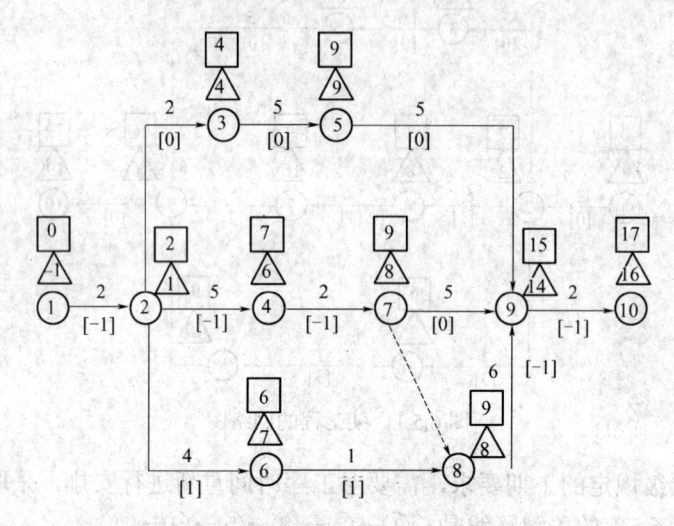

图 6.5.3 例 6.5.1 计算结果 2

从图 6.5.3 中可以看出，有负时差的线路为：①→②→④→⑦→⑧→⑨→⑩。假设将上述线路中工序②→④缩短 1 周成为 4 周，则再通过计算，其结果如图 6.5.4 所示。

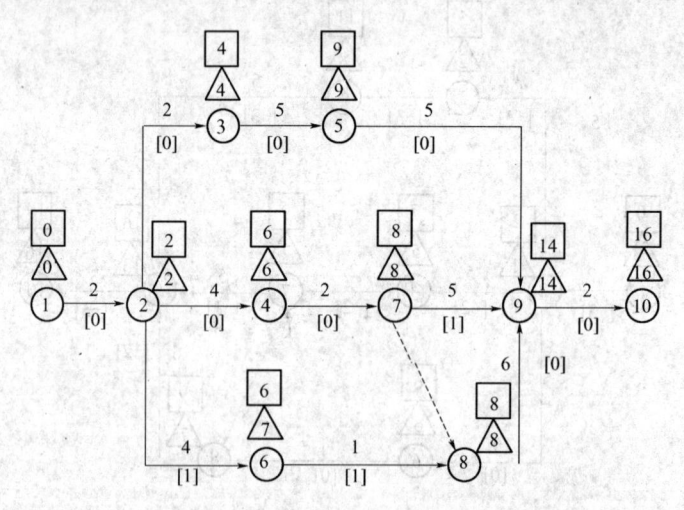

图 6.5.4 例 6.5.1 计算结果 3

此时，网络中已全部消灭了负时差，下面两条线路均是关键路线：
①→②→④→⑦→⑧→⑨→⑩
①→②→③→⑤→⑨→⑩

工期为16周，符合上级规定的要求。

6.5.2 时间—资源优化

所谓时间—资源优化就是在一定资源的条件下，寻求最短工期；或在一定工期的要求下，使投入的资源量最少。网络计划需要的总工期是以一定的资源条件为基础的，资源条件如何通常是影响工程进度的主要原因。因此在编制网络计划，安排工程进度的同时，就要考虑尽量合理地利用现有资源，并缩短工程周期。

为合理地利用资源，必须对网络进行调整，而且这种调整往往不止一次，经过多次综合平衡后，才能得到在时间进度及资源利用方面都比较合理的计划方案，具体的要求和做法如下：

(1) 优先安排关键工序所需要的资源。

(2) 充分利用非关键工序的总时差，错开各个工序的开始时间，尽量使资源的使用连续均衡。

(3) 在确实受到资源限制，或者在考虑综合经济效益的条件下，也可以适当地推延工程的完工时间。

下面列举一个均衡使用资源，拉平资源需要量高峰的实例。

表6.5.1 某工程的各项工序所需的时间和人数

工序代号	耗时/天	需要人数
a	4	9
b	2	3
c	2	6
d	2	4
e	3	8
f	2	7
g	3	2
h	4	1

【例6.5.2】某项计划工程的各项工序所需的时间和人数，如表6.5.1和图6.5.5所示。

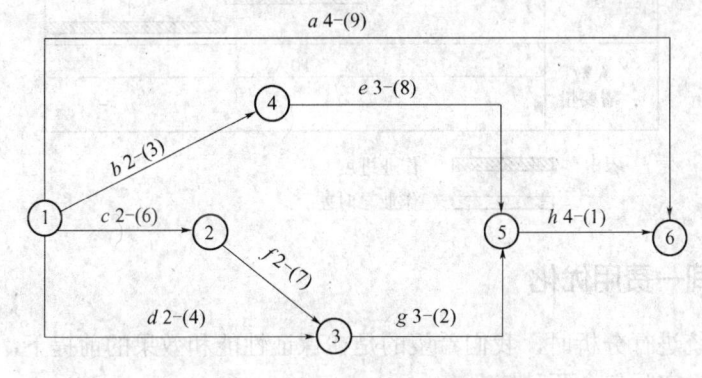

图6.5.5 各项工序所需的时间和人数

表6.5.2是图6.5.5的横条进度计划和人数的需要量曲线。

观察表6.5.2中的人数需要量曲线可以看出，由于一些工序同时进行，使得每天人数需要量很不均匀，多时每天要24人，少时每天只要1人，由于两者相差太大，资源利用很不均衡。根据该工程特点，假定每天所需人数不得超过11人，并要求在人员数量使用上尽量做到均衡，使其充分发挥作用。为此，需要合理运用时差，错开某些工序的开工时间，以达到人员均衡使用的目的。此例如将 a 工序推迟7天开工，b、e 工序各推迟2天开工，其平衡结果如表6.5.3所示。

经上述改进后(由表6.5.3可知)，该项计划人员的分配，既满足限额11人的要求，又非常平稳，虽然在实际上不一定能做到如此均匀，但经适当调配，可以更经济合理地运用有限资源。

表 6.5.2 图 6.5.5 的横条进度计划和人数的需要量曲线

作业	周期 1	2	3	4	5	6	7	8	9	10	11
a									9		
b			3								
c		6									
d			4								
e							8				
f					7						
g							2				
h									1		

人数需要量：22人、24人、10人、2人、1人

表 6.5.3 平衡结果

作业	周期 1	2	3	4	5	6	7	8	9	10	11
a								9			
b			3								
c		6									
d	4										
e						8					
f				7							
g					2						
h								1			

人数需要量：10人

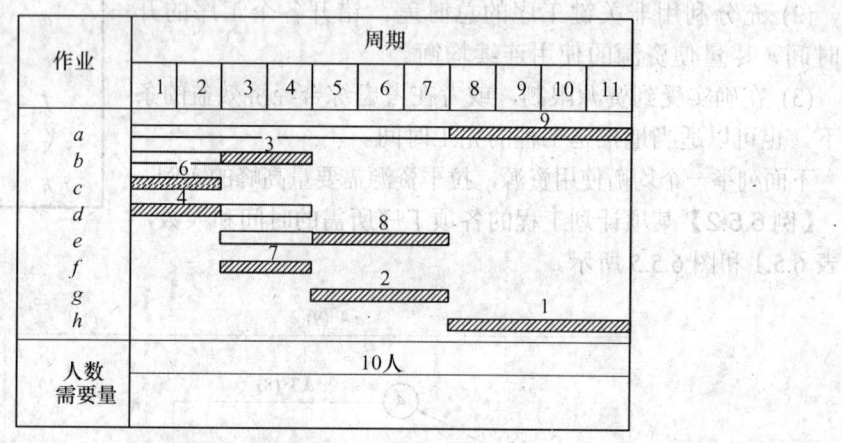

表中： ▨▨▨ 作业进度   ▭ 作业总时差

6.5.3 时间—费用优化

在对一个系统进行分析时，我们希望的是在保证性能和效果的前提下，任务完成的时间短、费用少。这里实际包含两种情况：

(1) 在保证既定的工程完工时间的条件下，所需要的费用最少。

(2) 在限制费用的条件下，工程完工时间最短。

这就是时间—费用优化要研究和解决的问题。就是在一定资源的条件下，寻求最短工期；或在一定工期的要求下，使投入的资源量最少。

为完成一项工程，所需要的费用可分为两大类：

(1) 直接费用。包括直接生产工人的工资及附加费，设备、能源、工具及材料消耗等直接与完成工序有关的费用。在一定条件下和一定范围内，工序的作业时间越短，直接费用越多，与工序时间成反比。

(2) 间接费用。包括管理人员的工资、办公费、采购费用等。

间接费用通常按照施工时间长短分摊，在一定的生产规模内，工序的作业时间越短，分摊的间接费用越少，与工序时间成正比。

完成工程项目的直接费用、间接费用、总费用与工程完工时间的关系，一般情况下如图 6.5.6 所示。

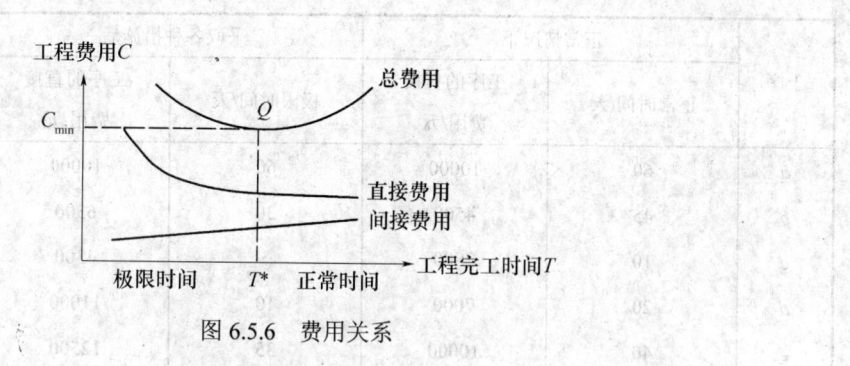

图 6.5.6 费用关系

图中的正常时间，是在现有的生产技术条件下，由各工序的作业时间所构成的工程完工时间。极限时间是为了缩短各工序的作业时间而采取一切可能的技术组织措施后，可能达到的最短的作业时间和完成工程项目的最短时间。

在进行时间—费用优化时，需要计算在采取各种技术组织措施之后，工程项目的不同完工时间所对应的工序总费用和工程项目所需要的总费用。使得工程费用最低的工程完工时间称为最低成本日程（见图 6.5.6 中的 T^* 值）。编制网络计划，无论是以降低费用为主要目的，还是以尽量缩短工程完工时间为主要目标，都要计算最低成本日程，从而提出时间—费用的优化方案。下面以一实例说明计算最低成本日程的一种直观判断方法。

【例 6.5.3】已知图 6.5.7 中各道工序正常情况下的作业时间（已标在各条弧线的下面）和极限时间，以及对应于正常时间、极限时间各工序所需要的直接费用和每缩短一天工期需要增加的直接费用，见表 6.5.4。

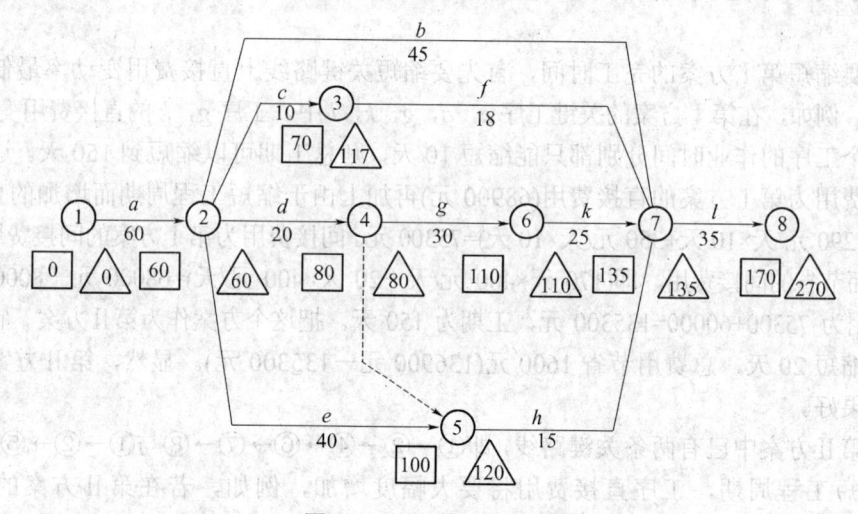

图 6.5.7 例 6.5.3 网络图

$$g = \frac{极限时间的工序直接费用 - 正常时间的工序直接费用}{正常时间 - 极限时间}$$

表 6.5.4 中，缩短一天工期增加的直接费用称为直接费用变动率，用 g 表示，它是个平均数。

表 6.5.4　费用情况

工序	正常情况下		采取各种措施后		直接费用变动率 /(元/天)
	正常时间/天	工序的直接费用/元	极限时间/天	工序的直接费用/元	
a	60	10000	60	10000	—
b	45	4500	30	6300	120
c	10	2800	5	4300	300
d	20	7000	10	11000	400
e	40	10000	35	12500	500
f	18	3600	10	5440	230
g	30	9000	20	12500	350
h	15	3750	10	5750	400
k	25	6250	15	9150	290
l	35	12000	35	12000	—

工序 a，l 由于某种原因(人员、场地负荷已饱满，为保证产品质量不宜外协等)，正常时间不能缩短，它们不存在直接费用变动率。

又已知工程项目每天的间接费用为 400 元，按图 6.5.7 及表 6.5.4 中的已知资料，若按图 6.5.7 安排，工程工期为 170 天，则工程的直接费用(各工序直接费用之和)为 68900 元，间接费用为 170 天×400 元/天=68000 元，总费用为 136900 元。把这个按正常时间进行的方案作为第Ⅰ方案。

如果要缩短第Ⅰ方案的完工时间，首先要缩短关键路线上直接费用变动率最低的工序的作业时间。例如，在第Ⅰ方案的关键工序 a，d，g，k，l 中，工序 g，k 的直接费用变动率最低。已知这两个工序的作业时间分别都只能缩短 10 天，则总工期可以缩短到 150 天。这时的各工序的直接费用为第Ⅰ方案的直接费用(68900 元)再加上由于缩短工程周期而增加的直接费用，即 68900+(290 元/天×10 天+350 元/天×10 天)=75300 元。间接费用为第Ⅰ方案的间接费用减去由于缩短工期而节省的间接费用，即(170 天×400 元/天－20 天×400 元/天)=68000 元－8000 元=60000 元。总费用为 75300+60000=135300 元，工期为 150 天。把这个方案作为第Ⅱ方案。它比第Ⅰ方案的工期缩短 20 天，总费用节省 1600 元(136900 元－135300 元)。显然，第Ⅱ方案比第Ⅰ方案经济效果好。

但在第Ⅱ方案中已有两条关键路线，即①→②→④→⑥→⑦→⑧与①→②→⑤→⑦→⑧。如果再缩短工程周期，工序直接费用将要大幅度增加，例如，若在第Ⅱ方案的基础上再缩短工期 10 天时，则 d 工序需缩短 10 天，h 工序缩短 5 天(只能缩短 5 天)，e 工序缩短 5 天，则工序的直接费用为 75300+400×10+400×5+500×5=83800(元)，间接费用为 60000-400×10=56000(元)，总费用为 83800+56000=139800(元)。显然这个方案的总费用比第Ⅱ、第Ⅰ两个方案的总费用都高。第Ⅱ方案为最优方案，对应的工期 150 天即为最低成本日程。

网络优化的思路与方法应贯穿网络计划的编制、调整与执行的全过程。

6.6 系统网络技术在工程组织管理中的应用

炮兵是地面战斗中的主要火力突击力量。在未来高技术条件下的局部战争中,优化炮兵战术理论,改进作战行动计划是提高炮兵整体作战效能的重要途径,只有计划科学才能打得"快、准、稳"。故引入网络计划技术,着重对炮兵分队战斗准备阶段进行分析和优化。

1. 战斗准备计划的初步制定

根据网络计划方法的一般步骤阶段进行的分析,如图 6.6.1 所示。

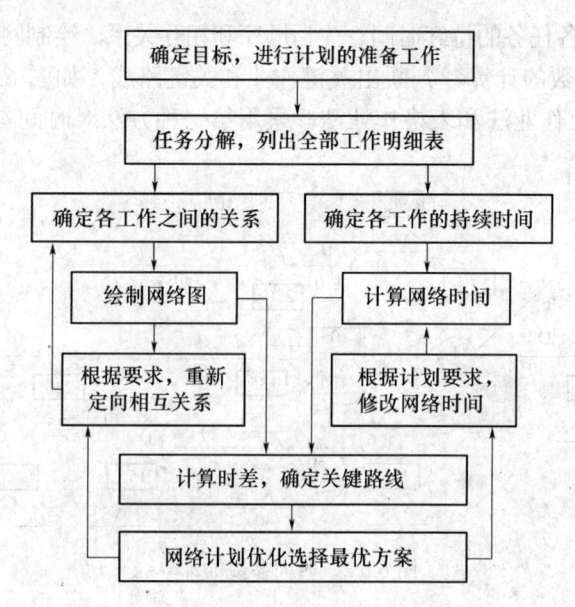

图 6.6.1 战斗准备计划的初步制定步骤

(1) 对战斗准备过程任务的分解,列出全部工作逻辑明细表,见表 6.6.1。

表 6.6.1 工作逻辑明细表

作业代号	作业名称	紧前作业	作业时间(天)
A	明确任务,估算时间	—	20
B	测地保障	—	40
C	组织现地勘察	A、B	30
D	开进准备	A	30
E	组织开进(战炮分队)	C、D	20
F	组织开进(指挥分队)	C、D	35
G	架设指挥所与阵地通信线路	E、F	90
H	阵地构筑工事伪装	E	120
I	战斗勤务安排	E	10
J	设置火炮	H	20
K	构建阵地通信网	H	10

(续)

作业代号	作业名称	紧前作业	作业时间(天)
L	指挥所构筑工事伪装	F	30
M	确定战斗队形	L	20
N	架设对上级通信线路	F	40
O	计算计划内目标诸元	M、N	30
P	向阵地通报诸元	K、G、O	5
Q	完成战斗准备报告	I、J、P	5

(2) 按照明细表中各任务的持续时间、先后顺序和相互关系，绘制网络图，如图6.6.2所示。

(3) 通过对时间参数的计算，判断出关键作业和关键路线，如图6.6.2所示。计算时间参数的方法有两种：图上作业法和表格作业法。采用第一种方法对时间参数进行计算。

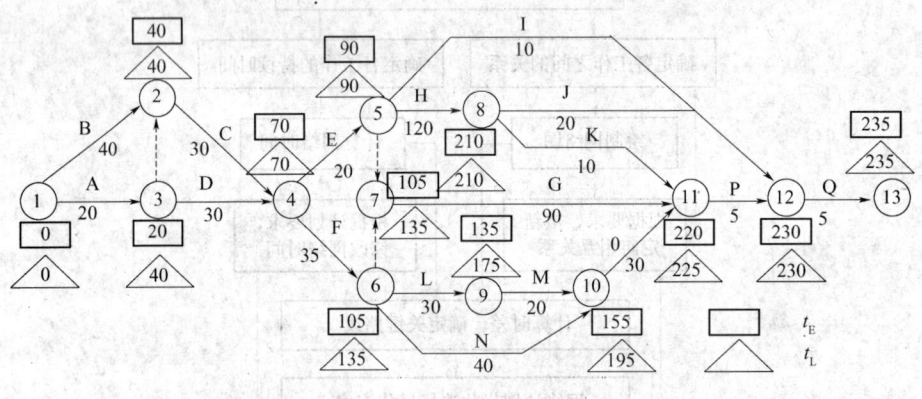

图 6.6.2 时间参数的计算

① 结点的最早开始时间。

$$t_E(j) = \max[t_E(i) + t(i,j)] \quad (j = 2, 3, \cdots, n)$$

其中 $t(i,j)$ 为作业时间；$t_E(j)$ 为箭头结点的最早开始时间；$t_E(i)$ 为箭尾结点的最早开始时间；始结点 $t_E(1) = 0$。

② 结点的最迟完成时间。

$$t_L(i) = \min[t_L(j) - t(i,j)] \quad (i = n-1, n-2, \cdots, 1)$$

其中 $t_L(i)$ 为箭尾结点的最迟完成时间；$t_L(j)$ 为箭头结点的最迟完成时间；终结点 $t_L(n) =$ 总工期。

③ 总时差。

$$R(i,j) = t_L(j) - t_E(i) - t(i,j)$$

总时差为零的作业称为关键作业，从始点到终点，沿箭头方向把总时差为零的作业连接起来即为战斗准备网络图的关键路线：①→②→④→⑤→⑧→⑫→⑬。

2．战斗准备计划的优化

以根据经验时间计算出的完成时间为最迟完成时间，则任务完成的概率只有50%，如果因战场情况，上级要求时限比这个时间还要短，指挥员要怎样安排计划才能使完成任务概率更大，这就是优化的主要目的，对于战斗准备计划最主要的是对其作业时间的优化。

假设因作战任务需要，上级要求在 3h 内完成战斗准备，对图 6.6.2 网络计划进行优化，如图 6.6.3、图 6.6.4 所示。

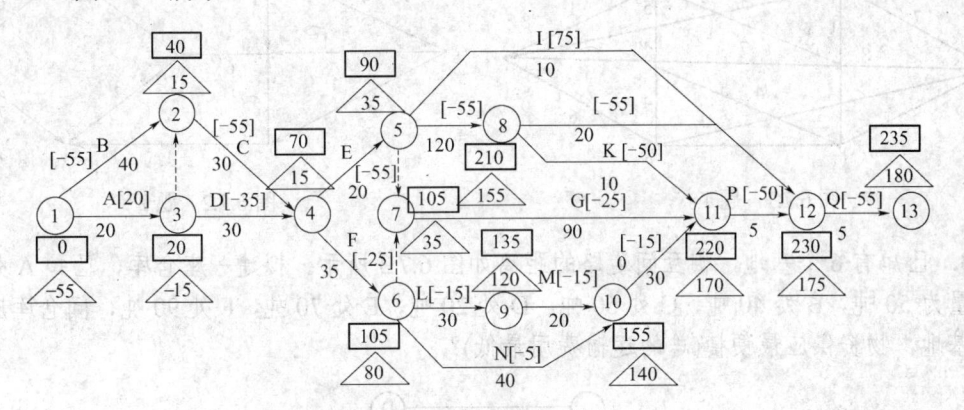

图 6.6.3　网络计划进行优化 1

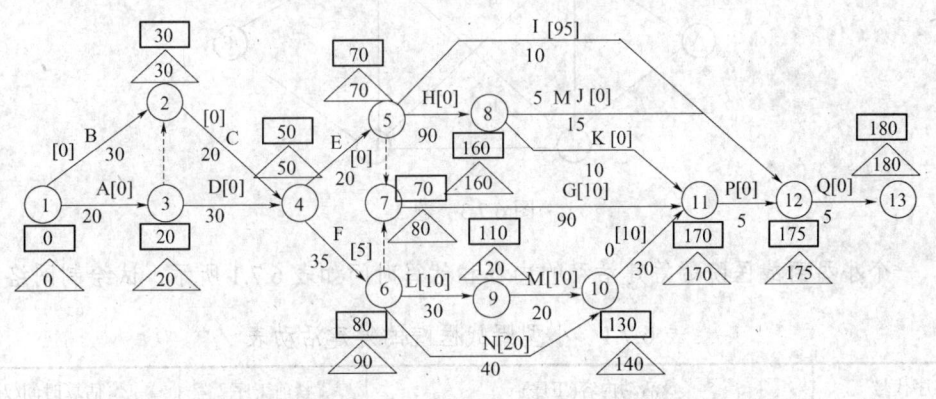

图 6.6.4　网络计划进行优化 2

设关键路线上除 Q 作业不能加快，其余作业时间都可缩短，将 B 作业缩短 10，C 作业缩短 10，H 作业缩短 30，J 作业缩短 5，经计算新的关键路线为①→②→④→⑤→⑧→⑫→⑬，①→②→④→⑤→⑧→⑪→⑫→⑬，①→③→④→⑤→⑧→⑫→⑬，①→③→④→⑤→⑧→⑪→⑫→⑬等多条，所有关键作业的持续时间之和 D(A)=180=3h，满足上级要求的时限。此外，指挥员还可以根据网络图合理调配人力资源来加快关键作业的进度，从而确保任务的完成。

3. 小结

战场情况复杂，战机稍纵即逝，利用网络计划技术对战斗准备计划进行详细分析，通过运用平均加快法对关键路线上各作业持续时间的计算，找出缩短战斗准备完成时间的解决办法，对作战计划的拟定、改善具有重要的现实意义。

6.7　思　考　题

1. 用两种方法求如图 6.7.1 所示的最小树。
2. 用 D 氏标号法求出图 6.7.2 中 V_1 至其他点的最短路程。

图 6.7.1　题 1　　　　　　　　　　　图 6.7.2　题 2

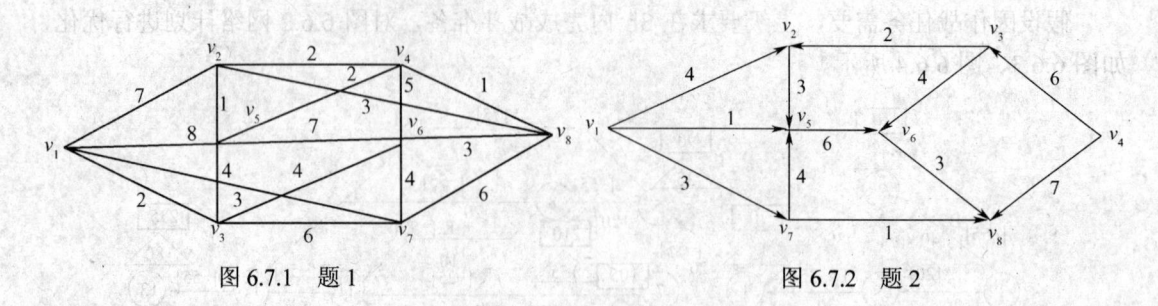

3. 已知有 6 个基地，相互间道路的距离如图 6.7.3 所示。拟建一座仓库，已知 A 处物资供应量为 50 吨，B 处 40 吨，C 处 60 吨，D 处 20 吨，E 处 70 吨，F 处 90 吨，问仓库应建在哪个基地，物资供应最便捷(总的运输费用最低)？

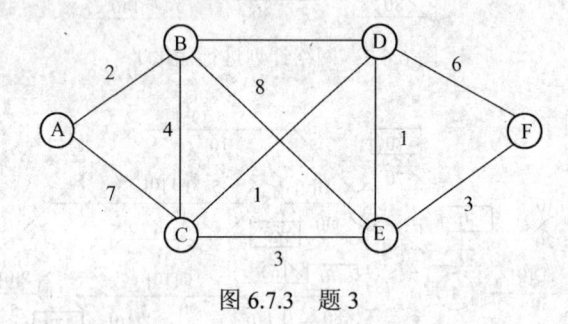

图 6.7.3　题 3

4. 一个小型野战医院的筹建活动的内容和估算时间如表 6.7.1 所示，试绘制网络图。

表 6.7.1　小型野战医院的筹建活动表

工序代号	活动内容(工序)	紧前工序	估算时间/天
A	购买建材		10
B	购买医疗设备		3
C	招聘医务人员		1
D	选择和确定医院位置		2
E	呈报和领取开始建造	D	7
F	医院现在位置的清理	E	3
G	修盖医院	A、F	5
H	安装公用设施	G	4
I	安置医疗设备	B、H	4
J	修饰内部	B、H	3
K	病房等的布置	I、J	6
L	外部装饰	G	3
M	训练人员	C、I	4
N	演习和准备开始接收病员	K、L	7

5. 已知下列资料(表 6.7.2):

表 6.7.2 工程费用表

工序代号	作业时间	紧前工序	正常完成进度的直接费用/百元	赶进度一天所需费用/百元
A	4		20	5
B	8		30	4
C	6	B	15	3
D	3	A	5	2
E	5	A	18	4
F	7	A	40	7
G	4	B、D	10	3
H	3	E、F、G	15	6
合计			153	
工程的间接费用			5(百元/天)	

(1) 绘制网络图,计算所有时间参数,并标出关键路径。

(2) 若每道工序均可赶工 2 天,求出该项工程的最低成本日程。

6. 某工程由 A,B,…,I 9 道工序组成,其前后关系和工序时间估计值如表 6.7.3 所示,请绘出该工程的计划网络图,求出工期不迟于 50 天的概率,以及比期望工期(50 天)提前 4 天的概率。若要求完工概率为 98%,问应规定工期为多少天?

表 6.7.3 工期表

工序代号	先行工序	乐观时间	最可能时间	悲观时间
A	—	2	5	8
B	A	6	9	12
C	A	6	7	8
D	B,C	1	4	7
E	A	8	8	8
F	D,E	5	14	17
G	C	3	12	21
H	F,G	3	6	9
I	H	5	8	11

第7章 系统决策

在系统评价一节，我们介绍过：由系统分析所得到的各种系统方案，经过系统分析建立模型及优化后，还需要对其进行评价和决策，以便选择工程开发的最优方案、策略和规划付诸实施。系统的评价和决策是紧密联系的，没有正确的评价就不可能有正确的决策。系统决策是建立在系统工程基础上的一种科学决策，它是由系统工程人员辅助领导做出的，是关系到工程开发的前途和命运的一个决定性程序，是系统工程程序中最重要的一个环节。西方现代管理学派中以西蒙(Herbert A.Simon)、马奇(James G.March)为代表的决策理论学派认为：决策贯穿于管理的全过程，管理就是决策。由于决策问题很重要又难于掌握，在这一章将对某些问题做些深入研究，并侧重于介绍一些常用的决策方法。一些新的算法如遗传算法、神经网络也可应用在系统决策中，限于篇幅，这里就不作介绍。

7.1 系统决策概述

决策是决定策略的简称，决策是一个在各种层次上被广泛运用的概念，对于决策这一概念也有多种描述。狭义的表述认为决策是选择方案的活动，是领导的行为；广义的表述认为决策是一个提出问题、研究问题、拟定方案、选择方案并实施方案的全过程。

我们将系统决策定义如下：在一定条件下，根据系统的状态，在系统可采取的各种方案中，根据目标选择最优方案并予以实施的过程，由决策者、决策目标、决策方案和决策环境等要素构成。决策过程，集中体现了人们在对客观事物全面而又本质的认识基础上所表现出的准备驾驭事物发展的思维能力。军事系统工程中决策的含义很广泛，可以是大的战略决策，可以是小的战役战术性决策，也可以是战术原则提法的决策和具体工作方法步骤上的决策。

7.1.1 系统决策的特点

系统决策有以下几个特点：

1. 系统决策多数是多目标决策

系统工程所要实现的总目标常常是由许多目标因素组成的一个目标集合，例如，开发一种新型武器系统，性能、费用、可靠性、时间性、适应性都是要有一定要求的，这些要求不但不可能用统一的量来表示，而且它们之中有些还是互相矛盾和冲突的。系统决策必须采用多目标决策方法。

2. 系统决策必须采用经验决策与数量决策相结合的方法

决策在经历了古代的经验决策和现代的数量决策之后，目前正进入经验决策与数量决策相结合的决策阶段。系统决策已经从一门单纯凭个人经验和能力的运筹艺术，发展为运用数学方法和计算机技术，并充分发挥人在决策中的创造性作用的科学决策，使决策达到程序化、最优化，从而大大地提高了决策的准确性。

3. 系统决策是战略决策，必须符合于动态反馈原则

系统决策要体现出系统变化和发展的规律性，就必须对系统的内部结构、系统与外部环境的相互关系的时序变化进行充分的分析研究。既要考虑政治、军事、经济、科学技术的长远发展趋势，又要分析随机干扰因素的影响。因为预测长期的发展趋势，是制定战略决策的前提。另外，由于人力、物力、财力的变化和影响，以及天灾人祸等突然事件的发生，往往使预定的规划偏离设计的轨道，这时，一方面利用反馈信息，尽可能地抑制随机干扰因素；另一方面在决策时应考虑随机干扰因素，对选定的决策方案取一个动态修正系数，把"偏离"控制在决策的允许范围内。

7.1.2 系统决策的程序

我们这里所讨论的系统决策是指为了实现一个特定系统目标，运用系统工程方法对决策的诸因素进行分析，对若干个可行方案进行分析和评价，对比各方案的优劣，并从中选择出最佳方案来作出决定。系统决策的过程如图 7.1.1 所示。

7.1.3 系统决策问题及其分类

1. 系统决策问题必须具备的条件

下面，我们通过一个简单的例子，分析一下构成一个决策问题必须具备哪些基本条件。

【例 7.1.1】某工程部队准备承建一项码头建设工程，需要决定下个月是否开工。如果天气好，工程能顺利进行，就可盈利 60000 元；如果开工后天气不好，接连下雨，施工困难，工程部队将损失 10000 元。如果不开工，则无论天气好坏，都需消耗 1000 元。面对这种情况工程部队领导应如何决策，以争取获得最大可能的效益？

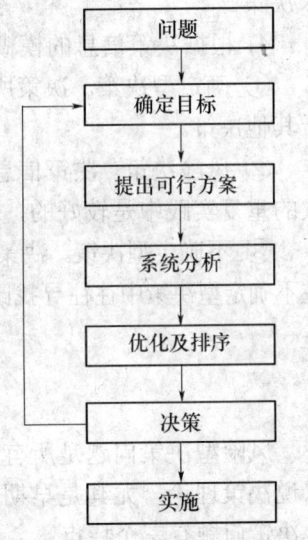

图 7.1.1 系统决策的过程

在此，天气好和天气坏被称为自然状态，人们可能采取两种行动方案，即开工或不开工。在不同自然状态下的损失，可以看成是负的收益，这里的问题是要达到收益最大的目标，当然有时以损失最小为目标。收益和损失可以定量地表示出来，正值表示收益，负值表示损失。本问题的损益情况如表 7.1.1 所示。

表 7.1.1 两种方案损益情况

自然状态	行动方案	
	开工	不开工
天气好	60000 元	-1000 元
天气坏	-10000 元	-1000 元

从例 7.1.1 可以看出，构成一个决策问题必须具备以下几个条件：
(1) 存在试图达到的明确目标。
(2) 存在不以决策者主观意志为转移的两种以上的自然状态。

(3) 存在两个或两个以上的行动方案。
(4) 不同行动方案在不同自然状态下的损益值可以计算出来。

2. 系统决策问题分类

从不同的角度来分析决策问题,可以得出不同的分类:

1) 按决策对象分类

如果决策者为一方,社会和自然界的各种情况为一方,则称为一般决策问题;若决策者的对方也是人,双方都希望得到好的结局,都要考虑对方任何决策,从而选择自己应变的策略,这类带有竞争性质的决策称为对策。

2) 按目标分类

仅有一个目标的问题,称为单目标决策;具有两个或更多目标的问题,称为多目标决策。

3) 按决策的层次分类

对全局性、长远性问题的决策称为战略决策,对局部性、暂时性问题的决策称为战术决策。

4) 根据决策信息的模糊程度来分类

① 确定型决策。决策所需的信息,决策条件是确定的,可以选择一个最佳决策,结果优于其他决策。

② 风险决策。决策信息中有已知分布的随机变量,由于随机因素的影响,最佳决策在多次的重复实践中是较好的,但在一次实践中可能有风险。

③ 不确定型决策。决策信息中有未知信息,因此无法准确预言此决策肯定优于其他决策。在不确定型决策中往往寻找比较稳妥的决策,亦即保守决策,或满意决策,不一定追求最佳决策。

7.2 风险型决策方法

风险型决策问题是所有决策问题中最重要的一类,也是决策理论最核心的内容之一。可以说决策理论,尤其是早期的经典决策理论,是围绕风险型决策问题的求解而发展起来的。该决策问题有三个特点:

(1) 决策人面临选择,需在具有多个备选方案的条件下进行决策。
(2) 自然状态存在不确定性,由于自然状态的不确定性导致后果不确定。
(3) 后果的价值待定。

风险型决策所依据的标准主要是期望值标准。每个方案的损益期望值可表示为:

$$V_i = \sum_{j=1}^{m} V_{ij} P_i(S_j) \tag{7.2.1}$$

其中:V_i 为第 i 个方案的损益期望值;V_{ij} 为第 i 个方案在自然状态 S_j 下的损益值;P_j 为自然状态 S_j 出现的概率。

期望值标准是指计算出每个方案的收益或损失的期望值,并以该期望值为标准,选择收益最大或损失最小的行动方案为最优方案。

以期望值为标准的风险型决策方法一般有三种,即决策表法、决策矩阵法和决策树法。

7.2.1 决策表法

决策表法是分别计算出方案在不同自然状态下的损益期望值,并列成表,然后从中选择收益期望值最大或损失期望值最小的方案作为最优方案。

【例 7.2.1】 某军工厂欲制定某产品八月份生产计划，该厂是按批生产该产品并按批销售，每件产品的成本为 30 元，批发价格为每件 35 元。若每月生产的产品当月销售不完，则每件损失 1 元。工厂每投产一批是 10 件，最大月生产能力是 40 件，决策者可选择的生产方案为 0、10、20、30、40 件 5 种。今年市场对产品的需求情况不清楚，但有前 20 年同期销售记录，如表 7.2.1 所示。问今年如何安排八月份的生产计划？

解： 先根据前 20 年的数据，确定不同月销售量(自然状态)出现的概率值，见表 7.2.2。

表 7.2.1 前 20 年同期销售记录

	月销售量/件	完成销售量的年数
生产方案	0	1
	10	4
	20	8
	30	5
	40	2
合计	—	20

表 7.2.2 不同月销售量出现的概率值

	月销售量/件	概 率 值
生产方案	0	1/20=0.05
	10	4/20=0.2
	20	8/20=0.4
	30	5/20=0.25
	40	2/20=0.1
合计	—	1.0

再根据每月可能的销售量，计算不同生产方案(行动方案)的收益值(利润)，并列成决策表如表 7.2.3 所示。

表 7.2.3 例 7.2.1 决策表

利润/元 方案 \ 销售状态 概率	0 件 0.05	10 件 0.2	20 件 0.4	30 件 0.25	40 件 0.1	期望利润值/元
0 件	0	0	0	0	0	0
10 件	−10	50	50	50	50	47
20 件	−20	40	100	100	100	82
30 件	−30	30	90	150	150	93
40 件	−40	20	80	140	200	89

最后按式(7.2.1)计算每个生产方案的期望利润值。如 40 件月生产量的生产方案的期望利润值为：

$$-40 \times 0.05 + 20 \times 0.2 + 80 \times 0.4 + 140 \times 0.25 + 200 \times 0.1 = 89 (元)$$

其余方案的期望利润值计算方法同上，结果列于表 7.2.3 的最后一列。其中以月生产 30 件的生产方案的期望利润值为最大，应选为最优方案。

由于上述期望利润值是不同方案在各种不同自然状态下利润值的概率加权平均，因此，这种最优决策在需要多次重复决策的情况下最为合理，而在考虑某次执行效果时，它不一定是最优策略。

7.2.2 决策矩阵法

如果备选行动方案和自然状态都比较多，那么可以用决策矩阵法进行决策。

设有 m 个选择方案 $A_1, A_2, \cdots, A_m$，写成集合为 $\boldsymbol{A} = \{A_1, A_2, \cdots, A_m\}$ 称为方案向量。

有 n 个自然状态 $S_1, S_2, \cdots, S_n$，写成集合为 $\boldsymbol{S} = \{S_1, S_2, \cdots, S_n\}$ 称为状态向量。

每个自然状态发生的概率分别为 $P(S_1), P(S_2), \cdots, P(S_n)$，写成集合为 $\boldsymbol{P} = [P(S_1), P(S_2), \cdots, P(S_n)]$，称为状态概率矩阵。

由概率论知

$$\sum_{j=1}^{n} P(S_j) = 1 \tag{7.2.2}$$

设 a_{ij} 是第 i 个行动方案在自然状态 S_j 下所取得的损益值，即 $a_{ij} = a(A_i, S_j)$。

可写出一般决策表如表 7.2.4 所示。

表 7.2.4 一般决策表

损益矩阵 方案	状态 状态概率	S_1 S_2 $\cdots$ S_j $\cdots$ S_n $P(S_1) P(S_2) \cdots P(S_j) \cdots P(S_n)$	损益期望值 $E(A)$
	A_1	$a_{11}\ a_{12}\ \cdots\ a_{1j}\ \cdots\ a_{1n}$	$E(A_1)$
	A_2	$a_{21}\ a_{22}\ \cdots\ a_{2j}\ \cdots\ a_{2n}$	$E(A_2)$
	$\vdots$	$\vdots\ \ \vdots\ \ \ \ \ \vdots\ \ \ \ \ \vdots$	$\vdots$
	A_i	$a_{i1}\ a_{i2}\ \cdots\ a_{ij}\ \cdots\ a_{in}$	$E(A_i)$
	$\vdots$	$\vdots\ \ \vdots\ \ \ \ \ \vdots\ \ \ \ \ \vdots$	$\vdots$
	A_m	$a_{m1}\ a_{m2}\ \cdots\ a_{mj}\ \cdots\ a_{mn}$	$E(A_m)$
决 策		$A_r = \max_A [E(A)]$ 或 $A_s = \max_A [E(A)]$	

根据前面的分析，显然有：

$$E(A_i) = a_{i1}P(S_1) + a_{i2}P(S_2) + \cdots + a_{ij}P(S_j) + \cdots + a_{in}P(S_n) = \sum_{j=1}^{n} a_{ij}P(S_j)$$

简单写成：

$$E(A_i) = \sum_{j=1}^{n} P_j a_{ij} \tag{7.2.3}$$

用 $\boldsymbol{B}$ 表示损益值矩阵(又称风险矩阵)，有

$$\boldsymbol{B} = \begin{bmatrix} a_{11} & a_{12} & \cdots & a_{1n} \\ a_{21} & a_{22} & \cdots & a_{2n} \\ & & \vdots & \\ a_{i1} & a_{i2} & \cdots & a_{in} \\ & & \vdots & \\ a_{m1} & a_{m2} & \cdots & a_{mn} \end{bmatrix}$$

把期望值写成一个列矩阵

$$E(A) = \begin{bmatrix} E(A_1) \\ E(A_2) \\ \vdots \\ E(A_i) \\ \vdots \\ E(A_m) \end{bmatrix}$$

把概率向量 $P = [P_1(S_1), P_2(S_2), \cdots, P_j(S_j), \cdots, P_n(S_n)]$ 转置写成列矩阵

$$P^T = \begin{bmatrix} P_1(S_1) \\ P_2(S_2) \\ \vdots \\ P_j(S_j) \\ \vdots \\ P_n(S_n) \end{bmatrix}$$

显然有

$$BP^T = \begin{bmatrix} a_{11} & a_{12} \cdots a_{1j} \cdots a_{1n} \\ a_{21} & a_{22} \cdots a_{2j} \cdots a_{2n} \\ & \vdots \\ a_{i1} & a_{i2} \cdots a_{ij} \cdots a_{in} \\ & \vdots \\ a_{m1} & a_{m2} \cdots a_{mj} \cdots a_{mn} \end{bmatrix} \cdot \begin{bmatrix} P_1(S_1) \\ P_2(S_2) \\ \vdots \\ P_j(S_j) \\ \vdots \\ P_n(S_n) \end{bmatrix} = \begin{bmatrix} \sum_{j=1}^{n} P_j(S_j) a_{1j} \\ \sum_{j=1}^{n} P_j(S_j) a_{2j} \\ \vdots \\ \sum_{j=1}^{n} P_j(S_j) a_{ij} \\ \vdots \\ \sum_{j=1}^{n} P_j(S_j) a_{mj} \end{bmatrix} = \begin{bmatrix} E(A_1) \\ E(A_2) \\ \vdots \\ E(A_i) \\ \vdots \\ E(A_m) \end{bmatrix} = E(A)$$

所以

$$BP^T = E(A)$$

B 矩阵为 m 行 n 列，P 矩阵为 n 行 1 列，则 $E(A)$ 矩阵为 m 行 1 列。

进行决策时：

若是希望收益最大，则在期望值的列矩阵中找最大的元素所在的方案便是决策方案，即

$$A_r = \max_A [E(A)]$$

若是希望损失最小，则在期望值的列矩阵中找最小的元素所对应的方案便是决策方案，即

$$A_s = \min_A [E(A)]$$

需要指出的是，在前面第一种情形(希望收益最大)时，如果出现的最大期望值多于一个，即有两个或两个以上，就会产生究竟选哪一个对应的方案的问题。此时可以再比较一个指标，叫做期望值与下界差，即每个方案的期望值与效益值的下界差记作：

$$D(A_i) = E(A_i) - \min(a_{ij}) \tag{7.2.4}$$

即在决策中如果两个方案的 $E(A_i)$ 相同时,则可以这样处理:若 $D(A_i)$ 不同,则选取 $D(A_i)$ 中等的为好;若 $D(A_i)$ 相同,则任选一个方案均可。

【例 7.2.2】红军步兵部队可能在平原、有隐蔽地物的开阔地、丘陵及水网地带与蓝军坦克部队遭遇,遭遇的可能概率分别为 0.1,0.4,0.2,0.3。遭遇时红军使用的武器可能有 5 种组合:

A_1——磁性手雷、火箭筒、无坐力炮;
A_2——磁性手雷、火箭筒、无坐力炮、加农炮;
A_3——磁性手雷、火箭筒、无坐力炮、反坦克导弹;
A_4——磁性手雷、火箭筒、无坐力炮、加农炮、反坦克导弹;
A_5——磁性手雷、火箭筒、无坐力炮、反坦克导弹、坦克。

其损益值在表 7.2.5 中给出,试确定最佳武器运用方案。

表 7.2.5 各方案损益值

方案 \ 状态 概率	S_1 0.1	S_2 0.4	S_3 0.2	S_4 0.3	方案损益期望值	$D(A_i)$
A_1	0.2	0.3	0.3	0.1	0.23	0.13
A_2	0.3	0.4	0.5	0.2	0.35	0.15
A_3	0.5	0.7	0.7	0.3	0.56	0.26
A_4	0.55	0.75	0.9	0.35	0.64	0.29
A_5	0.6	0.8	0.7	0.4	0.64	0.24

矩阵 B 为

$$B = \begin{bmatrix} 0.2 & 0.3 & 0.3 & 0.1 \\ 0.3 & 0.4 & 0.5 & 0.2 \\ 0.5 & 0.7 & 0.7 & 0.3 \\ 0.55 & 0.75 & 0.9 & 0.35 \\ 0.6 & 0.8 & 0.7 & 0.4 \end{bmatrix}$$

概率矩阵 P 为

$$P = (0.1 \quad 0.4 \quad 0.2 \quad 0.3), \quad P^{\mathrm{T}} = \begin{bmatrix} 0.1 \\ 0.4 \\ 0.2 \\ 0.3 \end{bmatrix}$$

$$E(A) = BP^{\mathrm{T}} = \begin{bmatrix} 0.2 & 0.3 & 0.3 & 0.1 \\ 0.3 & 0.4 & 0.5 & 0.2 \\ 0.5 & 0.7 & 0.7 & 0.3 \\ 0.55 & 0.75 & 0.9 & 0.35 \\ 0.6 & 0.8 & 0.7 & 0.4 \end{bmatrix} \cdot \begin{bmatrix} 0.1 \\ 0.4 \\ 0.2 \\ 0.3 \end{bmatrix} = \begin{bmatrix} 0.23 \\ 0.35 \\ 0.56 \\ 0.64 \\ 0.64 \end{bmatrix}$$

$$\max_A[E(A)] = \max(0.23, 0.35, 0.56, 0.64, 0.64) = 0.64$$

此时有两个 0.64，所以要计算期望值与下界差。

$$D(A_1) = 0.23 - 0.1 = 0.13$$
$$D(A_2) = 0.35 - 0.2 = 0.15$$
$$D(A_3) = 0.56 - 0.3 = 0.26$$
$$D(A_4) = 0.64 - 0.35 = 0.29$$
$$D(A_5) = 0.64 - 0.4 = 0.24$$

所以选取方案 A_5 为最好。

采用矩阵决策方法的优点是：

(1) 此法把决策问题化成了两个矩阵相乘，最后得到一个矩阵(列矩阵或行矩阵)，从中找出最大或最小元素，这样就为利用计算机进行决策创造了有条件。

(2) 对于特别复杂、计算量特别大的决策问题，它比下面要讲到的决策树法优越。

7.2.3 决策树法

决策树法是风险型决策中常用的方法，它不仅可以处理单阶段决策问题，而且还可以处理决策表和决策矩阵无法表达的多阶段决策问题。

1．决策树

决策树是一种形象的说法，如图 7.2.1 所示，它所伸出的线条像大树的树干，整个图形像棵树。

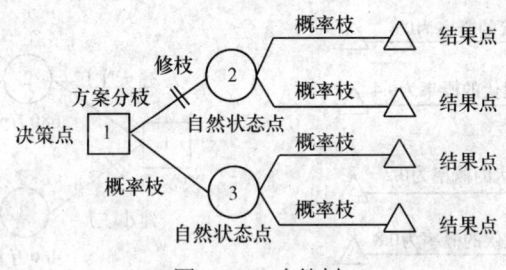

图 7.2.1 决策树

图 7.2.1 的方块叫决策点，由决策点画出若干线条，每条线代表一个方案，叫做方案分枝。方案分枝的末端画个圆圈，叫做自然状态点。从它引出的线条代表不同的自然状态，叫概率枝。在概率枝的末端画个三角，叫做结果点。在结果点旁，一般列出不同自然状态下的收益值或损失值。

应用决策树来作决策的过程，是从右向左逐步后退进行分析。根据右端的损益值和概率枝的概率，计算出期望值的大小，确定方案的期望结果。然后根据不同方案的期望结果作出选择。方案的舍弃叫做修枝，被舍弃的方案用在方案枝上做"≠"的记号来表示(即修剪的意思)。最后在决策点留下一条树枝，即为最优方案。

决策树不仅能表示出不同的决策方案在不同自然状态下的结果，而且能显示出决策的过程，思路清晰，是辅助决策者进行决策的有用工具。

2．决策树的单阶段决策

当所要决策的问题，只需要进行一次决策就可解决，叫做单阶段决策问题。如果问题比较复杂,不是一次决策就能解决,而要进行一系列的决策才能解决,就叫做多阶段决策问题。

【例 7.2.3】某海军陆战队接到上级命令,要求用最短的时间由甲阵地赶到乙阵地。可供选择的行军路线有两条:A 与 B,这两条路线均可能遭遇敌埋伏。A 条路线遭遇敌埋伏的概率为 0.6,若遭遇敌埋伏,则行军时间为 7h;如果没遭遇敌埋伏,则行军时间为 3h。B 条路线遭遇敌埋伏的概率为 0.3,若遭遇敌埋伏,则行军时间为 10h;如果没遭遇敌埋伏,则行军时间为 5h。各种情况下的所有数据可用树形结构直观地表示出来,如图 7.2.2 所示。试问指挥员应如何选择行军路线才能使得在最短的时间里由甲阵地赶到乙阵地?

解:根据题设,将各条行军路线的时间期望值计算出来,一并画成决策树,如图 7.2.2 所示。对各个方案结点上的期望值加以比较,选取最小的行军路线时间期望值 5.4,其对应的路线 A 就是时间最短的最优行军路线。

【例 7.2.4】为了适应战争的需要,某工厂提出了扩大通信设备生产的两个方案。一个方案是建设大工厂,另一个方案是建设小工厂,两者的使用期都是 10 年。建设大工厂需要投资 600 万元,建设小工厂需要投资 280 万元,两个方案的每年损益值(以万元为单位)及自然状态的概率见表 7.2.6。试应用决策树评选出合理的决策方案。

表 7.2.6 例 7.2.4 每年损益值(万元)及自然状态的概率

概率	自然状态	建大工厂年收益	建小工厂年收益
0.7	销路好	200	80
0.3	销路差	−40	60

解:画出本问题的决策树,如图 7.2.3。计算各点的期望值:

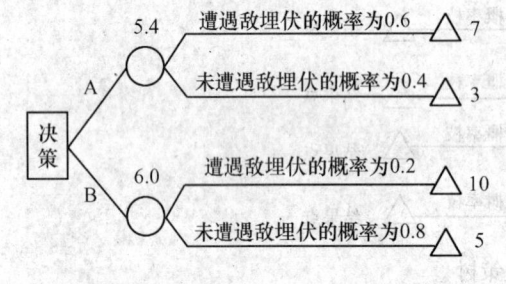

图 7.2.2 例 7.2.3 行军路线决策树

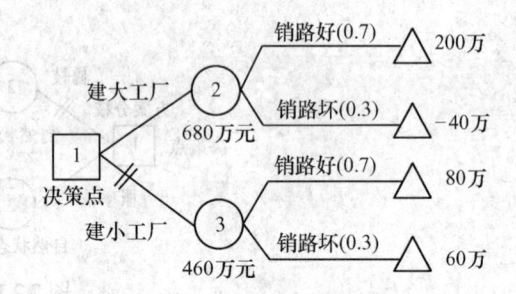

图 7.2.3 例 7.2.4 的决策树

点②: $0.7 \times 200 \times 10 + 0.3 \times (-40) \times 10 - 600(投资) = 680$ 万元

点③: $0.7 \times 80 \times 10 + 0.3 \times 60 \times 10 - 280(投资) = 460$ 万元

由此可知,合理的决策方案是建大工厂。

设 p^* 为建大厂的概率,$1-p^*$ 为建小厂的概率。当这两个方案的期望值相等时,即

$$200 \times 10 p^* - 40 \times 10(1-p^*) - 600 = 80 \times 10 \times p^* + 60 \times 10(1-p^*) - 280$$

解得:

$$p^* = 0.6$$

称 p^* 为转折概率,即当 $p^* > 0.6$ 时,建大厂是最优方案;当 $p^* < 0.6$ 时,建小厂是最优方案。

转折概率的计算问题又称为灵敏度分析,通常决策过程中所预测的自然状态的概率及计算的损益值,都不会十分精确,因此,往往需要对这些数据的变动是否会影响最优方案的选择进行进一步的深入研究，即分析为决策所用的这些数据可在多大范围内变动，其转折点在哪里？原决策方案在什么情况下继续有效？等等。

【例 7.2.5】 仍以例 7.1.1 的工程是否开工为例。自然状态的概率可能会有变化，如果天气好的概率从 0.2 变到 0.1，天气坏的概率从 0.8 变到 0.9，而其他条件不变，即开工后若遇上好天气并按期完工的收益仍为 60000 元，开工后天气不好，同样损失 10000 元，不开工需支付窝工费 1000 元，方案选择有何变化呢？

此时，各点的损益值(元)分别为：

开工：

$$E_1 = 0.1 \times 60000 + 0.9 \times (-10000) = -3000$$

不开工：

$$E_2 = 0.1 \times (-10000) + 0.9 \times (-10000) = -1000$$

计算结果表明，选择不开工较为合理。

那么自然状态的概率变化为多大时，会导致最优方案的变化呢？我们称导致最优方案变化的自然状态的概率为转折概率，计算方法如下：

在上例中，以 p 代表天气好的概率，则 $1-p$ 代表天气坏的概率，计算开工和不开工两个方案的损益期望值，并令两者相等可得：

$$p \times 60000 + (1-p) \times (-10000) = p \times (-1000) + (1-p) \times (-1000)$$

即

$$70000p = 9000$$

解得

$$p = 0.13$$

则转折概率 $p^* = 0.13$。即当 $p > 0.13$ 时，开工方案比较合理；当 $p < 0.13$ 时，不工工比较好。

3. 决策树的多阶段决策

在决策活动中，经常遇到这样一类问题，它可以划分为一系列相关联的阶段，在每个阶段都需要做出决策，并且上一个阶段的决策将会影响下一个阶段的决策，从而影响整个过程的活动路线。

所以每个阶段最优决策的选取不能仅考虑当前阶段所取得的效果如何，还必须把整个过程中的各个阶段联系起来考虑，使得各阶段所选取的决策的全体，能使整个过程的总效果最大。这类问题称作多阶段决策问题。多阶段决策问题的求解过程是一个连续的递推过程，由后向前逐步推算。

下面用两个两阶段决策问题的例子来说明决策树法在多阶段决策中的运用。

【例 7.2.6】 在例 7.2.4 中如果增加一个考虑方案，即先建设小工厂，如销路好，三年以后扩建。根据计算，扩建需要投资 400 万元，可使用 7 年，每年盈利 190 万元。那么这个方案与前两个方案比较，优劣如何？(为简单起见，假设销路的好坏保持不变)

解：这个问题可以分为前三年和后七年两期来考虑。画出决策树如图 7.2.4，各点的期望利润值计算如下：

点②：$0.7 \times 200 \times 10 + 0.3 \times (-40) \times 10 - 600 = 680$ 万元

点⑤：$1.0 \times 190 \times 7 - 400 = 930$ 万元

点⑥：$1.0 \times 80 \times 7 = 560$ 万元

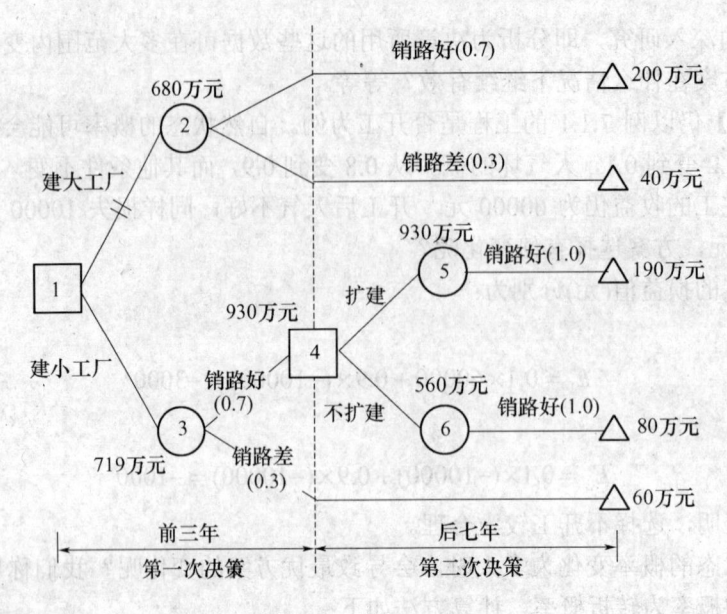

```
                          销路好(0.7)
              680万元 ┌─────────── △ 200万元
                  ②
                   └─────────── △ 40万元
        建大工厂       销路差(0.3)

                              930万元   销路好(1.0)
                          ⑤ ─────────── △ 190万元
    ┌─┐           930万元  扩建
    │1│─────────── ┌─┐
    └─┘            │4│
        建小工厂    └─┘ 不扩建
                          560万元   销路好(1.0)
               销路好      ⑥ ─────────── △ 80万元
                (0.7)
              ③
                                        △ 60万元
         719万元  销路差
                 (0.3)

         ├─── 前三年 ───┤├─── 后七年 ───┤
         ├─ 第一次决策 ─┤├─ 第二次决策 ─┤
```

图 7.2.4　例 7.2.5 图

比较决策点 4 的情况可以看到，由于点⑤(930 万元)与点⑥(560 万元)相比，点⑤的期望利润值较大，因此应采用扩建的方案，而舍弃不扩建的方案。把点⑤的 930 万元移到点④来，可计算出点③的期望利润值：

点③：$0.7 \times 80 \times 3 + 0.7 \times 930 + 0.3 \times 60 \times (3+7) - 280 = 719$ 万元

最后比较决策点①的情况。由于点③(719 万元)与点②(680 万元)相比，点③的期望利润值较大，因此取点③而舍点②。这样，相比之下，建设大工厂的方案不是最优方案，合理策略应采用前三年建小工厂，如销路好，后七年进行扩建的方案。

若销路的好坏不是保持不变(更符合实际情况)，则决策树在状态点⑤、⑥还应各增加一个销路差的分枝。

再来看个例子。

【例 7.2.7】 某工厂提出了改进设备生产线的两个方案：A_1(引进生产线)和 A_2(自行设计生产线)，A_1 和 A_2 的成功率、产量变化(产量不变 B_1 和产量增加 B_2)相应的损益值(以万元为单位)及自然状态的概率见表 7.2.7。试应用决策树评选出合理的决策方案。

表 7.2.7　例 7.2.6 的损益值表(单位：万元)

损益值	状态(价格)	跌价	原价	涨价
方案	概率	0.1	0.5	0.4
按原有工艺生产		−100	0	125
引进生产线 A_1	产量不变 B_1	−250	80	200
(成功率 0.8)	产量增加 B_2	−400	100	300
自行设计生产线 A_2	产量不变 B_1	−250	0	250
(成功率 0.6)	产量增加 B_2	−350	−250	650

解：这个问题的决策树如图 7.2.5 所示。合理策略应采用方案 A_1(引进生产线)且增加产量 B_2。

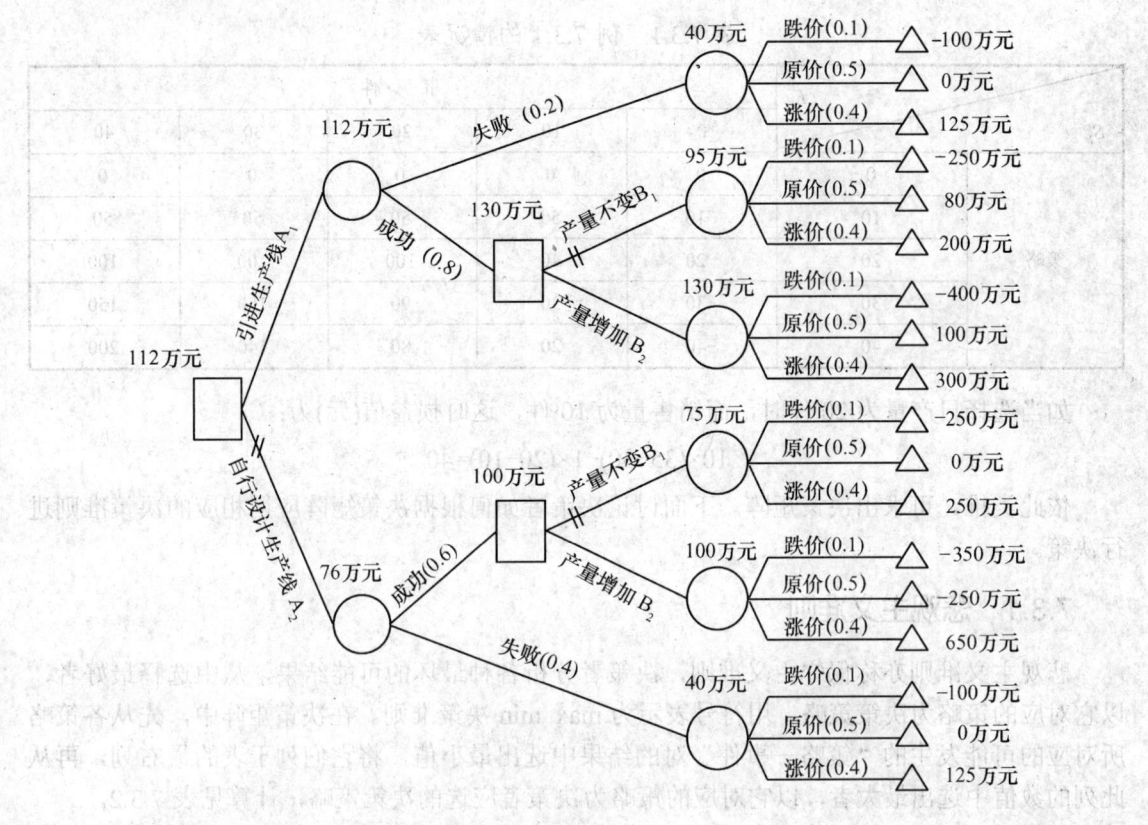

图 7.2.5　例 7.2.6 的多级决策树及分析计算

7.3　不确定型决策

在决策评价时，只能估计到各种备选方案可能出现的状态，不能确知其出现的概率值时，决策问题属于不确定情况下的决策。在重大开发性科研工作中，常常遇到这类决策问题，这类问题决策的难点在于决策的条件具有不确定性，决策的后果难以预测；通常是多目标决策问题，而且有的目标难以量化。决策的成败主要取决于决策者的素质和辅助决策分析的质量。

在决策过程中，大多数情况下，决策者并不能掌握全部信息，影响决策的部分信息可能是缺失的，在这种条件下进行决策就需要对不确定型决策方法进行研究。所谓不确定型决策是指决策者对环境情况一无所知，不能确定自然状态发生的概率，此时，全凭决策者自己的主观倾向进行决策，根据决策者的主观态度不同，可分为 5 种准则：悲观主义准则、乐观主义准则、等可能性准则、最小遗憾准则、折中主义准则。下面用例子分别说明。

【例 7.3.1】条件同例 7.2.1，但假设决策者对其产品的需求情况一无所知，无法确定不同销售量出现的概率。试问这时决策者应如何决策？

这个问题可用决策矩阵来描述。决策者可选的行动方案有 5 种，记作策略集合 $\{S_i\}, i=1,2,\cdots,5$，经分析可断定将发生 5 种销售情况，即销售量为 0，10，20，30，40，但不知它们发生的概率，记作事件集合 $\{E_j\}, j=1,2,\cdots,5$。计算出每个"策略—事件"对的损益值，

记作 a_{ij}。将这些数据汇总在矩阵中,见表 7.3.1。

表 7.3.1 例 7.3.1 的情况表

S_i \ E_j		事件				
		0	10	20	30	40
策略	0	0	0	0	0	0
	10	-10	50	50	50	50
	20	-20	40	100	100	100
	30	-30	30	90	150	150
	40	-40	20	80	140	200

如当选择日产量为 20 件时,而销售量为 10 件,这时损益值(元)为:
$$10×(35-30)-1×(20-10)=40$$

依此类推,可求出决策矩阵。下面讨论决策者如何根据决策矩阵应用相应的决策准则进行决策。

7.3.1 悲观主义准则

悲观主义准则亦称保守主义准则,决策者分析各种最坏的可能结果,从中选择最好者,以它对应的策略为决策策略。用符号表示为 max min 决策准则。在决策矩阵中,先从各策略所对应的可能发生的"策略—事件"对的结果中选出最小值,将它们列于表的最右列,再从此列的数值中选出最大者,以它对应的策略为决策者应选的决策策略,计算见表 7.3.2。

表 7.3.2 悲观主义准则决策

S_i \ E_j		事件					min
		0	10	20	30	40	
策略	0	0	0	0	0	0	0←max
	10	-10	50	50	50	50	-10
	20	-20	40	100	100	100	-20
	30	-30	30	90	150	150	-30
	40	-40	20	80	140	200	-40

上述计算用公式表示为:
$$S_k^* \to \max_i \min_j (a_{ij}) \tag{7.3.1}$$

对应策略为 S_1,即为决策者应选的策略。在这里是"什么也不生产",结论似乎很荒谬,实际中表示先看一看,以后再作决定。

7.3.2 乐观主义准则

持乐观主义(max max)准则的决策者对待风险的态度比较积极,决不放弃任何一个可获得最好结果的机会,以争取好中之好的乐观态度来选择决策策略,决策者在分析决策矩阵中各策略的"策略—事件"对的结果中选出最大值,记在表的最右列,再从该列数值中选出最大者，以它对应的策略为决策策略，见表 7.3.3。

表 7.3.3　乐观主义准则决策

S_i \ E_j	事件					max
	0	10	20	30	40	
策略 0	0	0	0	0	0	0
策略 10	−10	50	50	50	50	50
策略 20	−20	40	100	100	100	100
策略 30	−30	30	90	150	150	150
策略 40	−40	20	80	140	200	200←max

用公式表示为：

$$S_k^* \to \max_i \max_j (a_{ij}) \tag{7.3.2}$$

对应的策略为 S_5。

7.3.3　等可能准则

等可能性准则，又叫 Laplace 准则，是 19 世纪数学家 Laplace 提出的。他认为：当一个人面临着某事件的集合，在没有什么确切理由来说明这一事件比那一事件有更多发生机会时，只能认为各事件发生的机会是均等的。即每一事件发生的概率都是事件数的倒数。决策者计算各类决策的收益期望值，然后在所有这些期望值中选择最大者，以它对应的策略为决策策略，见表 7.3.4。

表 7.3.4　等可能准则决策

S_i \ E_j	事件					$E(S_i)=\sum_j P \cdot a_{ij}$
	0	10	20	30	40	
策略 0	0	0	0	0	0	0
策略 10	−10	50	50	50	50	38
策略 20	−20	40	100	100	100	64
策略 30	−30	30	90	150	150	78
策略 40	−40	20	80	140	200	80←max

上述计算所用公式为

$$S_k^* \to \max_i \{E(S_i)\} \tag{7.3.3}$$

对应的策略为 S_5。

7.3.4　最小遗憾准则

在诸多备选方案中，总会有一个方案相对效益最大，但是可能由于决策者的失误，实际上选取了其他方案，实际效益最大方案与中选方案效益之差称为遗憾值。最小遗憾准则的出发点是尽量避免将来出现最大遗憾值而后悔。

首先将决策矩阵中的各元素变换为每一"决策—事件"对的遗憾值(后悔值)。其含义是：当某一事件发生后，由于决策者没有选用收益最大的策略，而形成的损失值。若发生 k 事件

各策略的收益为 $a_{ik}(i=1,2,\cdots,5)$，其中最大者为 $a_{lk} \to \max_{i}(a_{ik})$，这时各策略的机会损失值为 $a'_{lk} = \{\max_{i}(a_{ik}) - a_{ik}\}$。

具体做法是：首先在备选方案的各种状态下找出最大效益值(参见表 7.3.1)，然后将此效益值减去各备选方案同一状态下的效益值得到表 7.3.5。从表 7.3.5 每一方案的最大遗憾值中选取获得最小遗憾值的备选方案为中选方案。

表 7.3.5 最小遗憾准则决策

S_j \ E_j	事件					max
	0	10	20	30	40	
策略 0	0	50	100	150	200	200
策略 10	10	0	50	100	150	150
策略 20	20	10	0	50	100	100
策略 30	30	20	10	0	50	50
策略 40	40	30	20	10	0	40←min

从所有最大遗憾值中选取最小值，它所对应的策略即为决策策略，用公式表示为：

$$S_k^* \to \min_{i} \max_{j} a'_{ij} \tag{7.3.4}$$

决策策略为 S_5。

7.3.5 折中主义准则

折中主义准则避免了用悲观主义(min max)准则或乐观主义(max max)准则来处理问题时的极端性，是这两种决策准则的综合。令 α 为乐观系数，且 $0 \leq \alpha \leq 1$，并用以下关系式表示：

$$H_i = \alpha a_{i\max} + (1-\alpha) a_{i\min} \tag{7.3.5}$$

$a_{i\max}, a_{i\min}$ 分别表示第 i 个策略可能得到的最大收益值与最小收益值，设 $\alpha = 1/3$，将计算得到的 H_i 值记在表 7.3.6 的右端。

表 7.3.6 折中主义准则决策

S_j \ E_j	事件					H_i
	0	10	20	30	40	
策略 0	0	0	0	0	0	0
策略 10	-10	50	50	50	50	10
策略 20	-20	40	100	100	100	20
策略 30	-30	30	90	150	150	30
策略 40	-40	20	80	140	200	40←max

然后选择

$$S_k^* \to \max_{i} \{H_i\} \tag{7.3.6}$$

本例的决策策略为 S_5。

由此可见，根据不同的法则，就会得到不同的最优方案。

在不确定型决策中是因人因地因时选择决策准则的,具有很大的主观性,但在实际中面临不确定型决策时,应首先设法获取有关各事件发生的信息,使不确定型决策问题转化为风险型决策。若实在没办法获取有关信息,则应根据具体情况,决定采取哪种决策准则。如对付灾害性事件(如洪水、地震等),则应估计到最不利的情况,使遭受损失最小。在其他场合也各有各的考虑,很难一致对待。

【例 7.3.2】侦察机在海上搜索,搜索方案有 4 种:A_1,A_2,A_3,A_4。可能出现的气象条件有 3 种:B_1(能见度大于 35km),B_2(能见度在 10~35km)和 B_3(能见度小于 10km)。可以估计出任一方案在任意气象条件下对目标的发现概率,如表 7.3.7 所示。试用上述 5 种准则确定使发现概率最大的搜索方案。

表 7.3.7 不同方案在不同气象条件下对目标的发现概率

发现概率		气象条件			最大发现概率
		B_1	B_2	B_3	
搜索方案	A_1	0.9	0.4	0.1	0.9
	A_2	0.7	0.5	0.4	0.7
	A_3	0.8	0.7	0.2	0.8
	A_4	0.5	0.5	0.5	0.5

解:根据表 7.3.7 可以计算得到表 7.3.8:

表 7.3.8 决策结果

发现概率		气象条件			乐观主义准则	悲观主义准则	等可能准则	折中主义准则 $\alpha = 0.8$
		B_1	B_2	B_3				
搜索方案	A_1	0.9	0.4	0.1	0.9	0.1	0.46	0.74
	A_2	0.7	0.5	0.4	0.7	0.4	0.53	0.64
	A_3	0.8	0.7	0.2	0.8	0.2	0.57	0.68
	A_4	0.5	0.5	0.5	0.5	0.5	0.5	0.50

所以采用乐观主义准则,A_1 是最优搜索方案,相应的最大发现概率为 0.9。
采用悲观主义准则,A_4 是最优搜索方案,相应的最大发现概率为 0.5。
采用折中准则,选取乐观系数 $\alpha = 0.8$,A_1 是最优搜索方案,相应的最大发现概率为 0.74。
采用等可能准则,A_3 是最优搜索方案,相应的最大发现概率为 0.57。
后悔值矩阵如表 7.3.9 所示,采用最小遗憾准则,A_2 是最优搜索方案。

表 7.3.9 后悔值矩阵

发现概率		气象条件			最大后悔值
		B_1	B_2	B_3	
搜索方案	A_1	0	0.3	0.4	0.4
	A_2	0.2	0.2	0.1	0.2
	A_3	0.1	0	0.3	0.3
	A_4	0.5	0.2	0	0.4

7.3.6 应用举例

目前国内外反潜鱼雷的制导方式主要有纯主动反潜自导鱼雷、被动反潜自导鱼雷、主被动联合制导反潜鱼雷、线导反潜鱼雷、尾流制导等几种。因此，可以确定反潜鱼雷制导方式的态势集合如下：θ_1——纯主动反潜自导鱼雷；θ_2——被动反潜自导鱼雷；θ_3——主被动联合制导反潜鱼雷；θ_4——线导反潜鱼雷。

1. 行动方案的确定

从目前国内外潜艇装备的水声对抗器材来看，其规避反潜鱼雷攻击的措施主要有以下几种，即：①采用战术机动来规避反潜鱼雷的攻击；②使用噪声干扰器+自航式诱饵；③使用自航式诱饵；④潜座海底；⑤气幕弹+自航式诱饵。

因此，潜艇可以选择的行动方案的集合可以确定为：a_1——驶离反潜自导鱼雷的捕捉带；a_2——高速甩脱反潜自导鱼雷的攻击；a_3——使用噪声干扰器+自航式诱饵；a_4——使用自航式诱饵；a_5——停车或减至微速规避；a_6——潜座海底；a_7——气幕弹+自航式诱饵；a_8——发射鱼雷干扰攻击舰引导线导鱼雷的攻击。

2. 效益表的确定

效益表是整个决策表的关键，效益表中的每个元素都是对某种制导方式的反潜鱼雷所采用的不同的战术措施后得到的规避成功概率。通过仿真分析，得到决策表 7.3.10。

表 7.3.10　反潜鱼雷的规避成功概率

效益 \ 行动方案	态势 θ_1	态势 θ_2	态势 θ_3	态势 θ_4
a_1	0.43	0.23	0.40	0
a_2	0.11	0.06	0.08	0
a_3	0.84	0.02	0.03	0.02
a_4	0.31	0.34	0.30	0.32
a_5	0.11	0.14	0.17	0.09
a_6	0.07	0.08	0.07	0.06
a_7	0.53	0.33	0.47	0.58
a_8	0	0	0	0.56

3. 最佳方案的确定

1) 确定型模型的决策

确定型模型的决策，即对每一种制导方式的反潜鱼雷攻击寻找一种最佳的规避方案。根据确定型模型的决策原则，对每种制导方式的反潜鱼雷攻击，找出潜艇规避其攻击的成功概率最大值。

从上面的决策表(表 7.3.10)中，我们可以看出，对每一种制导方式的反潜鱼雷的攻击，潜艇所采取行动方案的最佳效益值分别为 $p_{31}=0.84$，$p_{42}=0.34$，$p_{73}=0.47$，$p_{74}=0.58$，即确定型模型决策的结果分别对应为：对纯主动反潜自导鱼雷的攻击，宜使用噪声干扰器和自航式诱饵进行干扰；对被动反潜自导鱼雷的攻击，宜使用自航式诱饵进行干扰；对主被动联合制导的反潜鱼雷的攻击，宜使用气幕弹和自航式诱饵进行干扰；对线导鱼雷的攻击，宜使用气幕弹和自航式诱饵进行干扰。

2) 不确定型模型的决策

在实际的海战中，由于受到水文条件的影响和己方潜艇探测器材性能的限制，对来袭的反潜鱼雷可能不清楚它的制导方式，在这种情况下潜艇如何进行决策？这就需要应用不确定型模型的决策原则。在此，我们采用最大期望效益准则进行决策。

假如我们不能确定各种制导方式的反潜鱼雷出现的概率，可以假定它们是等可能出现的，即出现的概率分别为 0.25。这样，决策者就可以在此概率条件下选择期望效益最大的策略。期望效益值可以由下面的公式计算：

$$E_{ai} = \left[\sum_{j=1}^{n} p(a_i, \theta_j)\right]/n \qquad (n=4) \tag{7.3.7}$$

经过计算得到如下决策表(表 7.3.11)

表 7.3.11 决策表 1

效益\行动方案	态势 θ_1	态势 θ_2	态势 θ_3	态势 θ_4	期望效益 E_{ai}
a_1	0.43	0.23	0.40	0	0.27
a_2	0.11	0.06	0.08	0	0.06
a_3	0.84	0.02	0.03	0.02	0.23
a_4	0.31	0.34	0.30	0.32	0.32
a_5	0.11	0.14	0.17	0.09	0.13
a_6	0.07	0.08	0.07	0.06	0.07
a_7	0.53	0.33	0.47	0.58	0.48
a_8	0	0	0	0.56	0.14

从表 7.3.11 可以看出，在等概率分布的条件下，期望效益最大值为 0.48，即在不知道来袭的鱼雷是何种制导方式的情况下，若按等概率分布来确定，潜艇宜使用气幕弹和自航式诱饵进行干扰，其规避反潜鱼雷攻击的成功概率较高。

如果我们能够根据情报分析可以预先确定各种制导方式的反潜鱼雷出现的概率，那么我们可以采用在此概率条件下期望效益最大值来决策。其计算公式如下：

$$E_{ai} = \sum_{j=1}^{n} p(a_i, \theta_j) * p(\theta_j) \quad (n=4) \tag{7.3.8}$$

为了提高反潜鱼雷的抗干扰性，目前国外反潜鱼雷的制导方式多以主被动联合制导和线导为主，以纯主动、被动制导方式为辅。根据国内外资料情报分析，各种制导方式的反潜鱼雷使用的概率分布为：$p(\theta_1)=0.09$，$p(\theta_2)=0.14$，$p(\theta_3)=0.32$，$p(\theta_4)=0.45$。经计算，得出如下决策(表 7.3.12)。

从上面的决策表中可以看出，在该种概率分布的条件下，期望效益最大值为 0.51，即根据预先情报分析，知道来袭鱼雷的制导方式概率可能分布的情况下，潜艇宜使用气幕弹和自航式诱饵进行干扰，其规避反潜鱼雷攻击的成功概率较高。

表 7.3.12　决策表 2

效益 \ 行动方案	态势 θ_1	态势 θ_2	态势 θ_3	态势 θ_4	期望效益 E_{ai}
a_1	0.43	0.23	0.40	0	0.20
a_2	0.11	0.06	0.08	0	0.04
a_3	0.84	0.02	0.03	0.02	0.10
a_4	0.31	0.34	0.30	0.32	0.32
a_5	0.11	0.14	0.17	0.09	0.12
a_6	0.07	0.08	0.07	0.06	0.07
a_7	0.53	0.33	0.47	0.58	0.51
a_8	0	0	0	0.56	0.25

7.3.7　贝叶斯决策

在风险决策问题中，由于自然状态的发生概率大多是根据过去的资料和经验估计的，因此就存在一个准确性及可靠性的问题，即为了改进决策制定过程，有无必要再作调查或试验，进一步确认各种自然状态的发生概率，从而作出决策。运用概率论中的贝叶斯定理能方便地解决这类问题，这就是贝叶斯决策法。

贝叶斯定理是概率论中的基本定理之一，它揭示了概率之间的关系，通过下面这个例子可以直观地了解该定理。

有道工序是把一种白色圆片零件的一面漆成红色，现有 5 个零件，其中一个遗漏了这道工序。问从这 5 个零件中随机抽取一个，正好是次品(两面都是白色)的概率是多少？

显然，所求概率为 1 / 5，即 0.20，这个概率叫先验概率。

但如果 5 个零件都是白色朝上平放着，问任取一个上抛落地后为白色时，这个零件是次品的概率是多少？

假定 5 个零件每一个都上抛 200 次，理论上要出现白色朝上 600 次，其中 400 次属正品零件，200 次属次品零件，所以上抛后落地为白色是次品的概率为 200 / 600＝0.33，这叫作后验概率。即作了这次上抛试验后，0.20 的先验概率修改成 0.33 的后验概率。

后验概率的计算可直接运用贝叶斯定理解决，其表达式为：

$$P(B_j|A_i) = \frac{P(A_i|B_j)P(B_j)}{\sum_{j=1}^{n}P(A_i|B_j)P(B_j)} \tag{7.3.9}$$

式中：$P(B_j)$ 为事件 j 发生的概率；$P(B_j|A_i)$ 为在事件 A_i 发生的条件下，事件 B_j 发生的条件概率；$P(A_i|B_j)$ 为在事件 B_j 发生的条件下，事件 A_i 发生的条件概率。

对于前面的问题，可设 A 表示白色，B_1 表示次品零件，B_2 表示正品零件，则

$$P(B_1|A) = \frac{P(A|B_1)P(B_1)}{P(A|B_1)P(B_1)+P(A|B_2)P(B_2)} = \frac{1\times 0.2}{1\times 0.2+0.5\times 0.8} = \frac{0.2}{0.6} = 0.33$$

同先前逻辑分析的结果一致。

下面再举例说明如何应用贝叶斯定理进行决策。

【例 7.3.3】 某工厂考虑生产一种新产品,已知这种产品的销售状况取决于市场需求情况。生产后销售情况为好、中、差的概率及相应的盈利额的预计情况见表 7.3.13。

表 7.3.13 各种情况的概率及盈利额

销售结果预测	先验概率 $P(B)$	盈利额(万元)
B_1(好)	0.25	+15
B_2(中)	0.30	+1
B_3(差)	0.45	-6

在这种情况下,要对两个问题进行决策:
(1) 是否值得做一次市场调查,以获取市场需求出现"好"、"中"、"差"的后验概率。
(2) 是否生产这种新产品。

设市场调查费用估算需 6000 元。为了决定是否要进行市场调查,除了要事先估计调查费用外,对调查情况下和不调查情况下的期望盈利值也应事先作出估计,从而可以确定是否值得花这笔调查费用。为此,将工厂过去实践中的有关资料整理成表 7.3.14。

表 7.3.14 工厂过去有关资料

$P(A_i|B_j)$ 调查结论 A_i \ 销售结果 B_j	B_1(好)	B_2(中)	B_3(差)
A_1(好)	0.65	0.25	0.10
A_2(中)	0.25	0.45	0.15
A_3(差)	0.10	0.30	0.75
合计	1.00	1.00	1.00

解:依题意,本问题是一个两阶段决策问题。

表 7.3.14 列出的是 $P(A|B)$,即销售结果 B 为已知时,调查结论 A 的条件概率。而决策所需知道的是 $P(A|B)$,即调查结论为已知时,销售结果 B 的条件概率。

现在的问题是如何将已知的条件概率 $P(A|B)$ 转移为所需要的条件概率 $P(B|A)$?利用贝叶斯定理即能解决这个问题,并进而决策。

(1) 求联合概率和全概率。

由概率的乘法定理可知,A_i 和 B_j 的联合概率为

$$P(A_iB_j) = P(A_i|B_j)P(B_j) \tag{7.3.10}$$

又由全概率公式可得事件 A_i 的全概率为:

$$P(A_i) = \sum_{j=1}^{n} P(A_i|B_j)P(B_j) \tag{7.3.11}$$

所以可以把表 7.3.13 中的 $P(B)$ 乘以表 7.3.14 中相应的 $P(A|B)$,即可得到有关的联合概率。如 $P(A_1B_1) = P(A_1|B_1)P(B_1) = 0.65 \times 0.25 = 0.1625$,其余类推。再把行和列的联合概率加总即得

到全概率 $P(A)$ 和 $P(B)$。计算结果见表 7.3.15。

表 7.3.15　全概率 $P(A)$ 和 $P(B)$

$P(A_i\|B_j)$　销售结果 B_j 结论 A_i	B_1(好)	B_2(中)	B_3(差)	$P(A_i)$
A_1(好)	0.1625	0.075	0.0450	0.2825
A_2(中)	0.0625	0.135	0.0675	0.2650
A_3(差)	0.0250	0.090	0.3375	0.4525
$P(B_j)$	0.2500	0.300	0.4500	1.0000

(2) 求条件概率。

由(7.3.9)式～(7.3.11)式可知，所要求的条件概率

$$P(B_j|A_i) = \frac{P(A_i|B_j)P(B_j)}{\sum_{j=1}^{n}P(A_i|B_j)P(B_j)} = \frac{P(A_iB_j)}{P(A_i)} \tag{7.3.12}$$

所以可以用表 7.3.15 中的全概率 $P(A_i)$ 除联合概率 $P(A_iB_j)$ 即得所需条件概率。如：

$$P(B_1|A_1) = \frac{P(A_1B_1)}{P(A_1)} = \frac{0.1625}{0.2825} = 0.7552$$

其余类推。计算结果见表 7.3.16。这里的 $P(B_j|A_i)$ 就是后验概率。例如当调查结论为市场需求属中等时，表 7.3.13 的先验概率 0.25, 0.30, 0.45，就应修改成表 7.3.16 的后验概率 0.236, 0.509, 0.255。

表 7.3.16　后验概率

$P(A_i\|B_j)$　销售结果 B_j 结论 A_i	B_1(好)	B_2(中)	B_3(差)	合计
A_1(好)	0.575	0.266	0.159	1.00
A_2(中)	0.236	0.509	0.255	1.00
A_3(差)	0.055	0.199	0.746	1.00

(3) 求期望盈利值。

"不调查"情况下生产该新产品的期望盈利值(万元)为：

$$[0.25 \quad 0.30 \quad 0.45]\begin{bmatrix}15\\1\\-6\end{bmatrix} = 1.35$$

在调查后结论分别为"好"、"中"、"差"的情况下，对应的新产品期望盈利值(万元)是：

$$\begin{bmatrix} 0.575 & 0.266 & 0.159 \\ 0.236 & 0.509 & 0.255 \\ 0.055 & 0.199 & 0.746 \end{bmatrix} \begin{bmatrix} 15 \\ 1 \\ -6 \end{bmatrix} = \begin{bmatrix} 7.937 \\ 2.519 \\ -3.452 \end{bmatrix}$$

即当调查结论为市场需求"好"时,生产新产品的期望盈利值 7.937 万元;结论为"中"时,期望盈利值为 2.519 万元;结论为"差"时,期望盈利值为-3.452 万元,为负数,不可能投产。这样,在调查情况下生产该新产品的期望盈利值(万元)为:

$$[0.2825 \quad 0.2550 \quad 0.4525] \begin{bmatrix} 7.937 \\ 2.519 \\ 0 \end{bmatrix} = 2.91$$

(4) 决策。

由上述计算的过程可知,"调查"情况下生产新产品的期望盈利值为 2.91 万元,减去调查费用 6000 元后,还有 2.31 万元,大于"不调查"情况下的期望盈利值 1.35 万元。因此作如下决策:

① 进行市场调查。

② 若调查结论表明市场需求为"好"或"中",则生产该产品;若为"差",则不生产该产品。

7.4 序列决策

有些决策问题,当进行决策后又产生一些新情况,并需要进行新的决策,接着又有一些新情况,又需要进行新的决策。这样决策、情况、决策……构成一个序列,这就是序列决策。描述序列决策的有力工具是决策树,决策树是由决策点、事件点及结果构成的树形图。一般选用最大收益期望值和最大效用期望值为决策准则,下面用例子说明。

【例 7.4.1】设有某石油钻探队,在一片估计能出油的荒田钻探。可以先做地震试验,然后决定钻井与否。或不做地震试验,只凭试验决定钻井与否。做地震试验的费用每次 3000 元,钻井费用为 10000 元。若钻井后出油,则井队可收入 40000 元;若不出油就没有任何收入。各种情况下估计出油的概率已估计出,并标在图 7.4.1 上。问钻井队的决策者如何作出决策使收入的期望值最大?

解:上述决策问题用决策树来求解,并将有关数据标在图上,见图 7.4.1。

图 7.4.1 表明这是两级随机决策问题,采用逆决策顺序方法求解。计算步骤是:

(1) 计算各事件点的收入期望值

事件点	收入期望值
(2)	$40000 \times 0.85 + 0 \times 0.15 = 34000$
(3)	$40000 \times 0.10 + 0 \times 0.90 = 4000$
(4)	$40000 \times 0.55 + 0 \times 0.46 = 22000$

将收入期望值标在相应的各点处,这时可将原决策树(图 7.4.1)简化为图 7.4.2(a)。

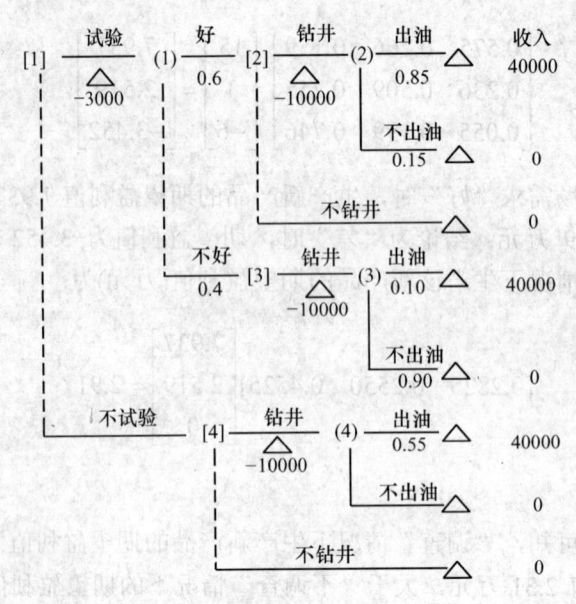

图 7.4.1 石油钻探决策

[.] 表示决策点；(.) 表示事件点；表示收益点；负值表示支付。

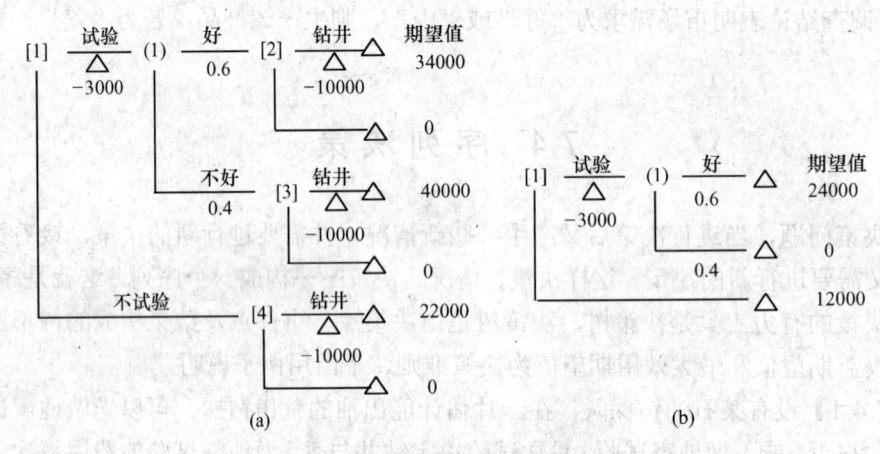

图 7.4.2 石油钻探两级决策树

(2) 按最大收入期望值决策准则在图 7.4.2(a)上给出各决策点的抉择。
在决策点[2]，按

$$\max[(34000-10000),0]=24000$$

所对应的策略为应选策略，即钻井。
在决策点[3]，按

$$\max[(4000-10000),0]=0$$

所对应的策略为应选策略，即不钻井。
在决策点[4]，按

$$\max[(22000-10000),0]=12000$$

所对应的策略为应选策略，即钻井。

(3) 在决策树上保留各决策点的应选方案。把淘汰策略去掉，得到图 7.4.2(b)，这时再计算事件点(1)的收入期望值。

$$24000 \times 0.60 + 0 \times 0.40 = 14400$$

将它标在(1)旁。

(4) 决策点[1]有两个方案：做地震试验和不做地震试验，各自的收入期望值为(14400－3000)和 12000。按

$$\max[(14400-3000),12000] = 12000$$

所对应的策略为应选策略，即不做地震试验。

这个决策问题的决策序列为：选择不做地震试验，直接判断钻井，收入期望值为 12000 元。

7.5 多目标决策

多目标决策是现代决策科学的重要组成部分，是对多个相互矛盾的目标进行科学、合理优选决策的理论和方法，即具有多个目标的决策问题的决策，已广泛应用于众多领域。

在决策分析中，往往需要同时考察多个目标，如研制一种新型导弹，既要射程远，又要省燃料，还要精度高，而这些目标往往又是相互矛盾的，例如要射程远，就需要重量轻、体积小、推力大，因而需要压缩弹体体积，多携带燃料和仪器，与省燃料矛盾。由此可见，多目标决策必须对多个指标进行综合衡量，然后才能做出合理的决策。

7.5.1 多目标决策的基本概念

多目标决策问题具有如下特点：
(1) 决策问题的目标多于一个。
(2) 目标间的不可公度。
(3) 各目标间的矛盾性。

对于多目标决策问题，由于不能像单目标决策那样只要简单比较任意两个解对应的目标函数值后就能确定谁优谁劣，所以就有劣解和非劣解两个重要概念。为明确其含义，现举一个简单的例子：

【例 7.5.1】从 5 个弹药仓库中选出一个条件最好又最大的仓库，则仓库的条件 f_1 和大小 f_2 就是两个目标。如果 5 个弹药仓库中确实有一个条件最好又最大，无疑它是当选者。但在一般情况下，条件和大小各有不同，这样，情况就比较复杂了。现用一直角坐标系描述两个目标 f_1 和 f_2 的大小，得到图 7.5.1 中的 5 个点。

显然③、④、⑤点都比①②点为优，故①、②为劣解，在多目标决策中应舍去。而③、④、⑤三点中各有一个指标优越，故不能舍去，称为非劣解，也叫有效解。处理多目标决策问题，就是要先找出非劣解，然后再按一定规则从中选取满足要求的有效解，作为最后决策。

设同时考虑 m 个目标 $f_1(x), f_2(x), \cdots, f_m(x)$，并要求越大越好。在不考虑其他目标时，记第 i 个目标的最优值为

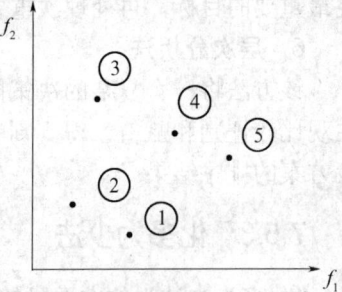

图 7.5.1 直角坐标系中描述两个目标的 5 个点

$$f_i^{(0)} = \max_{x \in R} f_i(x)$$

相应的最优解记为 $x^{(i)}, i=1,2,\cdots,m$；其中 R 是解的约束集合。

$$R = \{x | g(x) \geq 0\} \quad g(x) = (g_1(x), g_2(x), \cdots, g_l(x))^T$$

当这些 $x^{(i)}$ 都相同时，则这些 $x^{(i)}$ 即作为多目标问题的共同最优解，但一般不会完全相同，它们都是非劣解。

下面将多目标问题记为：

$$V - \max_{x \in R} F(x)$$

或

$$V - \max_{g(x) \geq 0} F(x)$$

其中：$F(x) = \{f_1(x), f_2(x), \cdots, f_m(x)\}$。

7.5.2 多目标决策的分析方法

多目标决策的分析方法主要有以下几种：

1. 化多为少法

由于同时处理多个决策目标很困难，于是将多个目标简化为一个或两个决策目标来处理。这种方法实际上是对主要决策目标尽可能优化，其余决策目标只要达到一般要求即可。

2. 理想点法

找出每个决策目标的最优值，称为理想点。理想点通常是无法实现的。但知道了理想点的位置，就可以比较容易确定距离理想点较近的点作为满意点。

3. 效用函数法

这是自上而下的方法，首先充分考虑决策者对风险和价值的偏好，然后对多属性效用函数进行综合，最终给出定量的方案排序。这是一种常用的方法。

4. 目的规划法

对于一组预定的目标，在约束条件下，这组目标有可能实现也可能不能实现。目的规划法就是合理配置有限的资源，使决策结果尽可能地接近预定目标。它是理想点法的一个特例。

5. 分层序列法

对于系统目标较多又较复杂的情况，可以对目标按重要程度进行分层分类，首先尽量满足最重要的目标，再处理次重要的目标，最后处理最不重要的目标。

6. 层次分析法

该方法将一个复杂的决策问题分解为不同层次的若干元素，然后依靠决策者对元素进行主观比较评判和赋值，得到判断矩阵。然后，对判断矩阵进行分层处理及综合，得到多种决策方案的排序结果。

7.5.3 化多为少法

"化多为少法"的主要目的是将多目标化成单目标问题处理，目前主要有以下几种方法。

1. 主要目标法

通过对实际问题的分析，抓住其中一两个主要目标，让它们尽可能优化，而其他指标只要满足一定要求即可。这个方法比较有效。

2. 线性加权法

若有 m 个目标 $f_i(x)$，分别给以权系数 $\lambda_i(i=1,2,\cdots,m)$，然后作新的目标函数(也称效用函数)

$$U(x) = \sum_{i=1}^{m} \lambda_i f_i(x)$$

此方法的难点是如何找到合理的权系数，使多个目标用同一尺度统一起来，同时所找到的最优解又是向量极值的好的非劣解，在多目标最优化问题中不论用何种方法，至少应找到一个非劣解(或近似非劣解)；其次，因非劣解可能有很多，如何从中挑出较好的解，这个解有时就要用到另一个目标。下面介绍几种选择特定权系数的方法。

1) α—法

以两个目标 $f_1(x)$、$f_2(x)$ 为例加以介绍。其中 $f_1(x)$ 要求最小，$f_2(x)$ 要求最大，单位相同。R 也为线性约束，即

$$R = \{x | Ax \leqslant b\}$$

其中：A 为矩阵，b 为列向量。于是，作新的目标函数：

$$U(x) = \alpha_2 f_2(x) - \alpha_1 f_1(x)$$

其中：α_1 和 α_2 是待定系数，由下列方程组确定：

$$\begin{cases} -\alpha_1 f_1^0 + \alpha_2 f_2^* = c_1 \\ -\alpha_1 f_1^* + \alpha_2 f_2^0 = c_1 \end{cases} \tag{7.5.1}$$

其中：$f_1^0 = \min\limits_{x \in R} f_1(x) = f_1(x^{(1)})$，$f_2^* = f_2(x^{(1)})$，$f_2^0 = \max\limits_{x \in R} f_2(x) = f_2(x^{(2)})$，$f_1^* = f_1(x^{(2)})$，$c_1$ 为不等于零的常数，于是由式(7.5.3)解得 α_1 和 α_2 为

$$\alpha_1 = \frac{c_1(f_2^0 - f_2^*)}{f_1^* f_2^* - f_1^0 f_2^0}$$

$$\alpha_2 = \frac{c_1(f_1^* - f_1^0)}{f_1^* f_2^* - f_1^0 f_2^0}$$

若规定 $\alpha_1 + \alpha_2 = 1$，则得

$$c_1 = \frac{f_1^* f_2^* - f_1^0 f_2^0}{f_2^0 - f_2^* + f_1^* - f_1^0}$$

于是有

$$\alpha_1 = \frac{f_2^0 - f_2^*}{f_2^0 - f_2^* + f_1^* - f_1^0}$$

$$\alpha_2 = \frac{f_1^* - f_1^0}{f_2^0 - f_2^* + f_1^* - f_1^0}$$

且有

$$\frac{\alpha_1}{\alpha_2} = \frac{f_2^0 - f_2^*}{f_1^* - f_1^0} = k$$

这时，新目标函数为

$$U(x) = \alpha_2 f_2(x) - \alpha_1 f_1(x) = \frac{(f_1^* - f_1^0)f_2(x) - (f_2^0 - f_2^*)f_1(x)}{f_2^0 - f_2^* + f_1^* - f_1^0}$$

因此原问题被化成

$$\max_{x \in R} U(x) = \max_{x \in R}(\alpha_2 f_2(x) - \alpha_1 f_1(x))$$

对于有 m 个目标 $f_1(x), \cdots, f_m(x)$ 的情况，不妨设其中 $f_1(x), \cdots, f_k(x)$ 要求最小化，而 $f_{k+1}(x), \cdots, f_m(x)$ 要求最大化，这时可构成下述新目标函数：

$$\max_{x \in R} U(x) = \max_{x \in R} \left\{ -\sum_{j=1}^{k} \alpha_j f_j(x) + \sum_{j=k+1}^{m} \alpha_j f_j(x) \right\}$$

其中 $\{\alpha_j\}$ 满足下列方程组

$$-\sum_{j=1}^{k} \alpha_j f_{ij} + \sum_{j=k+1}^{m} \alpha_j f_{ij} = c_1 \quad (i = 1, \cdots, m)$$

其中

$$f_{ii} = f_i^0 = \min_{x \in R} f_i(x) = f_i(x^{(i)}) \quad (i = 1, 2, \cdots, k)$$

$$f_{ii} = f_i^0 = \max_{x \in R} f_i(x) = f_i(x^{(i)}) \quad (i = k+1, \cdots, m)$$

$$f_{ij} = f_j(x^{(i)}) \quad (j \neq i, i, j = 1, 2, \cdots, m)$$

【例 7.5.2】设有 $f_1(x) = 4x_1 + x_2 \to \min$，$f_2(x) = 3x_1 + 2x_2 \to \max$，$R = \{x | 2x_1 + x_2 \leq 4, x_1 + x_2 \leq 3, x_1, x_2 \geq 0, x \in E^2\}$，试用 α 一法求解。

解：先分别对 $f_1(x)$ 和 $f_2(x)$ 求得其最优解，它们是

$$f_1(x^{(1)}) = f_1(0,0) = \min_{x \in R} f_1(x) = f_1^0 = 0$$

$$f_2(x^{(2)}) = f_2(1,2) = \max_{x \in R} f_2(x) = f_2^0 = 7$$

然后求出：

$$f_2^* = f_2(x^{(1)}) = 0, f_1^* = f_1(x^{(2)}) = 6$$

由此可得

$$\alpha_1 = \frac{f_2^0 - f_2^*}{f_2^0 - f_2^* + f_1^* - f_1^0} = \frac{7}{7+6} = \frac{7}{13}, \alpha_2 = \frac{6}{13}$$

$$U(x) = -\alpha_1 f_1(x) + \alpha_2 f_2(x) = -\frac{7}{13} f_1(x) + \frac{6}{13} f_2(x) = \frac{1}{13}(-10x_1 + 5x_2)$$

易求得

$$\max_{x \in R} U(x) = U(0,3) = 15/13$$

2) λ 一法

当 m 个目标都要求实现最大时，可用下述加权和效用函数，即

$$U(x) = \sum_{i=1}^{m} \lambda_i f_i(x)$$

其中取 $\lambda_i = 1/f_i^0$, $f_i^0 = \max_{x \in R} f_i(x)$。

3. 平方和加权法

设有 m 个规定值 $f_1^*, \cdots, f_m^*$，要求 m 个函数 $f_1(x), \cdots, f_m(x)$ 分别与规定的值相差尽量小，若对其中不同值的要求相差程度又可不完全一样，即有的要求重一些，有的轻一些，这时可采用下述评价函数：

$$U(x) = \sum_{i=1}^{m} \lambda_i [f_i(x) - f_i^*]^2$$

要求 $\min_{x \in R} U(x)$，其中 λ_i 可按要求相差程度分别给出。

4. 理想点法

当 m 个目标 $f_1(x), \cdots, f_m(x)$，分别有最优值

$$f_i^0 = \max_{x \in R} f_i(x) = f_i(x^{(i)}) \quad (i=1,2,\cdots,m)$$

若所有 $x^{(i)}(i=1,\cdots,m)$ 都相同，设为 x^0，则令 $x = x^0$ 时，对每个目标都能达到各自的最优点，因此对向量函数：$F(x) = (f_1(x), \cdots, f_m(x))^T$ 来说，向量 $F^0 = (f_1^0, \cdots, f_m^0)^T$ 只是一个理想点，一般是不可能达到的，也难以实现。但是，理想点法的出发点就是找到一个点，使之尽量接近理想点，即让

$$\|F(x) - F^0\| \to \min \|F(x) - F^0\|$$

显然，对不同的模，有不同意义下的最优点，一般意义下有所谓 p —模：

$$\|F(x) - F^0\| = \left[\sum_{i=1}^{m} (f_i^0 - f_i(x))^p\right]^{1/p} = L_p(x)$$

$p \in [1, \infty)$，当 $p = 2$ 时，p —模即为欧氏空间的距离。

【例 7.5.3】设 $f_1(x) = -3x_1 + 2x_2$，$f_2(x) = 4x_1 + 3x_2$ 都要求实现最大，约束集为

$$R = \{x | 2x_1 + 3x_2 \leq 18, 2x_1 + x_2 \leq 10, x_1 x_2 \geq 0, x \in E^2\}$$

试用理想点法求解。

解：先分别对单目标求出最优解 $x^{(1)} = (0,6), x^{(2)} = (3,4)$，对应的目标值为

$$f_1(x^{(1)}) = f_1(0,6) = f_1^0 = 12$$
$$f_2(x^{(2)}) = f_2(3,4) = f_2^0 = 24$$

故理想点为

$$F^0 = (f_1^0, f_2^0) = (12, 24)$$

取 $p = 2$，这时要求

$$\min_{x \in R} L_2(x) = [[f_1(x) - f_1^0]^2 + [f_2(x) - f_2^0]^2]^{1/2}$$

这时，可求得最优解为 $x^* = (0.53, 5.65)$，对应的目标值分别为 $f_1^* = 9.72, f_2^* = 19.06$。

5. 乘除法

在 m 个目标 $f_1(x), f_2(x), \cdots, f_m(x)$ 中，不妨设其中 k 个 $f_1(x), f_2(x) \cdots, f_k(x)$ 要求实现最小，其余 $f_{k+1}(x), \cdots, f_m(x)$ 要求实现最大，并假定

$$f_{k+1}(x), \cdots, f_m(x) > 0$$

这时可采用评价函数

$$U(x) = \frac{f_1(x) f_2(x) \cdots f_k(x)}{f_{k+1}(x) \cdots f_m(x)} \to \min$$

6. 功效系数—几何平均法

设 m 个目标 $f_1(x), f_2(x) \cdots, f_m(x)$，其中 k_1 个目标要求实现最大，k_2 个目标要求实现最小，其余的目标是过大不行,过小也不行。对于这些目标 $f_i(x)$ 分别给以一定的功效系数(即评分) d_i,d_i 是在[0,1]之间的某一数。当目标最满意达到时，取 $d_i = 1$；当最差时取 $d_i = 0$。描述 d_i 与 $f_i(x)$ 的关系，称为功效函数，表示为 $d_i = F_i(f_i)$。对于不同类型目标应选用不同类型的功效函数。

Ⅰ型：当 f_i 越大，d_i 也越大；f_i 越小，d_i 也越小。

Ⅱ型：f_i 越小，d_i 越大；f_i 越大，d_i 越小。

Ⅲ型：当 f_i 取适当值时，d_i 最大；而 f_i 取偏值(即过大或过小)时，d_i 变小。

具体功效函数构造法可以很多，有直线法、折线法、指数法，分别见图 7.5.2～图 7.5.4。

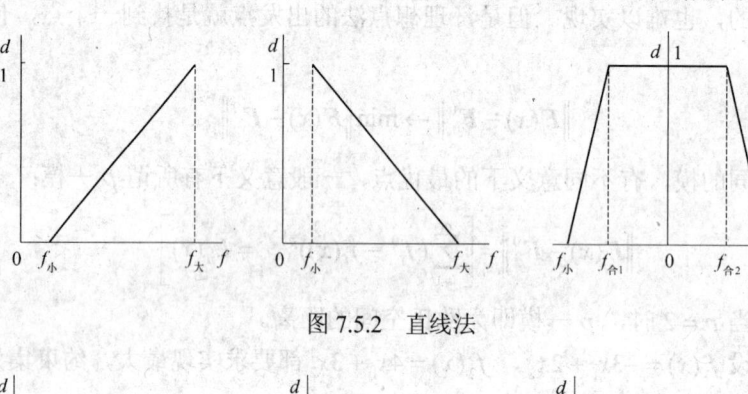

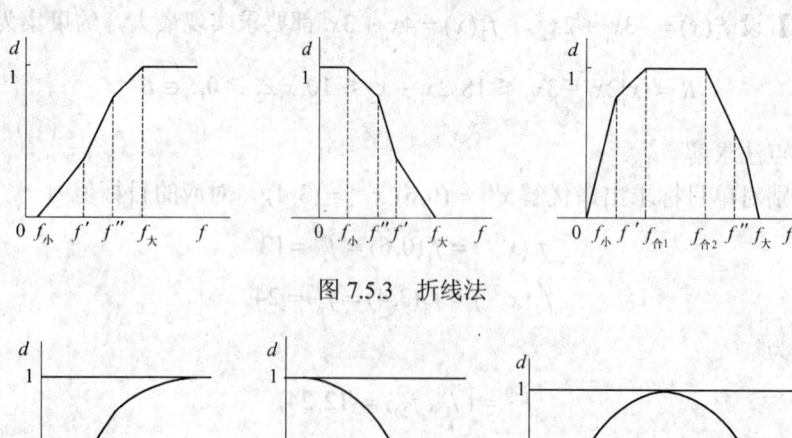

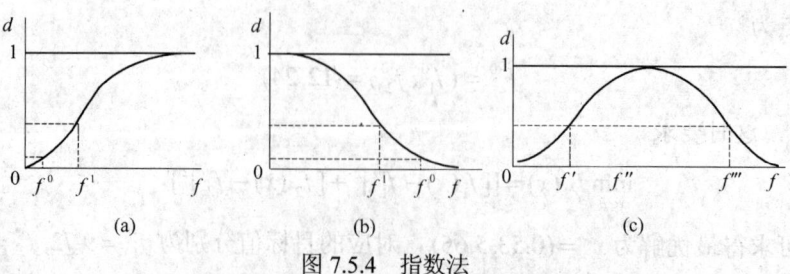

图 7.5.2　直线法

图 7.5.3　折线法

图 7.5.4　指数法

用指数法构造 I 型功效函数，可设其表达式为
$$d = e^{-(e^{-(b_0+b_1 f)})}$$
其中 b_0 和 b_1 可这样确定：

当 f 达到某一刚合格值 f^1 时，取 $d^1 = e^{-1} \approx 0.3679$

当 f 达到某一不合格值 f^0 时，取 $d^0 = e^{-e} \approx 0.06598$。

将上述要求代入上式即有
$$d^1 = e^{-1} = e^{-(e^{-(b_0+b_1 f^1)})}$$
$$d_0 = e^{-e} = e^{-(e^{-(b_0+b_1 f^0)})}$$

由这两式可得
$$b_0 + b_1 f^1 = 0$$
$$b_0 + b_1 f^0 = -1$$

解之得
$$b_0 = \frac{f^1}{f^0 - f^1}$$
$$b_1 = \frac{-1}{f^0 - f^1}$$

即
$$d = e^{-e^{\left(\frac{f-f^1}{f^0-f^1}\right)}}$$

同样对 II 型功效函数，可取
$$d = 1 - e^{-e^{\left(\frac{f-f^1}{f^0-f^1}\right)}}$$

对于 III 型功效函数，取
$$d = e^{-(|Y|)n}$$

其中
$$Y = \frac{2f - (f' + f'')}{f' - f''}$$

这样，当 $f = f'$ 或 $f = f''$ 时，$Y = \pm 1$，$d = e^{-1}$，为刚好可接受的值；当 $f = \frac{f' + f''}{2}$ 时，$Y = 0$，$d = 1$，即 f 达到比较适当的值。为了确定 n，可再取一个 f'''，使其与某一个适当的 d 值相对应，这时可给出
$$n = \frac{\ln\ln 1/d}{\ln|Y|}$$

例如，取 $f = f''' = \frac{2f' + f''}{3}$，这时 $Y = 1/3$，使其与 $d = e^{-1/2}$ 相对应，则
$$n = \frac{\ln 1/2}{\ln 1/3} \approx 0.6309$$

即
$$d = e^{-|Y|^{0.6309}}$$

$$Y = \frac{2f - (f' + f'')}{f' - f''}$$

见图 7.5.4。

有了功效函数后，每个目标都可以对应相应的功效函数，目标值可转换为功效系数。这样每确定一方案 x 后，就有 m 个目标函数值 $f_1(x), f_2(x), \cdots, f_m(x)$；然后用其对应的功效函数转换为相应的功效系数 $d_1, d_2, \cdots, d_m$，并可用它们的几何平均值

$$D = \sqrt[m]{d_1 d_2 \cdots d_m}$$

作为评价函数，显然 D 越大越好。$D=1$ 是最满意的，$D=0$ 是最差的。这样定义的评价函数有一个好处，一个方案中只要有一个目标值太差，如 $d_i = 0$，就会使 $D=0$，而不会采用这个方案。

下面我们通过计算实例来看看具体的多目标决策方法的应用。

【例 7.5.4】某部门决定采购一批战斗机，现有 4 种机型可供选用，决策者根据战斗机的性能和费用，考虑了 6 项评价指标，见表 7.5.1。

表 7.5.1 战斗机性能表

指标 方案	最大飞行速度 (马赫数)	飞行范围 (km)	最大负载 (磅)	采购费用 (百万美元)	可靠性	灵敏度
A_1	2.0	1500	20000	5.5	一般	很高
A_2	2.5	2700	18000	6.5	低	一般
A_3	1.8	1200	21000	4.5	高	高
A_4	2.2	1800	20000	5.0	一般	一般

解：先对可靠性和灵敏度两个模糊指标进行量化处理，得到如下矩阵：

$$D = \begin{bmatrix} 2.0 & 1500 & 20000 & 5.5 & 5 & 9 \\ 2.5 & 2700 & 18000 & 6.5 & 3 & 5 \\ 1.8 & 2000 & 21000 & 4.5 & 7 & 7 \\ 2.2 & 1800 & 20000 & 5.0 & 5 & 5 \end{bmatrix}$$

第一步：计算标准化矩阵

$$R = \begin{bmatrix} 0.4671 & 0.3662 & 0.5056 & 0.5063 & 0.4811 & 0.6708 \\ 0.5839 & 0.6591 & 0.4550 & 0.5983 & 0.2881 & 0.3727 \\ 0.4204 & 0.4882 & 0.5308 & 0.4143 & 0.6736 & 0.5217 \\ 0.5139 & 0.4392 & 0.5056 & 0.4603 & 0.4811 & 0.3727 \end{bmatrix}$$

其中：$r_{ij} = \dfrac{d_{ij}}{\sqrt{\sum_{i=1}^{m} d_{ij}^2}}$ $(i=1,2,\cdots,m; j=1,2,\cdots,n)$

第二步：计算加权标准化矩阵

$$X = \begin{bmatrix} 0.0934 & 0.0366 & 0.0506 & 0.0506 & 0.0962 & 0.2012 \\ 0.1168 & 0.0659 & 0.0455 & 0.0598 & 0.0577 & 0.1118 \\ 0.0841 & 0.0488 & 0.0531 & 0.0414 & 0.1347 & 0.1565 \\ 0.1028 & 0.0439 & 0.0506 & 0.0460 & 0.0962 & 0.1118 \end{bmatrix}$$

其中：$x_{ij} = w_j r_{ij}$，w_j 是第 j 个指标的权重，$w = [0.2 \ 0.1 \ 0.1 \ 0.2 \ 0.3]^T$。

第三步：确定理想解和负理想解

理想解 $x^* = \{0.1168, 0.0659, 0.0531, 0.0414, 0.1347, 0.2012\}$

负理想解 $x^- = \{0.0841, 0.0366, 0.045, 0.0598, 0.0577, 0.1118\}$

第四步：计算距离

(1) 各解距理想解的距离分别为

$$S_1^* = 0.0545, \quad S_2^* = 0.0545, \quad S_3^* = 0.0545, \quad S_4^* = 0.0545$$

这里 $S_i^* = \sqrt{\sum_{j=1}^{n}(x_{ij} - x_j^*)^2} \quad (i = 1, 2, \cdots, m)$

(2) 各解距负理想解的距离分别为

$$S_1^- = 0.0983, \quad S_2^- = 0.0439, \quad S_3^- = 0.0920, \quad S_4^- = 0.0458$$

这里 $S_i^- = \sqrt{\sum_{j=1}^{n}(x_{ij} - x_j^-)^2} \quad (i = 1, 2, \cdots, m)$

第五步：计算每个解对理想解的相对贴近度

$$C_i^* = \frac{S_i^-}{S_i^+ + S_i^-} \quad (i = 1, 2, \cdots, m)$$

$$C_1^* = 0.643, \quad C_2^* = 0.268, \quad C_3^* = 0.613, \quad C_4^* = 0.312$$

第六步：排列每个方案的优先次序

因为：$C_1 > C_3 > C_4 > C_2$

所以：$A_1 > A_3 > A_4 > A_2$，最优方案为 A_1

7.5.4 分层序列法

由于同时处理 m 个目标是比较麻烦，故可采用分层法。分层法的思想是把目标按其重要性给出一个序列，分为最重要目标，次要目标等等。设给出的重要性序列为

$$f_1(x), f_2(x), \cdots, f_m(x)$$

下面介绍逐个地求最优化的序列最优化。

首先对第一个目标求最优，并找出所有最优解的集合记为 R_0。然后在 R_0 内求第二个目标的最优解，记这时的最优解集合为 R_1，如此等等一直到求出第 m 个目标的最优解 x^0，其模型如下：

$$f_1(x^0) = \max_{x \in R_0 \subset R} f_1(x)$$

$$f_2(x^0) = \max_{x \in R_1 \subset R_0} f_2(x)$$

$$f_m(x^0) = \max_{x \in R_{m-1} \subset R_{m-2}} f_m(x)$$

该方法有解的前提是 $R_0, R_1, \cdots, R_{m-1}$ 非空，同时 $R_0, R_1, \cdots, R_{m-2}$ 都不能只有一个元素，否则就很难进行下去。

当 R 是紧致集，函数 $f_1(x), f_2(x) \cdots, f_m(x)$ 都是上半连续，则按下式定义的集求解。

$$R_{k-1}^* = \{x \mid f_k(x) = \sup_{u \in R_{k-2}^*} f_k(u); x \in R_{k-2}^*\}$$

$k = 1, 2, \cdots, m$，其中 $R_{-1}^* = R$ 都非空，特别 R_{m-1}^* 是非空，故有最优解，而且是共同的最优解。

7.5.5 直接求非劣解法

这种方法是直接把所有的非劣解尽可能找出来，以便让决策者选择。非劣解求法很多，这里仅介绍线性加权与改变加权系数法。

用线性加权和构成一个新的目标函数。

$$U(x) = \sum_{i=1}^{m} \lambda_i f_i(x)$$

当给定一组加权系数 $a_i, i = 1, 2, \cdots, m$，对 $U(x)$ 其目标函数 $f_i(x)$ 都是严格凹函数，而约束集 R 为凸集时，可以求得一个非劣解，不断改变加权系数，不断求解，就可得到多目标问题的非劣解集。

【例 7.5.5】 $F(x) = [f_1(x), f_2(x)]^T$，$f_1(x) = 2x - x^2$，$f_2(x) = x$，$R = [0, 2]$，求：$\max_{x \in R} F(x)$ 的所有非劣解。

解：由图 7.5.5 可求得

$$x^{(1)} = 1$$
$$x^{(2)} = 2$$

即求得非劣解

$$x^* \in [1, 2]$$

现用加权和构成新目标函数 $U(x)$ 为

$$U(x) = \alpha(2x - x^2) + (1 - \alpha)x$$

图 7.5.5 例 7.5.5 的示意图

其中 $\alpha \in [0, 1]$，$\alpha_i \geq 0$，$\sum_{i=1}^{m} a_i = 1$。

求极值：

$$U'(x) = \alpha(2 - 2x) + (1 - \alpha) = 0$$

$$x = \frac{1 + \alpha}{2\alpha}$$

因为在 $R = [0, 2]$ 中求最优解，显然 $\alpha = 1$ 时，$x^* = 1$，$\alpha = 1/3$ 时，$x^* = 2$。所以，$\alpha = 1/3 \sim 1$，即可得全部非劣解 $[1, 2]$。

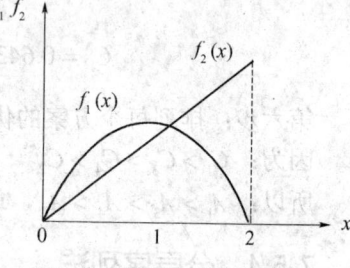

而 α 从 0 至 1/3 时，$U(x)$ 的最优解都是 $x^* = 2$，已得不到新的非劣解了。这正说明原问题的解和转化后问题的解并不是简单地一一对应。因此，不断改变加权系数，就会得到不同的非劣解。

应注意的是上述方法在实际应用中有一定的困难，即如何改变加权系数，使根据其得出的最优解，正好能得到所有的非劣解。

7.5.6 多目标线性规划的解法

当所有目标函数是线性函数，约束条件也都是线性关系时，可有些特殊的解法。特别是泽勒内(Zeleny)等将解线性规划的单纯形法给以适当修正后，用来解多目标线性规划问题，或把多目标线性规划问题化成单目标的线性规划问题后求解。以下介绍两种方法。

1. 逐步法(STEM)

逐步法是一种迭代法。在求解过程中，每进行一步，分析者把计算结果告诉决策者，决策者对计算结果做出评价。若认为已满意了，则迭代停止；否则分析者再根据决策者的意见进行修改和再计算，如此直到求得决策者认为满意的解为止，故称此法为逐步进行法或对话式方法。

设有 k 个目标的线性规划问题

$$\max_{x \in R} C x$$

其中：$R = \{x | Ax \leq b, x \geq 0\}$，$A$ 为 $m \times n$ 矩阵，C 为 $k \times n$ 矩阵，也可表示为

$$C = \begin{pmatrix} c^1 \\ \vdots \\ c^k \end{pmatrix} = \begin{pmatrix} c_1^1, & c_2^1 & \cdots, & c_n^1 \\ & \vdots & & \\ c_1^k, & c_2^k & \cdots, & c_n^k \end{pmatrix}$$

求解的计算步骤为：

(1) 分别求 k 个单目标线性规划问题的解。

$$\max_{x \in R} c^j x \quad (j = 1, 2, \cdots, k)$$

得到最优解 $x^{(j)}, j = 1, 2, \cdots, k$，及相应的 $c^j x^{(j)}$。显然

$$c^j x^{(j)} = \max_{x \in R} c^j x$$

并作表 7.5.2，$Z = (z_i^j)$，其中 $z_i^j = c^i x^{(j)}, z_j^j = \max_{x \in R} c^j x = c^j x^{(j)} = M_j$

表 7.5.2 各计算值

	z_1	z_2	$\cdots$	z_i	$\cdots$	z_k
$x^{(1)}$	z_1^1	z_2^1	$\cdots$	z_i^1	$\cdots$	z_k^1
$\vdots$	$\vdots$	$\vdots$	$\cdots$	$\vdots$		$\vdots$
$x^{(i)}$	z_1^i	z_2^i	$\cdots$	z_i^i	$\cdots$	z_k^i
$\vdots$	$\vdots$	$\vdots$	$\cdots$	$\vdots$		$\vdots$
$x^{(k)}$	z_1^k	z_2^k	$\cdots$	z_i^k	$\cdots$	z_k^k
M_j	z_1^1	z_2^2	$\cdots$	z_i^i	$\cdots$	z_k^k

(2) 求权系数 $m_j = \min_{1 \leqslant i \leqslant k} z_i^i, j = 1, 2, \cdots, k$。

从表 7.5.2 中得到 M_j 及 $m_j = \min_{1 \leqslant i \leqslant k} z_i^i, j = 1, 2, \cdots, k$。

为了找出目标值的相对偏差以及消除不同目标值的量纲不同的问题，进行如下处理：

当 $M_j > 0$ 时

$$\alpha_i = \frac{M_j - m_j}{M_j} \cdot \frac{1}{\sqrt{\sum_{i=1}^{n}(c_i^j)^2}}$$

当 $M_j < 0$ 时

$$\alpha_j = \frac{m_j - M_j}{M_j} \cdot \frac{1}{\sqrt{\sum_{i=1}^{n}(c_i^j)^2}}$$

经归一化后，得权系数

$$\pi_j = \frac{\alpha_j}{\sum_{j=1}^{k} \alpha_j}, \quad 0 \leqslant \pi_j \leqslant 1, \quad \sum \pi_j = 1 \quad (j = 1, 2, \cdots, k)$$

(3) 构造以下线性规划问题，并求解。

$$\text{LP(1)}: \begin{cases} \min \lambda \\ \lambda \geqslant (M_i - c^i x)\pi_i \quad (i = 1, 2, \cdots, k.) \\ x \in R; \lambda \geqslant 0 \end{cases}$$

假定求得的解为 $\bar{x}^{(1)}$，相应的 k 个目标值为 $c^1 \bar{x}^{(1)}, c^2 \bar{x}^{(1)}, \cdots, x^k \bar{x}^{(1)}$，若 $x^{(1)}$ 为决策者的理想解，其相应的 k 个目标值为 $c^1 x^{(1)}, c^2 x^{(1)}, \cdots, x^k x^{(1)}$。这时决策者将 $\bar{x}^{(1)}$ 的目标值与理想解的目标值进行比较后，认为满意了就可以停止计算；若认为相关太远，则考虑适当修正。如考虑对 j 个目标宽容一下，即让点步，减少或增加一个 Δc^j，并将约束集 R 改为

$$R^1: \begin{cases} c^j x \geqslant c^j \bar{x}^{(1)} - \Delta c^j \\ c^i x \geqslant c^i \bar{x}^{(1)} \quad (i \neq j) \\ x \in R \end{cases}$$

并令 j 个目标的权系数 $\pi_j = 0$，这表示降低这个目标的要求。再求解以下线性规划问题：

$$\text{LP(2)}: \begin{cases} \min \lambda \\ \lambda \geqslant (M_i - c^i x)\pi_i \quad (i = 1, 2, \cdots, k, i \neq j) \\ x \in R^1; \lambda \geqslant 0 \end{cases}$$

若求得的解为 $\bar{x}^{(2)}$，再与决策者对话，如此重复，直到决策者满意为止。

【例 7.5.6】试求解多目标线性规划问题。

$$\max z_1 = 100x_1 + 90x_2 + 80x_3 + 70x_4$$
$$\min z_2 = 3x_2 + 2x_4$$
$$R: \begin{cases} x_1 + x_2 \geqslant 30 \\ x_3 + x_4 \geqslant 30 \\ 3x_1 + 2x_3 \leqslant 120 \\ 3x_2 + 2x_4 \leqslant 48 \\ x_i \geqslant 0, \quad i = 1 \sim 4 \end{cases}$$

解：为了使问题的目标函数统一为求最大化的规划问题，将 z_1 化为
$$\max \omega_2 = -3x_2 - 2x_4$$

(1) 求理想解。
分别求解两个单目标线性规划问题
$$\max_{x \in R} z_1 \text{ 和 } \max_{x \in R} \omega_2$$

得到最优解
$$x^{(1)} = (14, 16, 39, 0)^T$$

相应的目标值 $z_1^1 = 5960$，$\omega_2^1 = -48$，即 $z_2^1 = 48$
$$x^{(2)} = (20, 10, 30, 0)^T$$

相应的目标值 $z_1^2 = 5300$，$\omega_2^2 = -30$，即 $z_2^2 = 30$。

(2) 作 z 和求权系数表(如表 7.5.3)。
用表中 z 的数据，可计算得到
$$\alpha_1 = 0.000645, \quad \alpha_2 = 0.1664$$

于是求得权系数
$$\pi_1 = 0.00387, \quad \pi_2 = 0.99613$$

表 7.5.3 z 和权系数表

	z_1	ω_2
$x^{(1)}$	5960	-48
$x^{(2)}$	5300	-30
M_j	5960	-30

(3) 求解以下线性规划问题：
$$\text{LP(1)}: \begin{cases} \min \lambda \\ \lambda \geqslant 0.00387(5960 - (100x_1 + 90x_2 + 80x_3 + 70x_4)) \\ \lambda \geqslant 0.99613(3x_2 + 2x_4 - 30) \\ x \in R, \lambda \geqslant 0 \end{cases}$$

由此可求得解(整数近似值)为
$$\overline{x}^{(1)} = (19, 11, 31, 0)^T$$

相应的目标函数值
$$\overline{z}_1^1 = 5370, \overline{z}_2^1 = 33$$

(4) 对话再计算。
分析者把计算的结果告诉决策者，决策者将这结果与理想值 $(z_1^1, z_2^2) = (5960, 30)$ 进行比较，

认为求得的 $\bar{z}_2^1 = 33$ 已接近理想值 $z_2^2 = 30$，而 $\bar{z}_1^1 = 5370$，低于理想值 5690 太多。决策者要求提高 z_1 的值，为此他提出将 z_2 提高到 36，以便使 z_1 增大。这时分析者根据决策者的要求，将原约束条件修改为 R^1。

$$R^1 : \begin{cases} c^2 x \leq 36 \\ c^1 x \geq 5370 \\ x \in R \end{cases}$$

因将第二个目标值的要求放宽了，故权系数 $\pi_2 = 0$，于是有线性规划问题：

$$\text{LP(2)} : \begin{cases} \min \lambda \\ \lambda \geq 5960 - (100 x_1 + 90 x_2 + 80 x_3 + 70 x_4) \\ x \in R^1 \end{cases}$$

求解 LP(2) 得到

$$\bar{x}^{(2)} = (18, 12, 33, 0)^T$$

相应的目标值

$$\bar{z}_1^{(2)} = 5520, \quad \bar{z}_2^{(2)} = 36$$

若这时决策者对此结果表示满意，即停止计算。

2．妥协约束法

设有两个目标的情况，即 $k=2$ 时

$$\max_{x \in R} C x$$

其中，$R = \{x | Ax \leq b, x \geq 0\}$，$A$ 为 $m \times n$ 矩阵，$x \in E^n$，$b \in E^m$，$C = \begin{pmatrix} c^1 \\ c^2 \end{pmatrix} = \begin{pmatrix} c_1^1 \cdots x_n^1 \\ c_1^2 \cdots c_n^2 \end{pmatrix}$。

妥协约束法的中心是引进一个新的超目标函数

$$z = \omega_1 c^1 x + \omega_2 c^2 x$$

其中 ω_1、ω_2 为权系数，$\omega_1 + \omega_2 = 1$，$\omega_i \geq 0$，$i = 1, 2$。此外构造一个妥协约束

$$R^1 : \omega_1 [c^1 x - z_1^1] - \omega_2 [c^2 x - z_2^2] = 0 \quad x \in R$$

其中 z_1^1 和 z_2^2 分别为 $c^1 x$ 和 $c^2 x$ 的最大值（当 $x \in R$）。求解的具体步骤为：

(1) 解线性规划问题

$$\max_{x \in R} c^1 x$$

得到最优解 $x^{(1)}$ 及相应的目标函数值 z_1^1。

(2) 解线性规划问题

$$\max_{x \in R} c^2 x$$

得到最优解 $x^{(2)}$ 及相应的目标函数值 z_2^2。

在具体求解时可以先用 $x^{(1)}$ 试一试，看是否是 $\max\limits_{x \in R} c^2 x$ 的最优解。若是，则这问题已找到完全最优解，停止求解；若不是，则求 $x^{(2)}$ 及相应的 z_2^2。

(3) 解下面三个线性规划问题之一：

$$\max\limits_{x \in R'} z, \quad \max\limits_{x \in R'} c^1 x, \quad \max\limits_{x \in R'} c^2 x$$

得到的解为妥协解。

【例 7.5.7】试求解多目标线性规划问题。

$$\max \begin{cases} z_1 = 3x_1 = x_2 \\ z_2 = x_1 + 2x_2 \end{cases} R : \begin{cases} x_1 + x_2 \leqslant 7 \\ x_1 \leqslant 5 \\ x2 \leqslant 5 \\ x_1, x_2 \geqslant 0 \end{cases}$$

解：分别求解线性规划问题 $\max\limits_{x \in R} z_1$ 和 $\max\limits_{x \in R} z_2$，得到最优解 $x^{(1)} = (5,2)$，$z_1 = 17$，$x^{(2)} = (2,5)$，$z_2 = 12$，见图 7.5.6。

若取 $\omega_1 = \omega_2 = 0.5$，则有超目标函数

$$z = 0.5[3x_1 + x_2] + 0.5[x_1 + 5x_2] = 2x_1 + 1.5x_2$$

妥协约束 R^1：

$$0.5[3x_1 + x_2 - 17] - 0.5[x_1 + 2x_2 - 12] = 0$$

即

$$x_1 - 0.5x_2 = 2.5 \quad x \in R$$

于是可以求得妥协解 $\bar{x} = (4,3)$，ω_1 和 ω_2 的取值可由决策者决定，这时可有不同的解。

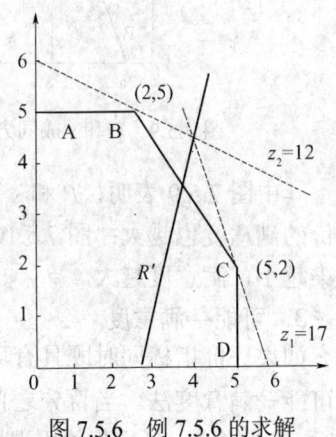

图 7.5.6 例 7.5.6 的求解

7.5.7 可能度与满意度决策方法

这种方法的着眼点在于替代方案的可能性和满意程度。

1. 可能性

可能性是指一个指标肯定能实现的可能度有多少。通常用 $P=1$ 表示实现的可能度最大；$P=0$ 表示某项指标肯定达不到。一般情况下，P 在 0~1 之间。当可能度的变化是线性时，可用图 7.5.7 和图 7.5.8 进行说明。

$$P = \begin{cases} 1, & r \leqslant r_A \\ \dfrac{r - r_B}{r_A - r_B}, & r_A < r < r_B \\ 0, & r \geqslant r_B \end{cases}$$

式中，r 表示某种可能性指标。

图 7.5.7 反映出 P 和 r 成反比关系：P 越大，r 越小，如隐身性能越好，被发现的可能性就越小；图 7.5.8 所反映出 Q 和 r 成正比关系：Q 越大，r 越大，如导弹精度越高，其命中目标的可能性就越大。

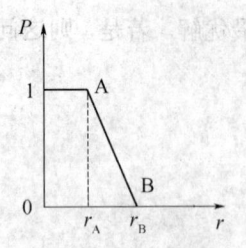

图 7.5.7　P 和 r 成反方向变化 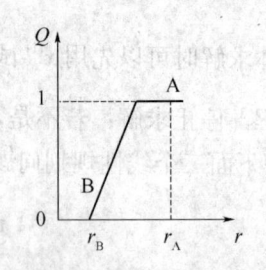　　　　　　图 7.5.8　Q 和 r 成同方向变化

2. 满意度

满意度说明指标的满意程度，满意度 $Q=1$ 表示完全满意；满意度 $Q=0$ 表示完全不满意。一般满意度 Q 在 $0\sim 1$ 之间变化。图 7.5.9 和图 7.5.10 反映了两类线性满意度评价指标。

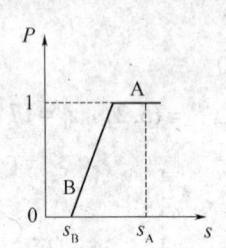

图 7.5.9　P 和 s 成同方向变化 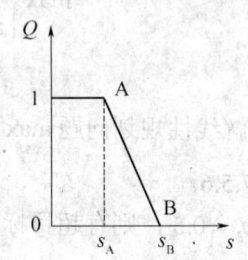　　　　　　图 7.5.10　Q 和 s 成反方向变化

其中图 7.5.9 表明，P 和 s 方向是一致的：P 随 s 的增大而增大，如导弹精度越高，对其评价的满意度也越大；图 7.5.10 表明 Q 与 s 变化方向是相反，即 s 越小，Q 越大，如核武器污染越小，满意度越大。

3. 可能—满意度

如果评价指标同时既具有可能度属性 $P(r)$，又有满意度 $Q(s)$ 属性，这时采用综合表述法，即可能—满意度法。当百分之百地既可能又满意时，记 $W=1$；当百分之百地既不可能又不满意时，记 $W=0$。但这两种极端情况的中间状态却是极端复杂的，可用下式抽象表达

$$W(a) = \langle P(r) \cdot Q(s) \rangle$$
$$\text{s.t.} f(r,s,a) = 0$$
$$r \in R, s \in S, a \in A$$

式中，a 表示某些用可能—满意度表达的指标；$\langle \cdots \cdots \rangle$ 为合并运算符号；R，S，A 分别表示 r，s，a 的可行域。

如对利润和成本的可能—满意度评估可用 $W(a) \leqslant \max_{P \bullet r} \min \langle P(r) \cdot Q(s) \rangle$ 进行反映。

下面举例来说明可能—满意度法的使用。

【例 7.5.8】 现要修建一个军港，需要进行港址选择，该项决策的评价指标是气候条件，具体而言有风力、风速、港区的波浪高度。衡量的依据是，港口规范规定的作业条件为：①风力小于 5~7 级，风速 10~15m/s，港内浪高 0.5~1m 时，全年可作业天数为 329~347 天；②其他条件下，港口全年可作业天数为 300~330 天，实际全年可作业天数为 330 天。

(1) 首先计算满意度的上限：经分析可知港口全年装卸作业最高天数为 340 天，这是可能度上限。达到这个天数是完全满意，即 $P=1$，$Q=0$。

(2) 其次计算满意度的下限：若以每周工作 3 天为计算，扣除法定假日 7 天，全年工作日为 149 天，为方便按 150 天计算，所以可能度和满意度的上、下限为 r_A=340 天，r_B=150 天，此时 $P=0$，$Q=0$。

$$\begin{matrix} P(r) \\ Q(r) \end{matrix} = \begin{cases} 1, & r \geqslant 340 \\ \dfrac{r - r_B}{r_A - r_B}, & 150 \leqslant r < 340 \\ 0, & r < 150 \end{cases}$$

(3) 再次计算替代方案的可能—满意度：
替代方案的实际指标值的可能—满意度如表 7.5.4 所示。

表 7.5.4 替代方案的可能—满意度

评价指标名称	指标上下限		各方案的值		
	上限	下限	A 地	B 地	C 地
气候条件（作业天数）	340	150	300	331	331
可能—满意度	1	0	0.79	0.95	0.95

(4) 将可能—满意度值作为评价值，利用前述的评价矩阵法，对 A 地进行综合评价(如表 7.5.5)。

表 7.5.5 A 地评价指标的数据及计算

序号	直接经济效益指标	单位	可能—满意度参数			可能—满意度
			r_B 下限	r_A 上限	指标值	
1	投资额	亿元/泊位	0.3	1.5	0.675	0.313
2	建设周期	年	10	50	30.6	0.515
3	资金收回期	年	10	30	21.2	0.560
4	年利及税金	亿元	3.0	0	2.845	0.948

对 B、C 两地可同样进行评价，最终抉择出一个合适的港址。

7.6 层次分析法

在进行系统分析时，我们经常会碰到这样一类情况，有些问题难以甚至根本不可能建立数学模型来进行定量分析，也可能由于时间紧迫，对有些问题来不及进行过细的定量分析，只需做出初步的选择和大致的判断就行了。例如选择一个新军械修理厂的厂址，购买一台设备，确定到哪里进行军事演习等等。这时，我们若采用层次分析法进行决策，就可以简便迅速地解决问题。

7.6.1 层次分析法的基本原理

1. 引言

层次分析法(Analytical Hierarchy Process，AHP)是美国匹兹堡大学教授 A.L.Saaty 于 20 世纪 70 年代提出的一种系统分析方法。由于研究工作的需要，Saaty 教授开发了一种综合定性与定量分析,模拟人的决策思维过程,以解决多因素复杂系统,特别是难以定量描述的社会系统的分析方法。1977年举行的第一届国际数学建模会议上,Saaty教授发表了《无结构决策问题的建模——层次分析理论》。从此,AHP开始引起了人们的注意,并陆续应用。1980年,Saaty教授出版了有关AHP的专著,之后,又陆续发表了一些AHP应用的论著。近年来,世界上有许多著名学者在AHP的理论研究和实际应用上做了大量的工作。

1982年1月,在我国召开的能源、资源、环境学术会议上,美国Moorhead大学能源研究所所长Nezhed教授首次向我国学者介绍了AHP方法。其后,天津大学许树伯等发表了我国第一篇介绍AHP的论文。随后,AHP的理论研究和实际应用在我国迅速展开。1988年9月,在天津召开了国际AHP学术研讨会,Saaty教授等国外学者和国内许多学者一起讨论了AHP的理论和应用问题。目前,AHP应用在能源政策分析、产业结构研究、科技成果评价、发展战略规划、人才考核评价以及发展目标分析等许多方面都取得了令人满意的成果。

AHP是一种能将定性分析与定量分析相结合的系统分析方法,是分析多目标、多准则的复杂大系统的有力工具。它具有思路清晰、方法简便、适用面广、系统性强等特点,便于普及推广,可成为人们工作和生活中思考问题、解决问题的一种方法。将AHP引入决策,是决策科学化的一大进步。它最适宜于解决那些难以完全用定量方法进行分析的决策问题,因此,它是复杂的社会、经济、军事系统实现科学决策的有力工具。

应用AHP解决问题的思路是:首先,把要解决的问题分层系列化,即根据问题的性质和要达到的目标,将问题分解为不同的因素,按照因素之间的相互影响和隶属关系将其分层聚类组合,形成一个递阶的、有序的层次模型。然后,对模型中的每一层次因素的相对重要性,根据人们对客观现实的判断给予定量表示,再利用数学方法确定每一层次全部因素相对重要性次序的权值。最后,通过综合计算各层因素相对重要性的权值,得到最低层(方案层)相对于最高层(目标层)的相对重要性的组合权值,以此作为评价和选择方案的依据。AHP将人们的思维过程和主观判断数学化,不仅简化了系统分析与计算工作,而且有助于决策者保持其思维过程和决策原则的一致性,所以,对于那些难以全部量化处理的复杂的社会经济军事问题,它能得到比较满意的决策结果。比如AHP用于多传感器数据融合中属性权的求取、装备维修质量综合评判等。

2. 基本原理

为了说明AHP的基本原理,我们首先分析下面这个简单的事实。

假定我们已知n只西瓜的重量总和为1,每只西瓜的重量分别为$W_1, W_2, \cdots, W_n$。把这些西瓜两两比较(相除),很容易得到表示两只西瓜相对重量关系的比较矩阵(称之为判断矩阵):

$$A = \begin{bmatrix} W_1/W_1 & W_1/W_2 & \cdots & W_1/W_n \\ W_2/W_1 & W_2/W_2 & \cdots & W_2/W_n \\ \vdots & \vdots & & \vdots \\ W_n/W_1 & W_n/W_2 & \cdots & W_n/W_n \end{bmatrix} = (a_{ij})_{n \times n} \qquad (7.6.1)$$

其中:$a_{ii} = 1, a_{ij} = 1/a_{ji}, a_{ij} = a_{ik}/a_{jk} (i,j,k = 1,2,\cdots,n)$

显然

$$AW = \begin{bmatrix} W_1/W_1 & W_1/W_2 & \cdots & W_1/W_n \\ W_2/W_1 & W_2/W_2 & \cdots & W_2/W_n \\ \vdots & \vdots & & \vdots \\ W_n/W_1 & W_n/W_2 & \cdots & W_n/W_n \end{bmatrix} \begin{bmatrix} W_1 \\ W_2 \\ \vdots \\ W_n \end{bmatrix} = \begin{bmatrix} nW_1 \\ nW_2 \\ \vdots \\ nW_n \end{bmatrix} = nW \quad (7.6.2)$$

即 n 是 A 的一个特征根，每只西瓜的重量是 A 相对与特征根 n 的特征向量的各个分量。

很自然，我们会提出一个相反的问题：如果事先不知道每只西瓜的重量，也没有衡器去称量，我们如能设法得到判断矩阵(比较每两只西瓜的重量是最容易的)，我们能否导出西瓜的相对重量呢?显然是可以的，在判断矩阵具有完全一致性的条件下，我们可以通过解特征值问题

$$AW = \lambda_{\max} W \quad (7.6.3)$$

求出正规化特征向量(即假设西瓜总重量为 1)，从而得到 n 只西瓜的相对重量。同样，对于复杂的社会经济军事科技等问题，通过建立层次分析结构模型，构造出判断矩阵，利用特征值方法即可确定各种方案和措施的重要性排序权值，以供决策者参考。

使用 AHP，判断矩阵的一致性是十分重要的。所谓判断矩阵的一致性，即判断矩阵是否满足如下关系：

$$a_{ij} = a_{ik}/a_{jk} \quad (i,j,k=1,2,\cdots,n) \quad (7.6.4)$$

上式完全成立时，称判断矩阵具有完全一致性。此时矩阵的最大特征根

$$\lambda_{\max} = n$$

其余特征根均为零。

在一般情况下，可以证明判断矩阵的最大特征根为单根，且

$$\lambda_{\max} \geq n$$

当判断矩阵具有满意的一致性时，$\lambda_{\max}$ 稍大于矩阵的阶数 n，其余特征根接近于零。这时，基于 AHP 得出的结论才基本合理。但由于客观事务的复杂性和人们认识上的多样性，要求所有的判断都具有完全的一致性是不可能的，但我们要求一定程度上的判断一致，因此，对构造的判断矩阵需要进行一致性检验。

3. 层次分析法的步骤

用 AHP 分析问题大体要经过以下 5 个步骤：①建立层次结构模型；②构造判断矩阵；③层次单排序；④层次总排序；⑤一致性检验。其中后三个步骤在整个过程中需要逐层地进行。

(1) 建立层次结构模型。

运用 AHP 进行系统分析，首先要将所包含的因素分组，每一组作为一个层次，按照最高层、若干有关的中间层和最低层的形式排列起来，例如，对于决策问题，通常可以将其划分成如图 7.19 所示的层次结构模型。其中：

最高层：表示解决问题的目的，即应用 AHP 所要达到的目标。

中间层：它表示采用某种措施和政策来实现预定目标所涉及的中间环节，一般又分为策略层、约束层、准则层等。

最低层：表示解决问题的措施或政策(即方案)。

【例 7.6.1】某反坦克导弹武器系统发展研制之前曾提出两种技术，引进方案 A_1 和 A_2。为了对两种技术引进方案的综合经济效益进行评价，构造了一个三层递阶结构的评价指标体系，如图 7.6.2 所示。

目标层A 　　　　　　　　　　　　目标A

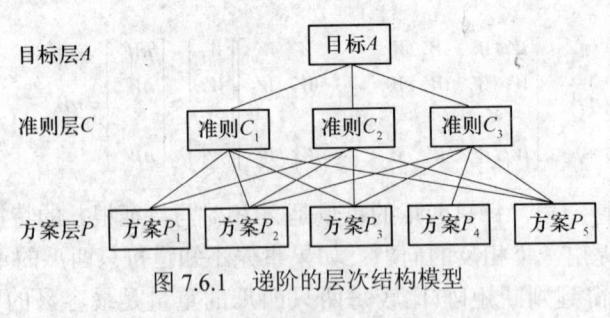

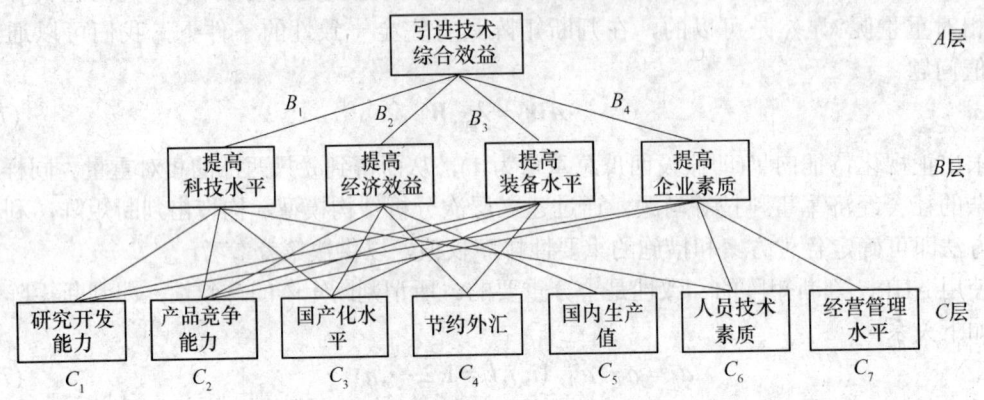

准则层C 　　　　　　准则C_1　准则C_2　准则C_3

方案层P 　　方案P_1　方案P_2　方案P_3　方案P_4　方案P_5

图 7.6.1　递阶的层次结构模型

图 7.6.2　导弹技术引进综合效益评价指标体系

其次，还要标明上一层因素与下一层因素之间的联系。如果某个因素与下一层次所有因素均有联系，那么称这个因素与下一层次存在完全层次关系。有时存在不完全层次关系，即某个因素只与下一层次的部分因素有联系，它的因素与下一层次的因素有联系，但不形成独立层次，层次结构模型往往用结构模型图表示。

(2) 构造判断矩阵。

任何系统分析都以一定的信息为基础。AHP 的信息基础主要是人们对每一层次各因素的相对重要性给出的判断，这些判断用数值表示出来，写成矩阵形式就是判断矩阵，判断矩阵是 AHP 工作的出发点，构造判断矩阵是 AHP 的关键一步。

判断矩阵表示针对上一层次某因素而言，本层次与之有关的各因素之间的相对重要性。假定 A 层中因素 A_k 与下一层次中因素 B_1，B_2，…，B_n 有联系，则我们构造的判断矩阵如表 7.6.1 所示：

表 7.6.1　判断矩阵

A_k	B_1	B_2	…	B_n
B_1	b_{11}	b_{12}	…	b_{1n}
B_2	b_{21}	b_{22}	…	b_{2n}
⋮	⋮	⋮		⋮
B_n	b_{n1}	b_{n2}	…	b_{nn}

其中，b_{ij} 是对于 A_k 而言，B_i 对 B_j 的相对重要性的数值表示，通常 b_{ij} 取 1，2，3，…，9 及它们的倒数，其含义为：

$b_{ij}=1$，表示 B_i 与 B_j 一样重要；

$b_{ij}=3$,表示 B_i 比 B_j 重要一点(稍微重要);

$b_{ij}=5$,表示 B_i 比 B_j 重要(明显重要);

$b_{ij}=7$,表示 B_i 比 B_j 重要得多(强烈重要);

$b_{ij}=9$,表示 B_i 比 B_j 极端重要(绝对重要)。

它们之间的数 2,4,6,8 及各数的倒数具有相应的类似意义。

采用 1~9 的比例标度的依据是:其一,心理学的实验表明,大多数人对不同事物在相同属性上差别的分辨能力在 5~9 级之间,采用 1~9 的标度反映了大多数人的判断能力;其二,大量的社会调查表明,1~9 的比例标度早已为人们所熟悉和采用;其三,科学考察和实践表明,1~9 的比例标度已完全能区分引起人们感觉差别的事物的各种属性。

显然,任何判断矩阵都应满足

$$b_{ii}=1$$
$$b_{ij}=\frac{1}{b_{ji}}(i,j=1,2,\cdots,n)$$

因此,对于 n 阶判断矩阵,我们仅需要对 $n(n-1)/2$ 个矩阵元素给出数值。

(3) 层次单排序。

所谓层次单排序是指:根据判断矩阵计算对于上一层某因素而言,本层次与之有联系的因素的重要性次序的权值。它是本层次所有因素相对上一层次而言的重要性进行排序的基础。

层次单排序可以归结为计算判断矩阵的特征根和特征向量问题,即对判断矩阵 $\boldsymbol{B}$,计算满足 $\boldsymbol{BW}=\lambda_{\max}\boldsymbol{W}$ 的特征根与特征向量,式中 $\lambda_{\max}$ 为 $\boldsymbol{B}$ 的最大特征根,$\boldsymbol{W}$ 为对应于 $\lambda_{\max}$ 的正规化特征向量,$\boldsymbol{W}$ 的分量 W_i 即是相应因素单排序的权值。

为了检验矩阵的一致性,需要计算它的一致性指标 CI,定义

$$\text{CI}=\frac{\lambda_{\max}-n}{n-1} \tag{7.6.5}$$

显然,当判断矩阵具有完全一致性时,CI=0。$\lambda_{\max}-n$ 愈大,CI 愈大,矩阵的一致性愈差。为了检验不同阶判断矩阵是否具有满意的一致性,需要将 CI 与平均随机一致性指标 RI 进行比较。对于 1~9 阶矩阵,RI 分别如表 7.6.2 所示。

表 7.6.2 1~9 阶矩阵的平均随机一致性指标

阶数	1	2	3	4	5	6	7	8	9
RI	0.00	0.00	0.58	0.90	1.12	1.24	1.32	1.41	1.45

对于 1、2 阶判断矩阵,RI 只是形式上的,按照我们对判断矩阵所下的定义,1 阶、2 阶判断矩阵总是完全一致的。当阶数大于 2 时,判断矩阵的一致性指标 CI,与同阶平均随机一致性的指标 RI 之比称为判断矩阵的随机一致性比例,记为 CR,当 CR=CI/RI<0.10 时,判断矩阵具有满意的一致性,否则就需要对判断矩阵进行调整。

(4) 层次总排序。

利用同一层次中所有层次单排序的结果,就可以计算针对上一层次而言,本层次所有因素重要性的权值,这就是层次总排序。层次总排序需要从上到下逐层顺序进行,对于最高层下面的第二层,其层次单排序即为总排序。假定上一层次所有因素 $A_1,A_2,\cdots,A_m$ 的总排序

已完成，得到的权值分别为 α_1，α_2，$\cdots$，α_m，与 α_i 对应的本层次因素 B_1，B_2，$\cdots$，B_n 单排序的结果为 $b_1^i, b_2^i, \cdots, b_n^i$。

这里，若 B_j 与 A_i 无关，则 $b_j^i = 0$，层次总排序如表 7.6.3 所示。

表 7.6.3 层次总排序

层次 A	A_1	A_2	$\cdots$	A_m	B 层次的总排序
	α_1	α_2	$\cdots$	α_m	
B_1	b_1^1	b_1^2	$\cdots$	b_1^m	$\sum_{i=1}^{m}\alpha_i b_1^i$
B_2	b_2^1	b_2^2	$\cdots$	b_2^m	$\sum_{i=1}^{m}\alpha_i b_2^i$
$\vdots$	$\vdots$	$\vdots$		$\vdots$	$\vdots$
B_n	b_1^1	b_n^2	$\cdots$	b_1^m	$\sum_{i=1}^{m}\alpha_i b_n^i$

显然

$$\sum_{j=1}^{n}\sum_{i=1}^{m}\alpha_i b_j^i = 1$$

即层次总排序仍然是归一化正规向量。

(5) 一致性检验。

为评价层次总排序的计算结果的一致性如何，需要计算与单排序类似的检验量。
CI 为层次总排序一致性指标；
RI 为层次总排序平均随机一致性指标；
CR 为层次总排序随机一致性比例。
它们的表达式分别为：

$$\text{CI} = \sum_{i=1}^{m}\alpha_i \text{CI}_i \tag{7.6.6}$$

式中 CI_i 为与 α_i 对应的 B 层次中判断矩阵的一致性指标；

$$\text{RI} = \sum_{i=1}^{m}\alpha_i \text{RI}_i \tag{7.6.7}$$

式中 RI_i 为与 α_i 对应的 B 层次中判断矩阵的平均随机一致性指标；

$$\text{CR} = \frac{\text{CI}}{\text{RI}} \tag{7.6.8}$$

同样当 $\text{CR} \leqslant 0.10$ 时，我们认为层次总排序的计算结果具有满意的一致性。

7.6.2 层次分析法的计算方法

AHP 计算的根本问题是如何计算判断矩阵的最大特征根 $\lambda_{\max}$ 及其对应的特征向量 W。下面简要介绍常用的三种计算方法。

1. 幂法

计算特征根的幂法使我们有可能利用计算机得到任意精确度的最大特征根 $\lambda_{\max}$ 及其对应

的特征向量 W。这一方法的计算步骤如下：

(1) 任取与判断矩阵 B 同阶的正规化的初值向量 W^0。

(2) 计算 $\bar{W}^{k+1} = BW^k, k = 0, 1, 2, \cdots$。

(3) 令 $\beta = \sum_{i=1}^{n} \bar{W}_i^{k+1}$，计算 $W^{k+1} = \dfrac{1}{\beta} \bar{W}^{k+1}, k = 0, 1, 2, \cdots$。

(4) 对于预先给定的精确度 ε，当 $\left| \bar{W}_i^{k+1} - W_i^k \right| < \varepsilon$ 对所有 $i = 1, 2, \cdots, n$ 成立时，则 $W = W^{k+1}$ 为所求特征向量。$\lambda_{\max}$ 可由下式求得

$$\lambda_{\max} = \sum_{i=1}^{n} \dfrac{W_i^{k+1}}{n W_i^k} \tag{7.6.9}$$

式中 n 为矩阵阶数，W_i^k 为向量 W^k 的第 i 个分量。

2. 和积法

为简化计算，可采用近似方法——和积法计算，它使得我们可以在保证足够精确度的条件下运用 AHP。其具体计算步骤如下。

(1) 将判断矩阵每一列正规化

$$\bar{b}_{ij} = \dfrac{b_{ij}}{\sum_{k=1}^{n} b_{kj}} \quad (i, j = 1, 2, \cdots, n)$$

(2) 每一列经正规化后的判断矩阵按行相加

$$\bar{W} = \sum_{j=1}^{n} \bar{b}_{ij} \quad (i = 1, 2, \cdots, n)$$

(3) 对向量 $\bar{W} = \left[\bar{W}_1, \bar{W}_2, \cdots, \bar{W}_n \right]^{\mathrm{T}}$ 正规化

$$W = \dfrac{\bar{W}_i}{\sum_{j=1}^{n} \bar{W}_j} \quad (i = 1, 2, \cdots, n)$$

所得到的 $W = \left[W_1, W_2, \cdots, W_n \right]^{\mathrm{T}}$ 即为所求特征向量。

(4) 计算判断矩阵最大特征根 $\lambda_{\max}$：

$$\lambda_{\max} = \sum_{i=1}^{n} \dfrac{(BW)_i}{n W_i} \tag{7.6.10}$$

式中 $(BW)_i$ 表示向量 BW 的第 i 个分量。

3. 方根法

为简化计算，AHP 还可采用另一种近似方法——方根法计算，其步骤为：

(1) B 的元素按行相乘

$$u_{ij} = \prod_{j=1}^{n} b_{ij}$$

(2) 所得的乘积分别开 n 次方

$$u_i = \sqrt[n]{u_{ij}}$$

(3) 将方根向量正规化，即得特征向量 W

$$W_i = \frac{u_i}{\sum_{i=1}^{n} u_i}$$

(4) 计算判断矩阵最大特征根 $\lambda_{\max}$

$$\lambda_{\max} = \sum_{i=1}^{n} \frac{(BW)_i}{nW_i}$$

式中 $(BW)_i$ 同样表示向量 BW 的第 i 个分量。

表 7.6.4 例 7.6.1 判断矩阵

B	C_1	C_2	C_3
C_1	1	1/5	1/3
C_2	5	1	3
C_3	3	1/3	1

【例 7.6.1】用和积法计算表 7.6.4 的判断矩阵的最大特征根及其对应的特征向量。

解：(1) 按上述的和积法的计算步骤(1)，得到按列正规化后的判断矩阵为

$$\begin{bmatrix} 0.111 & 0.130 & 0.077 \\ 0.556 & 0.652 & 0.692 \\ 0.333 & 0.217 & 0.231 \end{bmatrix}$$

(2) 按上述的和积法的步骤(2)，按行相加得

$$\overline{W}_1 = \sum_{j=1}^{n} \overline{b}_{ij} = 0.111 + 0.130 + 0.077 = 0.317$$

$$\overline{W}_2 = 0.556 + 0.652 + 0.692 = 1.900$$

$$\overline{W}_3 = 0.333 + 0.217 + 0.231 = 0.781$$

(3) 将向量 $\overline{W} = [0.317, 1.900, 0.781]^T$ 正规化得

$$\sum_{j=1}^{n} \overline{W}_j = 0.317 + 1.900 + 0.781 = 2.998$$

$$W_1 = \frac{\overline{W}_1}{\sum_{j=1}^{n} \overline{W}_j} = \frac{0.317}{2.998} = 0.106$$

$$W_2 = \frac{1.900}{2.998} = 0.634$$

$$W_3 = \frac{0.781}{2.998} = 0.260$$

则所求特征向量 $W = [0.106, 0.634, 0.260]^T$

(4) 计算判断矩阵的最大特征根 $\lambda_{\max}$

$$BW = \begin{bmatrix} 1 & 1/5 & 1/3 \\ 5 & 1 & 3 \\ 3 & 1/3 & 1 \end{bmatrix} \begin{bmatrix} 0.106 \\ 0.634 \\ 0.261 \end{bmatrix} = \begin{bmatrix} 0.320 \\ 0.941 \\ 0.785 \end{bmatrix}$$

$$\lambda_{\max} = \sum_{i=1}^{n}\frac{(BW)_i}{nW_i} = \frac{(BW)_1}{3W_1} + \frac{(bW)_2}{3W_2} = \frac{(BW)_3}{3W_3}$$

$$= \frac{0.320}{3\times 0.106} + \frac{1.941}{3\times 0.634} + \frac{0.785}{3\times 0.260} = 3.036$$

7.6.3　层次分析法的应用

下面我们举一个应用 AHP 进行方案排序的例子。

【例 7.6.2】 某地空导弹团在进行战斗部署时,为了达到射击效率最高的目的,根据火力区的大小、杀伤区重叠次数和火力密度三个准则,设计了 5 种方案。现在要对上述 5 种方案进行优劣性评价,或者说按优劣顺序把这 5 种方案排列起来,以便团领导从中选择一种方案付诸实施。

我们应用 AHP 对此问题进行分析后,可建立如图 7.6.3 所示的层次结构模型。

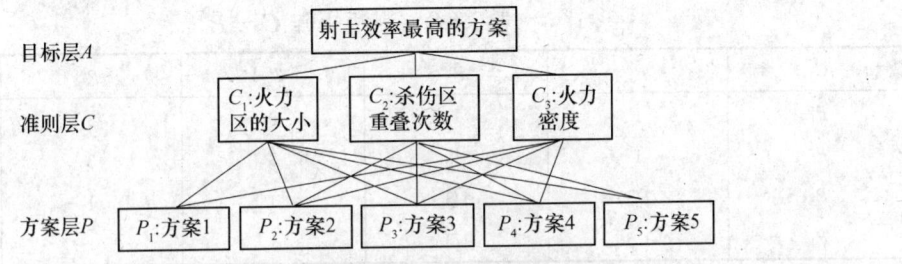

图 7.6.3　地空导弹团战斗部署的层次结构模型

根据各因素的重要性比较构造判断矩阵并进行计算,所得判断矩阵及相应计算结果如下:

(1) 判断矩阵 $A-C$(相对于总目标而言,各准则之间的相对重要性比较),见表 7.6.5。

表 7.6.5　判断矩阵 $A-C$

A	C_1	C_2	C_3	W
C_1	1	1/5	1/3	0.106
C_2	5	1	3	0.634
C_3	3	1/3	1	0.260

$\lambda_{\max} = 3.0385$,CI=0.0193,RI=0.58,CR=0.0332<0.10

可见判断矩阵具有满意的一致性。

(2) 判断矩阵 C_1-P(相对于火力区准则而言,各方案之间的相对重要性比较),见表 7.6.6。

表 7.6.6　判断矩阵 C_1-P

C_1	P_1	P_2	P_3	P_4	P_5	W
P_1	1	3	5	4	7	0.491
P_2	1/3	1	3	2	5	0.232
P_3	1/5	1/3	1	1/2	3	0.092
P_4	1/4	1/2	2	1	3	0.138
P_5	1/7	1/5	1/3	1/3	1	0.046

$\lambda_{max} = 5.126$,CI=0.032,RI=1.12,CR=0.028<0.10

(3) 判断矩阵 C_2-P(相对于杀伤区重叠次数准则而言,各方案之间的相对重要性比较),见表 7.6.7。

表 7.6.7 判断矩阵 C_2-P

C_2	P_2	P_3	P_4	P_5	W
P_2	1	1/7	1/3	1/5	0.055
P_3	7	1	5	3	0.564
P_4	3	1/5	1	1/3	0.118
P_5	5	1/3	3	1	0.263

$\lambda_{max} = 4.117$,CI=0.039,RI=0.90,CR=0.043<0.10

(4) 判断矩阵 C_3-P(相对于火力密度准则而言,各方案之间的相对重要性比较)

表 7.6.8 判断矩阵 C_3-P

C_3	P_1	P_2	P_3	P_4	W
P_1	1	1	3	3	0.406
P_2	1	1	3	3	0.406
P_3	1/3	1/3	1	1	0.094
P_4	1/3	1/3	1	1	0.094

$\lambda_{max} = 4$,CI=0,CR=0

层次总排序计算结果如表 7.6.9 所示。

表 7.6.9 层次总排序计算结果

层次C / 层次P	C_1	C_2	C_3	层次P总排序权值	方案排序
	0.104	0.637	0.258		
P_1	0.491	0	0.406	0.157	4
P_2	0.232	0.055	0.406	0.164	3
P_3	0.092	0.564	0.094	0.393	1
P_4	0.138	0.118	0.094	0.113	5
P_5	0.046	0.263	0	0.172	2

CI=0.028,RI=0.9231,CR=0.0305<0.10

计算结果表明,为使射击效率最高,对于该导弹团来说,所提出的 5 种方案的优先次序为:

P_3(权值为 0.393)——P_5(权值为 0.172)——P_2(权值 0.164)——P_1(权值为 0.157)——P_4(权值 0.113)。团领导可根据上述排序结果进行决策。

需要注意的是,不同的人对不同问题中的不同情况,有不同的判断。用不同的判断值,计算的排序结果也不一样。所以应当请那些对所处理的问题有专门研究的人来做判断,因为他们对所处理的问题和周围的环境了解得愈透彻,便愈能得到合理的判断和正确的排序结果。

7.7 系统决策在军事上的应用

7.7.1 层次分析法在反舰导弹威胁等级的判定中的应用

对反舰导弹威胁等级的判定涉及到敌反舰导弹的类型、敌我双方的运动情况、敌我双方的武器系统性能以及指挥员的素质等因素，舰艇防御既要从全舰方面考虑，又要顾及每种反导武器的具体情况，综合考虑目标威胁因素的 5 个指标，即目标制导方式、目标速度、目标距离、目标战斗能力、航路勾径。其中目标的制导方式是指反舰导弹的末制导方式，包括主动半主动雷达制导、被动红外寻的制导、半主动激光寻的制导等制导方式，以及由各种制导方式不同组合而成的复合制导；目标速度，可分为静止、低速、高速、亚声速、声速、超声速；目标距离，可分为近、中、远；目标战斗能力，可分为弱、中、强；航路勾径，可分为零、小、中、大。依据上述分析，可建立反舰导弹威胁等级的层次结构模型，如图 7.7.1 所示。

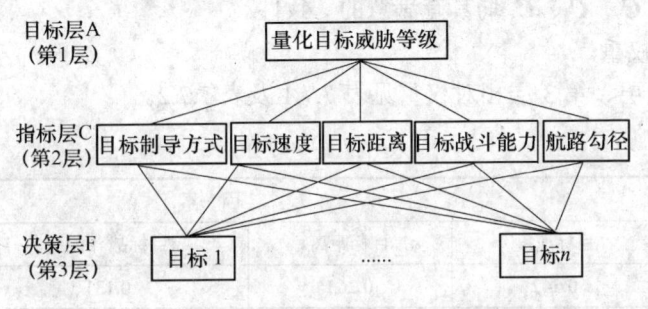

图 7.7.1 量化反舰导弹威胁威胁等级的层次结构模型

假设水面舰艇在航行时发现了三个导弹目标，分别为 F_1、F_2、F_3，对应速度为 $Ma=0.7$、$Ma=0.9$、$Ma=2$，对应距离为 30km、50km、100km，已知 F_1 战斗部采用高爆炸药 230kg，F_2 高爆炸药 75kg，F_3 高爆炸药 220kg，航路勾径分别为 500m，0m，200m。

考虑到目标制导方式受气象条件影响较大，且各种制导方式在不同气象条件下的使用各不相同，这里暂不考虑目标制导方式指标及其判断矩阵 $C1$，求得简化后的相应判断矩阵分别为：

$$A = \begin{bmatrix} 1 & 3 & 4 & 6 \\ 1/3 & 1 & 3 & 4 \\ 1/4 & 1/3 & 1 & 3 \\ 1/6 & 1/4 & 1/3 & 1 \end{bmatrix} \quad C_2 = \begin{bmatrix} 1 & 1/2 & 1/5 \\ 2 & 1 & 1/4 \\ 5 & 4 & 1 \end{bmatrix}$$

$$C_3 = \begin{bmatrix} 1 & 3 & 5 \\ 1/3 & 1 & 3 \\ 1/5 & 1/3 & 1 \end{bmatrix} \quad C_4 = \begin{bmatrix} 1 & 5 & 1 \\ 1/5 & 1 & 1/5 \\ 1 & 5 & 1 \end{bmatrix} \quad C_5 = \begin{bmatrix} 1 & 1/6 & 1/3 \\ 6 & 1 & 3 \\ 3 & 1/3 & 1 \end{bmatrix}$$

(1) 计算 A 行所有元素的几何平均值

$$\varpi_A^1 = (1 \cdot 3 \cdot 4 \cdot 6)^{1/4} = 2.913$$

$$\varpi_A^2 = (1/3 \cdot 1 \cdot 3 \cdot 4)^{1/4} = 2.913$$

$$\varpi_A^3 = (1/4 \cdot 1/3 \cdot 1 \cdot 3)^{1/4} = 0.707$$

$$\varpi_A^4 = (1/6 \cdot 1/4 \cdot 1/3 \cdot 1)^{1/4} = 0.343$$

(2) 将 ϖ_A^1、ϖ_A^2、ϖ_A^3、ϖ_A^4 归一化得：

$\varpi_A = (0.542, 0.263, 0.131, 0.064)^T$ 即为所求特征向量近似值。

(3) 计算 A 的最大特征根 λ_A，有

$$\lambda_{A\max} = \sum_{i=1}^{n} \frac{(A\varpi)_i}{n\varpi_i} = 4.145$$

对于判断矩阵 A，CI=0.048，RI=0.9，因此 CR=0.053<0.1，满足一致性要求。

同理，可计算

$$\varpi_{C_2} = (0.117, 0.200, 0.683)^T, \lambda_{C_2\max} = 3.026, CR_2 = 0.022$$

$$\varpi_{C_3} = (0.637, 0.258, 0.105)^T, \lambda_{C_3\max} = 3.037, CR_3 = 0.032$$

$$\varpi_{C_4} = (0.455, 0.091, 0.455)^T, \lambda_{C_4\max} = 3, CR_4 = 0$$

$$\varpi_{C_5} = (0.096, 0.655, 0.250)^T, \lambda_{C_5\max} = 3.02, CR_5 = 0.017$$

说明判断矩阵 C_2、C_3、C_4、C_5 均具有满意的一致性。

(4) 计算组合权重。

本例中，第 2 层、第 3 层相对权重见表 7.7.1 及表 7.7.2。

表 7.7.1 第 2 层

量化等级	因 素			
	目标速度	目标距离	目标战斗能力	航路勾径
权重	0.542	0.263	0.131	0.064

表 7.7.2 第 3 层

因素	目 标		
	F_1	F_2	F_3
目标速度	0.117	0.2	0.683
目标距离	0.637	0.258	0.105
目标战斗能力	0.455	0.091	0.455
航路勾径	0.096	0.655	0.25

F_1 权重=0.542×0.117+0.263×0.637+0.131×0.455+0.064×0.096=0.297

F_2 权重=0.542×0.2+0.263×0.258+0.131×0.091+0.064×0.655=0.23

F_3 权重=0.542×0.683+0.263×0.105+0.131×0.455+0.064×0.25=0.47

计算结果说明：虽然 F_3 目标距舰艇距离最远，但对舰艇的威胁最大。因此，在实际作战过程中，对反舰导弹威胁等级的判断不能仅仅考虑一个或几个因素，而应尽可能多地根据当时海战场的实际情况，综合考虑，这样，才能正确判断对舰艇威胁最大的目标，正确决策，及时实施抗击行动。

7.7.2 层次分析法在武器装备规划与决策方法中的应用

作战武器系统是一个多种装备组合使用的大系统，在一定的资源和经费条件下究竟如何合理配置各种武器的构成比例、数量和使用规模等，才能达到最佳的作战应用效果，是装备

体系建设与发展必须研究的课题。解决了这一课题不仅可以为各型武器装备的研制、发展提供指导，为装备购置预案提供决策依据，而且有助于实现在一定时期利用有限装备满足特定的作战意图。要解决这一课题首先必须对各种不同类属武器的相对优劣问题作出合理科学的技术评判。以往对不同类属武器间的相对优劣问题缺乏科学的理论评判，使装备体系的构成结构决策主要依靠定性分析和主观经验，结果造成装备数量大而比例不合理，没有发挥装备的整体效能。可利用层次分析法解决武器装备体系构成比例结构的规划与决策中的定量评估的可行性问题。

在进行对地攻击武器间的相对优劣评估时，将对地攻击武器绩效作为系统目标(即评价准则)，各类属装备为系统要素，按系统评价准则确定能反映其实际绩效的主要因素，按各要素间的从属关系划分层次结构，建立递阶层次结构模型(如图 7.7.2 所示)。

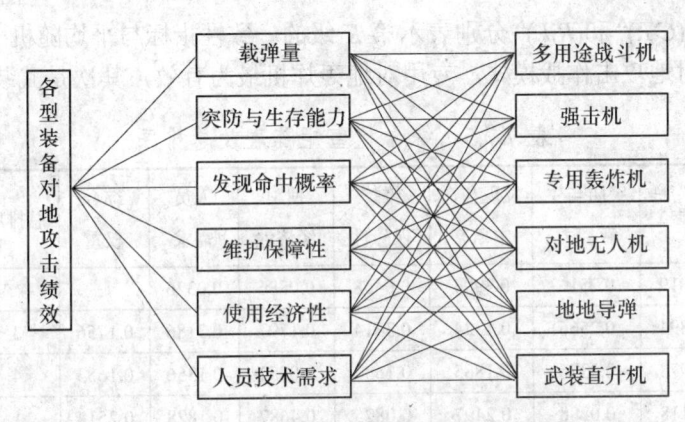

图 7.7.2 对地攻击武器绩效的层次结构模型

建立了两级递阶结构模型后，就可以对同一级的各要素元两两比较，利用评分赋值的办法来定量估计各要素间的相对重要度。将两两比较后的相对重要度值列表，形成一个判断矩阵，见表 7.7.3。

表 7.7.3 第 1 层判断矩阵元素及权重

对地攻击绩效	载弹量	突防与生存能力	发现命中概率	维护保障性	使用经济性	人员技术需求	权重 w_i	$\overline{w}_i$	排序
载弹量	1	1/2	1/3	5	3	6	1.5704	0.1819	3
突防与生存能力	2	1	1/2	5	3	7	2.1720	0.2516	2
发现命中概率	3	2	1	7	5	8	3.4479	0.3994	1
维护保障性	1/5	1/5	1/7	1	1/3	2	0.3952	0.0458	5
使用经济性	1/3	1/3	1/5	3	1	3	0.7647	0.0886	4
人员技术需求	1/6	1/7	1/8	1/2	1/3	1	0.2814	0.0326	6

同样方法可给出第 2 层元素在第 1 层各元素对应准则下的判断矩阵。以第 1 层中的载弹能力为例，其判断矩阵元素如表 7.7.4 (前 6 列)。依此类推，可得到其他 6 个判断矩阵(略)。

表 7.7.4 载弹量准则下的第 2 层判断矩阵及权重

载弹量	多用途战斗机	强击机	专用轰炸机	对地无人机	地地导弹	武装直升机	权重 w_i	$\overline{w_i}$	排序
多用途战斗机	1	1/3	1/7	5	3	1/2	0.8423	0.0894	4
强击机	3	1	1/5	7	5	2	1.8644	0.1978	2
专用轰炸机	7	5	1	9	8	5	4.8239	0.5118	1
对地无人机	1/5	1/7	1/9	1	1/3	1/5	0.2441	0.0259	6
地地导弹	1/3	1/5	1/8	3	1	1/5	0.4503	0.0478	5
武装直升机	2	1/2	1/5	5	3	1	1.2009	0.1274	3

表 7.7.5 中，$(C.I.)^K$ 和 $(R.I.)^K$ 分别表示第 K 级的一致性指标与平均随机一致性指标。计算结果表明，用于对地攻击作战模式，专用对地轰炸机最为有效，其次是武装直升机等。

表 7.7.5 综合权重矩阵表及总排序

准则	载弹量	突防与生存能力	发现与命中概率	维护保障性	使用经济性	人员需求	综合权重	总排序	$(C.I.)^K_总$	$(R.I.)^K_总$
第一层次权重	0.1819	0.2516	0.3994	0.0458	0.0886	0.0326				
多用途战斗机	0.0894	0.2566	0.1324	0.3414	0.1797	0.3186	0.1756	3		
强击机	0.1978	0.1376	0.1885	0.1632	0.0852	0.1356	0.1653	4		
专用轰炸机	0.5118	0.0288	0.2497	0.0825	0.4687	0.1828	0.2514	1		
对地无人机	0.0259	0.0575	0.0493	0.0346	0.0250	0.0352	0.0438	6		
地地导弹	0.0478	0.4048	0.0537	0.0795	0.0475	0.0693	0.1420	5		
武装直升机	0.1274	0.1146	0.3265	0.2989	0.1957	0.2585	0.2219	2		
$(C.I.)^K$	0.0738	0.0656	0.0472	0.0374	0.0729	0.0376	0.0582		0.0582	
$(R.I.)^K$	1.26	1.26	1.26	1.26	1.26	1.26	1.26			1.26

根据上述计算，就得到了对地攻击武器间的相对优劣评估，且有较好的可信度。若要实现对整个武器体系的规划与决策，就必须在此基础上建立包含体系全部装备的系统结构分析模型，按照体系各级组成部分的使用功能和作战意图，并综合考虑各装备的生产能力、部队编制、机场资源和配套设施的配置等客观因素进行分析、评估，在获得各型装备的相对优劣定量评估的基础上综合判断，使装备体系的规划与决策建立在科学定量分析的基础上。

7.7.3 层次分析法在水下目标威胁度评估中的应用

鱼雷对多目标的全弹道跟踪是一个动态的过程，在跟踪过程中，自导系统搜索范围内的目标个数、目标种类，以及目标姿态可能会发生变化。因此，现代鱼雷必须具备在全弹道跟踪过程中对多个目标进行自动优先级排序的能力，依照一定的排序原则对目标的攻击优先级进行衡量，确定最有可能是真目标的攻击对象，识别其真假后选择跟踪弹道，节省航程，提高命中概率。

1. 水下多目标影响威胁度评估的属性

在对水下多目标进行威胁评估的过程中，由于采用的特征因素不同，各种特征因素的影响权系数不同,以及采用的威胁评估准则不同,可能导致威胁评估结果的变化。在鱼雷多目标跟踪系统中,就会导致鱼雷选择的攻击对象的变化,最终可能会引起鱼雷的错误命中。

水下目标特性描述为目标类型、距离、速度、加速度、数量、方位等多个方面。在众多属性中,既有定量描述,也有定性描述,而且相互之间的关系复杂。若要全面合理地考虑每个属性,给出一个威胁程度与各种属性的函数关系,难度很大。在实际作战过程中,敌我双方均相互保密,作为攻击方,只能根据目标估计信息、检测信息和平时掌握的敌方信息进行判断,一般可以得到目标的类型、运动速度和加速度、航向角、方位、距被保卫物的距离等信息。水下目标的速度、距离、深度,决定了鱼雷到达目标的近似时间;方位角决定了目标运动的航路捷径或航向角;目标类型以及目标运动加速度或深度上是否机动,在一定程度上表明目标是否具有攻击意图。因此,目标类型、速度、距离、深度、是否具有攻击意图,是影响威胁评估的主要属性。对于较严格的威胁估计,还要考虑敌方目标作战性能和攻击能力等多种属性。

各个目标的具体参数见表 7.7.6。

表 7.7.6 目标参数

目标	速度 /(m·s⁻¹)	距离 /m	径向速度 /(m·s⁻¹)	航向角 /(°)	速度变化率 /(m·s⁻¹)	深度 /m	方位角 /rad
1	25	1300	9	9	6	20	0.9
2	17	1050	6	4	7	35	1.2
3	19	2000	5	32	3	15	0.8
4	22	2500	7	45	5	19	0.4
5	20	1800	4	26	4	26	1.3

2. 水下多目标威胁度评估模型的建立

多目标优先级排序层次分析法模型如图 7.7.3 所示。其中,第一层(A)为目标层,第二、三层(B,C)为准则层,第四层(D)为方案层。

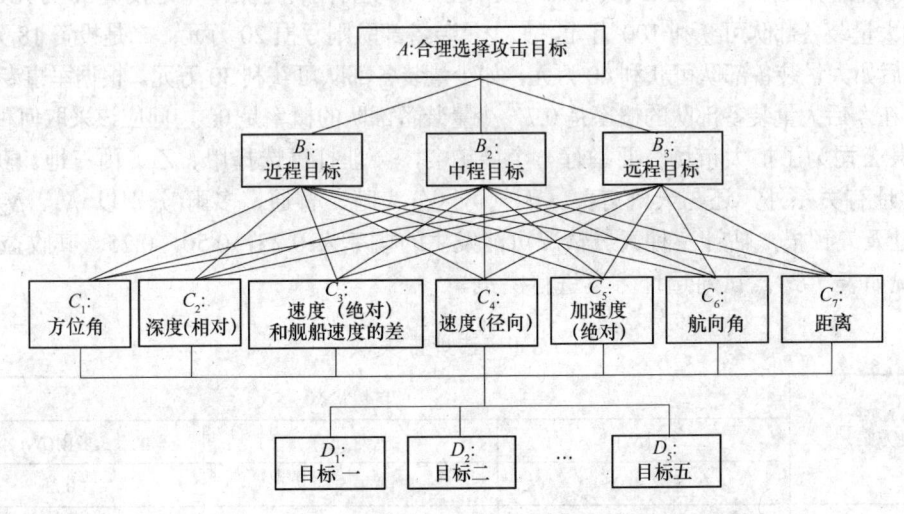

图 7.7.3 多目标优先级排序层次分析法模型

首先构造判断矩阵,求权系数。

例如:C 层各因素相对 B_1 的判断矩阵和权系数计算见表 7.7.7。

表 7.7.7　C 层各因素对 B_1 的权系数

B_1	C_1 方位角	C_2 深度	C_3 速度差	C_4 速度(径向)	C_5 加速度	C_6 航向角	C_7 距离	P
C_1	1	3	4	5	7	8	9	0.7906
C_2	1/3	1	3	4	5	7	8	0.4871
C_3	1/4	1/3	1	3	4	5	7	0.2966
C_4	1/5	1/4	1/3	1	3	4	5	0.1787
C_5	1/7	1/5	1/4	1/3	1	3	4	0.1076
C_6	1/8	1/7	1/5	1/4	1/3	1	3	0.0660
C_7	1/9	1/8	1/7	1/5	1/4	1/3	1	0.0419

$\lambda_{\max}=7.5792$，$C.I.=0.0965$，$R.I.=1.38$，$C.R.=0.0699$。

将求出的特征向量归一化，就可以作为权重向量：

$$W_1=(0.4016,\ 0.2474,\ 0.1506,\ 0.0908,\ 0.0548,\ 0.0335,\ 0.0213)^T$$

同理，可进行其它判断矩阵和权系数的计算，层次单排序结束后，再计算层次总排序向量，可得目标威胁度排序，这里就不再一一计算。

7.8　思 考 题

1. 根据人们对自然状态规律的认识和掌握程度，如何对决策问题进行分类？构成决策问题的条件又是什么？
2. 风险型决策的特点是什么？它有几种方法？
3. 什么是不确定型决策？它有几种类型？各有什么特点？
4. 某研究所设计了一种新式武器准备投入生产，现有两种方案：一是投资 30 万元建大厂，建成后如大量装备部队可获利 100 万元，如少量装备部队则亏损 20 万元；二是投资 18 万元建大厂，建成后如大量装备部队可获利 40 万元，如少量装备部队可获利 30 万元。根据军事专家预测，这种武器在今后大量装备部队的概率是 0.7，少量装备部队的概率是 0.3，问应该采取何种方案？
5. 某公司为了扩大市场，要举行一个展销会，会址打算选择甲、乙、丙三地。获利情况除了与会址有关系外，还与天气有关。天气可区分为晴、普通、多雨(分别以 N_1、N_2、N_3 表示)。通过天气预报，估计三种天气情况可能发生的概率为 0.25，0.50，0.25。其收益(单位：万元)情况如表 7.8.1，试对选址方案进行决策。

表 7.8.1　选址方案决策

选址方案	自然状态		
	晴(N_1)	普通(N_2)	多雨(N_3)
	概率 0.25	0.5	0.25
甲地	4	6	1
乙地	5	4	1.5
丙地	6	2	1.2

6. 某公司需要决定建大厂还是建小厂来生产一种新产品,该产品的市场寿命为10年,建大厂的投资费用为280万,建小厂的投资为140万。10年内销售状况的离散分布的状态如下:

高需求量的可能性为0.5;中等需求量的可能性为0.3;低需求量的可能性为0.2;公司进行了成本—产量—利润分析,在工厂规模和市场容量的组合下,它们的条件收益如下:

(1) 大工厂,需求高,每年获利100万元。
(2) 大工厂,需求中等,每年获利60万元。
(3) 大工厂,低需求,由于开工不足,引起亏损20万元。
(4) 小工厂,高需求,每年获利25万元(供不应求引起销售损失较大)。
(5) 小工厂,中需求,每年获利45万元(销售损失引起的费用较低)。
(6) 小工厂,低需求,每年获利55万元(因工厂规模与市场容量配合得好)。

用决策树方法进行决策。

7. 某师指挥员要定下是否单独组织反冲击的决心。如命令组织反冲击,可能损失200人;反冲击成功的可能性60%。如成功,第二步有两种打法:一是原地待援,巩固阵地,成功概率50%,可能损失180人;二是继续进攻,把口子堵上,成功概率80%,可能损失280人。如第二步成功,敌人将损失700人,如第二步不成功,敌人仅损失100人,反冲击部队还将损失150人。假设以敌我损失人数之差为评价标准,问是否应当组织反冲击?

8. 不确定型决策的定量分析有哪几种,分别进行解释并采用这几种方法分别分析如下问题并作出决策。

以部队演习为例,在某部红蓝军对抗演习中,红军需要通过分析气象资料实施决策。对可能出现的3种天气状况,红军可能采取的方案有4种,在不同天气状况下实施不同方案。作战参谋通过各种数据进行综合分析,估算出蓝军兵力损失的可能性(损益值)见表7.8.2。

表7.8.2 蓝军兵力损失的可能性

	天气状况一	天气状况二	天气状况三
方案A	0.9	0.4	0.1
方案B	0.7	0.5	0.4
方案C	0.8	0.7	0.2
方案D	0.5	0.5	0.5

9. 某次作战前期,平均每天耗资高达数亿元,其主要项目包括:人员费用、作战和维持费用、武器补充费用、弹药和导弹补充费用、医疗费用、战后维持费用,等等。如何合理地分配使用这些费用,是军事决策的重要内容。现以弹药和导弹补充费用为例,通过定量分析来确定最佳方案。每天的弹药和导弹补充费主要包括:空地弹药、地面弹药、防空导弹和海军弹药4项。由于每天的战斗具有随机性,故上述每项所需的费用也是随机的。根据以往的统计数据估算,每天四项费用分别占20%、68%、5%、7%。为提高战斗效率,指挥员制定出3种可行的作战方案(3种方案每天所需费用见表7.8.3,单位:万元)。试运用期望值准则判断采用哪种方案较为合适,并与其他两种方案进行比较,得出具体的优势。

表 7.8.3 三种可行的作战方案

	空地弹药	地面弹药	防空弹药	海军弹药
方案 A	2700	10800	1000	600
方案 B	2600	10420	690	1040
方案 C	2500	10700	600	800

10. 层次分析法是如何解决复杂系统的分析和决策问题的？这种方法有什么特点？它最适合于解决什么样的问题？

11. 某领导岗位需要增配一名领导者，现有甲、乙、丙三位候选人可供选择，选则的原则是合理兼顾以下四个方面——思想品德、工作成绩、组织能力、年龄大小。请用 AHP 法对甲、乙、丙三人进行排序，给出最佳人选。

附 录

附表 1 标准正态分布

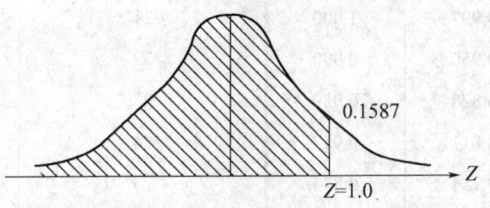

Z	.00	.01	.02	.03	.04	.05	.06	.07	.08	.09
0.0	0.5	0.496	0.492	0.488	0.484	0.4801	0.4761	0.4721	0.4681	0.4641
0.1	0.4602	0.4562	0.4522	0.4483	0.4443	0.4404	0.4364	0.4325	0.4286	0.4247
0.2	0.4207	0.4168	0.4129	0.409	0.4052	0.4013	0.3974	0.3936	0.3897	0.3859
0.3	0.3821	0.3783	0.3745	0.3707	0.366	0.3632	0.3594	0.3557	0.352	0.3483
0.4	0.3446	0.3409	0.3372	0.3336	0.33	0.3264	0.3228	0.3192	0.3156	0.3121
0.5	0.3085	0.305	0.3015	0.2981	0.2946	0.2912	0.2977	0.2843	0.281	0.2776
0.6	0.2743	0.2709	0.2676	0.2643	0.2611	0.2578	0.2546	0.2514	0.2483	0.2451
0.7	0.242	0.2389	0.2358	0.2327	0.2296	0.2266	0.2236	0.2206	0.2177	0.2148
0.8	0.2119	0.219	0.2061	0.2033	0.2005	0.1977	0.1949	0.1922	0.1894	0.1867
0.9	0.1841	0.1814	0.1788	0.1762	0.1736	0.1711	0.1685	0.166	0.1635	0.1611
1.0	0.1587	0.1562	0.1539	0.1515	0.1492	0.1469	0.1446	0.1423	0.1401	0.1379
1.1	0.1357	0.1335	0.1314	0.1292	0.1271	0.1251	0.123	0.121	0.119	0.117
1.2	0.1151	0.1131	0.1112	0.1093	0.1075	0.1056	0.1038	0.102	0.1003	0.0985
1.3	0.0968	0.0951	0.0934	0.0918	0.0901	0.0885	0.0869	0.0853	0.0838	0.0823
1.4	0.0808	0.0793	0.0778	0.0766	0.0749	0.0735	0.0721	0.0708	0.0694	0.0691
1.5	0.0663	0.0655	0.0643	0.063	0.0618	0.0606	0.0594	0.0582	0.0571	0.0559
1.6	0.0548	0.0537	0.0526	0.0516	0.0505	0.0495	0.0485	0.0475	0.0465	0.0455
1.7	0.0446	0.0436	0.0427	0.0418	0.0409	0.0401	0.0392	0.0384	0.0375	0.0367
1.8	0.0395	0.0351	0.0344	0.0336	0.0329	0.0322	0.0314	0.0397	0.0301	0.0294
1.9	0.0287	0.0281	0.0274	0.0268	0.0262	0.0256	0.025	0.0244	0.0239	0.0233
2.0	0.0228	0.0222	0.0217	0.0212	0.0297	0.0202	0.0197	0.0192	0.0188	0.0183
2.1	0.0179	0.0174	0.017	0.0166	0.0162	0.0158	0.0154	0.015	0.0146	0.0143
2.2	0.0139	0.0136	0.0132	0.0129	0.0125	0.0122	0.0119	0.0116	0.0113	0.011
2.3	0.0107	0.0104	0.0102	0.0099	0.0096	0.0094	0.0091	0.0089	0.0087	0.0084
2.4	0.0082	0.008	0.0078	0.0075	0.0073	0.0071	0.0069	0.0068	0.0066	0.0064
2.5	0.0062	0.006	0.0059	0.0057	0.0055	0.0054	0.0052	0.0051	0.0049	0.0048
2.6	0.0047	0.0045	0.0044	0.0042	0.0041	0.004	0.0039	0.0038	0.0037	0.0036
2.7	0.0035	0.0034	0.0033	0.0032	0.0031	0.003	0.0029	0.0028	0.0027	0.0026
2.8	0.0026	0.0025	0.0024	0.0023	0.0023	0.0022	0.0021	0.0021	0.002	0.0019
2.9	0.0019	0.0018	0.0018	0.0017	0.0016	0.0016	0.0015	0.0015	0.0014	0.0014
3.0	0.0013	0.0013	0.0013	0.0012	0.0012	0.0011	0.0011	0.0011	0.001	0.001

附表2 相关系数检验表($k=1$)

自由度 $V=n-2$	显著性水平 α 0.05	0.01	自由度 $V=n-2$	显著性水平 α 0.05	0.01
1	0.997	1.000	21	0.413	0.526
2	0.950	0.990	22	0.404	0.515
3	0.878	0.959	23	0.396	0.505
4	0.811	0.917	24	0.388	0.496
5	0.754	0.874	25	0.381	0.487
6	0.707	0.834	26	0.374	0.478
7	0.666	0.798	27	0.367	0.470
8	0.632	0.765	28	0.361	0.463
9	0.602	0.735	29	0.355	0.456
10	0.576	0.708	30	0.349	0.449
11	0.553	0.684	35	0.325	0.418
12	0.532	0.661	40	0.304	0.393
13	0.514	0.641	45	0.288	0.372
14	0.497	0.623	50	0.273	0.354
15	0.482	0.606	60	0.250	0.325
16	0.468	0.590	70	0.232	0.302
17	0.456	0.575	80	0.217	0.283
18	0.444	0.561	90	0.205	0.267
19	0.433	0.549	100	0.195	0.254
20	0.423	0.537	200	0.138	0.181

附表3 t分布检验临界值表

t检验临界值表(双侧检验用)

$P(|t|>t\alpha)=\alpha$

α \ f	0.9	0.8	0.7	0.6	0.5	0.4	0.3	0.2	0.1	0.05	0.02	0.01	0.001
1	0.158	0.325	0.510	0.727	1.000	1.376	1.963	3.078	6.314	12.706	31.821	63.657	636.619
2	0.142	0.289	0.445	0.617	0.816	1.061	1.386	1.886	2.920	4.303	6.965	9.925	31.589
3	0.137	0.277	0.424	0.584	0.765	0.978	1.250	1.638	2.353	3.182	4.541	5.841	12.924
4	0.134	0.271	0.414	0.569	0.741	0.941	1.190	1.533	2.132	2.776	3.747	4.604	8.610
5	0.132	0.267	0.408	0.559	0.727	0.920	1.156	1.476	2.015	2.571	3.365	4.032	6.859
6	0.131	0.265	0.404	0.553	0.718	0.906	1.134	1.440	1.943	2.447	3.143	3.707	5.959
7	0.130	0.263	0.402	0.459	0.711	0.896	1.119	1.415	1.895	2.365	2.998	3.499	5.405
8	0.130	0.262	0.399	0.546	0.706	0.889	1.108	1.397	1.860	2.306	2.896	3.355	5.041
9	0.129	0.261	0.398	0.543	0.703	0.883	1.100	1.383	1.833	2.262	2.821	3.250	4.781
10	0.129	0.260	0.397	0.542	0.700	0.879	1.093	1.372	1.812	2.228	2.764	3.169	4.587
11	0.128	0.260	0.396	0.540	0.697	0.876	1.088	1.363	1.796	2.201	2.718	3.106	4.437
12	0.128	0.259	0.395	0.539	0.695	0.873	1.083	1.356	1.782	2.179	2.681	3.055	4.318
13	0.128	0.259	0.394	0.538	0.694	0.870	1.079	1.350	1.771	2.160	2.650	3.012	4.221
14	0.128	0.258	0.393	0.537	0.692	0.868	1.076	1.345	1.761	2.145	2.624	2.977	4.140
15	0.128	0.258	0.393	0.536	0.691	0.866	1.074	1.341	1.753	2.131	2.602	2.947	4.073
16	0.128	0.258	0.392	0.535	0.690	0.865	1.071	1.337	1.746	2.120	2.583	2.921	4.015
17	0.128	0.257	0.392	0.534	0.689	0.863	1.069	1.333	1.740	2.110	2.567	2.898	3.965
18	0.127	0.257	0.392	0.534	0.688	0.862	1.067	1.330	1.734	2.101	2.552	2.878	3.922
19	0.127	0.257	0.391	0.533	0.688	0.861	1.066	1.328	1.729	2.093	2.539	2.861	3.883
20	0.127	2.257	0.391	0.533	0.687	0.860	1.064	1.325	1.725	2.086	2.538	2.845	3.850
21	0.127	0.257	0.391	0.532	0.686	0.859	1.063	1.323	1.721	2.080	2.518	2.831	3.819
22	0.127	0.256	0.390	0.532	0.866	0.858	1.061	1.321	1.717	2.074	2.508	2.819	3.792
23	0.127	0.256	0.390	0.532	0.685	0.858	1.060	1.319	1.714	2.069	2.500	2.807	3.767
24	0.127	0.256	0.390	0.531	0.685	0.857	1.059	1.318	1.711	2.064	2.492	2.797	3.745
25	0.127	0.256	0.390	0.531	0684	0.856	1.058	1.316	1.708	2.060	2.485	2.787	3.725
26	0.127	0.256	0.390	0.531	0684	0.856	1.058	1.315	1.706	2.056	2.479	2.779	3.707
27	0.127	0.256	0.389	0.531	0684	0.855	1.057	1.314	1.703	2.052	2.473	2.771	3.690
28	0.127	0.256	0.389	0.530	0683	0.855	1.056	1.313	1.701	2.048	2.467	2.763	3.674
29	0.127	0.256	0.389	0.530	0683	0.854	1.055	1.311	1.699	2.045	2.462	2.756	3.669
30	0.127	0.256	0.389	0.530	0683	0.854	1.055	1.310	1.697	2.042	2.457	2.750	3.646
40	0.126	0.255	0.388	0.529	0681	0.851	1.050	1.303	1.684	2.021	2.423	2.704	3.551
60	0.126	0.254	0.387	0.527	0679	0.848	1.046	1.296	1.671	2.000	2.390	2.660	3.460
120	0.126	0.254	0.386	0.526	0677	0.845	1.041	1.289	1.658	1.980	2.358	2.617	3.373
∞	0.126	0.253	0.385	0.524	0674	0.842	1.036	1.282	1.645	1.960	2.326	2.576	3.291

注：α——显著性水平；f——自由度

附表4.1 F分布表($\alpha=0.10$)

自由度 $V=n-m-1$ \ 自变量个数 m	1	2	3	4	5	6	8	12	24	∞
1	39.86	49.50	53.59	55.59	57.24	58.20	59.44	60.70	62.00	63.33
2	8.53	9.00	9.00	9.29	9.29	9.33	9.37	9.48	9.45	9.49
3	5.54	5.46	5.39	5.34	5.31	5.25	5.25	5.22	5.18	5.13
4	4.54	4.32	4.19	4.11	4.05	4.01	3.95	3.90	3.83	3.76
5	4.06	3.78	3.62	3.62	3.45	3.40	3.34	3.27	3.19	3.10
6	3.78	3.46	2.29	3.18	3.11	3.05	2.98	2.90	2.82	2.72
7	3.59	3.26	3.07	2.96	2.88	2.83	2.75	2.67	2.58	2.47
8	3.46	3.11	2.92	2.81	2.73	2.67	2.59	2.50	2.40	2.29
9	3.36	3.01	2.81	2.69	2.61	2.55	2.47	2.38	2.40	2.29
10	3.28	2.92	2.73	2.61	2.52	2.46	2.38	2.28	2.18	2.06
11	3.23	2.86	2.66	2.54	2.45	2.39	2.30	2.21	2.10	1.97
12	3.18	2.81	2.61	2.48	2.39	2.33	2.24	2.15	2.04	1.90
13	3.14	2.76	2.56	2.43	2.35	2.28	2.20	2.10	1.98	1.85
14	3.10	2.73	2.52	2.39	2.31	2.24	2.15	2.05	1.94	1.80
15	3.07	2.70	2.49	2.36	2.27	2.21	2.12	2.02	1.90	1.76
16	3.05	2.67	2.46	2.33	2.24	2.18	2.09	1.99	1.87	1.72
17	3.03	2.64	2.44	2.31	2.22	2.15	2.06	1.96	1.84	1.69
18	3.01	2.62	2.42	2.29	2.20	2.13	2.04	1.93	1.81	1.66
19	2.99	2.61	2.40	2.27	2.18	2.11	2.02	1.91	1.79	1.63
20	2.97	2.59	2.38	2.25	2.16	2.09	2.00	1.89	1.77	1.61
21	2.96	2.57	2.36	2.23	2.14	2.08	1.98	1.88	1.75	1.59
22	2.95	2.56	2.35	2.22	2.13	2.06	1.97	1.86	1.73	1.57
23	2.94	2.55	2.34	2.21	2.11	2.05	1.95	1.84	1.72	1.55
24	2.93	2.54	2.33	2.19	2.10	2.04	1.94	1.83	1.70	1.53
25	2.92	2.53	2.32	2.18	2.09	2.02	1.93	1.82	1.69	1.52
26	2.91	2.52	2.31	2.17	2.08	2.01	1.92	1.81	1.68	1.50
27	2.90	2.51	2.30	2.17	2.07	2.00	1.91	1.80	1.67	1.49
28	2.89	2.50	2.29	2.16	2.06	2.00	1.90	1.79	1.66	1.48
29	2.89	2.50	2.28	2.15	2.06	1.99	1.99	1.78	1.65	1.47
30	2.88	2.49	2.28	2.14	2.05	1.98	1.98	1.77	1.64	1.46
40	2.84	2.44	2.23	2.09	2.00	1.93	1.93	1.71	1.57	1.38
60	2.79	2.39	2.18	2.04	1.95	1.87	1.77	1.66	1.51	1.29
120	2.75	2.35	2.13	1.99	1.90	1.82	1.72	1.60	1.45	1.19
∞	2.71	2.30	2.08	1.94	1.85	1.77	1.67	1.55	1.38	1.00

附表4.2 F分布表(α=0.05)

自由度 $V=n-m-1$ \ 自变量个数 m	1	2	3	4	5	6	8	12	24	∞
1	161.4	199.5	215.7	224.6	230.4	234.0	238.9	243.9	249.0	254.3
2	18.51	19.00	19.16	19.25	19.30	19.30	19.37	19.41	19.45	19.50
3	10.13	9.55	9.28	9.12	9.01	8.94	8.84	8.74	8.64	8.53
4	7.71	6.94	6.59	6.39	6.26	6.16	6.04	5.91	5.77	5.63
5	6.61	5.79	5.41	5.19	5.05	4.95	4.82	4.68	4.53	4.36
6	5.99	5.14	4.76	4.53	4.39	4.28	4.15	4.00	3.84	3.67
7	5.59	4.74	4.35	4.12	3.97	3.87	3.73	3.57	3.41	3.23
8	5.32	4.46	4.07	3.84	3.69	3.58	3.44	3.28	3.12	2.93
9	5.12	4.26	3.86	3.63	3.48	3.37	3.23	3.07	2.90	2.71
10	4.96	4.10	3.71	3.48	3.33	3.22	3.07	2.91	2.74	2.54
11	4.84	3.98	3.59	3.36	3.20	3.09	2.95	2.79	2.61	2.40
12	4.75	3.88	3.49	3.26	3.11	3.00	2.85	2.69	2.50	2.30
13	4.67	3.80	3.41	3.18	3.02	2.92	2.77	2.60	2.42	2.21
14	4.60	3.74	3.34	3.11	2.96	2.85	2.70	2.53	2.35	2.13
15	4.54	3.68	3.29	3.06	2.90	2.79	2.64	2.48	2.29	2.07
16	4.49	3.63	3.24	3.01	2.85	2.74	2.59	2.42	2.24	2.01
17	4.45	3.59	3.20	2.96	2.81	2.70	2.55	2.38	2.19	1.96
18	4.41	3.55	3.16	2.93	2.77	2.66	2.51	2.34	2.15	1.92
19	4.38	3.52	3.13	2.90	2.74	2.63	2.48	2.31	2.11	1.88
20	4.35	3.49	3.10	2.87	2.71	2.60	2.45	2.28	2.08	1.84
21	4.32	3.47	3.07	2.84	2.68	2.57	2.42	2.25	2.05	1.81
22	4.30	3.44	3.05	2.82	2.66	2.55	2.40	2.23	2.03	1.78
23	4.28	3.42	3.03	2.80	2.64	2.53	2.38	2.20	2.00	1.76
24	4.26	3.40	3.01	2.78	2.62	2.51	2.36	2.18	1.98	1.73
25	4.24	3.38	2.99	2.76	2.60	2.49	2.34	2.16	1.96	1.71
26	4.22	3.37	2.98	2.74	2.59	2.47	2.32	2.15	1.95	1.69
27	4.21	3.35	2.96	2.73	2.57	2.46	2.30	2.13	1.93	1.67
28	4.20	3.34	2.95	2.71	2.56	2.44	2.29	2.12	1.91	1.65
29	4.18	3.33	2.93	2.70	2.54	2.43	2.28	2.10	1.90	1.64
30	4.17	3.32	2.92	2.69	2.53	2.42	2.27	2.09	1.89	1.62
40	4.08	3.23	2.84	2.61	2.45	2.34	2.18	2.00	1.79	1.51
60	4.00	3.15	2.76	2.52	2.37	2.25	2.10	1.92	1.70	1.39
120	3.92	3.07	2.68	2.45	2.29	2.17	2.02	1.83	1.61	1.25
∞	3.84	2.99	2.60	2.37	2.21	2.10	1.94	1.75	1.52	1.00

附表4.3 F分布表(α=0.01)

自由度 $V=n-m-1$ \ 自变量个数 m	1	2	3	4	5	6	8	12	24	∞
1	4052	4999	5403	5625	5764	5859	5982	6100	6234	6366
2	98.50	99.00	99.17	90.25	99.30	99.33	99.37	99.42	99.46	99.50
3	34.12	30.82	29.46	28.71	28.24	27.91	27.49	27.05	26.60	26.02
4	21.20	18.00	16.69	15.98	15.52	15.21	14.80	14.37	13.93	13.46
5	16.26	13.27	12.06	11.39	11.97	10.67	10.29	9.89	9.47	9.02
6	13.74	10.92	9.78	9.15	8.75	8.47	8.10	7.72	7.31	6.88
7	12.25	9.55	8.45	7.85	7.46	7.19	6.84	6.47	6.07	5.65
8	11.26	8.65	7.59	7.01	6.61	6.37	6.03	5.67	5.28	4.86
9	10.56	8.02	6.99	6.42	6.06	5.80	5.47	5.11	4.73	4.31
10	10.04	7.56	6.55	5.99	5.64	5.39	5.06	4.71	4.33	3.91
11	9.65	7.20	6.22	5.67	5.32	5.07	4.74	4.40	4.02	3.60
12	9.33	6.93	5.95	5.41	5.06	4.82	4.50	1.16	3.78	3.36
13	9.07	6.70	5.74	5.20	4.86	4.62	4.30	3.96	3.59	3.16
14	8.86	6.51	5.56	5.03	4.68	4.46	4.14	3.80	3.43	3.00
15	9.68	6.36	5.42	4.89	4.56	4.32	4.00	3.67	3.29	2.87
16	9.53	6.32	5.29	4.77	4.44	4.20	3.89	3.55	3.18	2.75
17	8.40	6.11	5.18	4.67	4.34	4.10	3.79	3.45	3.08	2.65
18	8.28	6.01	5.09	4.58	4.25	4.01	3.71	3.37	3.00	2.57
19	8.18	5.93	5.01	4.50	4.17	3.94	3.63	3.30	2.92	2.49
20	8.10	5.85	4.94	4.43	4.10	3.87	3.56	3.23	2.86	2.42
21	8.02	5.78	4.87	4.37	4.04	3.81	3.51	3.17	2.80	2.36
22	7.94	5.72	4.82	4.31	3.99	3.76	3.45	3.12	2.75	2.31
23	7.88	5.66	4.76	4.26	3.94	3.71	3.41	3.07	2.70	2.26
24	7.82	5.61	4.72	4.22	3.90	3.67	3.36	3.03	2.66	2.21
25	7.77	5.57	4.68	4.18	3.86	3.63	3.32	2.99	2.62	2.17
26	7.72	5.53	4.64	4.14	3.82	3.59	3.29	2.96	2.58	2.13
27	7.68	5.49	4.60	4.11	3.78	3.56	3.26	2.93	2.55	2.10
28	7.64	5.45	4.57	4.07	3.75	3.53	3.23	2.90	2.52	2.06
29	7.60	5.42	4.54	4.04	3.73	3.50	3.20	2.87	2.49	2.03
30	7.56	5.39	4.51	4.02	3.70	3.47	3.17	2.84	2.47	2.01
40	7.31	5.18	4.31	3.83	3.51	3.29	2.99	2.66	2.20	1.80
60	7.08	4.98	4.13	3.65	3.34	3.12	2.82	2.50	2.12	1.60
120	6.85	4.79	3.95	3.48	3.17	2.96	2.66	2.34	1.95	1.38
∞	6.64	4.60	3.78	3.32	3.02	2.80	2.51	2.28	1.79	1.00

参 考 文 献

[1] 谭跃进,等.系统工程原理[M]. 北京：科学出版社, 2010.

[2] 吴祈宗.系统工程[M]. 北京：北京理工大学出版社,2006.

[3] 赵少奎，杨永太.工程系统工程导论[M]. 北京：国防工业出版社，2000.

[4] 欧阳光明，郭卫，王青. 遨游系统的海洋——系统方法谈[M]. 上海：上海交通大学出版社，2006.

[5] 佟春生，畅建霞，王义民.系统工程的理论与方法概述[M]. 北京：国防工业出版社，2005.

[6] 白思俊,等.系统工程[M]. 北京：电子工业出版社，2006.

[7] 中国未来20年技术预见研究组.中国未来20年技术预见[M]. 北京：科学出版社，2006.

[8] 张野鹏.军事运筹基础[M]. 北京：高等教育出版社，2006.

[9] 运筹学教材编写组.运筹学(第3版)[M]. 北京：清华大学出版社，2010.

[10] 陈庆华.装备运筹学[M]. 北京：国防工业出版社，2005.

[11] 徐培德，谭东风.武器系统分析[M]. 长沙：国防科技大学，2001.

[12] 谭安胜.水面舰艇编队作战运筹分析[M]. 北京：国防工业出版社，2009.

[13] 张最良.军事运筹学[M]. 北京：解放军出版社，2000.

[14] 荆心泉，姚志扬，王济华,等.军事运筹100例[M]. 北京：国防大学出版社，1992.

[15] 吕跃广，方胜良.作战实验[M]. 北京：国防工业出版社，2007.

[16] 康凤举，杨惠珍，高立娥,等.现代仿真技术与应用（第2版）[M]. 北京：国防工业出版社，2010.

[17] 满临，刘建永，孟昭营,等.灰色的军事领域[M]. 北京：解放军出版社，1988.

[18] 金碧辉.系统可靠性工程[M]. 北京：国防工业出版社，2004.

[19] 曾声奎，赵廷弟，张建国.系统可靠性设计分析教程[M]. 北京：北京航空航天大学出版社,2001.

[20] 吕建伟，刘宝平.系统分析与系统模拟[M]. 武汉：海军工程大学，2006.

[21] 李登峰，许腾.海军运筹分析教程[M]. 北京：海潮出版社,2004.

[22] 文仲辉.战术导弹系统分析[M]. 北京：国防工业出版社，2006.

[23] 董肇君.系统工程与运筹学(第3版)[M]. 北京：国防工业出版社，2011.

[24] 郭波，武小悦,等.系统可靠性分析[M]. 长沙：国防科技大学出版社,2002.

[25] 金星，洪延姬.系统可靠性与可用性分析方法[M]. 北京：国防工业出版社，2007.

[26] 孟范栋，李斌，黄文斌. 舰船方位变化规律的灰预测方法研究[J]. 舰船电子工程，总第155期，2006, (5):12-14.

[27] 刘宁，张福利，贾岩. 防空兵群兵力分配的动态规划[J]. 兵工自动化武器装备自动化,2007,26(3):13-14.

[28] 关世义. 基于钱学森弹道的新概念飞航导弹[J]. 飞航导弹，2003，(1)：1-4.

[29] 魏岳江，金胜忠，史伟光,等.美军战斗实验室解密[J].国防信息化，2005，(3).

[30] 黄柯棣，刘宝宏，黄健，等. 作战仿真技术综述[J].系统仿真学报，2004，（9）：1887-1895.

[31] 李立坤，梁晓庚，崔彬. 空空导弹制导控制系统仿真的作用、现状与未来[J].航空兵器，2003, (1)：1-5.

[32] 关世义. 飞行器建模中若干重要概念的讨论[J].战术导弹技术，2007，(4): 01-09.

[33] 马登武，郭小威，吕晓峰. 基于网络计划技术的舰载机航空导弹转运流程[J].兵工自动化, 2010, 29(9): 48-51.

[34] 胡伟文，姜礼平.模糊数综合排序法及在舰艇系统决策中的应用[J].华中科技大学,2001,29(1)：76-78.

[35] 王百合，黄建国，张群飞. 基于层次分析法的水下多目标威胁评估模型[J].舰船科学技术，2006,28(6):75-77.

[36] 张管飞，陈进宝.基于AHP的导弹武器系统效能模糊综合评估[J].四川兵工学报,2011,32(1)：58-61.

[37] 白晓川，李昂，陈国生. 单舰对反舰导弹威胁等级的模糊评估[J].舰船电子工程，总第163期，2008, (1): 49-51.

[38] 周永强，崔海波.基于网络计划技术的炮兵分队战斗准备[J].兵工自动化，2009 ,28(9): 30-32.